高等学校建筑工程专业系列教材

混凝土结构设计

韩建强　王宇亮　主　编
赵家妹　王绍杰　刘英利　副主编
苏幼坡　主　审

中国建筑工业出版社

图书在版编目（CIP）数据

混凝土结构设计/韩建强，王宇亮主编. —北京：
中国建筑工业出版社，2013.3
（高等学校建筑工程专业系列教材）
ISBN 978-7-112-15177-6

Ⅰ.①混… Ⅱ.①韩… ②王… Ⅲ. ①混凝土结构—
结构设计—高等学校—教材 Ⅳ.①TU370.4

中国版本图书馆CIP数据核字(2013)第037584号

全书共分6章，主要内容为：第1章绪论；第2章钢筋混凝土楼盖设计；第3章钢筋混凝土单层厂房设计；第4章混凝土公路桥总体设计；第5章混凝土梁式桥；第6章梁桥支座和墩台。

本书可作为高等院校土木工程及相关专业的教材，也可供土木工程设计及施工技术人员参考使用。

*　　*　　*

责任编辑：杨　杰　张伯熙
责任设计：张　虹
责任校对：姜小莲　刘　钰

高等学校建筑工程专业系列教材
混凝土结构设计
韩建强　王宇亮　主　编
赵家妹　王绍杰　刘英利　副主编
苏幼坡　主　审
*
中国建筑工业出版社出版、发行（北京西郊百万庄）
各地新华书店、建筑书店经销
文道思发展有限责任公司制版
北京同文印刷有限责任公司印刷
*
开本：787×1092毫米　1/16　印张：20　字数：480千字
2013年5月第一版　2013年10月第二次印刷
定价：**40.00**元
ISBN 978-7-112-15177-6
(23257)

前　言

新版规范和规程对梁板结构、单层工业厂房结构、多高层结构等相关方面的设计、计算和构造要求都作了适当的修改。为了使大学土木工程专业教学内容和实际工程中的土木工程技术人员能及时了解和掌握与混凝土结构设计相关的新版规范和规程修订内容，本书根据《混凝土结构设计规范》(GB 50010—2010)、《高层建筑混凝土结构技术规程》(JGJ 3—2010)、《公路钢筋混凝土及预应力混凝土桥涵设计规范》及相关参考文献进行编写。在编写过程中，我们力求深入浅出、通俗易懂、说理清楚、便于自学，以达到学生和工程技术人员在了解和掌握《混凝土结构设计原理》的基础上，通过本教材的学习能够掌握梁板结构、单层厂房结构以及多高层结构的设计方法和思路。

本书由河北联合大学韩建强（第1章）、王宇亮（第2、3章）、赵家妹（第4～6章）编写；由韩建强、王宇亮担任主编，赵家妹、王绍杰、刘英利担任副主编，苏幼坡教授主审。

在本书编写过程中，参考了大量国内外近年来出版的混凝土结构方面的教材、规范和手册等文献，对此相关作者表示感谢。

因编写作者水平有限，时间仓促，对新规范的深入理解和使用经验等方面多有欠缺，书中难免有遗漏和不足之处，热切希望广大读者批评指正。

目　　录

第1章 绪 论

1.1 建筑结构的定义和分类

狭义的建筑指各种房屋及其附属的构筑物。建筑结构是在建筑中，由若干构件，即组成结构的单元如梁、板、柱等，连接而构成的能承受作用（或称荷载）的平面或空间体系。建筑结构因所用的建筑材料不同，可分为混凝土结构、砌体结构、钢结构、轻型钢结构、木结构和组合结构等。

结构在其使用年限内，要承受各种荷载，比如永久荷载、可变荷载、偶然荷载等，除此之外，结构在其使用年限内，还将受到温度、收缩、变形、地基不均匀沉降等诸因素作用。在抗震设防区，结构还可能会承受地震作用。结构在上述不同因素作用下，应具有足够的承载能力，并应保证结构整体和局部的功能要求。对于混凝土结构还应具有足够的抗裂性能和耐久性能。

结构从受力特征来分，还可以分为以下三类：

（1）水平承重结构：如房屋中的楼盖结构和屋盖结构；

（2）竖向承重结构：如房屋中的框架、排架、刚架、剪力墙、筒体等结构；

（3）底部承重结构：如房屋中的地基和基础。

1.2 混凝土结构设计内容

混凝土结构设计主要包括以下内容：

（1）结构方案设计：根据设计依据进行合理的结构选型和构件布置，是结构设计中最为重要的环节和内容之一。

（2）作用和作用效应分析：根据结构的使用功能和实际情况合理确定结构上的各种荷载，采用合理的分析方法，使结构的实际受力与内力计算及分析相一致。

（3）结构极限状态设计：采用承载能力极限状态设计方法进行保证结构安全的设计，确定构件的尺寸和配筋；采用正常使用极限状态设计方法来校核结构变形、裂缝等功能要求。

（4）结构及构件的构造和连接设计。

（5）耐久性和施工要求设计。

（6）满足结构特殊要求的专项性设计：对于一些超高超限结构和遭受偶然作用后可能引起严重后果的重要结构，宜进行防连续倒塌设计。

1.3 结构的选型和布置原则

1.3.1 结构选型原则

进行结构设计时，首先要根据设计功能要求、地理位置和周边环境等因素确定合理的结构形式。结构选型是否合理，不但关系到是否满足使用要求和结构受力是否可靠，而且也直接会影响结构的施工和造价。结构选型的原则主要包括以下几个方面。

1. 适应建筑功能的要求

对于有些公共建筑，其功能有视听要求，如：体育馆为保证较好的观看视觉效果，比赛大厅内不能设柱，必须采用大跨度结构；大型超市为满足购物的需要，室内空间具有流动性和灵活性，所以应采用框架结构。

2. 满足建筑造型的需要

对于建筑造型复杂、平面和立面特别不规则的建筑结构选型，要按实际需要在适当部位设置防震缝，形成较多有规则的结构单元。

3. 充分发挥结构自身的优势

每种结构形式都有各自的特点和不足，有其各自的适用范围，所以要结合建筑设计的具体情况进行结构选型。

4. 考虑材料和施工的条件

由于材料和施工技术的不同，其结构形式也不同。例如，砌体结构所用材料多为就地取材，施工简单，适用于低层、多层建筑。当钢材供应紧缺或钢材加工、施工技术不完善时，不可大量采用钢结构。

5. 尽可能降低造价

当几种结构形式都有可能满足建筑设计条件时，经济条件就是决定因素，应尽量采用能降低工程造价的结构形式。

1.3.2 结构布置原则

结构形式选定以后，下一步工作就是进行结构布置，即确定结构中柱、梁、墙等构件的位置。结构布置是否合理将会影响到结构的受力、施工、造价等方面。结构布置原则主要包括以下几个方面。

1. 规则、均匀、对称

结构在满足使用要求的前提下，尽可能使构件在平面和竖向布置简单、规则、均匀、对称，避免出现突变，减少偶然作用的影响范围，防止因局部破坏引起结构连续倒塌现象。

2. 荷载传递路线明确

通过合理设计和布置柱网位置和尺寸，使结构的计算简图简单并易于确定。

另外，还要考虑结构的整体性、施工方便、经济合理、伸缩缝等因素。当地基沉降不均匀或相邻部位高度相差较大时，还要考虑沉降缝的设置问题。

3. 合理确定结构形式

每种结构形式都有各自的特点和不足，有其各自的适用范围，所以要结合建筑设计的具体情况进行结构选型。

1.4 混凝土结构设计的分析方法

钢筋混凝土结构中的钢筋在屈服前，应力与应变之间基本保持线性关系，钢筋屈服后，会出现屈服阶段，即在应力保持稳定的情况下，应变可以继续增大，然后发展到一定程度后进入强化阶段。而构件中混凝土材料的应力与应变之间是非线性关系，这样就使钢筋混凝土整体构件受力性能和结构分析较为复杂，《混凝土结构设计规范》（GB 50010—2010）对钢筋混凝土结构分析的基本原则和分析方法作出了详细的规定和说明。

1. 基本原则

混凝土结构应进行整体作用效应分析，必要时尚应对结构中受力状况的特殊部位进行更详细的分析。

当结构在施工和使用期的不同阶段有多种受力状况时，应分别进行结构分析，并确定其最不利的作用组合。结构可能遭遇火灾、飓风、爆炸、撞击等偶然作用时，尚应按国家现行有关标准的要求进行相应的结构分析。结构分析采用的计算简图、几何尺寸、计算参数、边界条件、结构材料性能指标以及构造措施等应符合实际工作状况；结构上可能的作用及其组合、初始应力和变形状况等，应符合结构的实际状况；结构分析中所采用的各种近似假定和简化，应有理论、试验依据或经工程实践验证；计算结果的精度应符合工程设计的要求；结构分析应满足力学平衡条件；节点和边界的约束条件在不同程度上符合变形协调条件；采用合理的材料本构关系或构件单元的受力—变形关系。

结构分析时，应根据结构类型、材料性能和受力特点等选择合理的分析方法，结构分析方法主要有：①弹性分析方法；②塑性内力重分布分析方法；③弹塑性分析方法；④塑性极限分析方法；⑤试验分析方法。

结构分析所采用的计算软件应经考核和验证，其技术条件应符合本规范和国家现行有关标准的要求。应对分析结果进行判断和校核，在确认其合理、有效后方可应用于工程设计。

2. 分析模型

混凝土结构宜按空间体系进行结构整体分析，并宜考虑结构单元的弯曲、轴向、剪切和扭转等变形对结构内力的影响。当进行简化分析时，体形规则的空间结构，可沿柱列或墙轴线分解为不同方向的平面结构分别进行分析，但应考虑平面结构的空间协同工作；构件的轴向、剪切和扭转变形对结构内力分析影响不大时，可不予考虑。

混凝土结构的计算简图宜根据构件的特点合理确定，梁、柱、杆等一维构件的轴线宜取为截面几何中心的连线，墙、板等二维构件的中轴面宜取为截面中心线组成的平面或曲面；现浇结构和装配整体式结构的梁柱节点、柱与基础连接处等可作为刚接；非整体浇筑的次梁两端及板跨两端可近似作为铰接；梁、柱等杆件的计算跨度或计算高度可按其两端支承长度的中心距或净距确定，并应根据支承节点的连接刚度或支承反力的位置加以修正；梁、柱等杆件间连接部分的刚度远大于杆件中间截面的刚度时，在计算模型中可作为刚域处理。

3. 弹性分析

结构的弹性分析方法可用于正常使用极限状态和承载能力极限状态作用效应的分析。

结构构件的刚度根据相关规范确定混凝土的弹性模量；按匀质的混凝土全截面计算截面惯性矩；对于端部加腋的杆件，应考虑其截面变化对结构分析的影响；不同受力状态下构件的截面刚度，宜考虑混凝土开裂、徐变等因素的影响予以折减。混凝土结构弹性分析宜采用结构力学或弹性力学等分析方法。体形规则的结构，可根据作用的种类和特性，采用适当的简化分析方法。当结构的二阶效应可能使作用效应显著增大时，在结构分析中应考虑二阶效应的不利影响。混凝土结构的重力二阶效应可采用有限元分析方法计算。当采用有限元分析方法时，宜考虑混凝土构件开裂对构件刚度的影响。当边界支承位移对双向板的内力及变形有较大影响时，在分析中宜考虑边界支承竖向变形及扭转等的影响。

4. 塑性内力重分布分析

混凝土连续梁和连续单向板，可采用塑性内力重分布方法进行分析。重力荷载作用下的框架、框架—剪力墙结构中的现浇梁以及双向板等，经弹性分析求得内力后，可对支座或节点弯矩进行适度调幅，并确定相应的跨中弯矩。按考虑塑性内力重分布分析方法设计的结构和构件，应选用符合规范规定的钢筋，并应满足正常使用极限状态要求且采取有效的构造措施。对于直接承受动力荷载的构件，以及要求不出现裂缝或处于三 a、三 b 类环境情况下的结构，不应采用考虑塑性内力重分布的分析方法。钢筋混凝土梁支座或节点边缘截面的负弯矩调幅幅度不宜大于 25％；弯矩调整后的梁端截面相对受压区高度不应超过 0.35，且不宜小于 0.10。钢筋混凝土板的负弯矩调幅幅度不宜大于 20％。预应力混凝土梁的弯矩调幅幅度应符合混凝土结构设计规范的规定。对属于协调扭转的混凝土结构构件，受相邻构件约束的支承梁的扭矩宜考虑内力重分布的影响。考虑内力重分布后的支承梁，应按弯剪扭构件进行承载力计算。

5. 弹塑性分析

重要或受力复杂的结构，宜采用弹塑性分析方法对结构整体或局部进行验算。进行结构的弹塑性分析时，应预先设定结构的形状、尺寸、边界条件、材料性能和配筋等；材料的性能指标宜取平均值，并宜通过试验分析确定，也可按规范规定确定；宜考虑结构几何非线性的不利影响；分析结果用于承载力设计时，宜考虑抗力模型不定性系数对结构的抗力进行适当调整。

混凝土结构的弹塑性分析，可根据实际情况采用静力或动力分析方法。结构的基本构件计算模型宜按构件特征确定，梁、柱、杆等杆系构件可简化为一维单元，宜采用纤维束模型或塑性铰模型；墙、板等构件可简化为二维单元，宜采用膜单元、板单元或壳单元；复杂的混凝土结构、大体积混凝土结构、结构的节点或局部区域需作精细分析时，宜采用三维块体单元。构件、截面或各种计算单元的受力—变形本构关系宜符合实际受力情况。某些变形较大的构件或节点进行局部精细分析时，宜考虑钢筋与混凝土间的粘结—滑移本构关系。钢筋、混凝土材料的本构关系宜通过试验分析确定，也可按规范采用。

6. 塑性极限分析

对不承受多次重复荷载作用的混凝土结构，当有足够的塑性变形能力时，可采用塑性极限理论的分析方法进行结构的承载力计算，同时应满足正常使用的要求。整体结构的塑性极限分析计算应符合下列规定：

（1）对可预测结构破坏机制的情况，结构的极限承载力可根据设定的结构塑性屈服机制，采用塑性极限理论进行分析。

（2）对难于预测结构破坏机制的情况，结构的极限承载力可采用静力或动力弹塑性分析方法确定。

（3）对直接承受偶然作用的结构构件或部位，应根据偶然作用的动力特征考虑其动力效应的影响。

承受均布荷载的周边支承的双向矩形板，可采用塑性铰线法或条带法等塑性极限分析方法进行承载能力极限状态的分析与设计。

1.5 学习重点和方法

本教材主要是针对土木工程课程设计开设的课程，内容主要包括：楼盖设计、单层厂房设计和混凝土公路桥梁结构设计三部分。学习重点如下：

（1）了解各类结构的特性，能够正确合理地进行结构选型。

（2）熟悉结构的平面和立面布置方法和原则，明确结构的荷载传递路线，使结构受力可靠、经济合理，具有良好的整体性能。

（3）掌握结构计算简图的确定方法及构件截面尺寸的初步估算方法。

（4）熟练掌握结构在各种荷载下的内力计算和组合方法。

（5）掌握结构的配筋计算及基本构造要求。

本课程是土木工程专业及相关专业的主干专业基础课程，先修课程主要包括混凝土结构基本原理、结构力学、材料力学、建筑材料等专业基础课程。主要目的是让学生较好地掌握楼盖结构、排架结构和桥梁结构的设计方法。

学习时，应注意以下几点：

（1）本课程实践性较强，因此要加强课程设计环节要点的学习，熟悉和正确运用我国新版设计规范和设计规程，比如：《混凝土结构设计规范》（GB 50010—2010）、《建筑结构荷载规范》（GB 50009—2001）、《建筑抗震设计规范》（GB 50011—2010）、《建筑结构可靠度设计统一标准》（GB 50068—2001）、《公路钢筋混凝土及预应力混凝土桥涵设计规范》（JTG D 62—2004）等。注意相关专业的发展新动向和新成果，拓宽知识面。

（2）熟悉教学大纲要求，掌握重点，了解难点，对于构造规定，应注重理解，切忌死记硬背，应熟悉常识性的构造规定。

（3）深刻理解重要的概念，很多专业知识点的掌握往往不是一步到位的，而要随着学习内容的展开和深入逐渐掌握结构设计的基本思路、方法和要点。

第 2 章　钢筋混凝土楼盖设计

2.1　概述

2.1.1　单向板与双向板

按受力特点，混凝土楼盖中的周边支承板可分为单向板和双向板两类。只在一个方向弯曲或者主要在一个方向弯曲的板，称为单向板；在两个方向弯曲，且不能忽略任一方向弯曲的板称为双向板。

在图 2－1 所示的承受竖向均布荷载 q 的四边简支矩形板中，l_{02}、l_{01} 分别为其长、短跨方向的计算跨度，现在来研究荷载 q 在长、短跨方向的传递情况。取出跨度中点两个相互垂直的宽度为 1m 的板带来分析。设沿短跨方向传递的荷载为 q_1，沿长跨方向传递的荷载为 q_2，则 $q=q_1+q_2$。当不计相邻板对它们的影响时，这两条板带的受力如同简支梁，由跨度中心点 A 处挠度 f_A 相等的条件：$\frac{5q_1 l_{01}^4}{384EI}=\frac{5q_2 l_{02}^4}{384EI}$，可求得两下方向传递的荷载比值

$$q_1/q_2=(l_{02}/l_{01})^4$$

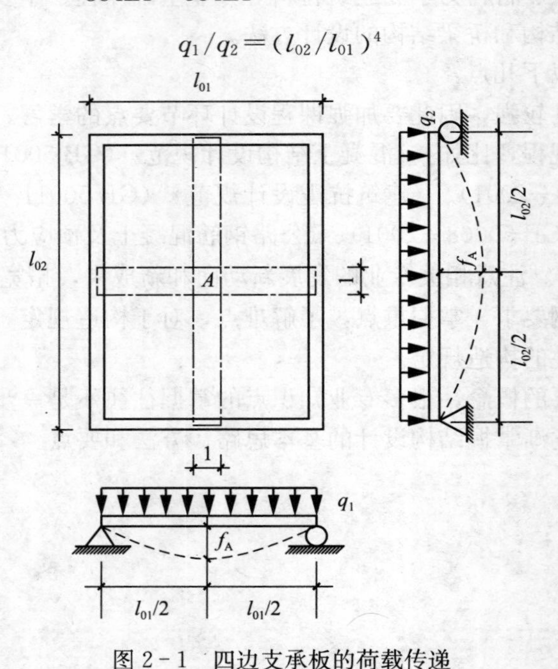

图 2－1　四边支承板的荷载传递

故

$$q_1=\eta_1 q,\quad q_2=\eta_2 q$$

$$\eta_1=\frac{l_{02}^4}{l_{01}^4+l_{02}^4},\quad \eta_2=\frac{l_{01}^4}{l_{01}^4+l_{02}^4}$$

式中　η_1，η_2——短跨、长跨方向的荷载分配系数。

当 $l_{02}/l_{01}=2$ 时，$\eta_1=0.941$，$\eta_2=0.059$。可见，尽管近似地忽略了相邻板的影响，但其受力特性已很显然，即当 $l_{02}/l_{01}>2$ 时，荷载主要沿短跨方向传递，可忽略荷载沿长跨方向的传递。因此，当按弹性理论分析时，称 $l_{02}/l_{01}\geqslant 2$ 的板为单向板，即主要在一个跨度方向弯曲的板；$l_{02}/l_{01}<2$ 的板为双向板，即在两个跨度方向弯曲的板。

荷载分配系数 η_1、η_2 也可由板带的竖向弯曲刚度的原理得出。在前面已经讲过，使构件截面产生单位曲率需施加的弯矩值称为截面的弯曲刚度。同理可知，使板带产生单位挠度需施加的竖向均布荷载称为此板带的竖向弯曲刚度。因此，两个方向板带的竖向弯曲刚度分别为 $K_1=\frac{384EI}{5l_{01}^4}$，$K_2=\frac{384EI}{5l_{02}^4}$，故 $\eta_1=\frac{K_1}{K_1+K_2}=\frac{l_{02}^4}{l_{01}^4+l_{02}^4}$，$\eta_2=\frac{K_2}{K_1+K_2}=\frac{l_{01}^4}{l_{01}^4+l_{02}^4}$。可见，竖向均布荷载是按板带竖向弯曲刚度来分配的，竖向弯曲刚度大的分配得多些，反之则少些。

2.1.2　楼盖的结构类型

楼盖的结构类型有三种分类方法。

按结构形式，楼盖可分为单向板肋梁楼盖、双向板肋梁楼盖、井式楼盖、密肋楼盖和无梁楼盖（又称板柱结构），见图 2-2。其中，单向板肋梁楼盖和双向板肋梁楼盖用得最普遍。

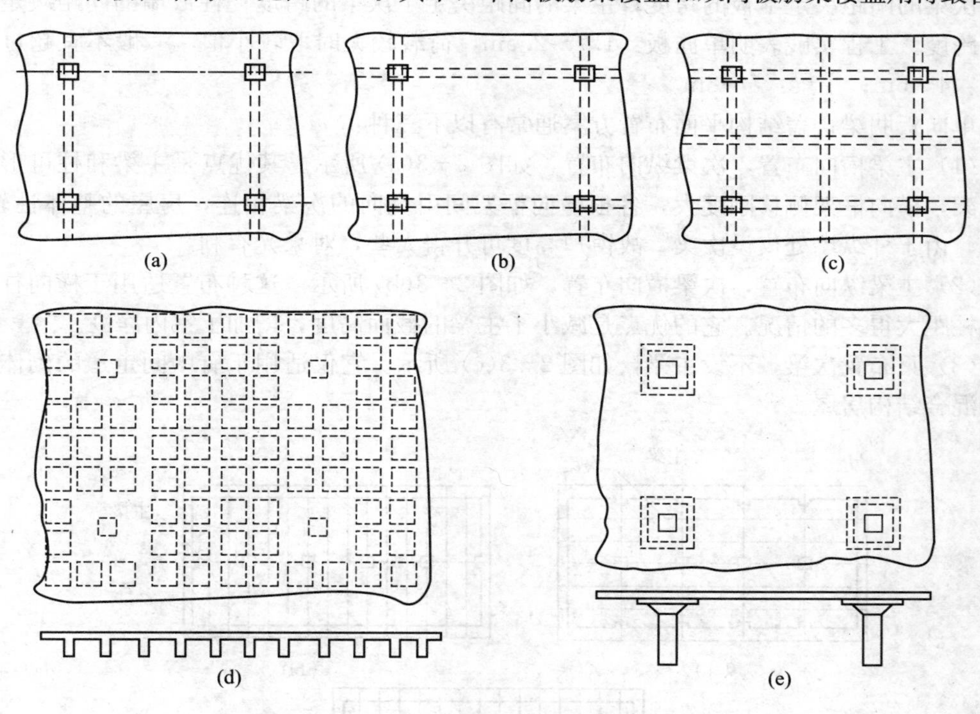

图 2-2　楼盖的结构类型

按预加应力情况，楼盖可分为钢筋混凝土楼盖和预应力混凝土楼盖两种。预应力混凝土楼盖用得最普遍的是无粘结预应力混凝土平板楼盖；当柱网尺寸较大时，预应力楼盖可有效减小板厚，降低建筑层高。

按施工方法，楼盖可分为现浇楼盖、装配式楼盖和装配整体式楼盖三种。现浇楼盖的刚度大，整体性好，抗震、抗冲击性能好，防水性好，对不规则平面的适应性强，开洞容易。缺点是需要大量的模板，现场的作业量大，工期也较长。

随着商品混凝土、泵送混凝土以及工具式模板的广泛使用，钢筋混凝土结构，包括楼盖在内，大多采用现浇。

目前，我国装配式楼盖主要用在多层砌体房屋，特别是多层住宅中。在抗震设防区，有限制使用装配式楼盖的趋势。装配整体式楼盖是提高装配式楼盖刚度、整体性和抗震性能的一种改进措施，最常见的方法是在板面做 40mm 厚的配筋现浇层。

2.2 现浇单向板肋梁楼盖

现浇单向板肋梁楼盖的设计步骤为：①结构平面布置，并初步拟定板厚和主、次梁的截面尺寸；②确定梁、板的计算简图；③梁、板的内力分析；④截面配筋及构造措施；⑤绘制施工图。

2.2.1 结构平面布置

单向板肋梁楼盖由板、次梁和主梁组成。楼盖则支承在柱、墙等竖向承重构件上。其中，次梁的间距决定了板的跨度；主梁的间距决定了次梁的跨度；柱或墙的间距决定了主梁的跨度。工程实践表明单向板：1.7～2.5m，荷载较大时取较小值，一般不宜超过 3m；次梁：4～6m；主梁：5～8m。

单向板肋梁楼盖结构平面布置方案通常有以下三种：

(1) 主梁横向布置，次梁纵向布置，如图 2－3(a) 所示。其优点是主梁和柱可形成横向框架，横向框架侧移刚度大，各根横向框架间由纵向的次梁相连，房屋的整体性较好。此外，由于外纵墙处仅设次梁，故窗户高度可开得大些，对采光有利。

(2) 主梁纵向布置，次梁横向布置，如图 2－3(b) 所示。这种布置适用于横向柱距比纵向柱距大得多的情况。它的优点是减小了主梁的截面高度，增加了室内净高。

(3) 只布置次梁，不设主梁，如图 2－3(c) 所示。它仅适用于有中间走道的砌体墙承重的混合结构房屋。

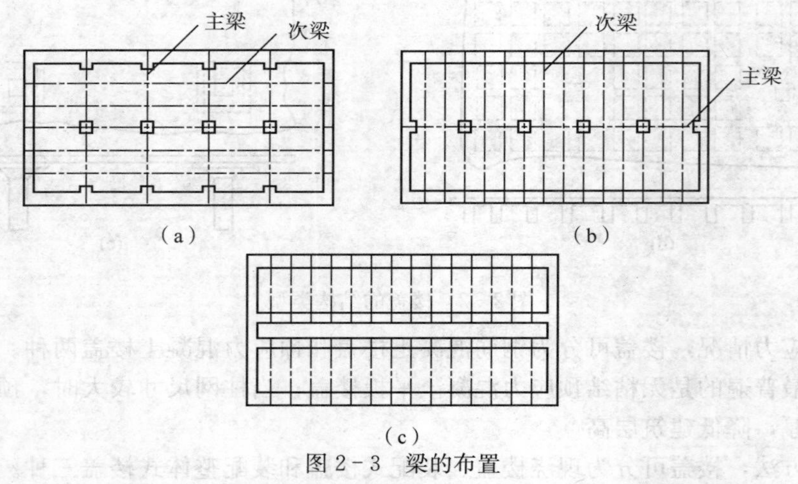

图 2－3 梁的布置

(a) 主梁沿横向布置；(b) 主梁沿纵向布置；(c) 不设主梁

在进行楼盖的结构平面布置时，应注意以下问题：

（1）受力合理。荷载传递要简捷，梁宜拉通，避免凌乱；主梁跨间最好不要只布置1根次梁，以减小主梁跨间弯矩的不均匀；尽量避免把梁，特别是主梁搁置在门、窗过梁上；在楼、屋面上有机器设备、冷却塔、悬挂装置等荷载比较大的地方，宜设次梁；楼板上开有较大尺寸（大于800mm）的洞口时，应在洞口周边设置加筋的小梁。

（2）满足建筑要求。不封闭的阳台、厨房间和卫生间的板面标高宜低于其他部位30～50mm；当不做吊顶时，一个房间平面内不宜只放1根梁。

（3）方便施工。梁的截面种类不宜过多，梁的布置尽可能规则，梁截面尺寸应考虑设置模板的方便，特别是采用钢模板时。

2.2.2 计算简图

结构的计算简图包括计算模型及计算荷载两个方面。

1. 计算模型及简化假定

在现浇单向板肋梁楼盖中，板、次梁、主梁的计算模型为连续板或连续梁，其中，次梁是板的支座，主梁是次梁的支座，柱或墙是主梁的支座。为了简化计算，通常作如下简化假定：

（1）支座可以自由转动，但没有竖向位移；

（2）不考虑薄膜效应对板内力的影响；

（3）在确定板传给次梁的荷载以及次梁传给主梁的荷载时，分别忽略板、次梁的连续性，按简支构件计算支座竖向反力；

（4）跨数超过五跨的连续梁、板，当各跨荷载相同，且跨度相差不超过10%时，可按五跨的等跨连续梁、板计算。

假定支座处没有竖向位移，实际上是忽略了次梁、主梁、柱的竖向变形对板、次梁、主梁的影响。柱子的竖向位移主要由轴向变形引起，在通常的内力分析中都是可以忽略的。忽略主梁变形，将导致次梁跨中弯矩偏小、主梁跨中弯矩偏大。当主梁的线刚度比次梁的线刚度大得多时，主梁变形对次梁内力的影响才比较小。次梁变形对板内力的影响也是这样。如要考虑这种影响，内力分析就相当复杂。

假定支座可自由转动，实际上忽略了次梁对板、主梁对次梁、柱对主梁的转动约束能力。在现浇混凝土楼盖中，梁、板是整浇在一起的，当板发生弯曲转动时，支承它的次梁将产生扭转，次梁的抗扭刚度将约束板的弯曲转动，使板在支承处的实际转角θ'比理想铰支承时的转角θ小，如图2-4所示。同样的情况发生在次梁和主梁之间。由此假定带来的误差将通过折算荷载的方式来弥补，见下述。

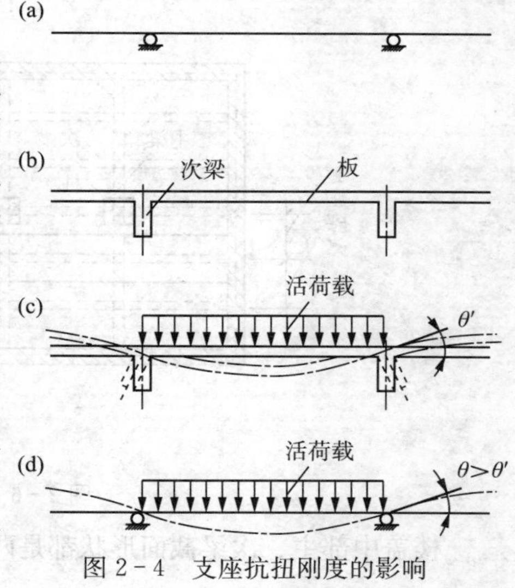

图2-4　支座抗扭刚度的影响

通常混凝土柱是与主梁刚接的，柱对主梁弯曲转动的约束能力取决于主梁线刚度与柱子线刚度之比，当比值较大时，约束能力较弱。一般认为，当主梁的线刚度与柱子线刚度之比大于5时，可忽略这种影响，按连续梁模型计算主梁，否则应按梁、柱刚接的框架模型计算。

四周与梁整体连接的低配筋率板，临近破坏时其中和轴非常接近板的表面。因此，在纯弯矩作用下，板的中平面位于受拉区，因周边变形受到约束，板内将存在轴向压力，这种轴向力一般称为薄膜力。由偏心受压构件正截面承载力理论可知，在一定程度内轴压力将提高构件的受弯承载力。特别是在受拉混凝土开裂后，实际中和轴成拱形（图 2-5），板的周边支承构件提供的水平推力将减少板在竖向荷载下的截面弯矩。但是，为了简化计算，在内力分析时，一般不考虑板的薄膜效应。这一有利作用将在板的截面设计时，根据不同的支座约束情况，对板的计算弯矩进行折减，见后述。

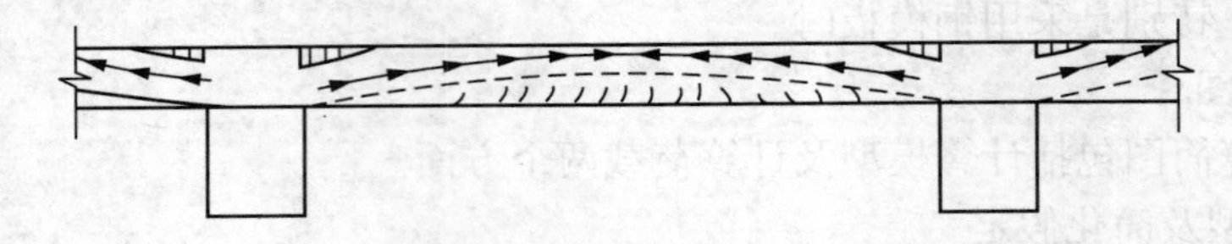

图 2-5　板的内拱作用

在荷载传递过程中，忽略梁、板连续性影响的假定（3），主要是为了简化计算，且误差也不大。

等跨连续梁，当其跨数超过五跨时，中间各跨的内力与第三跨非常接近，为了减少计算工作量，所有中间跨的内力和配筋都可以按第三跨来处理。等跨连续梁的内力有现成的图表可以利用，非常方便。对于非等跨，但跨度相差不超过10%的连续梁也可借用等跨连续梁的内力图表，以简化计算。

2. 计算单元及从属面积

为减少计算工作量，结构内力分析时，常常不是对整个结构进行分析，而是从实际结构中选取有代表性的一部分作为计算的对象，称为计算单元。

对于单向板，可取 1m 宽度的板带作为其计算单元，在此范围内，即图 2-6 中用阴影线表示的楼面均布荷载便是该板带承受的荷载，这一负荷范围称为从属面积，即计算构件负荷的楼面面积。

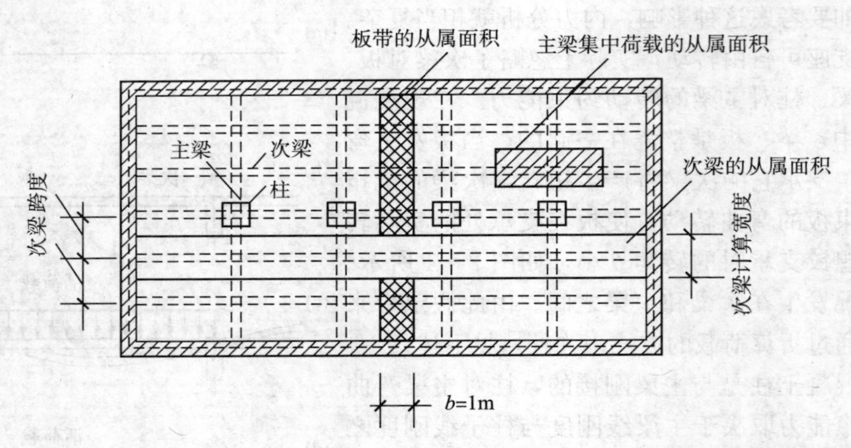

图 2-6　板、梁的荷载计算范围

楼盖中部主、次梁截面形状都是两侧带翼缘（板）的 T 形截面，每侧翼缘板的计算宽度取与相邻梁中心距的一半。次梁承受板传来的均布线荷载，主梁承受次梁传来的集中荷载，由上述假定（3）可知，一根次梁的负荷范围以及次梁传给主梁的集中荷载范围如图2－6所示。

3. 计算跨度

由图2－6知，次梁的间距就是板的跨长，主梁的间距就是次梁的跨长，但不一定就等于计算跨度。梁、板的计算跨度 l_0 是指内力计算时所采用的跨间长度。从理论上讲，某一跨的计算跨度应取为该跨两端支座处转动点之间的距离。所以，当按弹性理论计算时，中间各跨取支承中心线之间的距离；边跨由于端支座情况有差别，与中间跨的取值方法不同。如果端部搁置在支承构件上，支承长度为 a，则对于梁，伸进边支座的计算长度可在 $0.025l_{n1}$ 和 $a/2$ 两者中取最小值，即边跨计算长度 $\left(1.025l_{n1}+\dfrac{b}{2}\right)$ 与 $\left(l_{n1}+\dfrac{h+b}{2}\right)$ 在两者中取小值，如图2－7所示；对于板，边跨计算长度在 $\left(1.025l_{n1}+\dfrac{b}{2}\right)$ 与 $\left(l_{n1}+\dfrac{h+b}{2}\right)$ 两者中取小值。梁、板在边支座与支承构件整浇时，边跨也取支承中心线之间的距离。这里，l_{n1} 为梁、板边跨的净跨长，b 为第一内支座的支承宽度，h 为板厚。

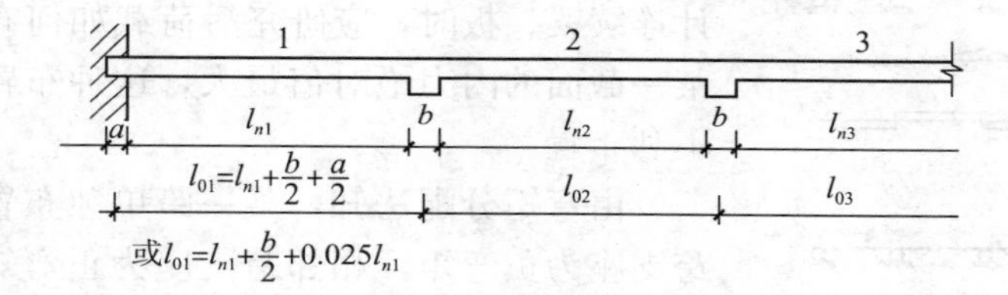

图2－7　计算跨度

4. 荷载取值

楼盖上的荷载有恒荷载和活荷载两类。恒荷载包括结构自身重力、建筑面层、固定设备等。活荷载包括人群、堆料和临时设备等。

恒荷载的标准值可按其几何尺寸和材料的重力密度计算。附录1给出了不同功能下活荷载取值的情况，附录2给出了部分常用材料的自重。有关荷载和材料的参数详见《建筑结构荷载规范》（GB 50009—2012）。工业建筑楼面活荷载，在生产、使用或检修、安装时，由设备、管道、运输工具等产生的局部荷载，均应按实际情况考虑，可采用等效均布活荷载代替。

确定荷载组合的效应设计值时，恒荷载的分项系数取为：当其效应对结构不利时，对由活荷载效应控制的组合取1.2，对由恒荷载效应控制的组合取1.35；当其效应对结构有利时，对结构计算取1.0，对结构倾覆、滑移或漂浮验算，荷载分项系数应满足有关的建筑结构设计规范的规定。活荷载的分项系数一般情况下取1.4，对楼面活荷载标准值大于 $4kN/m^2$ 的工业厂房楼面结构的活荷载，取1.3。

对于民用建筑，当楼面梁的负荷范围较大时，负荷范围内同时布满活荷载标准值的可能性相当小，故可以对活荷载标准值进行折减。折减系数依据房屋的类别和楼面梁的负荷范围大小，从0.6～1.0不等。

前述计算假定（1）忽略了支座对被支承构件的转动约束，这对等跨连续梁、板在恒荷载作用下带来的误差是不大的，但在活荷载不利的布置下，次梁的转动将减小板的内力。为了使计算结果比较符合实际情况，且为了简单，采取增大恒荷载，相应减小活荷载，保持总荷载不变的方法来计算内力，以考虑这种有利影响。同理，主梁的转动势必也将减小次梁的内力，故对次梁也采用折算荷载来计算次梁的内力，但折算得少些。

折算荷载的取值如下：

连续板
$$g'=g+\frac{q}{2},\ q'=\frac{q}{2} \tag{2-1}$$

连续梁
$$g'=g+\frac{q}{4},\ q'=\frac{3q}{4} \tag{2-2}$$

式中 g、q——单位长度上恒荷载、活荷载设计值；

g'、q'——单位长度上折算恒荷载、折算活荷载设计值。

当板或梁搁置在砌体或钢结构上时，则荷载不作调整。

2.2.3 连续梁、板按弹性理论的内力计算

1. 活荷载的不利布置

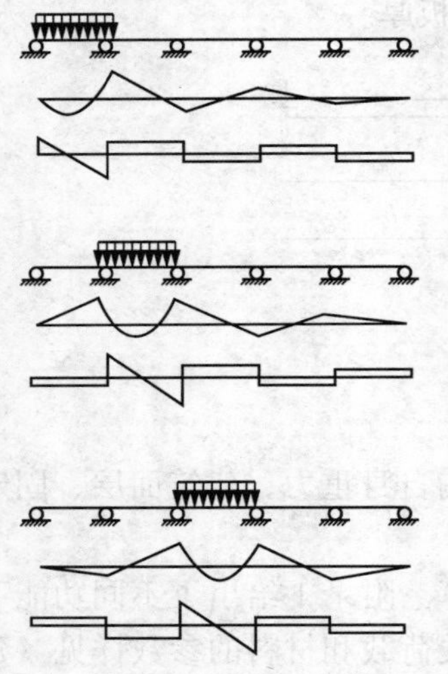

图 2-8　单跨承载时连续梁的内力图

活荷载是以一跨为单位来改变其位置的，因此在设计连续梁、板时，应研究活荷载如何布置将使梁、板内某一截面的内力绝对值最大，这种布置称为活荷载的最不利布置。

由弯矩分配法知，某一跨单独布置活荷载时，①本跨支座为负弯矩，相邻跨支座为正弯矩，隔跨支座又为负弯矩；②本跨跨中为正弯矩，相邻跨跨中为负弯矩，隔跨跨中又为正弯矩。

图 2-8 所示是五跨连续梁，单跨布置活荷载时的弯矩 M 和剪力 V 的图形。研究图 2-8 的弯矩和剪力分布规律以及不同组合后的效果，不难发现活荷载最不利布置的规律：

（1）求某跨跨内最大正弯矩时，应在本跨布置活荷载，然后隔跨布置；

（2）求某跨跨内最大负弯矩时，本跨不布置活荷载，而在其左右邻跨布置，然后隔跨布置；

（3）求某支座绝对值最大的负弯矩时，或支座左、右截面最大剪力时，应在该支座左右两跨布置活荷载，然后隔跨布置。

2. 内力计算

明确活荷载不利布置后，可按《结构力学》中讲述的方法求出弯矩和剪力。对于等跨连续梁，可由附录 3 查出相应的弯矩、剪力系数，利用下列公式计算跨内或支座截面的最大内力。

均布及三角形荷载作用下：

$$\left.\begin{aligned} M&=k_1gl_0^2+k_2ql_0^2 \\ V&=k_3gl_0+k_4ql_0 \end{aligned}\right\} \tag{2-3}$$

集中荷载作用下：

$$\left.\begin{aligned}M&=k_5Gl_0+k_6Pl_0\\V&=k_7G+k_8P\end{aligned}\right\}\tag{2-4}$$

式中　　g、q——单位长度上的构布恒荷载设计值、均布活荷载设计值；

G、P——集中恒荷载设计值、集中活荷载设计值；

l_0——计算跨度；

k_1、k_2、k_5、k_6——附录3中相应栏中的弯矩系数；

k_3、k_4、k_7、k_8——附录3中相应栏中的剪力系数。

3. 内力包络图

求出了支座截面和跨内截面的最大弯矩值、最大剪力值后，就可进行截面设计。但这只能确定支座截面和跨内的配筋，而不能确定钢筋在跨内的变化情况，例如上部纵向筋的切断与下部纵向钢筋的弯起，为此就需要知道每一跨内其他截面最大弯矩和最大剪力的变化情况，即内力包络图。

内力包络图由内力叠合图形的外包线构成。现以承受均布线荷载的五跨连续梁的弯矩包络图来说明。根据活荷载的不同布置情况，每一跨都可以画出四个弯矩图形，分别对应于跨内最大正弯矩、跨内最小正弯矩（或负弯矩）和左、右支座截面的最大负弯矩。当端支座是简支时，边跨只能画出三个弯矩图形。把这些弯矩图形全部叠画在一起，就是弯矩叠合图形。弯矩叠合图形的外包线所对应的弯矩值代表了各截面可能出现的弯矩上、下限，如图2-9(a)所示。由弯矩叠合图形外包线所构成的弯矩图称作弯矩包络图，即图2-9(a)中用加黑线表示的。

同理，可画出剪力包络图，如图2-9(b)所示。剪力叠合图形可只画两个：左支座最大剪力和右支座最大剪力。

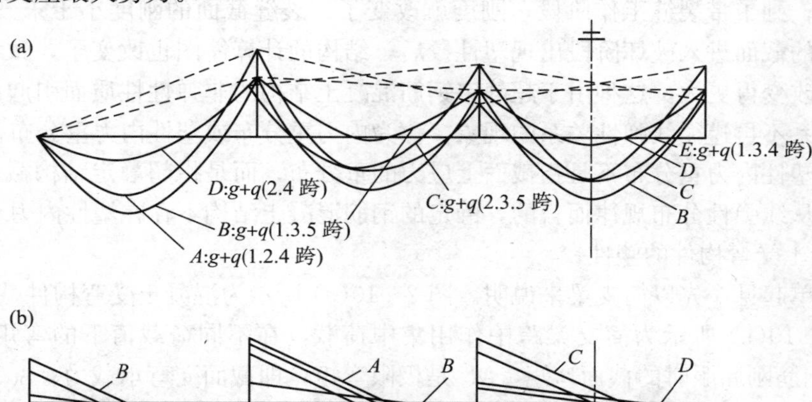

图2-9　内力包络图

4. 支座弯矩和剪力设计值

按弹性理论计算连续梁内力时，中间跨的计算跨度取为支座中心线间的距离，故所求得的支座弯矩和支座剪力都是指支座中心线的。实际上，正截面受弯承载力和斜截面承载

力的控制截面应在支座边缘，内力设计值应以支座边缘截面为准，故取

弯矩设计值：

$$M = M_c - V_0 \cdot \frac{b}{2} \tag{2-5}$$

剪力设计值：

均布荷载

$$V = V_c - (g+q) \cdot \frac{b}{2} \tag{2-6}$$

集中荷载

$$V = V_c \tag{2-7}$$

式中 M_c、V_c——支承中心处的弯矩、剪力设计值；

V_0——按简支梁计算的支座剪力设计值（取绝对值）；

b——支座宽度。

2.2.4 超静定结构塑性内力重分布的概念

1. 应力重分布与内力重分布

适筋梁正截面受弯的全过程分为三个阶段：弹性阶段、带裂缝工作阶段、破坏阶段。在弹性阶段，应力沿截面高度的分布近似为直线，到了带裂缝阶段和破坏阶段，应力沿截面高度的分布就不再是直线了。这种由于钢筋混凝土的非弹性性质，使截面上应力的分布不再服从线弹性分布规律的现象，称为应力重分布。

应力重分布是指截面上应力之间的非弹性关系，它是静定的和超静定的钢筋混凝土结构都具有的一种基本属性。支座反力和内力可以由静力平衡条件确定的结构是静定结构。静定结构中，各截面内力，如弯矩、剪力、轴向力等是与荷载成正比的，各截面内力之间的关系是不会改变的。除静力平衡条件外，还需按变形协调条件才能确定内力的结构是超静定结构。超静定钢筋混凝土结构在弹性工作阶段各截面内力之间的关系是由各构件弹性刚度确定的；到了带裂缝工作阶段，刚度就改变了，裂缝截面的刚度小于未开裂截面的；当内力最大的截面进入破坏阶段出现塑性铰后，结构的计算简图也改变了，致使各截面内力间的关系改变得更大。这种由于超静定钢筋混凝土结构的非弹性性质而引起的各截面内力之间的关系不再遵循线弹性关系的现象，称为内力重分布或塑性内力重分布。

可见，塑性内力重分布不是指截面上应力的重分布，而是指超静定结构截面内力间的关系不再服从线弹性分布规律而言的，静定的钢筋混凝土结构不存在塑性内力重分布。

2. 混凝土受弯构件的塑性铰

为了简单起见，先以简支梁来说明。图 2-10(a) 所示为混凝土受弯构件截面的 M-ϕ 曲线，图 2-10(b) 所示为简支梁跨中作用集中荷载，在不同荷载值下的弯矩图。图中，M_y 是受拉钢筋刚屈服时的截面弯矩，M_u 是极限弯矩，即截面受弯承载力；ϕ_y、ϕ_u 是对应的截面曲率。在破坏阶段，由于受拉钢筋已屈服，塑性应变增大而钢筋应力维持不变。随着截面受压区高度的减小，内力臂略有增大，截面的弯矩也有所增加，但弯矩的增量（M_u-M_y）不大，而截面曲率的增值（$\phi_u-\phi_y$）却很大，在 M-ϕ 图上大致是一条水平线。这样，在弯矩基本维持不变的情况下，截面曲率激增，形成了一个能转动的“铰”，这种铰称为塑性铰。

当跨中截面弯矩从 M_y 发展到 M_u 的过程中，与它相邻的一些截面也进入“屈服”产生塑性转动。在图 2-10(b) 中，$M \geqslant M_y$ 的部分是塑性铰的区域（由于钢筋与混凝土间粘结力

的局部破坏，实际的塑性铰区域更大）。通常把这一塑性变形集中产生的区域理想化为集中于一个截面上的塑性铰，该范围称塑性铰长度 l_p，所产生的转角称为塑性铰的转角 θ_p。

可见，塑性铰在破坏阶段开始时形成，它是有一定长度的，它能承受一定的弯矩，并在弯矩作用方向转动，直至截面破坏。

与结构力学中的理想铰相比较，塑性铰有三个主要区别：①理想铰不能承受任何弯矩，而塑性铰则能承受基本不变的弯矩；②理想铰集中于一点，塑性铰则有一定的长度；③理想铰在两个方向都可产生无限的转动，而塑性铰则是有限转动的单向铰，只能在弯矩作用方向作有限的转动。

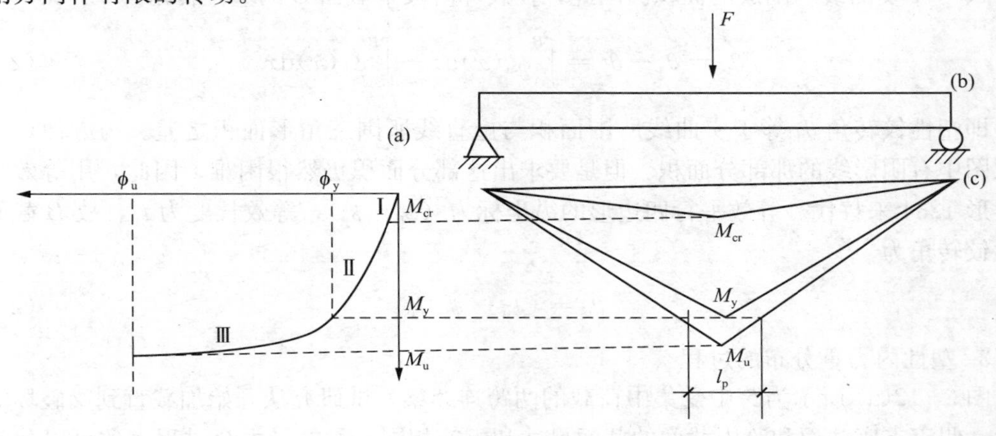

图 2-10　塑性铰的形成

（a）跨中正截面的 $M-\phi$ 曲线；（b）跨中有集中荷载作用的简支梁；（c）弯矩图

塑性铰有钢筋铰和混凝土铰两种。对于配置具有明显屈服点钢筋的适筋梁，塑性铰形成的起因是受拉钢筋先屈服，故称为钢筋铰。当截面配筋率大于界限配筋率，此时钢筋不会屈服，转动主要由受压区混凝土的非弹性变形引起，故称混凝土铰，它的转动量很小，截面破坏突然。混凝土铰大都出现在受弯构件的超筋截面或小偏心受压构件中，钢筋铰则出现在受弯构件的适筋截面或大偏心受压构件中。

显然，在混凝土超静定结构中，塑性铰的出现就意味着承载能力的丧失，是不允许的，但在超静定混凝土结构中，塑性铰是允许的，不会把结构变成几何可变体系的。为了保证结构有足够的变形能力，塑性铰应设计成转动能力大，延性好的钢筋铰。

下面讨论塑性铰的转角和等效塑性铰长度。

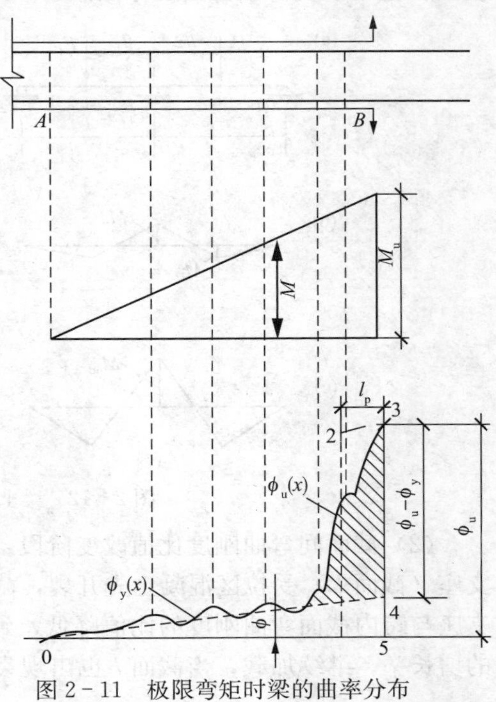

图 2-11　极限弯矩时梁的曲率分布

图 2-11 示出了连续梁的一部分，A 是

梁弯矩图形的反弯点，B 是中柱边缘。现在来研究当截面 B 的弯矩达到极限弯矩 M 时，截面 B 附近塑性铰的情况。图 2-11(c) 中的实线是 B 截面弯矩达到 M_u 时（相应曲率为 ϕ_u）沿梁长各截面曲率的实际分布曲线。可以看出，曲线是波动的：在梁的开裂截面处，出现峰值；两裂缝间，曲率下跌。设截面 B 处受拉钢筋开始屈服时的截面曲率为 ϕ_y，并假定此时沿梁长曲率的分布是直线分布，即在图 2-11(c) 中自 A 点作出的虚直线。由于曲率是指单位长度上的转角，故截面 B 处受拉钢筋屈服时，杆件 AB 对截面 B 的转角 θ_y 就等于图 2-11(c) 中三角形 045 的面积；而当截面 B 达到 ϕ_u 时的转角 θ_u 则等于图 2-11(c) 中实曲线所围成的面积。因此，在破坏阶段中截面 B 的塑性转角

$$\theta_p = \theta_u - \theta_y = \int_A^B \phi_u(x)\mathrm{d}x - \int_A^B \phi_y(x)\mathrm{d}x \tag{2-8}$$

即塑性铰转角 θ_p 等于实曲线所围面积与虚直线所围三角形面积之差。为方便，可近似取图中有阴影线的那部分面积。但是要求出这部分面积仍然很困难。因此，用等效平行四边形 1234 来替代。等效平行四边形的纵坐标为（$\phi_u - \phi_y$），等效长度为 l_p，故 B 截面的塑性铰转角为

$$\theta_p = (\phi_u - \phi_y)l_p \tag{2-9}$$

3. 塑性内力重分布的过程

图 2-12(a) 所示为跨中受集中荷载的两跨连续梁，试研究从开始加载直到梁破坏的全过程。假定支座截面和跨内截面的截面尺寸和配筋相同。梁的受力全过程大致可以分为三个阶段：

(1) 弹性内力阶段：当集中力 F_1 很小时，混凝土尚未开裂，梁各部分的截面弯曲刚度的比值未改变，结构接近弹性体系，弯矩分布由弹性理论确定，如图 2-12(b) 所示。

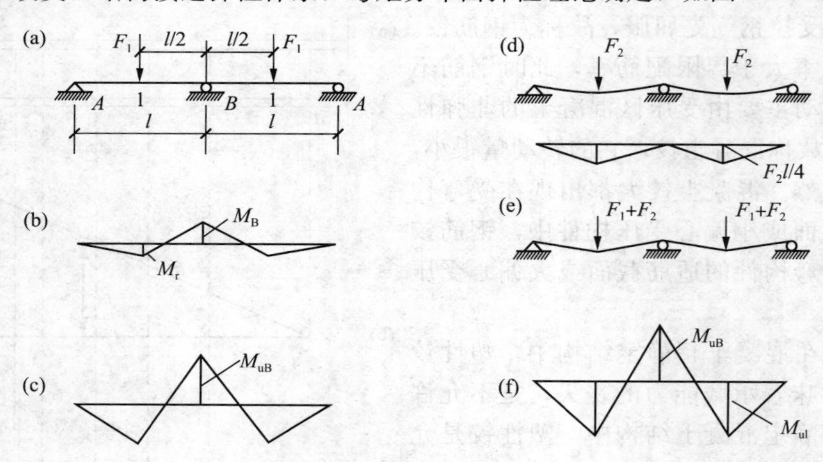

图 2-12 梁上弯矩分布及破坏机构形成

(2) 截面间弯曲刚度比值改变阶段：由于支座截面的弯矩最大，随着荷载增大，中间支座（截面 B）受拉区混凝土先开裂，截面弯曲刚度降低，但跨内截面 l 尚未开裂。由于支座与跨内截面弯曲刚度的比值降低，致使支座截面弯矩 M_B 的增长率低于跨内弯矩 M_1 的增长率。继续加载，当截面 l 也出现裂缝时，截面抗弯刚度的比值有所回升，M_B 的增

长率又有所加快。两者的弯矩比值不断发生变化。支座和跨内截面在混凝土开裂前后弯矩 M_B 和 M_1 的变化情况见图 2－13。

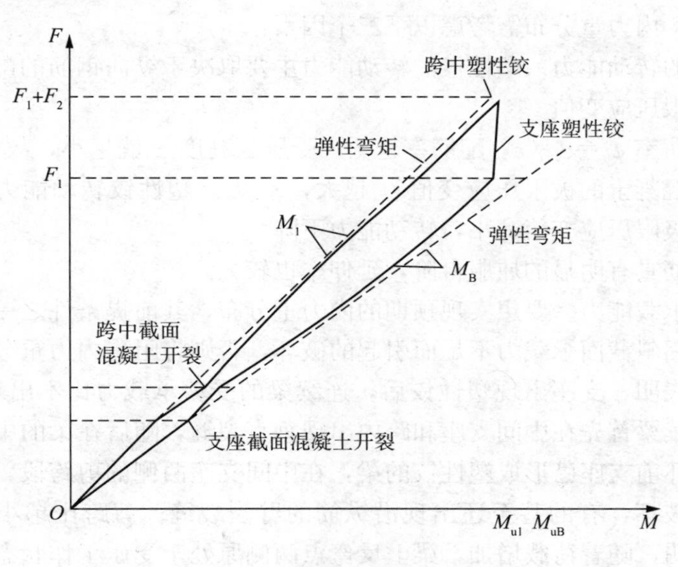

图 2－13　支座与跨中截面的弯矩变化过程

（3）塑性铰阶段：当荷载增加到支座截面 B 的受拉钢筋屈服，支座塑性铰形成，塑性铰能承受的弯矩为 M_{uB}（此处忽略 M_u 与 M_y 的差别），相应的荷载值为 F_1。再继续增加荷载，梁从一次超静定的连续梁转变成了两根简支梁。由于跨内截面承载力尚未耗尽，因此还可以继续增加荷载，直至跨内截面 l 也出现塑性铰，梁成为几何可变体系而破坏。设后加的那部分荷载为 F_2，则梁承受的总荷载为 $F=F_1+F_2$。

在 F_2 作用下，应按简支梁来计算跨内弯矩，此时支座弯矩不增加，维持在 M_{uB}，故在图 2－13 中 M_{uB} 出现了竖直段。若按弹性理论计算，M_B 和 M_1 的大小始终与外荷载呈线性关系，在 $M—F$ 图上应为两条虚直线，但梁的实际弯矩分布却如图 2－13 中实线所示，即出现了内力重分布。

由上述分析可知，超静定钢筋混凝土结构的内力重分布可概括为两个过程：第一过程发生在受拉混凝土开裂到第一个塑性铰形成之前，主要是由于结构各部分弯曲刚度比值的改变而引起的内力重分布；第二过程发生于第一个塑性铰形成以后直到形成机构、结构破坏，由于结构计算简图的改变而引起的内力重分布。显然，第二过程的内力重分布比第一过程显著得多。严格地说，第一过程称为弹塑性内力重分布，第二过程才是塑性内力重分布。

4. 影响内力重分布的因素

若超静定结构中各塑性铰都具有足够的转动能力，保证结构加载后能按照预期的顺序，先后形成足够数目的塑性铰，以致最后形成机动体系而破坏，这种情况称为充分的内力重分布。但是，塑性铰的转动能力是有限的，受到截面配筋率和材料极限应变值的限制。如果完成充分的内力重分布过程所需要的转角超过了塑性铰的转动能力，则在尚未形成预期的破坏机构以前，早出现的塑性铰已经因为受压区混凝土达到极限压应变值而“过早”被压碎，这种情况属于不充分的内力重分布。另外，如果在形成破坏机构之前，截面因受剪承载力不足而破坏，内力也不可能充分地重分布。此外，在设计中除了要考虑承载能力极限状态外，还要考虑正常使用极限状态。结构在正常使用阶段，裂缝宽度和挠度也不宜过大。

由上述可见，内力重分布需考虑以下三个因素：

（1）塑性铰的转动能力。塑性铰的转动能力主要取决于纵向钢筋的配筋率、钢材的品种和混凝土的极限压应变值。

截面的极限曲率 $\phi_u=\varepsilon_{cu}/x$，配筋率越低，受压区高度 x 就越小，故 ϕ_u 越大，塑性铰转动能力越大；混凝土的极限压应变值 ε_{cu} 越大，ϕ_u 大，塑性铰转动能力也越大。混凝土强度等级高时，极限压应变值减小，转动能力下降。

普通热轧钢筋具有明显的屈服台阶，延伸率也较大。

（2）斜截面承载能力。要想实现预期的内力重分布，其前提条件之一是在破坏机构形成前，不能发生因斜截面承载力不足而引起的破坏，否则将阻碍内力重分布继续进行。国内外的试验研究表明，支座出现塑性铰后，连续梁的受剪承载力比不出现塑性铰的梁低。加载过程中，连续梁首先在中间支座和跨内出现垂直裂缝，随后在梁的中间支座两侧出现斜裂缝。一些破坏前支座已形成塑性铰的梁，在中间支座两侧的剪跨段，纵筋和混凝土之间的粘结有明显破坏，有的甚至还出现沿纵筋的劈裂裂缝；剪跨比越小，这种现象越明显。试验量测表明，随着荷载增加，梁上反弯点两侧原处于受压工作状态的钢筋，将会由受压状态变为受拉状态，这种因纵筋和混凝土之间粘结破坏所导致的应力重分布，使纵向钢筋出现了拉力增量，而此拉力增量只能依靠增加梁截面剪压区的混凝土压力来维持平衡，这样，势必会降低梁的受剪承载力。

因此，为了保证连续梁内力重分布能充分发展，结构构件必须有足够的受剪承载能力。

（3）正常使用条件。如果最初出现的塑性铰转动幅度过大，塑性铰附近截面的裂缝就可能开展过宽，结构的挠度过大，不能满足正常使用的要求。因此，在考虑内力重分布时，应对塑性铰的允许转动量予以控制，也就是要控制内力重分布的幅度。一般要求在正常使用阶段不应出现塑性铰。

5. 考虑内力重分布的意义和适用范围

目前，在超静定混凝土结构设计中，结构的内力分析与构件截面设计是不相协调的，结构的内力分析仍采用传统的弹性理论，而构件的截面设计考虑了材料的塑性性能。实际上，超静定混凝土结构在承载过程中，由于混凝土的非弹性变形、裂缝的出现和发展、钢筋的锚固滑移，以及塑性铰的形成和转动等因素的影响，结构构件的刚度在各受力阶段不断发生变化，从而使结构的实际内力与变形明显地不同于按刚度不变的弹性理论算得的结果。所以，在设计混凝土连续梁、板时，恰当地考虑结构的内力重分布，不仅可以使结构的内力分析与截面设计相协调，而且具有以下优点：

（1）能更正确地估计结构的承载力和使用阶段的变形、裂缝；

（2）利用结构内力重分布的特性，合理调整钢筋布置，可以克服支座钢筋拥挤现象，简化配筋构造，方便混凝土浇捣，从而提高施工效率和质量；

（3）根据结构内力重分布规律，在一定条件和范围内可以人为地控制结构中的弯矩分布，从而使设计得以简化；

（4）可以使结构在破坏时有较多的截面达到其承载力，从而充分发挥结构的潜力，有效地节约材料。

考虑内力重分布是以形成塑性铰为前提的，因此下列情况不宜采用：

（1）在使用阶段不允许出现裂缝或对裂缝开展有较严格限制的结构，如水池池壁、自防水屋面，以及处于侵蚀性环境中的结构；

（2）直接承受动力和重复荷载的结构；

（3）预应力结构和二次受力叠合结构；

（4）要求有较高安全储备的结构。

2.2.5 连续梁、板按调幅法的内力计算

1. 调幅法的概念和原则

所谓弯矩调幅法，就是对结构按弹性理论所算得的弯矩值和剪力值进行适当的调整。通常是对那些弯矩绝对值较大的截面弯矩进行调整，然后按调整后的内力进行截面设计和配筋构造，是一种实用设计方法。

截面弯矩的调整幅度用弯矩调幅系数β来表示，即

$$\beta=\frac{M_e-M_a}{M_e} \tag{2-10}$$

式中 M_e——按弹性理论算得的弯矩值；

M_a——调幅后的弯矩值。

图2-14所示为一两跨的等跨连续梁，在跨度中点作用有集中荷载F。按弹性理论计算，支座弯矩$M_e=-0.188Fl_0$，跨度中点的弯矩$M_1=0.156Fl_0$。现将支座弯矩调整为$M_a=-0.15Fl_0$，则支座弯矩调幅系数$\beta=\frac{(0.188-0.15)Fl_0}{0.188Fl_0}=0.202$。此时，跨度中点的弯矩值可根据静力平衡条件确定。设M_0为按简支梁确定的跨度中点弯矩，由图2-14(c)可求得$M'_1+\frac{0+M_a}{2}=M_0$，可求得

$$M'_1=\frac{1}{4}Fl_0-\frac{1}{2}\times0.15Fl_0=0.175Fl_0$$

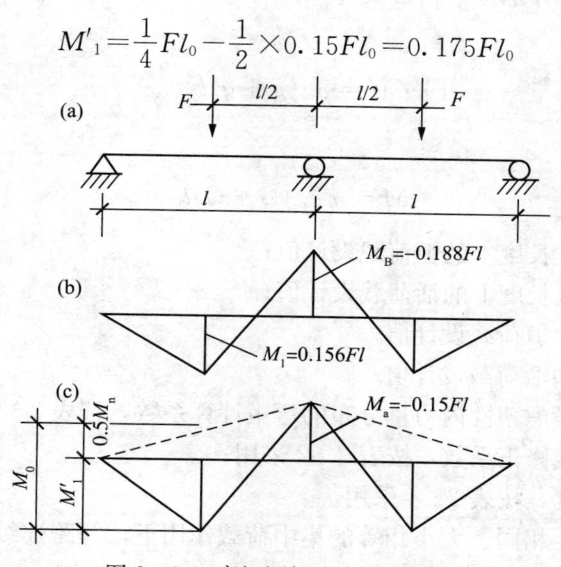

图2-14 弯矩调幅法中力的平衡

综合考虑影响内力重分布的因素后，梁、板的内力计算应遵循下列设计原则：

①弯矩调幅后引起结构内力图形和正常使用状态的变化，应进行验算，或有构造措施加以保证；②受力钢筋宜采用 HRB335 级、HRB400 级热轧钢筋，混凝土强度等级宜在 C20～C45 范围内；截面相对受压区高度应满足：

$$0.10 \leqslant \xi \leqslant 0.35$$

弯矩调幅法按下列步骤进行：

（1）用线弹性方法计算，并确定荷载最不利布置下的结构控制截面的弯矩最大值 M。

（2）采用调幅系数 β 降低各支座截面弯矩，即设计值按下式计算：

$$M = (1-\beta)M_e \tag{2-11}$$

其中 β 值不宜超过 0.2。

（3）结构的跨中截面弯矩值应取弹性分析所取的最不利弯矩值和按下式计算值中之较大值：

$$M = 1.02M_0 - \frac{1}{2}(M^l - M^r) \tag{2-12}$$

式中　M_0——按简支梁计算的跨中弯矩设计值；

M^l，M^r——连续梁或连续单向板的左、右支座截面弯矩调幅后的设计值。

（4）调幅后，支座和跨中截面的弯矩值均应不小于 M_0 的 1/3。

（5）各控制截面的剪力设计值按荷载最不利布置和调幅后的支座弯矩由静力平衡条件计算确定。

2. 用调幅法计算等跨连续梁、板

1）等跨连续梁

在相等均布荷载和间距相同、大小相等的集中荷载作用下，等跨连续梁各跨跨中和支座截面的弯矩设计值可分别按下列公式计算：

承受均布荷载时

$$M = \alpha_m (g+q) l_0^2 \tag{2-13}$$

承受集中荷载时

$$M = \eta \alpha_m (G+Q) l_0 \tag{2-14}$$

式中　g——沿梁单位长度上的恒荷载设计值；

q——沿梁单位长度上的活荷载设计值；

G——一个集中恒荷载设计值；

Q——一个集中活荷载设计值；

α_m——连续梁考虑塑性内力重分布的弯矩计算系数，按表 2-1 采用；

η——集中荷载修正系数，按表 2-2 采用；

l_0——计算跨度，按表 2-4 采用。

在均布荷载和间距相同、大小相等的集中荷载作用下，等跨连续梁支座边缘的剪力设计值 V 可分别按下列公式计算：

均布荷载

$$V=\alpha_{v}(g+q)l_{n} \tag{2-15}$$

集中荷载

$$V=\alpha_{v}n(G+Q) \tag{2-16}$$

式中 α_{v}——考虑塑性内力重分布梁的剪力计算系数，按表 2-3 采用；

l_{n}——净跨度；

n——跨内集中荷载的个数。

连续梁和连续单向板考虑塑性内力重分布的弯矩计算系数 α_{m} **表 2-1**

<table>
<tr><th colspan="2" rowspan="3">支撑情况</th><th colspan="6">截面位置</th></tr>
<tr><th>端支座</th><th>边跨跨中</th><th>离端第二支座</th><th>离端第二跨跨中</th><th>中间支座</th><th>中间跨跨中</th></tr>
<tr><th>A</th><th>Ⅰ</th><th>B</th><th>Ⅱ</th><th>C</th><th>Ⅲ</th></tr>
<tr><td colspan="2">梁、板搁置在墙上</td><td>0</td><td>1/11</td><td rowspan="4">两跨连续：
−1/10
三跨以上连续：
−1/11</td><td rowspan="4">1/16</td><td rowspan="4">−1/14</td><td rowspan="4">1/16</td></tr>
<tr><td>板</td><td rowspan="2">与梁整浇连接</td><td>−1/16</td><td rowspan="2">1/14</td></tr>
<tr><td>梁</td><td>−1/24</td></tr>
<tr><td colspan="2">梁与柱整浇连接</td><td>−1/16</td><td>1/14</td></tr>
</table>

注：1. 表中系数适用于荷载比 $g/q>0.3$ 的等跨连续梁和连续单向板；

2. 连续梁或连续单向板的各跨长度不等，但相邻两跨的长跨和短跨之比值小于 1.10 时，仍可采用表中的弯矩系数值。计算支座弯矩时应取相邻两跨中的较长跨度值，计算跨中弯矩时应取本跨长度。

集中荷载修正系数 η **表 2-2**

荷载情况	截面					
	A	Ⅰ	B	Ⅱ	C	Ⅲ
当在跨中中点处作用一个集中荷载时	1.5	2.2	1.5	2.7	1.6	2.7
当在跨中三分点处作用两个集中荷载时	2.7	3.0	2.7	3.0	2.9	3.0
当在跨中四分点处作用三个集中荷载时	3.8	4.1	3.8	4.5	4.0	4.8

连续梁考虑塑性内力重分布的剪力计算系数 α_{v} **表 2-3**

<table>
<tr><th rowspan="3">支承情况</th><th colspan="5">截面位置</th></tr>
<tr><th rowspan="2">A 支座内侧
A_{in}</th><th colspan="2">离端第二支座</th><th colspan="2">中间支座</th></tr>
<tr><th>外侧 B_{ex}</th><th>内侧 B_{in}</th><th>外侧 C_{ex}</th><th>内侧 C_{in}</th></tr>
<tr><td>搁置在墙上</td><td>0.45</td><td>0.60</td><td rowspan="2">0.55</td><td rowspan="2">0.55</td><td rowspan="2">0.55</td></tr>
<tr><td>与梁或柱整体连接</td><td>0.50</td><td>0.55</td></tr>
</table>

2）等跨连续板

承受均布荷载的等跨连续单向板，各跨跨中及支座截面的弯矩设计值 M 可按下式计算：

$$M=\alpha_{m}(g+q)l_{0}^{2} \tag{2-17}$$

式中　g，q——沿板跨单位长度上的恒荷载设计值、活荷载设计值；

α_m——连续单向板考虑塑性内力重分布的弯矩计算系数，按表 2-1 采用；

l_0——计算跨度，按表 2-4 采用。

梁、板的计算跨度 l_0　　**表 2-4**

支承情况	计算跨度	
	梁	板
两端与梁（柱）整体连接	净跨 l_n	净跨 l_n
两端支承在砖墙上	$1.05l_n$ （$\leqslant l_n+b$）	l_n+h （$\leqslant l_n+a$）
一端与梁（柱）整体连接，另一端支承在砖墙上	$1.025l_n$ （$\leqslant l_n+b/2$）	$l_n+h/2$ （$\leqslant l_n+a/2$）

注：表中 b 为梁的支承宽度，a 为板的搁置长度，h 为板厚。

下面以承受均布荷载的五跨连续梁为例（图 2-15），简要说明表 2-1 中弯矩计算系数的确定方法。

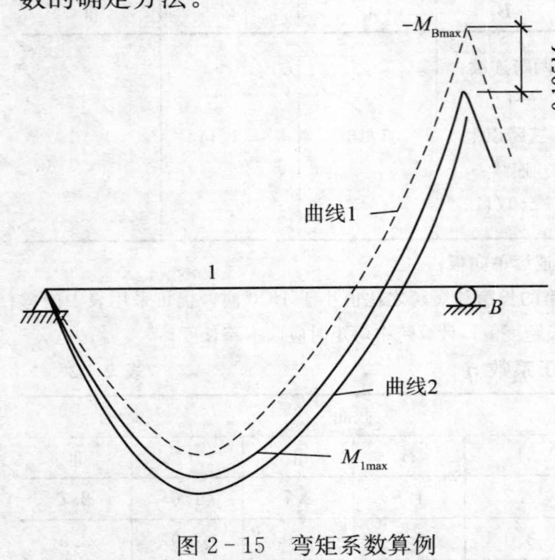

图 2-15　弯矩系数算例

假定梁的边支座为砖砌体，并取 $g/q=3$，可以写成 $g+q=q/3+q=4q/3$ 和 $g+q=g+3g=4g$。于是 $q=\frac{3}{4}(g+q)$，$g=\frac{1}{4}(g+q)$

次梁的折算荷载

$$g'=g+q/4=\frac{1}{4}(g+q)+\frac{3}{16}(g+q)$$

$$=0.4375(g+q)$$

$$q'=3/4q=\frac{9}{16}(g+q)$$

$$=0.5625(g+q)$$

按弹性理论，边跨支座 B 弯矩最大（绝对值）时，活荷载应布置在一、二、四跨（图 2-15 中曲线 1），相应的弯矩

$$M_{Bmax}=-0.105g'l_0^2-0.119q'l_0^2=-0.1129(g+q)l_0^2$$

弯矩调幅 20%，则

$$M_B=0.8M_{Bmax}=-0.0903(g+q)l_0^2$$

表 2-1 中取 $\alpha_m=1/11=0.0909$，相当于支座调幅值为 0.195。

当 M_{Bmax} 下调后，根据第一跨的静力平衡条件，相应的跨内最大弯矩出现在距端支座 $x=0.409l_0$ 处，其值为（图 2-15 中粗实线所示）

$$M_1=\frac{1}{2}(0.409l_0)^2(g+q)=0.0836(g+q)l_0^2$$

按弹性理论，活荷载布置在一、三、五跨时，边跨跨内出现最大正弯矩（图 2-15 中曲线 2）

$$M_{1\max}=0.078g'l_0^2+0.1q'l_0^2=0.0904(g+q)l_0^2$$

取 $M_{1\max}$、M_1 两者中的大值，作为跨中截面的弯矩设计值。为方便起见，弯矩系数取为 1/11。

其余系数可按类似方法确定。

3. 用调幅法计算不等跨连续梁、板

相邻两跨的长跨与短跨之比小于 1.10 的不等跨连续梁、板，在均布荷载或间距相同、大小相等的集中荷载作用下，各跨跨中及支座截面的弯矩设计值和剪力设计值仍可按上述等跨连续梁、板的规定确定。对于不满足上述条件的不等跨连续梁、板或各跨荷载值相差较大的等跨连续梁、板，现行规程提出了简化方法，可分别按下列步骤进行计算。

1）不等跨连续梁

（1）按荷载的最不利布置，用弹性理论分别求出连续梁各控制截面的弯矩最大值 M_e。

（2）在弹性弯矩的基础上，降低各支座截面的弯矩，其调幅系数 β 不宜超过 0.2；在进行正截面受弯承载力计算时，连续梁各支座截面的弯矩设计值可按下列公式计算：

当连续梁搁置在墙上时：

$$M=(1-\beta)M_e \tag{2-18}$$

当连续梁两端与梁或柱整体连接时：

$$M=(1-\beta)M_e-V_0b/3 \tag{2-19}$$

式中 V_0——按简支梁计算的支座剪力设计值；

b——支座宽度。

（3）连续梁各跨中截面的弯矩不宜调整，其弯矩设计值取考虑荷载最不利布置并按弹性理论求得的最不利弯矩值和按式（2-12）算得的弯矩之间的大值。

（4）连续梁各控制截面的剪力设计值，可按荷载最不利布置，根据调整后的支座弯矩用静力平衡条件计算，也可近似取考虑活荷载最不利布置按弹性理论算得的剪力值。

2）不等跨连续板

（1）从较大跨度板开始，在下列范围内选定跨中的弯矩设计值：

边跨
$$\frac{(g+q)l_0^2}{14}\leqslant M\leqslant\frac{(g+q)l_0^2}{11} \tag{2-20}$$

中间跨
$$\frac{(g+q)l_0^2}{20}\leqslant M\leqslant\frac{(g+q)l_0^2}{16} \tag{2-21}$$

（2）按照所选定的跨中弯矩设计值，由静力平衡条件，来确定较大跨度的两端支座弯矩设计值，再以此支座弯矩设计值为已知值，重复上述条件和步骤确定邻跨的跨中弯矩和相邻支座的弯矩设计值。

【例 2-1】一等跨等截面两跨连续梁，计算跨度 $l_0=4.5$m，承受均布恒荷载设计值边跨 $g=8$kN/m，均布活荷载 $q=24$kN/m。试采用弯矩调幅法确定该梁的弯矩。

【解】

①计算弹性弯矩。梁的计算简图见图 2－16。考虑活荷载的最不利布置，将支座负弯矩值及跨内正弯矩值列于表 2－5，弯矩叠合图见图 2－17(a)。

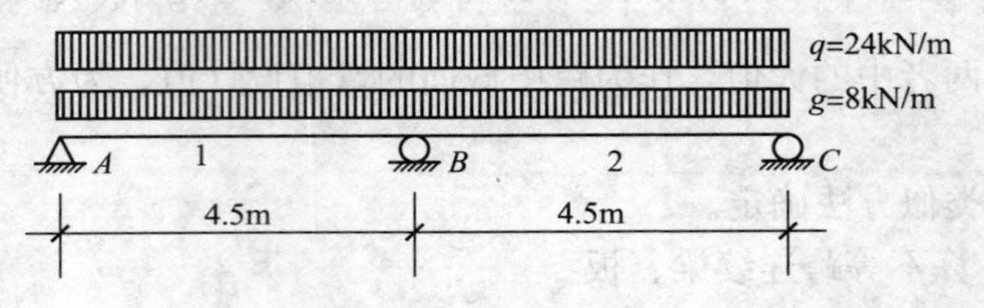

图 2－16 【例 2－1】中连续梁的计算简图

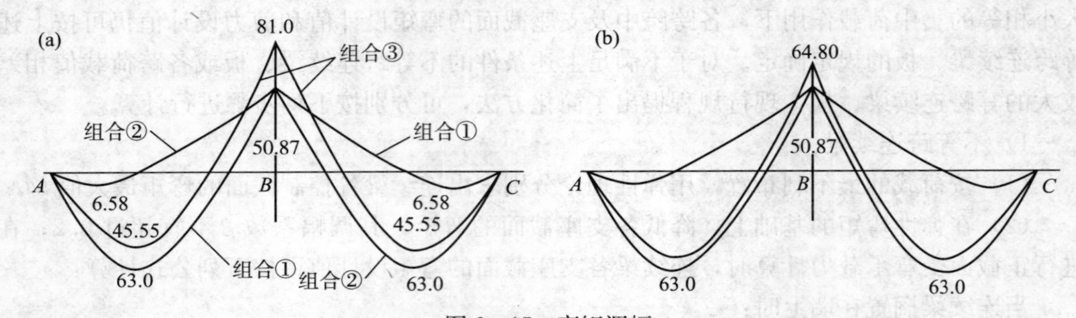

图 2－17 弯矩调幅

(a) 调幅前的弯矩图；(b) 调幅后的弯矩图

弹性弯矩值 (kN·m) 表 2－5

最不利荷载组合		截面		
		1	B	2
①	M_{1max}、M_{2min}	63.0	－50.87	6.58
②	M_{2max}、M_{1min}	6.58	－50.87	63.0
③	$-M_{Bmax}$	45.55	－81.0	45.55

②调整支座弯矩。将支座 B 截面的最大弯矩降低 20%。调幅后的 B 支座弯矩

$$M_B = (1-0.2)\times(-81.0) = -64.8\text{kN}\cdot\text{m}$$

③跨中截面弯矩不调整。因按式（2－12）计算得到的跨内弯矩

$$M = 1.02M_0 - \frac{1}{2}(M^l + M^r) = 1.02\times 81 - 0.5\times 64.8 = 50.22\text{ kN}\cdot\text{m}$$

小于按弹性理论求得的跨内最大弯矩值 63.0kN·m，故不调整。

调幅后的弯矩图见图 2－17(b)。

如采用弯矩系数法，由表 2－1，支座 B 的弯矩为$-(8+24)\times 4.5^2/10=-64.8$kN·m；跨内正弯矩为 $(8+24)\times 4.5^2/11=58.91$kN·m。

从上面的例题可以看出，支座截面最大弯矩和跨内截面最大弯矩并不是同时出现的，它们对应了不同的活荷载不利布置。当将最大支座弯矩调整后，如果相应的跨中弯矩（此时跨中弯矩相应地会增加）并没有超过最大的跨内弯矩，则支座截面的配筋可以减少，而跨中配筋不需要增加，因而可以节约材料。此外，由于支座截面的弯矩调幅值可以在一定范围内任意选择，因而设计并不是唯一的，设计人员有相当大的自由度。

2.2.6 单向板肋梁楼盖的截面设计与构造

1. 单向板的截面设计与构造

1）设计要点

现浇钢筋混凝土单向板的厚度 h 除应满足建筑功能外，还应符合最小厚度的构造要求，此外，为了保证刚度，单向板的厚度尚应不小于跨度的 1/40（连续板）、l/35（简支板）以及 1/12（悬臂板）。因为板的混凝土用量占整个楼盖的 50%以上，因此在满足上述条件的前提下，板厚应尽可能薄些。板的配筋率一般为 0.3%～0.8%。

在四条周边都是砌体墙的单向板肋梁楼盖中，端区格的单向板与中间区格的单向板，它们的边界条件是不同的。连续单向板支座处因承受负弯矩，板面开裂；跨内则承受正弯矩，板底开裂，这使板内各正截面的实际中和轴连线为拱形，如图 2-5 所示。拱是有水平推力的，周边有梁约束的板，梁能对板提供这种水平推力，从而减少了弯矩值。

为了考虑四边与梁整体连接的中间区格单向板拱作用的有利因素，对中间区格的单向板，其中间跨的跨中截面弯矩及支座截面弯矩可各折减 20%，但边跨的跨中截面弯矩及第一支座截面弯矩则不折减。

现浇板在砌体墙上的支承长度不宜小于 120mm。

由于板的跨高比远比梁小，对于一般工业与民用建筑楼盖，仅混凝土就足以承担剪力，可不必进行斜截面受剪承载力计算。

2）配筋构造

（1）板中受力筋：受力钢筋一般采用 HPB300、HRB335、HRB400，常用直径为 8～12mm，当板厚较大时，钢筋直径可用 14～18mm。为了施工方便，选择板内正、负钢筋时，一般宜使它们的间距相同而直径不同，直径不宜多于两种。

连续板受力钢筋的配筋方式有弯起式和分离式两种，见图 2-18。弯起式配筋可先按跨内正弯矩的需要确定所需钢筋的直径和间距，然后在支座附近弯起 1/2～2/3，如果还不满足所要求的支座负钢筋需要，再另加直的负钢筋；通常取相同的间距。弯起角一般为 30°，当板厚大于 120mm 时，可采用 45°。弯起式配筋的钢筋锚固较好，可节省钢材，但施工较复杂。

分离式配筋的钢筋锚固稍差，耗钢量略高，但设计和施工都比较方便，是目前最常用的方式。当板厚超过 120mm 且承受的动荷载较大时，不宜采用分离式配筋。

连续单向板内受力钢筋的弯起和截断，一般可以按图 2-18 确定，图中 a 的取值为：当板上均布活荷载 q 与均布恒荷载 g 的比值 $q/g \leqslant 3$ 时，$a=l_n/4$；当 $q/g>3$ 时，$a=l_n/3$，l_n 为板的净跨长。当连续板的相邻跨度之差超过 20%，或各跨荷载相差很大时，则钢筋的弯起与切断应按弯矩包络图确定。

（2）板中构造钢筋：连续单向板除了按计算配置受力钢筋外，通常还应布置以下构造钢筋：

①分布钢筋：在平行于单向板的长跨，与受力钢筋垂直的方向设置分布筋，分布筋放在受力筋的内侧。分布筋的截面面积不应少于受力钢筋的 15%，且其间距不宜大于 250mm，直径不宜小于 8mm；对集中荷载较大的情况，分布钢筋的截面面积应适当增加，其间距不宜大于 200mm。当有实践经验或可靠措施时，预制单向板的分布钢筋可不受以

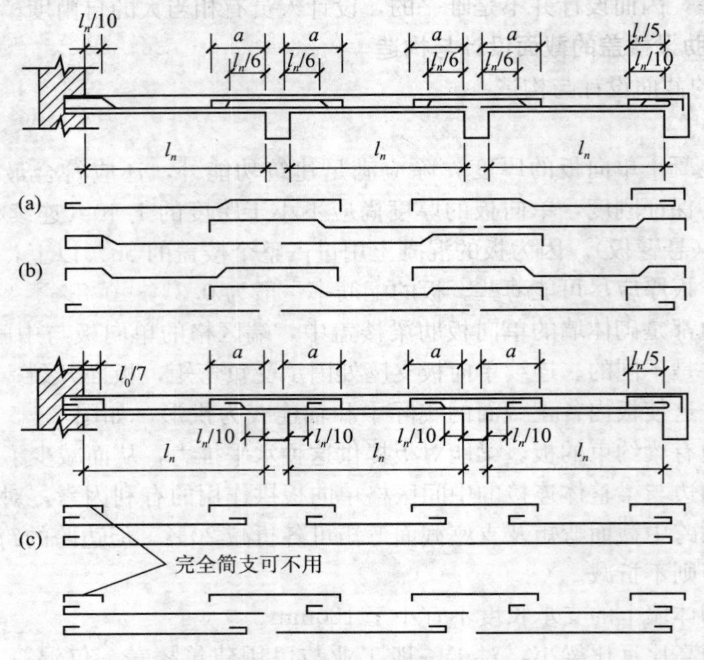

图 2-18　连续单向板的配筋方式

（a）一端弯起式；（b）两端弯起式；（c）分离式

上限制。

分布筋具有以下主要作用：a. 浇筑混凝土时固定受力钢筋的位置；b. 承受混凝土收缩和温度变化所产生的内力；c. 承受并分布板上局部荷载产生的内力；d. 对四边支承板，可承受在计算中未计但实际存在的长跨方向的弯矩。

②温度钢筋：当板中温度应力较大时，宜按计算的温度应力确定温度钢筋的数量。当不计算温度应力时，在可能产生温度拉应力的方向按构造配置温度钢筋，其配筋率不宜小于 0.1%，间距宜为 150～200mm。温度钢筋宜以钢筋网的形式在板的上、下表面配置。

③垂直于主梁的板面构造钢筋：力总是按最短距离传递的，所以靠近主梁的竖向荷载，大部分是传给主梁而不是往单向板的跨度方向传递。所以，主梁梁肋附近的板面存在一定的负弯矩，因此必须在主梁上部的板面配置附加短钢筋。其直径不宜小于 8mm，间距不宜大于 200mm。且沿主梁单位长度内的总截面面积不少于板中单位宽度内受力钢筋截面积的 1/3，伸入板中的长度从主梁梁肋边算起不小于板计算跨度的 1/4，如图 2-19 所示。

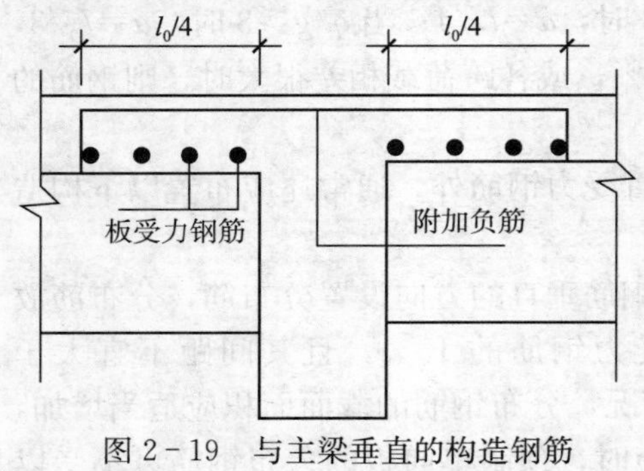

图 2-19　与主梁垂直的构造钢筋

④嵌入承重墙体内的板面构造钢筋：嵌固在承重墙内的单向板，由于墙的约束作用，板在墙边也会产生一定的负弯矩；垂直于板跨度方向，由于部分荷载将就近传给支承墙，也会产生一定的负弯矩，使板面受拉开裂。在板角部分，除因传递荷载使板在两个正交方向引起负弯矩外，由于温度收缩影响产生的角部拉应力，也促使板角发生斜向裂缝。为避免这种裂缝的出现和开展，对于嵌固在承

重砌体墙内的现浇混凝土板，应在支承周边上部墙体内配置每米不少于 $5\phi8$ 的附加短负筋，伸出墙边长度不小于 $l_0/7$，如图 2－20 所示。

⑤板角附加短钢筋：两边嵌入砌体墙内的板角部分，应在板面双向配置附加的短负钢筋。其中，沿受力方向配置的负钢筋截面面积不宜小于该方向跨中受力钢筋截面面积的 1/3～1/2，并一般不少于 $5\phi8$；另一方向的负钢筋一般不少于 $5\phi8$。每一方向伸出墙边长度不小于 $l_0/4$，如图 2－20 所示。

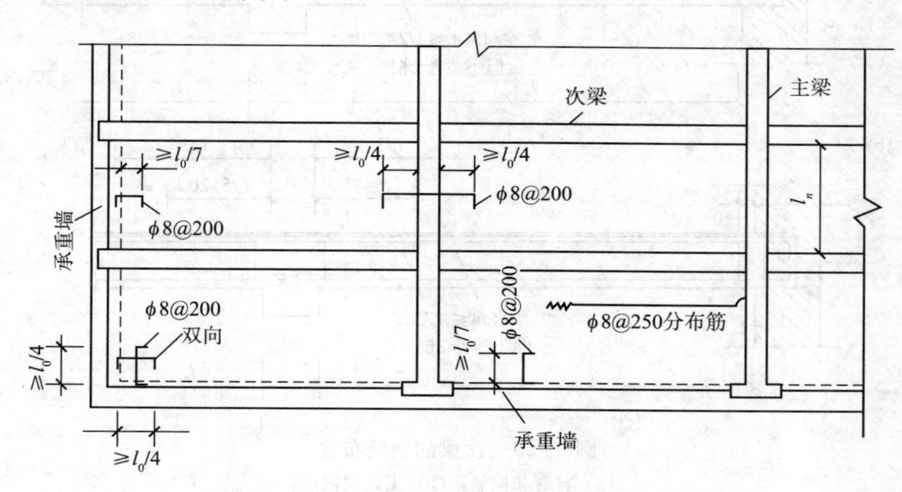

图 2－20　板的构造钢筋

2. 次梁

1）设计要点

次梁的跨度一般为 4～6m，梁高为跨度的 1/18～1/12；梁宽为梁高的 1/3～1/2。纵向钢筋的配筋率一般为 0.6%～1.5%。

在现浇肋梁楼盖中，板可作为次梁的上翼缘。在跨内正弯矩区段，板位于受压区，故应按 T 形截面计算，翼缘计算宽度 b'_f 可按有关规定确定；在支座附近的负弯矩区段，板处于受拉区，应按矩形截面计算。

当次梁考虑塑性内力重分布时，调幅截面的相对受压区高度应满足 $0.1\leqslant\xi\leqslant0.35$ 的限制，此外在斜截面受剪承载力计算中，为避免梁因出现剪切破坏而影响其内力重分布，应将计算所需的箍筋面积增大 20%。增大范围如下：当为集中荷载时，取支座边至最近一个集中荷载之间的区段；当为均布荷载时，取 $1.05h_0$，此处 h_0 为梁截面有效高度。

2）配筋构造

次梁的一般构造要求与受弯构件的配筋构造相同。次梁的配筋方式也有弯起式和连续式，如图 2－21 所示。沿梁长纵向钢筋的弯起和切断，原则上应按弯矩及剪力包络图确定。但对于相邻跨跨度相差不超过 20%，活荷载和恒荷载的比值 $q/g\leqslant3$ 的连续梁，可参考图 2－21 布置钢筋。

按图 2－21(a)，中间支座负钢筋的弯起，第一排的上弯点距支座边缘为 50mm；第二排、第三排上弯点距支座边缘分别为 h 和 $2h$。

支座处上部受力钢筋总面积为 A_s，则第一批截断的钢筋面积不得超过 $A_s/2$，延伸长度从支座边缘起不小于 $l_n/5+20d$（d 为截断钢筋的直径）；第二批截断的钢筋面积不得超

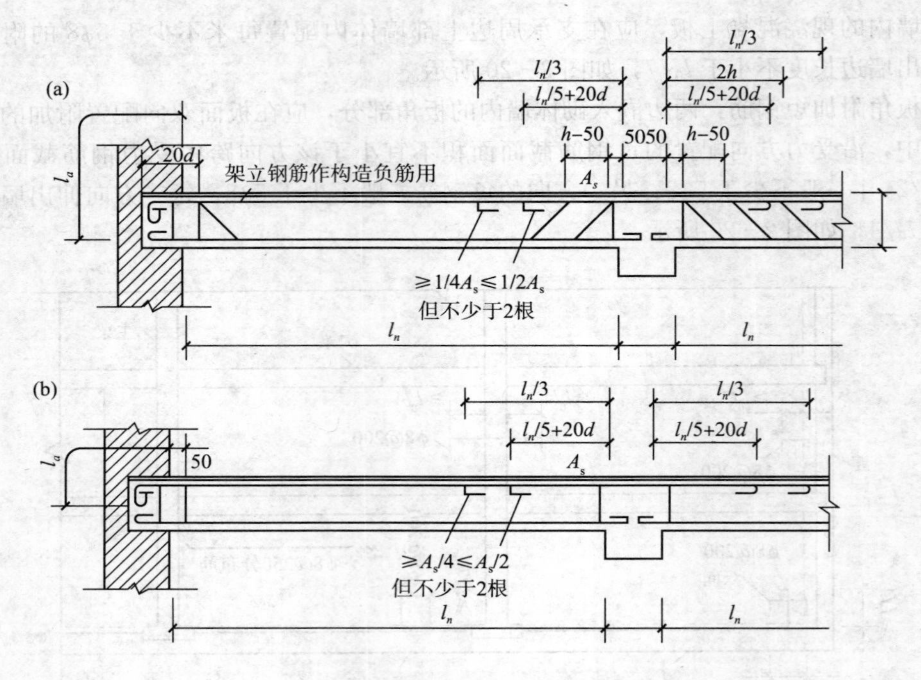

图 2－21　次梁的钢筋布置

(a) 有弯起钢筋；(b) 无弯起钢筋

过 $A_s/4$，延伸长度不小于 $l_n/3$。所余下的纵筋面积不小于 $A_s/4$，且不少于两根，可用来承担部分负弯矩并兼作架立钢筋，其伸入支座的锚固长度不得小于 l_a。

位于次梁下部的纵向钢筋除弯起的外，应全部伸入支座，不得在跨间截断。下部纵筋伸入支座和中间支座的锚固长度应满足相应的要求。

连续次梁因截面上、下均配置受力钢筋，所以一般均沿梁全长配置封闭式箍筋，第一根箍筋可距支座边 50mm 处开始布置，同时在简支端的支座范围内，一般宜布置一根箍筋。

3. 主梁

主梁的跨度一般以在 5～8m 为宜；梁高为跨度的 1/14～1/8。主梁除承受自重和直接作用在主梁上的荷载外，主要是次梁传来的集中荷载。为简化计算，可将主梁的自重等效成集中荷载，其作用点与次梁的位置相同。因梁、板整体浇筑，故主梁跨内截面按 T 形截面计算，支座截面按矩形截面计算。

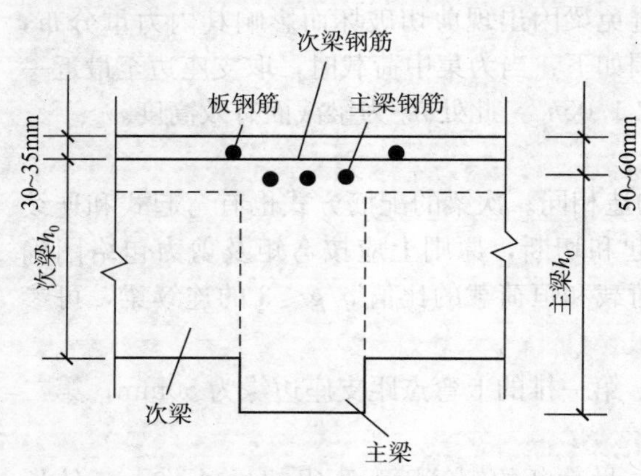

图 2－22　主梁支座截面的钢筋位置

如果主梁是框架横梁，水平荷载（如风载、水平地震作用等）也会在梁中产生弯矩和剪力，此时，应按框架梁设计。

在主梁支座处，主梁与次梁截面的上部纵向钢筋相互交叉重叠（图 2－22），致使主梁承受负弯矩的纵筋位置下移，梁的有效高度减小。所以，在计算主梁支座截面负钢筋时，截面有效高度 h_0 应取：一排钢筋时，h_0

$= h-(60\sim70)$mm；两排钢筋时，$h_0 = h-(80\sim90)$mm，h 是截面高度。

次梁与主梁相交处，在主梁高度范围内受到次梁传来的集中荷载的作用。此集中荷载并非作用在主梁顶面，而是靠次梁的剪压区传递至主梁的腹部。所以，在主梁局部长度上将引起主拉应力，特别是当集中荷载作用在主梁的受拉区时，会在梁腹部产生斜裂缝，引起梁的局部破坏。为此，需设置附加横向钢筋，把此集中荷载传递到主梁顶部受压区。

附加横向钢筋应布置在长度为 $S=2h_1+3b$ 的范围内（图 2－23），以便能充分发挥作用。附加横向钢筋可采用附加箍筋和吊筋，宜优先采用附加箍筋。附加箍筋和吊筋的总截面面积按下式计算：

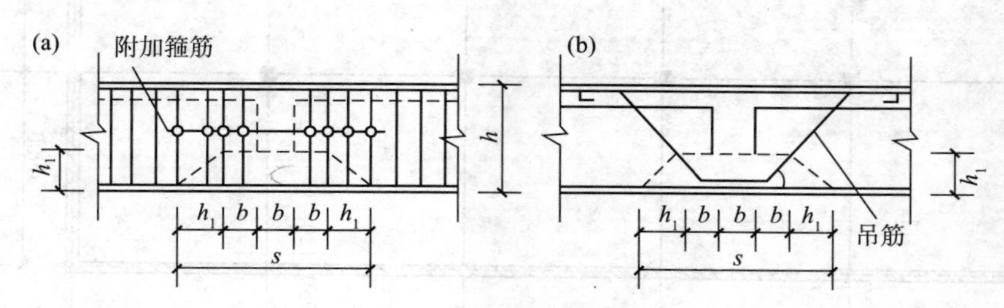

图 2－23　附加横向钢筋布置

$$F_l \leqslant 2f_y A_{sb}\sin\alpha + mnf_{yv}A_{sv1} \qquad (2-22)$$

式中　F_l——由次梁传递的集中力设计值；

f_y——吊筋的抗拉强度设计值；

f_{yv}——附加箍筋的抗拉强度设计值；

A_{sb}——一根吊筋的截面积；

A_{sv1}——单肢箍筋的截面积；

m——附加箍筋的排数；

n——在同一截面内附加箍筋的肢数；

α——吊筋与梁轴线间的夹角，一般为 45°，当梁高 $h>800$mm 时，采用 60°。

主梁纵向钢筋的弯起和切断，原则上应按弯矩包络图和剪力包络图确定。

2.2.7　单向板肋梁楼盖设计例题

某厂房用楼盖，平面尺寸为 33m×20.7m，层高 4.5m，四周为承重墙，室内设置 8 个立柱（柱截面尺寸取为 400mm×400mm），楼盖平面图如图 2－24 所示，楼盖做法见图 2－25，楼盖采用现浇的钢筋混凝土单向板肋梁楼盖，试设计之。

设计要求：①板、次梁内力按塑性内力重分布方法计算；②主梁内力按弹性理论计算；③绘出结构平面布置图、板次梁和主梁的模板及配筋图。

进行钢筋混凝土现浇单向板肋梁楼盖设计主要解决的问题有：①计算简图；②内力分析；③截面配筋计算；④构造要求；⑤施工图绘制。

整体式单向板肋梁楼盖设计步骤如下。

1）设计资料

其中荷载及材料如下：

（1）楼面均布活荷载标准值：$q_k=5\text{kN/m}^2$。

（2）楼面做法如图 2－25 所示：楼面面层用 20mm 厚的水泥砂浆抹面（$\gamma=20\text{kN/m}^3$），

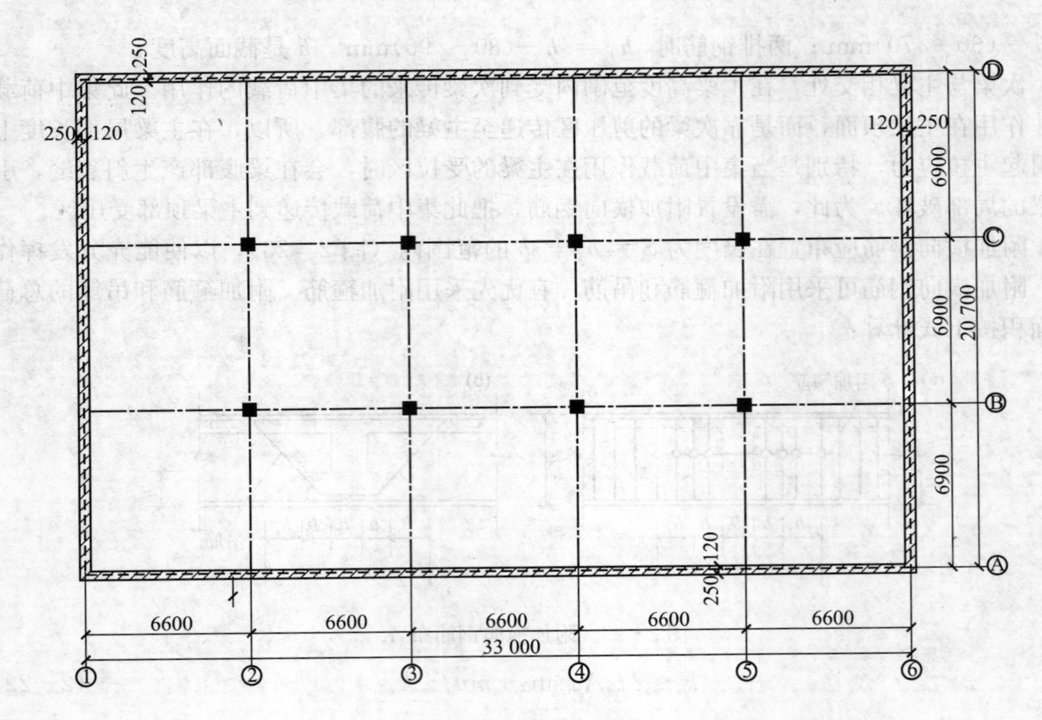

图 2 - 24　楼盖平面图

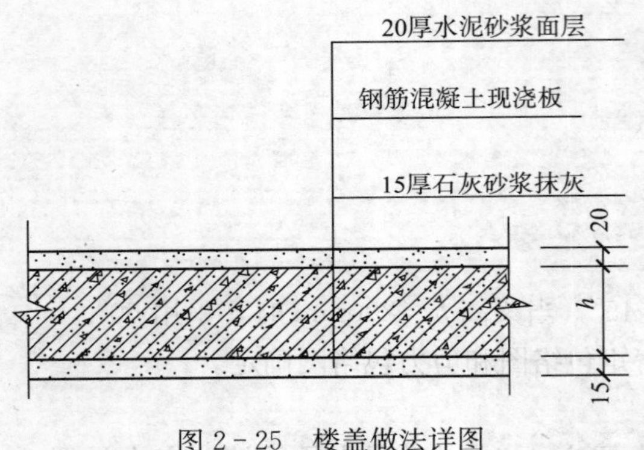

图 2 - 25　楼盖做法详图

底板及梁用 15mm 厚的石灰砂浆抹底（$\gamma=17\text{kN/m}^3$）。

（3）材料强度等级：混凝土强度等级采用 C25，主梁和次梁的纵向受力钢筋采用 HRB400 或 HRB335，板钢筋、主次梁的箍筋采用 HPB300。

2）楼盖梁格布置及截面尺寸确定

（1）确定主梁的跨度为 6.9m，次梁的跨度为 6.6m，主梁每跨内布置两根次梁，板的跨度为 2.3m。

（2）按高跨比条件要求板的厚度 $h \geqslant l/40=2300/40=57.5\text{mm}$，对工业建筑的楼板，要求 $h \geqslant 70\text{mm}$，所以板厚取 $h=80\text{mm}$。

（3）次梁截面高度应满足：$h=l/18 \sim l/12=6600/18 \sim 6600/12=367 \sim 550\text{mm}$，取 $h=450\text{mm}$，截面宽度 $b=(1/3 \sim 1/2)\,h$，取 $b=200\text{mm}$。

（4）主梁截面高度应满足：$h=l/14 \sim l/8=6900/14 \sim 6900/8=493 \sim 863\text{mm}$，取 $h=650\text{mm}$，截面宽度取为 $b=250\text{mm}$。楼盖结构平面布置图如图 2 - 26 所示。

3）板的设计——按考虑塑性内力重分布的方法设计

（1）板的计算简图。取 1m 板宽作为计算单元，由板的实际结构如图 2 - 27 可知：次梁截面为 $b=200\text{mm}$，现浇板在墙上的支撑长度为 $a=120\text{mm}$，板厚 $h=80\text{mm}$，按塑性内力重分布设计，板的计算跨度确定如下：

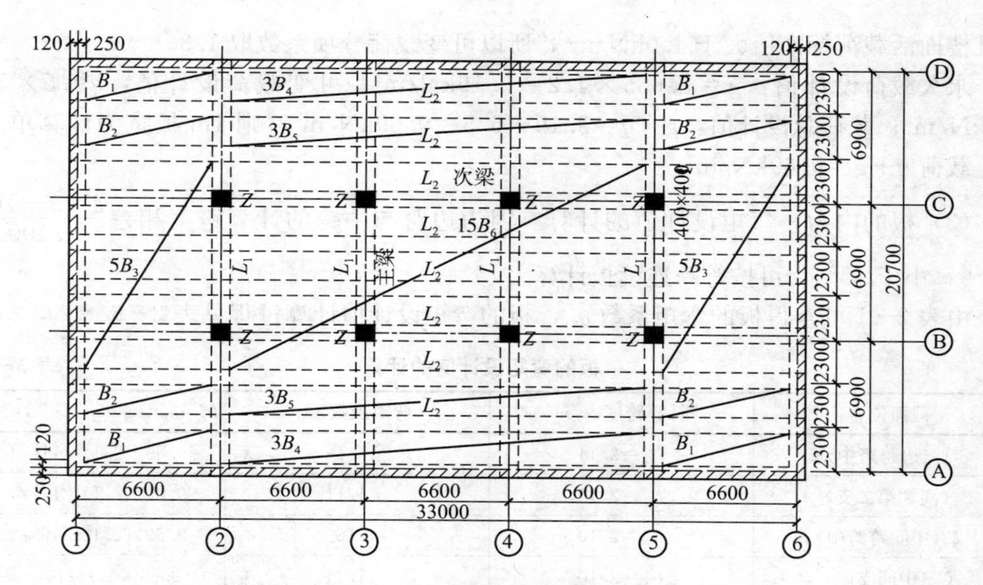

图 2-26　楼盖结构平面布置图

边跨
$$l_n+\frac{a}{2}=\left(2300-120-\frac{200}{2}\right)+\frac{120}{2}=2140\text{mm}$$

中跨
$$l_{01}=l_n=2300-200=2100\text{mm}$$

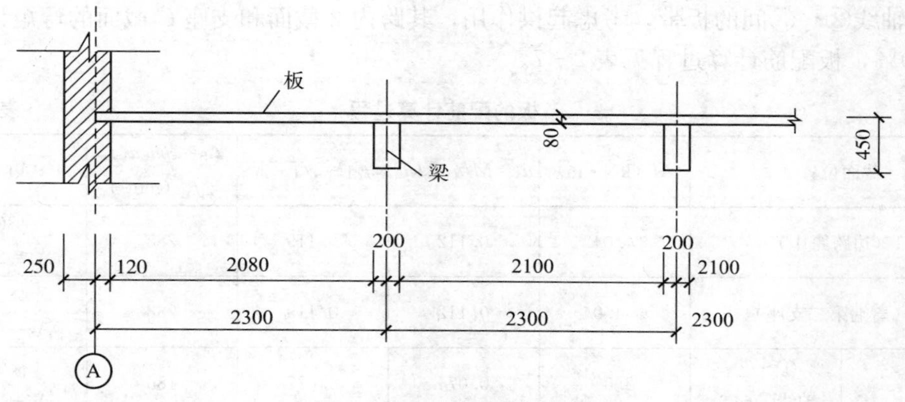

图 2-27　板的实际结构图

板的计算简图如 2-28 所示。

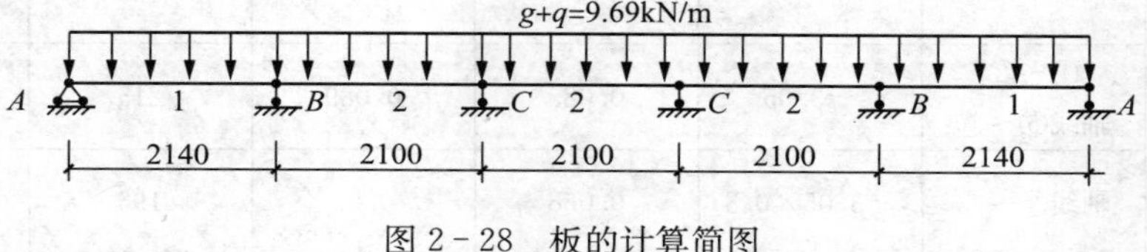

图 2-28　板的计算简图

(2) 板承受的载荷。永久载荷标准值：

20mm 水泥砂浆面层：0.02×20=0.4kN/m²；80mm 钢筋混凝土板：0.08×25=2kN/m²；15mm 板底石灰砂浆：0.015×17=0.255kN/m；小计：2.655kN/m²。可变载荷标准值：5kN/m²。

因为可变载荷较大，可变载荷起控制作用，恒载荷的分项系数取 1.2；因为是工业建筑且楼面活载荷标准值大于 4.0kN/m^2，所以可变载荷分项系数取 1.3。

永久载荷设计值：$g=2.655\times1.2=3.19$kN/m^2；可变载荷设计值：$q=5\times1.3=6.5$kN/m^2；载荷总设计值：$g+q=3.19+6.5=9.69$kN/m^2，则 1m 板宽为计算单元时，板上载荷 $q+g=9.69$kN/m^2。

（3）板的内力—弯矩设计值的计算。因为边跨与中跨的计算跨度相差$\frac{2140-2100}{2100}=1.9\%$，小于 10%，可按等跨连续板计算。

由表 2-1 可查得板的弯矩系数 α_m，板的弯矩设计值计算过程见表 2-6。

板的弯矩设计值的计算 表 2-6

截面位置	计算跨度 l_0/m	弯矩系数 α_m	$M=\alpha_m(g+q)l_0^2/$（kN·m）
1（边跨跨中）	$l_{01}=2.14$	1/11	$9.69\times2.14^2/11=4.04$
B（离端第二支座）	$l_{01}=2.14$	−1/11	$-9.69\times2.14^2/11=-4.04$
2（中间跨跨中）	$l_{02}=2.10$	1/16	$9.69\times2.10^2/16=2.67$
C（中间支座）	$l_{02}=2.10$	−1/14	$-9.69\times2.1^2/14=-3.05$

（4）板配筋计算——正截面受弯承载力计算。板厚 80mm，保护层 $c=20$mm，$h_0=80-25=55$mm，$b=1000$mm，C25 混凝土，$a_1=1.0$，$f_c=11.9$N/mm^2；$f_t=1.27$N/mm^2；HPB300 钢筋，$f_y=270$N/mm^2。

对轴线②～⑤间的板带，考虑起拱作用，其跨内 2 截面和支座 C 截面的弯矩设计值可折减 20%，板配筋计算过程见表 2-7。

板的配筋计算过程 表 2-7

截面位置		M（kN·m）	$a_s=M/a_1f_cbh_0^2$	$\xi=1-\sqrt{1-2a_s}$	$A_S=\varepsilon bh_0a_1f_c/f_y$（mm^2）	实际配筋
1（边跨跨中）		4.04	0.112	0.119	288	ϕ8@170 $A_S=295$mm^2
B（离端第二支座）		−4.04	0.112	0.119	288	ϕ8@170 $A_S=295$mm^2
2 中间跨跨中	①～② 轴线⑤～⑥	2.67	0.074	0.077	186	ϕ8@200 $A_S=251$mm^2
	轴线②～⑤	2.67×0.8	0.06	0.06	145	ϕ8@200 $A_S=251$mm^2
C 中间支座	①～② 轴线⑤～⑥	−3.05	0.085	0.089	215	ϕ8@200 $A_S=251$mm^2
	轴线②～⑤	−3.05×0.8	0.068	0.07	196	ϕ8@200 $A_S=251$mm^2
配筋率验算 $\rho=\frac{A_S}{bh}=\frac{251}{1000\times80}=0.314\%>\rho_{min}=\max\left(\frac{0.45f_t}{f_y}=\frac{0.45\times1.27}{270}=0.21\%及0.2\%\right)$						

（5）板配筋图。板中除配置计算钢筋外，还应配置构造钢筋如分布钢筋和嵌入墙内的板的附加钢筋，板的配筋图如图 2-29 所示。

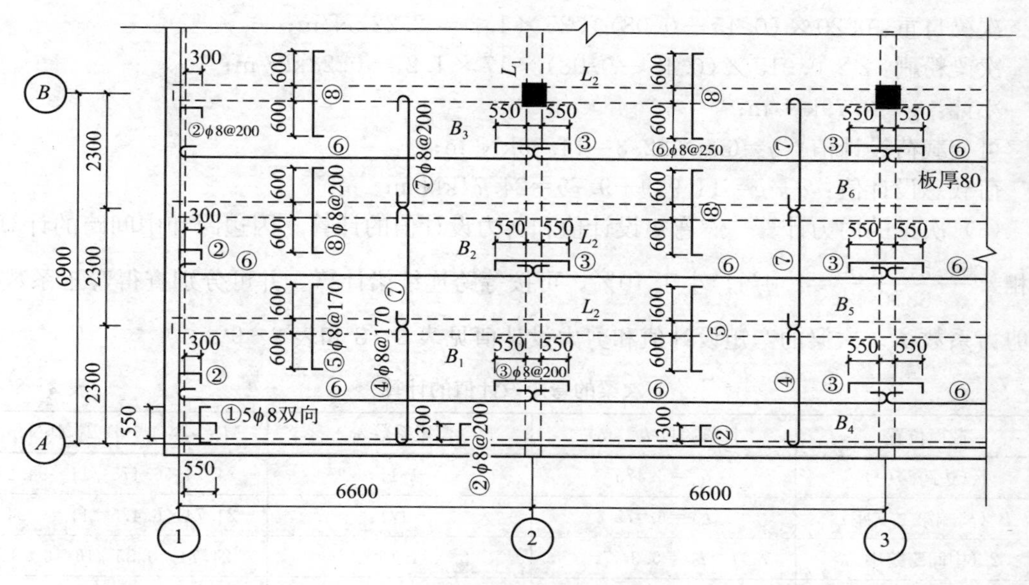

图 2-29　板的配筋图

4）次梁的设计——按考虑塑性内力重分布设计

（1）次梁的计算简图确定。由次梁实际结构图（图 2-30）可知，次梁在墙上的支承长度为 a=240mm，主梁宽度为 b=250mm。确定次梁的计算跨度：

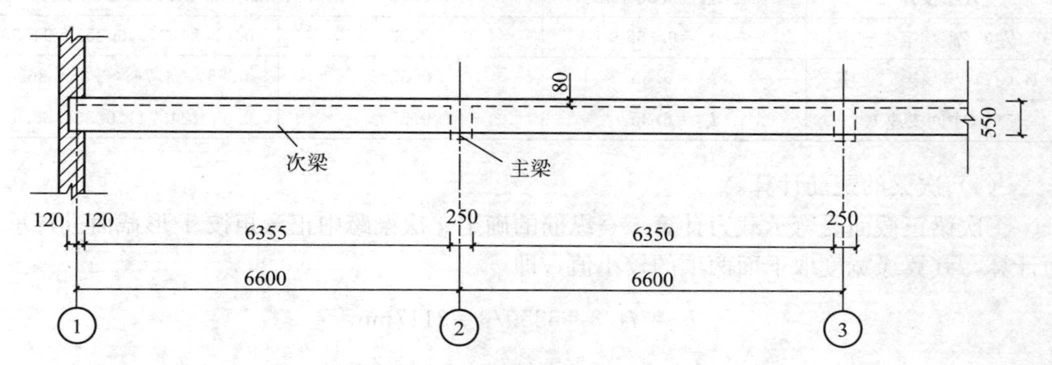

图 2-30　次梁的实际结构图

边跨：$l_{01} = l_n + a/2 = (6600 - 120 - 250/2) + 240/2 = 6475$mm；

中间跨：$l_{02} = l_n = 6600 - 250 = 6350$mm。

计算简图如图 2-31 所示。

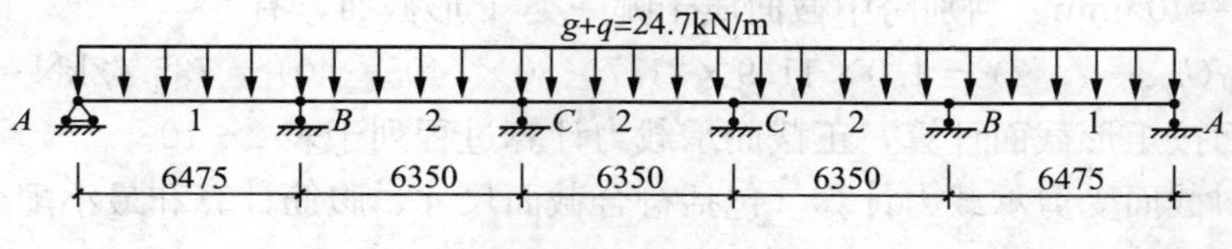

图 2-31　次梁的计算简图

（2）次梁的荷载设计值计算。

永久荷载设计值：

板传来的永久荷载：3.19×2.3=7.34kN/m；

次梁自重：$0.20\times(0.45-0.08)\times25\times1.2=2.22\text{kN/m}$；

次梁粉刷：$2\times0.015\times(0.45-0.08)\times17\times1.2=0.23\text{kN/m}$；

小计：$g=9.79\text{kN/m}$；

可变载荷设计值：$q=6.5\times22.3=14.95\text{kN/m}$；

荷载总设计值：$q+g=14.959+9.79=24.74\text{kN/m}$。

（3）次梁的内力计算——弯矩设计值和剪力设计值的计算。因边跨和中间跨的计算跨度相差$\frac{6475-6350}{6350}=2.0\%$，小于10%，可按等跨连续梁计算。并可分别查得弯矩系数α_m和剪力系数α_v。次梁的弯矩设计值和剪力设计值见表2-8和表2-9。

次梁的弯矩设计值的计算 **表2-8**

截面位置	计算跨度 l_0（m）	弯矩系数 α_m	$M=\alpha_m\ (g+q)\ l_0^2$（kN/m）
1（边跨跨中）	$l_{01}=6.475$	1/11	$24.74\times6.475^2/11=94.29$
B（离端第二支座）	$l_{01}=6.475$	−1/11	$-24.74\times6.475^2/11=-94.29$
2（中间跨跨中）	$l_{02}=6.35$	1/16	$24.74\times6.35^2/16=62.35$
C（中间支座）	$l_{02}=6.35$	−1/14	$-24.74\times6.35^2/14=-71.26$

次梁的剪力设计值的计算 **表2-9**

截面位置	计算跨度 l_n（m）	剪力系数 α_v	$V=\alpha_v\ (g+q)\ l_n/$（kN）
A边支座	$l_{n1}=6.355$	0.45	$0.45\times24.74\times6.355=70.75$
B（左）（离端第二支座）	$l_{n1}=6.355$	0.6	$0.6\times24.74\times6.355=94.33$
B（右）离端第二支座	$l_{n2}=6.35$	0.55	$0.55\times24.74\times6.35=86.4$
C（中间支座）	$l_{n2}=6.35$	0.55	$0.55\times24.74\times6.35=86.40$

（4）次梁的配筋计算。

①次梁正截面受弯承载力计算——纵筋的确定。次梁跨中正弯矩按T形截面进行承载力计算，其翼缘宽度取下面两项的较小值，即

$$b'_f=l_0/3=6350/3=2117\text{mm}$$

$$b'_f=b+S_n=200+2300-200=2300\text{mm}$$

故取$b'_f=2117\text{mm}$。

C25混凝土：$a_1=1.0$，$f_c=11.9\text{N/mm}^2$，$f_t=1.27\text{N/mm}^2$；纵向钢筋采用HRB335；$f_y=300\text{N/mm}^2$，箍筋采用HPB300；$f_{yv}=270\text{N/mm}^2$，保护层厚度$C=25\text{mm}$，$h_0=450-45=405\text{mm}$。判别跨中截面属于哪一类T形截面，有

$a_1 f_c b'_f h'_f(h_0-h'_f/2)=1.0\times11.9\times2117\times80\times(405-40)=735.62\text{kN}\cdot\text{m}>M_1>M_2$

支座截面按矩形截面计算，正截面承载力计算过程列于表2-10。

②此梁斜截面受剪承载力计算（包括符合截面尺寸、腹筋计算和最小配箍率验算）。

复核截面尺寸

$h_w=h_0-h'_f=365\text{mm}$，且$h_w/b=365/200=1.825<4$

故截面尺寸按下式验算，即

$0.25\beta_c f_c bh_0=0.25\times1.0\times11.9\times200\times405=241.0\times10^3\text{N}$

$=241.0\text{kN}>V_{max}=94.33\text{kN}$

次梁正截面受弯承载力计算 **表 2-10**

截面位置	M (kN·m)	b (b'_f) (mm)	$a_s=M/a_1f_cbh_0^2$	$\varepsilon=1-\sqrt{1-2a_s}$	$A_s=\varepsilon bh_0a_1f_c/f_y$ (mm²)	实际配筋
Ⅰ 边跨跨中	94.29	2117	$\frac{94.29\times10^6}{1.0\times11.9\times2117\times405^2}=0.023$	0.023	$\frac{0.023\times2117\times405\times1.0\times11.9}{300}=782$	2φ18+1φ20 $A_s=823.4$mm
B 离端第二支座	−94.29	200	$\frac{94.29\times10^6}{1.0\times11.9\times200\times405^2}=0.242$	0.282	$\frac{0.282\times200\times405\times1.0\times11.9}{300}=906$	2φ22+1φ14 $A_s=913.9$mm
2 中间跨跨中	62.35	2117	$\frac{62.35\times10^6}{1.0\times11.9\times2117\times405^2}=0.015$	0.015	$\frac{0.015\times2117\times405\times1.0\times11.9}{300}=510$	2φ18 $A_s=509\text{mm}^2$
C 中间支座	−71.26	200	$\frac{71.26\times10^6}{1.0\times11.9\times200\times405^2}=0.183$	0.204	$\frac{0.204\times200\times405\times1.0\times11.9}{300}=655$	2φ22 $A_s=760\text{mm}^2$

支座截面 $0.1<\varepsilon<0.35$，跨中截面 $\varepsilon<\varepsilon_b=0.55$

配筋率验算 $\rho=\frac{A_S}{bh}=\frac{509}{200\times450}=$

$$0.59>\rho_{min}=\max\left(\frac{0.45f_t}{f_y}=\frac{0.45\times1.27}{300}=0.19\%及0.2\%\right)$$

故截面尺寸满足

$0.7f_tbh_0=0.7\times1.27\times200\times405=72.0\times10^3\text{N}=72.0\text{kN}>V_A$

$=70.75\text{kN}<V_B$ 和 V_C

B 和 C 支座均需要按计算配置箍筋，A 支座只需要按构造配置箍筋。

采用 φ6 双肢箍筋，计算 B 支座左侧截面（梁内最大剪力）。$V_{cs}=0.7f_tbh_0+f_{yv}\frac{A_{sv}}{s}h_0$，可得箍筋间距

$$s=\frac{f_{yv}A_{sv}h_0}{V_{BL}-0.7f_tbh_0}=\frac{270\times56.6\times405}{94.33\times10^3-0.7\times1.27\times200\times405}=277\text{mm}$$

调幅后受剪承载力应加强，梁局部范围内将计算的箍筋面积增加 20%，先调整箍筋间距，$s=0.8\times277=222$mm，为满足最小配筋率的要求，最后箍筋间距 $s=200$mm。沿梁长不变，取双肢 φ6@200。

配箍率验算：

弯矩调幅时要求配箍率下限

$$0.3\frac{f_t}{f_{yv}}=0.3\times\frac{1.27}{270}=1.41\times10^{-3}$$

实际配箍率

$$\rho_{sv}=\frac{A_{sv}}{bs}=\frac{56.6}{200\times200}=1.42\times10^{-3}>1.41\times10^{-3}$$

满足要求。

(5) 次梁施工图的绘制。次梁配筋图如图 2-32 所示，其中次梁纵筋锚固长度确定：

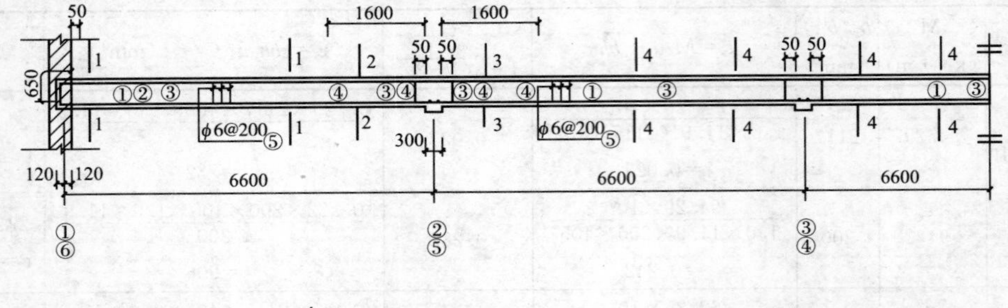

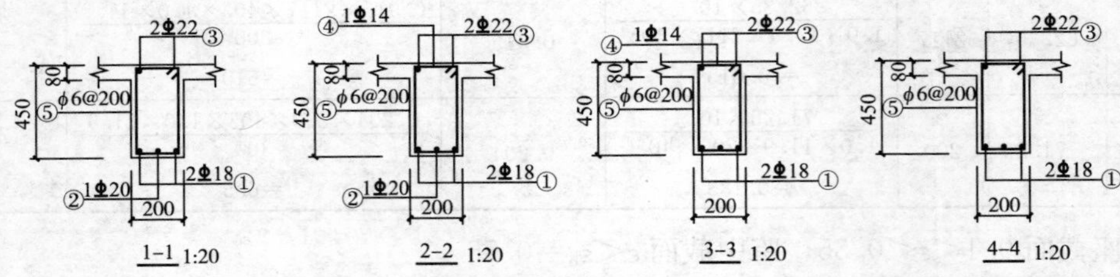

图 2-32　次梁的配筋图

伸入墙支座时，梁顶面纵筋的锚固长度按下式确定，即

$$l=l_a=a\frac{f_y}{f_t}d=0.14\times\frac{11.9}{1.27}\times22=727\text{mm}$$

取 650mm（此时钢筋没有达到钢材的抗拉强度设计值）。

伸入墙支座时，梁底面的纵筋的锚固长度：$l=12d=12\times18=216$mm，取 240mm。

梁底面纵筋伸入中间支座的长度应满足 $l>12d=12\times18=216$mm，取 300mm。

纵筋的截断点距支座的距离

$$l=l_n/5+20d=6355/5+20\times14=1551\text{mm}$$

取 $l=1600$mm。

5) 主梁设计

(1) 主梁的计算简图。主梁的实际结构如图 2-33 所示，由图可知，主梁端部支承在墙上的支承长度 $a=370$mm，中间支承在 400mm×400mm 的混凝土柱上，其计算跨度按以下方法确定：

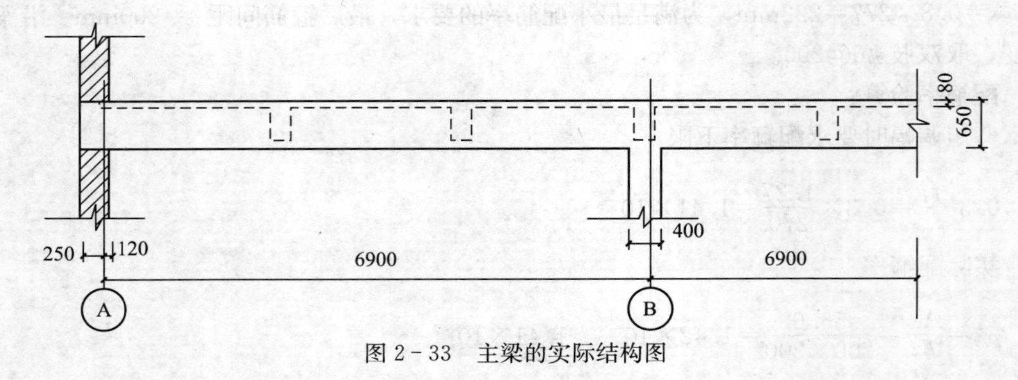

图 2-33　主梁的实际结构图

边跨

$$l_{n1}=6900-200-120=6580\text{mm}$$

因为

$$0.025l_{n1}=164.5\text{mm}<a/2=185\text{mm}$$

所以边跨取

$$l_{01}=1.025l_{n1}+b/2=1.025\times6580+200=6944.5\text{mm}$$

近似取 $l=6945$mm，中跨 $l=6900$mm。

（2）主梁的荷载设计值计算（为简化计算，将主梁的自重等效为集中荷载）。

（3）次梁传来的永久荷载

$$9.79\times6.6=64.61\text{kN}$$

主梁自重（含粉刷）

$[(0.65-0.08)\times0.25\times2.3\times25+2\times(0.65-0.08)\times0.015\times17\times2.3]\times1.2=10.6\text{kN}$

永久荷载

$$G=64.61+10.6=75.21\text{kN}$$

可变荷载

$$Q=14.95\times6.6=98.67\text{kN}$$

（4）主梁的内力计算。因跨度相差不超过10%，可按等跨连续梁计算。

①主梁弯矩值计算：可利用附录3查得 k_1 和 k_2，利用公式 $M=k_1Gl+k_2Ql$，计算结果如表2-11所示（表中弯矩图为结构力学）。

主梁的弯矩设计值（kN·m） **表2-11**

项次	荷载简图	$\frac{k}{M_1}$	$\frac{k}{M_a}$	$\frac{k}{M_B}$	$\frac{k}{M_2}$	$\frac{k}{M_b}$	$\frac{k}{M_C}$	备注
①恒载	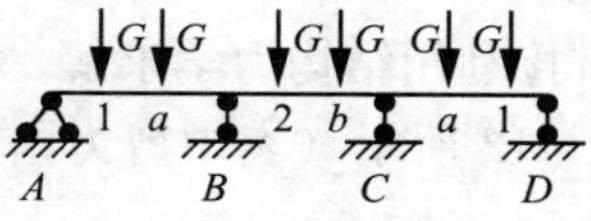 G G G G G G A 1 a B 2 b C a 1 D	0.244 / 127.45	0.155* / 80.96	−0.267 / −139.46	0.067 / 34.77	0.067* / 34.77	−0.267 / −139.46	系数法与结构力学求解器计算的精确解误差均控制在±2.78%范围内
		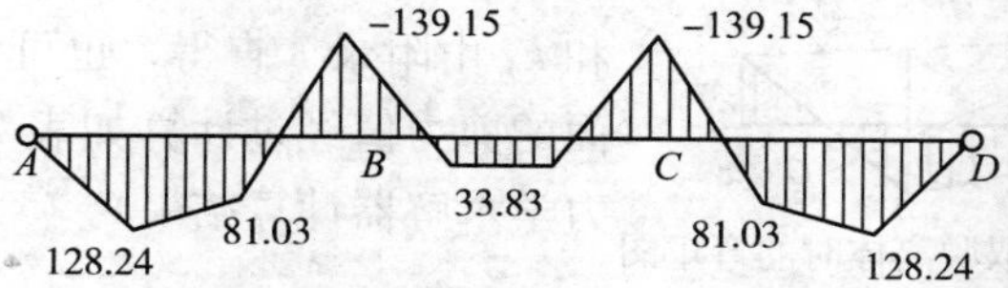 弯矩图：A 128.24 81.03 B −139.15 33.83 C −139.15 81.03 128.24 D						
②活载	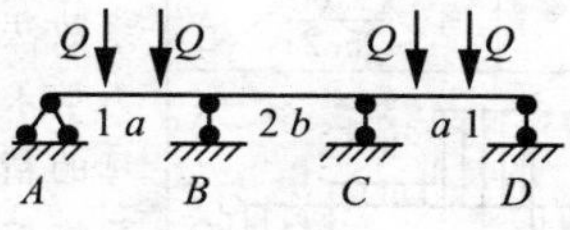 Q Q Q Q A 1 a B 2 b C a 1 D	0.289 / 198.04	0.244* / 167.20	−0.133 / −91.14	−0.133 / −91.14	−0.133 / −91.14	−0.133 / −91.14	系数法与结构力学求解器计算的精确解误差均控制在±0.956%范围内
		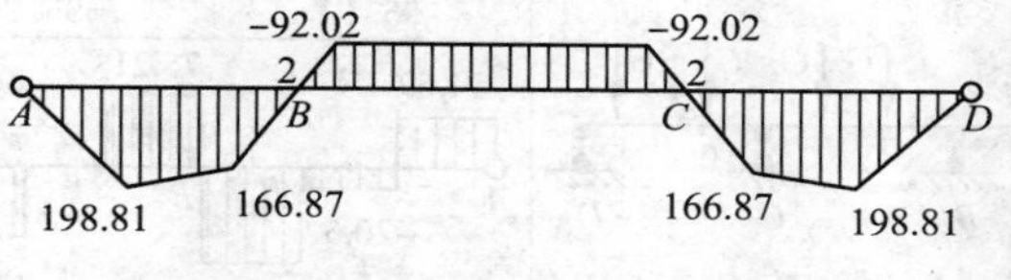 弯矩图：A 198.81 166.87 B −92.02 2 C −92.02 2 166.87 198.81 D						

续表

项次	荷载简图	$\frac{k}{M_1}$	$\frac{k}{M_a}$	$\frac{k}{M_B}$	$\frac{k}{M_2}$	$\frac{k}{M_b}$	$\frac{k}{M_C}$	备注
③活载		$\frac{-0.044}{-30.15}$	$\frac{-0.089^*}{-60.99}$	$\frac{-0.133}{-91.14}$	$\frac{0.200}{136.16}$	$\frac{0.200}{136.16}$	$\frac{-0.133}{-91.40}$	系数法与结构力学求解器计算的精确解误差均控制在±1.04%范围内
④活载		$\frac{0.229}{156.93}$	$\frac{0.126^*}{86.34}$	$\frac{-0.311}{-213.12}$	$\frac{0.096^*}{65.36}$	$\frac{0.17}{115.74}$	$\frac{-0.089}{-60.99}$	系数法与结构力学求解器计算的精确解误差均控制在±1.65%范围内
⑤活载		$\frac{0.089/3^*}{-20.33}$	$\frac{-0.059^*}{-40.43}$	$\frac{-0.089}{-60.99}$	$\frac{0.17}{115.74}$	$\frac{0.096^*}{65.36}$	$\frac{-0.311}{-213.12}$	系数法与结构力学求解器计算的精确解误差均控制在±1.65%范围内
内力组合	①+②	325.49	248.16	−230.6	−56.37	−56.37	−230.6	此处的弯矩可通过取脱离体，由力的平衡条件确定，如下图所示：
	①+③	97.3	19.97	−230.6	170.93	−170.93	−230.6	
	①+④	284.38	167.3	−352.58	100.13	150.51	−200.45	
	①+⑤	107.12	40.53	−200.45	150.51	100.13	−352.58	
最不利内力	组合项次	①+③	①+③	①+④	①+②	①+②	①+⑤	
	M_{min}（kN·m）	97.3	19.97	−352.58	−56.37	−56.37	−352.58	
	组合项次	①+②	①+②	①+⑤	①+③	①+③	①+④	
	M_{max}（kN·m）	325.49	248.16	−200.45	170.93	170.93	−200.45	

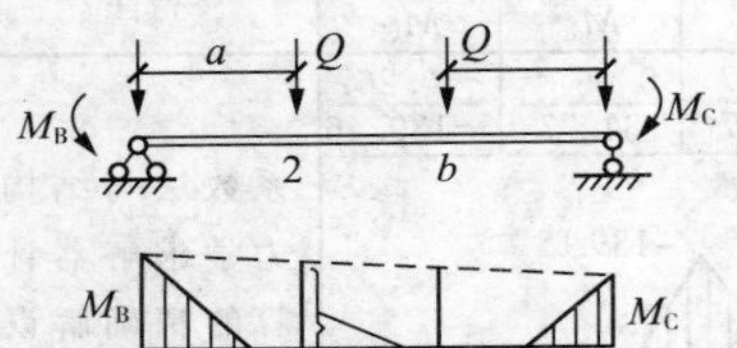

图 2-34　主梁取脱离体时的弯矩图

应该指出，跨中任一截面的弯矩都可通过取脱离体，由力的平衡条件确定，如图 2-34 所示。

②利用系数法，主梁剪力：$V=k_3G+k_4Q$，式中的 k_3 和 k_4 由附录 3 查得，也可直接利用结构力学求解。不同截面的剪力值经过计算如表 2-12 所示（表中剪力图为结构力学求解器计算结果）。

主梁的剪力计算　　　　**表 2-12**

项次	荷载简图	$\frac{k}{V_A}$	$\frac{k}{V_{Bl}}$	$\frac{k}{V_{BR}}$	备注
①恒载		$\frac{0.733}{55.13}$	$\frac{-1.267}{-95.29}$	$\frac{1.00}{75.21}$	系数法与结构力学求解器计算的精确解误差均控制在±2.5%范围内

续表

项次	荷载简图	$\frac{k}{V_A}$	$\frac{k}{V_{Bl}}$	$\frac{k}{V_{Br}}$	备注
②活载	Q Q Q Q 1 a 2 b a 1 A B C D	$\frac{0.866}{85.45}$	$\frac{-1.134}{-111.89}$	$\frac{0}{0}$	系数法与结构力学求解器计算的精确解误差均控制在±0.79%范围内
		84.78 A −13.89 −112.56 B 112.56 13.89 C D −84.78			
④活载	Q Q Q Q 1 a 2 b a 1 A B C D	$\frac{0.689}{67.98}$	$\frac{-1.311}{-129.36}$	$\frac{1.222}{120.57}$	系数法与结构力学求解器计算的精确解误差均控制在±0.94%范围内
		67.35 120.86 22.19 8.64 8.64 A −31.32 B −129.99 C −76.48 D			
⑤	Q Q Q Q 1 a 2 b a 1 A B C D	$\frac{-0.089}{-8.78}$	$\frac{-0.089}{-8.78}$	$\frac{0.778}{76.77}$	系数法与结构力学求解器计算的精确解误差均控制在±0.94%范围内
		76.48 129.99 31.32 −8.64 −8.64 B −22.19 C −120.86 D −67.35			
内力组合	①+②	140.58	−207.18	75.21	注：(1) 剪刀的单位为 kN；(2) 跨中剪力值由静力平衡确定
	①+④	123.11	−224.65	195.94	
	①+⑤	46.35	104.07	152.14	
最不利内力	组合项次	①+②	①+④	①+④	
	$\|V\|_{max}$ (kN)	140.58	224.65	195.94	

③弯矩、剪力包络图绘制。主梁的剪力包络图见图 2-35。

(5) 主梁的配筋计算。C25 混凝土：$a_1=1.0$，$f_c=11.9\text{N/mm}^2$，$f_t=1.27\text{N/mm}^2$；纵向钢筋 HRB400，其中 $f_y=360\text{N/mm}^2$；箍筋采用 HPB300，$f_{yv}=270\text{N/mm}^2$。

①主梁截面受弯承载力计算及纵筋的计算：

跨中正弯矩按 T 形截面计算，因 $h'_f/h_0=80/580=0.14>0.10$，翼缘计算宽度按 $l_0/3=6.9/3=2.3\text{m}$ 和 $b+s_n=6.6\text{m}$ 中较小值确定，取 $b'_f=2300\text{mm}$。B 支座处的弯矩设计值

$$M_B=M_{max}-V\frac{b}{2}=-352.58+224.65\times\frac{0.4}{2}=-307.88\text{kN}\cdot\text{m}$$

判别跨中截面属于哪一类 T 形截面，有

$$a_1 f_c b'_f h'_f(h_0-h'_f/2)=1.0\times11.9\times2300\times80\times(580-40)=1182.4\times10^6\text{N}\cdot\text{mm}$$

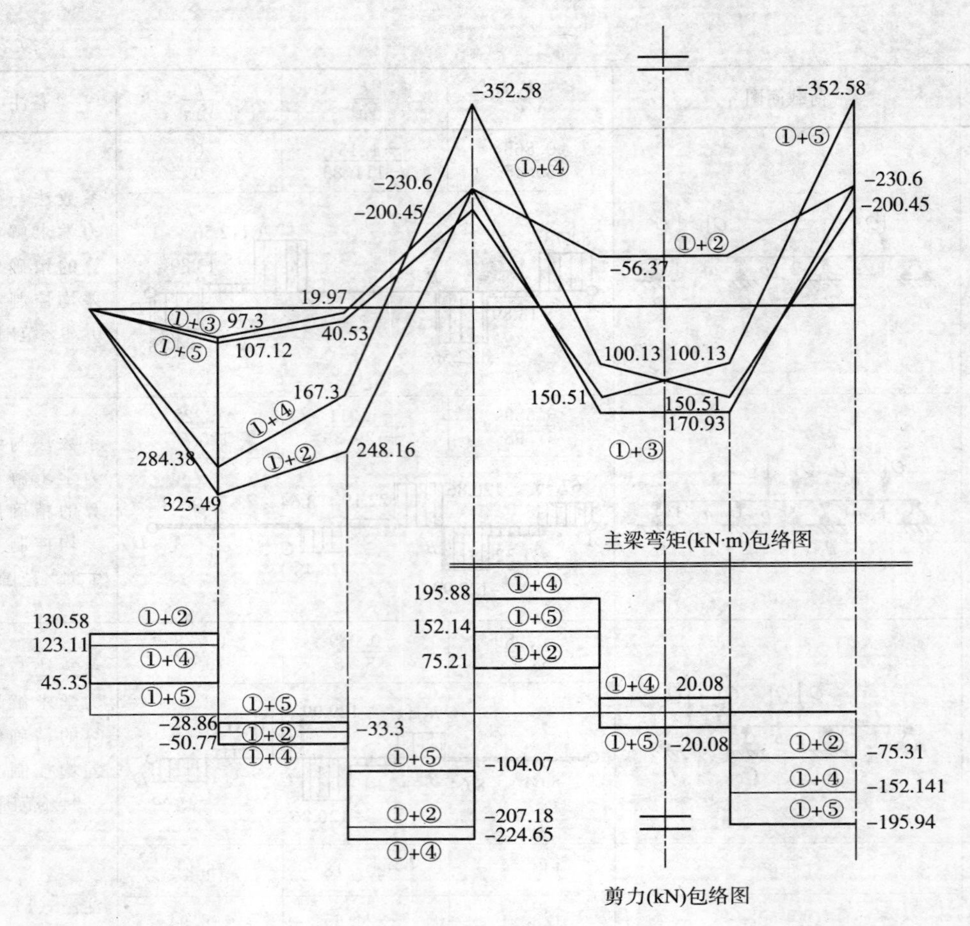

图 2-35 剪力包络图

$=1182.4\text{kN}\cdot\text{m}>M_1>M_2$

均属于第一类 T 形截面。

正截面受弯承载力的计算过程如表 2-13 所示。

②主梁箍筋计算——斜截面受剪承载力计算。验算截面尺寸：

$h_w=h_0-h'_f=540\text{mm}$，且 $h_w/b=540/250=2.16<4$，故截面尺寸按下式验算

$0.25\beta_c f_c bh_0=0.25\times1.0\times11.9\times250\times580=431\times10^3\text{N}=431.4\text{kN}>V_{max}=224.65\text{kN}$

可知截面尺寸满足要求。

验算是否需要计算配置箍筋

$0.7f_t bh_0=0.7\times1.27\times250\times580=128.9\times10^3\text{N}=128.9\text{kN}<V$

故支座 A、B 均需要进行配置箍筋计算。

计算所需腹筋，采用 $\phi8@200$ 双肢箍，计算为

$$\rho_{sv}=\frac{A_{sv}}{bs}=\frac{50.3\times2}{250\times200}=0.20\%>0.24\frac{f_t}{f_{yv}}=0.113\%$$

满足最小配箍率的要求。

主梁正截面受弯承载力及配筋计算 表 2-13

截面	M (kN·m)	b'_f (b) (mm)	h_0	$a_s=M/a_1 f_c bh_0^2$	$\varepsilon=1-\sqrt{1-2a_s}$	$A_s=\varepsilon bh_0 a_1 f_c/f_y$ (mm²)	实配钢筋
Ⅰ边跨中	325.49	2300	580	$\frac{325.49\times10^6}{1.0\times11.9\times2300\times580^2}=0.035$	0.036	1587	$4\phi18+2\phi20$ (弯起) $A_s=1645$
B 支座	−307.88	250	560	$\frac{307.88\times10^6}{1.0\times11.9\times250\times560^2}=0.33$	0.42	1944	$4\phi22+2\phi20$ $A_s=2148$
2中间跨中	170.93	2300	580	$\frac{170.93\times10^3}{1.0\times11.9\times2300\times580^2}=0.022$	0.019	838	$3\phi20$ $A_s=942$
	−56.37	250	580	$\frac{56.37\times10^6}{1.0\times11.9\times250\times580^2}=0.056$	0.056	268.04	$2\phi22$ $A_s=760$
$\varepsilon<\varepsilon_b=0.518$ 配筋率验算 $\rho=\frac{A_S}{bh}=\frac{760}{250\times600}=0.5\%>\rho_{min}=\max\left(\frac{0.45f_t}{f_y}=\frac{0.45\times1.27}{360}=0.16\%,\ 0.2\%\right)$							

$$V_{cs}=0.7f_tbh_0+f_{yv}\frac{A_{sv}}{s}h_0$$

$$=0.7\times1.27\times250\times580+270\times\frac{50.3\times2}{200}\times580$$

$$=207.7\text{kN}>(V_A=140.58\text{kN 和 }V_{Br}=195.94\text{kN})$$

$$<V_{Bl}=224.65\text{kN}$$

因此，应在 B 支座截面左边按计算配置弯起钢筋，主梁剪力图呈矩形，在 B 截面左边的 2.3m 范围内需布置 2 排弯起钢筋才能覆盖此最大剪力区段，先后弯起第一跨跨中的 $2\phi20$ 和支座处的一根 $1\phi20$ 钢筋，$A_s=314\text{mm}^2$，弯起角取 $\alpha=45°$。

$$V_{sb}=0.8f_yA_{sb}\sin\alpha=0.8\times360\times314\times\sin45°=63.9\text{kN}$$

$$V_{cs}+V_{sb}=207.7+63.9=271.6\text{kN}>V_{max}=224.65\text{kN}\text{（满足要求）}$$

③次梁两侧附加横向钢筋计算。

次梁传来的集中力

$$F=G+Q=64.61+98.67=163.28\text{kN}$$

$$h_1=650-450=200\text{mm}$$

附加钢筋布置范围

$S=2h_1+3b=2\times200+3\times200=1000\text{mm}$

配吊筋 1ϕ18，附加箍筋 ϕ8@双肢箍，则需要附加箍筋的排数为

$2f_yA_s\sin\alpha+mnf_{yv}A_{sv1}\geqslant F$

$2\times300\times254.3\times\sin45°+m\times2\times270\times50.3\geqslant163.28\times1000$（$m\geqslant2.4$ 个）

因为附加箍筋需要对称布置，因此配置的附加箍筋为每侧 2 个 ϕ8@100，共 4 个，大于 2.4 个。

（6）主梁正截面受弯承载力图（材料图），并满足以下构造要求：

需要抗剪的弯起钢筋之间的间距不超过箍筋的最大容许间距 s_{max}；钢筋的弯起点距充分利用点的距离应大于等于 $h_0/2$，如②和③号钢筋。

按第 4 章所说的方法绘材料图，并用每根钢筋的正截面受弯承载力直线与弯矩包络图的焦点，确定钢筋的理论截断点（即按正截面受弯承载力计算不需要该钢筋的截面）。

当 $V>0.7f_tbh_0=128.9\text{kN}$ 时，且其实际截断点到理论截断点的距离不应小于等于 h_0 或 $20d$，钢筋的实际截断点到充分利用点的距离不应大于等于 $1.2l_a+h_0$。

如②号钢筋的截断计算：

因为剪力 $V=224.65\text{kN}>0.7f_tbh_0=128.9\text{kN}$，且钢筋截断后仍处于负弯矩区，所以钢筋的截断点距充分利用点的距离应大于等于 $1.2l_a+1.7h_0$，即

$$1.2l_a+1.7h_0=1.2\times0.14\times\frac{360}{1.27}\times20+1.7\times560=1904\text{mm}$$

且距不需要点的距离应大于等于 $1.3h_0$ 或 $20d$，即

$1.3h_0=1.3\times560=728\text{mm}$

$20d=20\times20=400\text{mm}$

通过画图可知从（$1.2l_a+1.7h_0$）中减去钢筋充分利用点与理论截断点（不需要点）的距离后的长度为 1360mm，大于 728mm 和 400mm，现在取距离柱边 1750mm 处截断②号钢筋。其他钢筋的截断如图 2－36 所示。

主梁纵筋伸入墙中的锚固长度的确定：

梁顶面纵筋的锚固长度

$$l=l_a=a\frac{f_y}{f_t}d=0.14\times\frac{360}{1.27}\times20=793\text{mm}\ （取 800\text{mm}）$$

梁底面纵筋的锚固长度

$12d=12\times20=240\text{mm}$（取 300mm）

检验正截面受弯承载力图是否包括弯矩包络图和是否满足构造要求。

主梁的材料图和实际配筋图如图 2－36 所示。

楼盖结构平面布置及配筋图的施工图如图 2－37 所示。

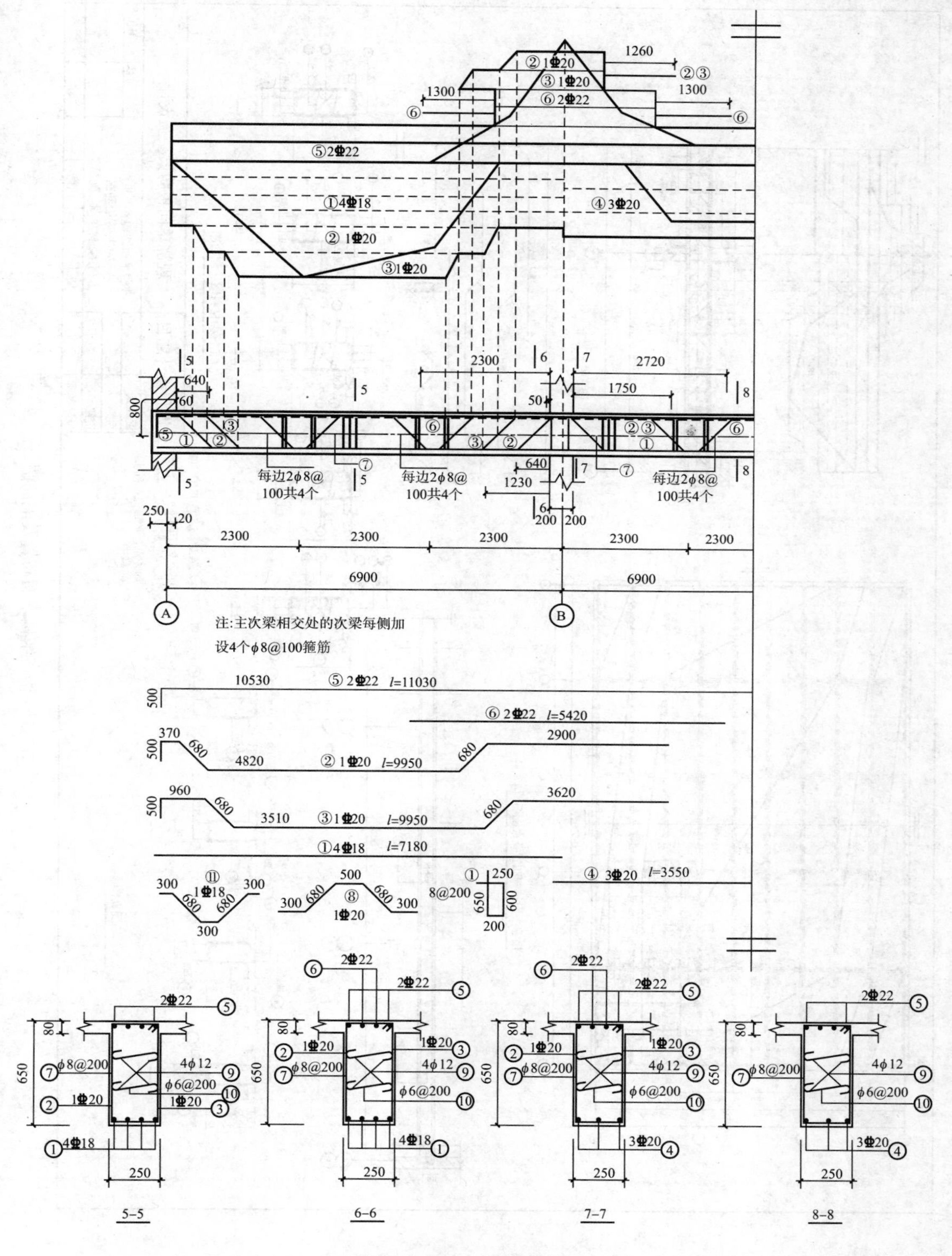

图 2-36 L_1 主梁配筋图

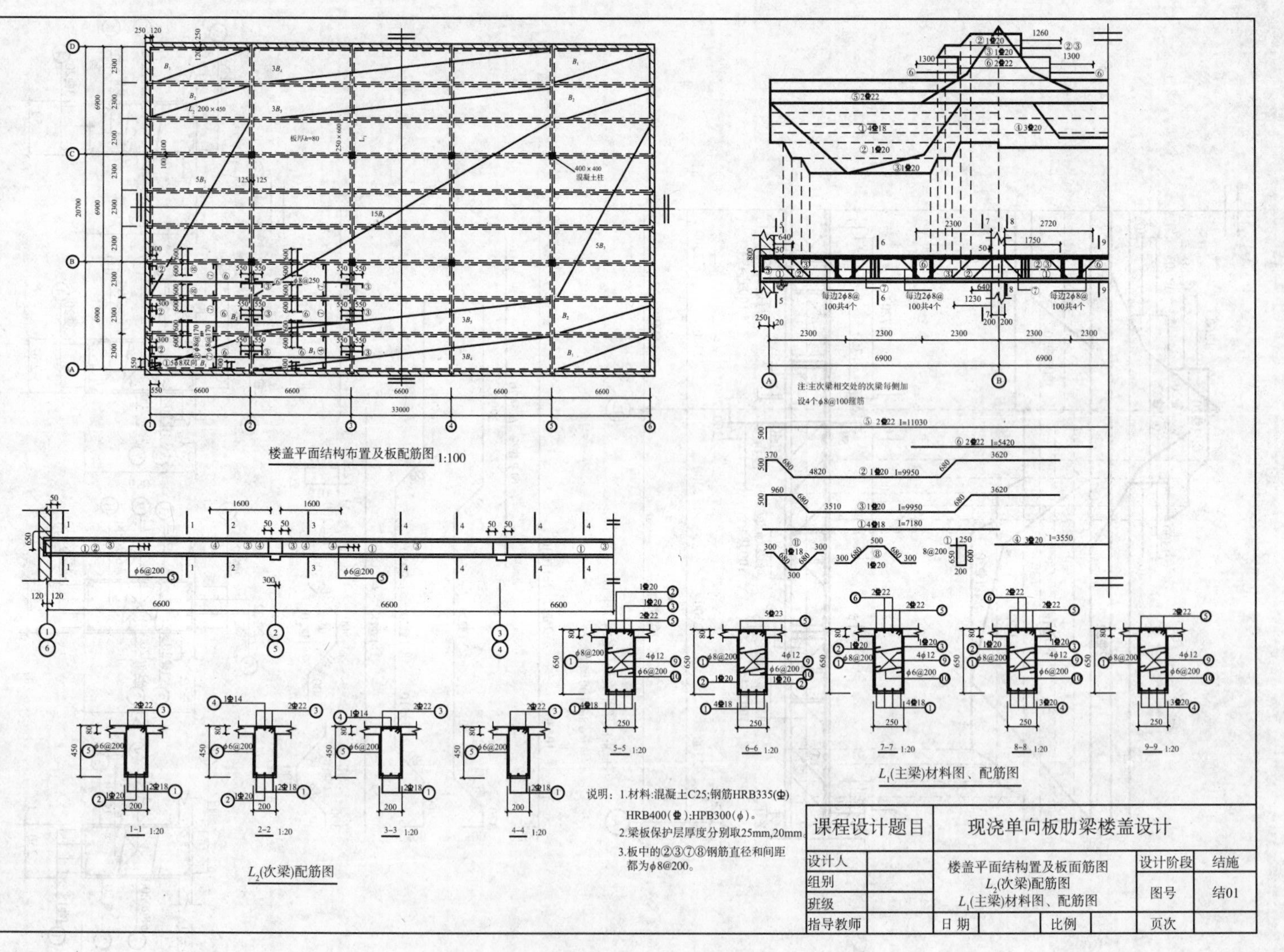

图2-37　楼盖结构平面布置及配筋图

2.3 双向板肋梁楼盖

2.3.1 双向板的受力特点和主要试验结果

在纵横两个方向弯曲且都不能忽略的板称为双向板。双向板的支承形式可以是四边支承、三边支承、两邻边支承或四点支承；板的平面形状可以是正方形、矩形、圆形、三角形或其他形状。在楼盖设计中，最常见的是四边支承的正方形和矩形板。

1. 四边支承板弹性工作阶段的受力特点

在单向板、双向板定义中，通过从四边支承板的跨中截出两个方向的板带，近似分析了双向板在两个方向的荷载传递与长、短跨比值的关系。实际上，图 2－38 中从四边支承板内截出的任意两个板带并不是孤立的，它们受到相邻板带的约束，这使得实际的竖向位移和弯矩有所减小。

两个相邻板带的竖向位移是不相等的，靠近双向板边缘的板带，其竖向位移比靠近中央的相邻板带的竖向位移小，可见在相邻板带之间必定存在着竖向剪力。这种竖向剪力构成了扭矩。对此，还可以从图 2－38 中微元体 1234 的变形情况来理解：3、4 面的曲率比 1、2 面小，故 3、4 面与 1、2 面之间有扭转角；2、3 面与 1、4 面间也是同理。

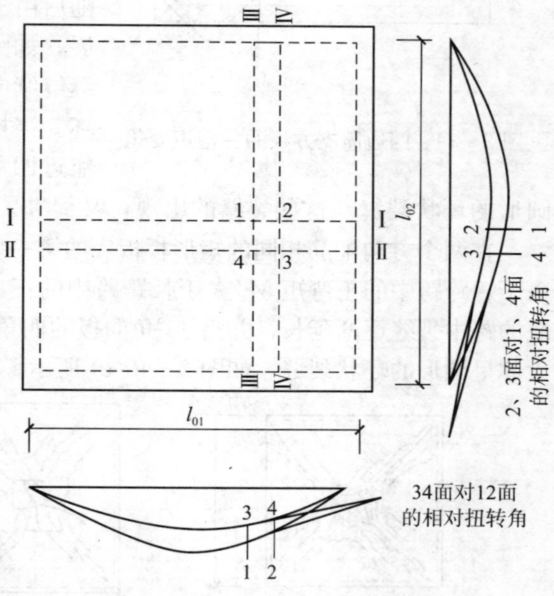

图 2－38 双向板中的扭转变形

扭矩的存在减小了按独立板带计算的弯矩值。与用弹性薄板理论所求得的弯矩值进行比较，也可将双向板的弯矩计算简化为：按独立板带计算出的弯矩乘以小于 1 的修正系数来考虑扭矩的影响。

与材料力学中由正应力、剪应力确定主应力的大小和方向相似，由 l_{01}、l_{02} 方向的弯矩 M_1、M_2 及扭矩 M_{12} 可确定主弯矩 M_{I} 和 M_{II} 及其方向：

$$\left.\begin{matrix} M_{\text{I}} \\ M_{\text{II}} \end{matrix}\right\} = \frac{M_1+M_2}{2} \pm \sqrt{\left(\frac{M_1-M_2}{2}\right)^2+M_{12}^2} \tag{2-23}$$

$$\tan 2\varphi = \frac{2M_{12}}{M_1-M_2} \tag{2-24}$$

式中 M_{I}、M_{II}——两个互相垂直的主弯矩；

φ——主弯矩作用平面与 l_{01} 方向的夹角。

对于正方形板，由于对称，板的对角线上没有扭矩，故对角线平面就是主弯矩平面。图 2－39 为均布荷载 p 作用下，四边简支正方形板对角线上主弯矩的变化图形以及板中心线上弯矩 M_1（$=M_2$）的变化图形（假定泊松比为零）。当用矢量表示时，主弯矩 M_{I} 的矢量是与对角线相平行的，且都是数值较大的正弯矩，双向板板底沿 45°方向开裂，就是由主弯矩 M_{1} 产生的；主弯矩 M_{11} 矢量是与对角线相垂直的，并在角部是数值较大的负值，双向板顶面角部垂直于对角线的裂缝就是由主弯矩 M_{11} 产生的。

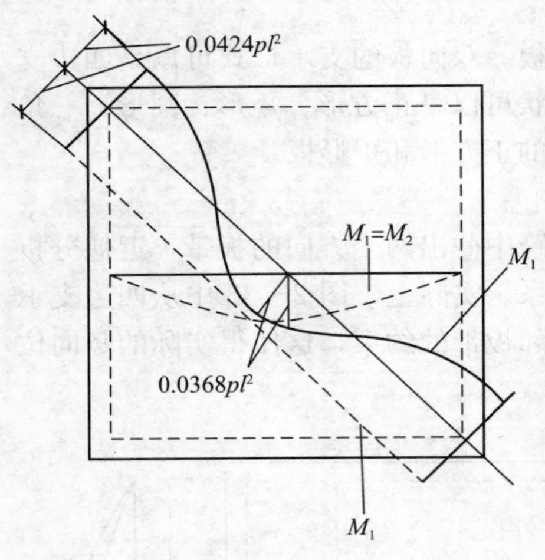

图 2－39　四边简支方板的主弯矩变化

2. 四边支承板的主要试验结果

四边简支双向板的均布加载试验表明，板的竖向位移呈碟形，板的四角有翘起的趋势，因此板传给四边支座的压力沿边长是不均匀的，中部大、两端小，大致按正弦曲线分布。在裂缝出现前，双向板基本上处于弹性工作阶段，短跨方向的最大正弯矩出现在中点，而长跨方向的最大正弯矩偏离跨中截面。两个方向配筋相同的正方形板，由于跨中正弯矩最大，板的第一批裂缝出现在板底中间部分；随后由于主弯矩 M_{1} 的作用，沿对角线方向向四角发展，如图 2－40 所示。随着荷载不断增加，板底裂缝继续向四角扩展，直至因板的底部钢筋屈服而破坏。当接近破坏时，由于主弯矩 M_{11} 的作用，板顶面靠近四角附近，出现垂直于对角线方向，大体上呈圆形的环状裂缝。这些裂缝的出现，又促进了板底对角线方向裂缝的进一步扩展。

在两个方向配筋相同的矩形板板底的第一批裂缝，出现在中部，平行于长边方向，这是由于短跨跨中的正弯矩 M_{1} 大于长跨跨中的正弯矩 M_{2} 所致。随着荷载进一步加大，这些板底的跨中裂缝逐渐延长，并沿 45°角向板的四角扩展，如图 2－40(b) 所示。板顶四角也出现大体呈圆形的环状裂缝，如图 2－40(c) 所示。最终因板底裂缝处受力钢筋屈服而破坏。

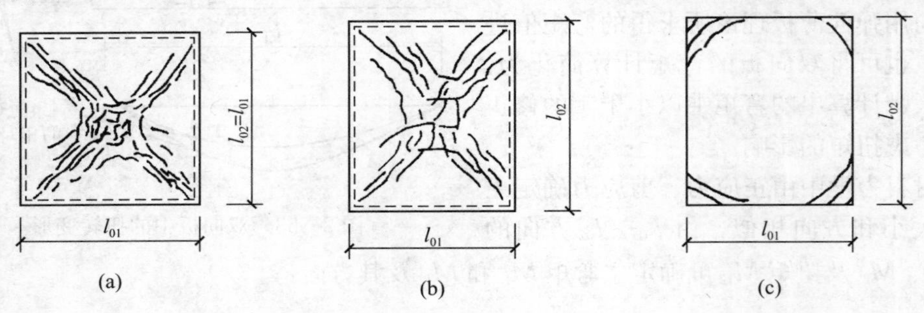

图 2－40　均布荷载下双向板的裂缝分布

(a) 正方形板板底裂缝；(b) 矩形板板底裂缝；(c) 矩形板板面裂缝

2.3.2　双向板按弹性理论的内力计算

当板厚远小于板短边边长的 1/30，且板的挠度远小于板的厚度时，双向板可按弹性薄板理论计算，但比较复杂。为了工程应用，对于矩形板已制成表格，见附录 4，可供查用。表中列出在均布荷载作用下六种支承情况板的弯矩系数和挠度系数。计算时，只需根据实际支承情况和短跨与长跨的比值，直接查出弯矩系数，即可算得有关弯矩：

$$m = \text{表中系数} \times p l_{01}^{2}$$

式中　m——跨中或支座单位板宽内的弯矩设计值（kN·m/m）；

p——均布荷载设计值（kN/m^2）；

l_{01}——短跨方向的计算跨度（m），计算方法与单向板相同。

需要说明的是，附录 4 中的系数是根据材料的泊松比 $\nu=0$ 制定的。当 $\nu\neq0$ 时，可按下式计算：

$$m_1^\nu=m_1+\nu m_2$$

$$m_2^\nu=m_2+\nu m_1$$

对混凝土，可取 $\nu=0.2$。

多跨连续双向板

多跨连续双向板的计算多采用以单区格板计算为基础的实用计算方法。此法假定支承梁不产生竖向位移且不受扭；同时还规定，双向板沿同一方向相邻跨度的比值 $l_{\min}/l_{\max}\geqslant 0.75$，以免计算误差过大。

1）跨中最大正弯矩

为了求连续双向板跨中最大正弯矩，活荷载应按图 2－41 所示的棋盘式布置。对这种荷载分布情况可以分解成满布荷载 $g+\frac{q}{2}$ 及间隔布置 $\pm\frac{q}{2}$ 两种情况，分别如图 2－41(a)、2－41(b) 所示。这里 g 是均布恒荷载，q 是均布活荷载。对于前一种荷载情况，可近似认为各区格板都固定支承在中间支承上；对于后一种荷载情况，可近似认为各区格板在中间支承处都是简支的。沿楼盖周边则根据实际支承情况确定。于是可以利用附录 4 分别求出单区格板的跨中弯矩，然后叠加，得到各区格板的跨中最大弯矩。

2）支座最大负弯矩

支座最大负弯矩可近似按满布活荷载时求得。这时认为各区格板都固定在中间支座上，楼盖周边仍按实际支承情况确定，然后按单块双向板计算出各支座的负弯矩。由相邻区格板分别求得的同一支座负弯矩不相等时，取绝对值的较大值作为该支座的最大负弯矩。

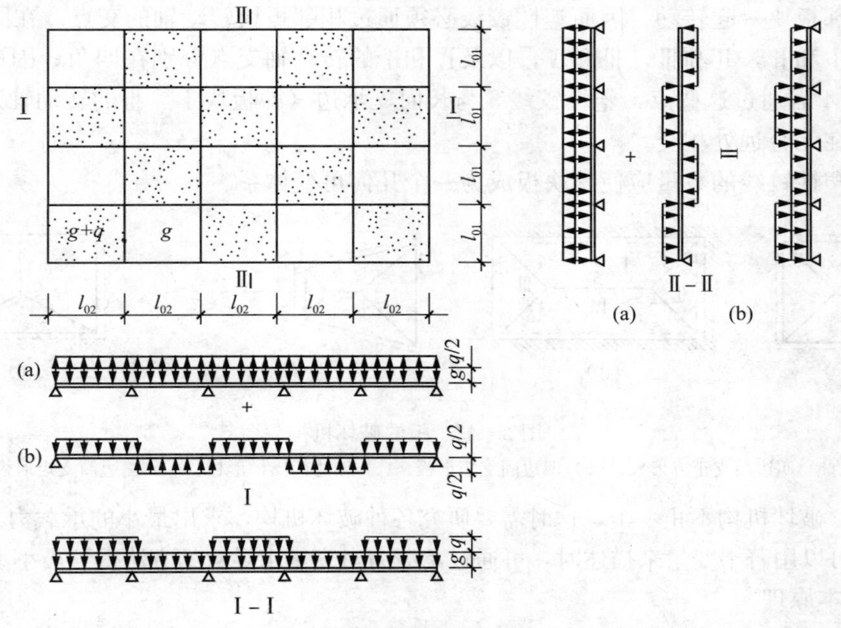

图 2－41　连续双向板的计算图式

2.3.3　双向板按塑性铰线法的计算

双向板按塑性理论计算的方法很多，塑性铰线法是最常用的方法之一。塑性铰线与塑性铰的概念是相仿的。塑性铰出现在杆系结构中，而板式结构则形成塑性铰线。两者都是因受拉钢筋屈服所致。

一般将裂缝出现在板底的称为正塑性铰线；裂缝出现在板面的称为负塑性铰线。用塑性铰线法计算双向板分两个步骤：首先假定板的破坏机构，即由一些塑性铰线把板分割成由若干个刚性板所构成的破坏机构；然后利用虚功原理，建立外荷载与作用在塑性铰线上的弯矩之间的关系，从而求出各塑性铰线上的弯矩，以此作为各截面的弯矩设计值进行配筋设计。

从理论上讲，塑性铰线法得到的是一个上限解，即板的承载力将小于等于该解。实际上由于穹隆作用等有利因素，试验结果得到的板的破坏荷载都超过按塑性铰线算得的值。

1. 塑性铰线法的基本假定

（1）沿塑性铰线单位长度上的弯矩为常数，等于相应板配筋的极限弯矩；

（2）形成破坏机构时，整块板由若干个刚性板块和若干条塑性铰线组成，忽略各刚性板块的弹性变形和塑性铰线上的剪切变形及扭转变形，即整块板仅考虑塑性铰线上的弯曲转动变形。

2. 破坏机构的确定

确定板的破坏机构，就是要确定塑性铰线的位置。判别塑性铰线的位置可以依据以下四个原则进行：

（1）对称结构具有对称的塑性铰线分布，如图 2-42(a) 中的四边简支正方形板，在两个方向都对称，因而塑性铰线也应该在两个方向对称。

（2）正弯矩部位出现正塑性铰线，负塑性铰线则出现在负弯矩区域。如图 2-42(b) 中四边固支板的支座边。

（3）塑性铰线应满足转动要求。每一条塑性铰线都是两相邻刚性板块的公共边界，应能随两相邻板块一起转动，因而塑性铰线必须通过相邻板块转动轴的交点。在图 2-42(b) 中，板块Ⅰ和Ⅱ，Ⅱ和Ⅲ，Ⅲ和Ⅳ，以及Ⅳ和Ⅰ的转动轴交点分别在四角，因而塑性铰线 1、2、3、4 需通过这些点，塑性铰线 5 与长向支承边（即板块Ⅰ、Ⅲ的转动轴）平行，意味着它们在无穷远处相交。

（4）塑性铰线的数量应使整块板成为一个几何可变体系。

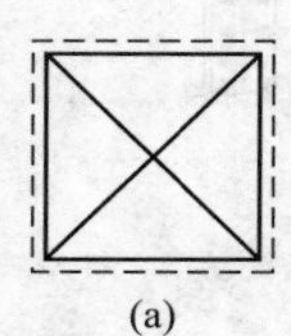
(a)

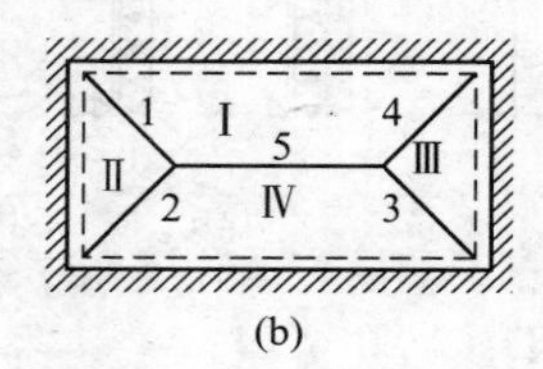

(b)

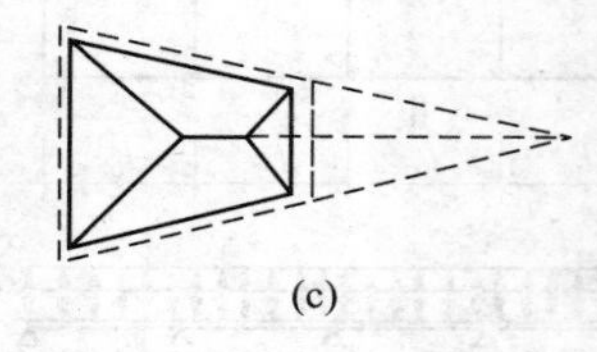
(c)

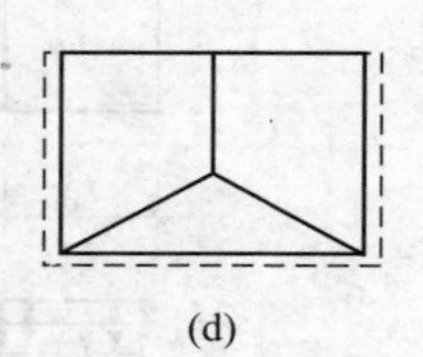
(d)

图 2-42　板的破坏机构

(a) 四边简支正方形板；(b) 四边固支矩形板；(c) 四边简支梯形板；(d) 三边简支矩形板

有时，破坏机构不止一个，这时需要研究各种破坏机构，求出最小的承载力。当不同的破坏机构可以用若干变量来描述时，可通过承载力对变量求导数的方法得到最小承载力。

3. 基本原理

根据虚功原理，外力所做的功应该等于内力所做的内功。设任一条塑性铰线的长度为

l、单位长度塑性铰线承受的弯矩为 m、塑性铰线的转角为 θ。

由于除塑性铰线上的塑性转动变形外，其余变形均略去不计，因而内功 U 等于各条塑性铰线上的弯矩向量与转角向量相乘的总和，即

$$U=\sum \vec{lm}\cdot\vec{\theta} \tag{2-25}$$

式中 $\sum$ 是对各条塑性铰线求和。

外力所做的功 W 等于微元 ds 上的外力大小与该处竖向位移乘积的积分，设板内各点的竖向位移为 w、各点的荷载集度为 p，则外功为

$$W=\iint wp\mathrm{d}s$$

对于均布荷载，各点的荷载集度相同，p 可以提到积分号的外面，而 $\iint w\mathrm{d}s$ 是板发生位移后倒角锥体体积，用 V 表示，可利用几何关系求得。于是上式可写成

$$W=pV \tag{2-26}$$

虚功方程可表示为

$$\sum \vec{lm}\cdot\vec{\theta}=pV \tag{2-27}$$

从上式可以得到极限荷载与弯矩的关系。

下面通过一例题来说明式（2-27）的使用。

【例 2-2】用塑性铰线法计算图 2-43 所示直角三角形各向同性板的极限荷载 p_u。

【解】因板对称于对角线，所以塑性铰线一定位于直角平分线上，即塑性铰线与直角边的夹角为 45°。

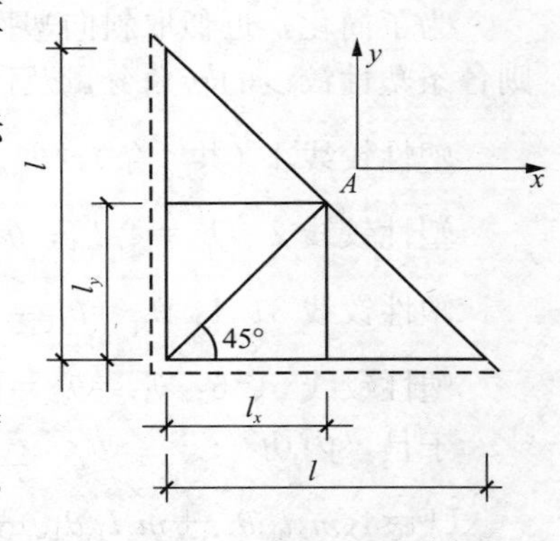

图 2-43　两边简支的三角形

向量可以用坐标分量表示，最常用的坐标是直角坐标系。式（2-25）用直角坐标可以表示为

$$U=\sum (M_x\theta_x+M_y\theta_y)=\sum (m_xl_{0x}\theta_x+m_yl_{0y}\theta_y)$$

对于各向同性板，$m_x=m_y=m$。

对于本例题，塑性铰线在 x、y 轴上的投影长度 $l_{0x}=l_{0y}=l_0/2$；设 A 点发生单位竖向位移，则 $\theta_x=\theta_y=2/l_0$。于是

内功 $U=m(l_0/2\times2/l_0+l_0/2\times2/l_0)=2m$

外功

$$W=p_u(1/3\times1/2\times l_0\times l_0/2+1/3\times1/2\times l_0\times l_0/2)=p_ul_0^2/6$$

由虚功方程，可以得

$$p_u=12m/l_0^2$$

楼盖中最常见的是四边支承矩形板。现在来分析四边固支矩形板的极限承载力。根据前面介绍的判别塑性铰线位置的方法，可以确定板的破坏机构，如图 2-44 所示。共有 5

条正塑性铰线（因4条斜向塑性铰线相同均用1表示，水平塑性铰线用2表示）和4条负塑性铰线（分别用3、4、5、6表示）。这些塑性铰线将板划分为4个板块。短跨（l_{01}）方向，跨中极限承载力用M_{1u}表示，两支座的极限承载力分别用M'_{1u}和M''_{1u}表示；长跨（l_{02}）方向，跨中极限承载力用M_{2u}表示，两支座的极限承载力分别用M'_{2u}和M''_{2u}表示。

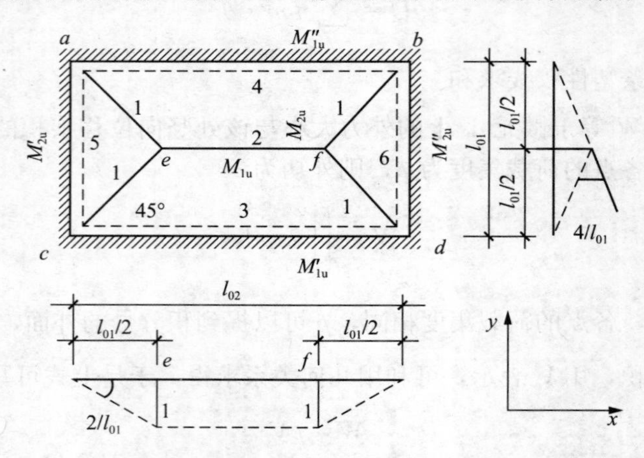

图2-44　四边固支板的破坏机构

于是，单位长正塑性铰线的受弯承载力：

$$m_1=M_{1u}/l_{02}，m_2=M_{2u}/l_{01}$$

单位长负塑性铰线的受弯承载力：

$$m'_1=M'_{1u}/l_{02}，m''_1=M''_{1u}/l_{02}，m'_2=M'_{2u}/l_{01}，m''_2=M''_{2u}/l_{01}$$

为了简化，近似取斜向塑性铰线与板边的夹角为45°。设点e、f发生单位竖向位移，则各条塑性铰线的转角分量及铰线在x、y方向的投影长度为：

塑性铰线1（共4条）：$\theta_{1x}=\theta_{1y}=2/l_{01}$，$l_{1x}=l_{1y}=l_{01}/2$

塑性铰线2：$\theta_{2x}=4/l_{01}$，$\theta_{2y}=0$；$l_{2x}=l_{02}-l_{01}$，$l_{2y}=0$

塑性铰线3、4：$\theta_{3x}=\theta_{4x}=2/l_{01}$，$\theta_{3y}=\theta_{4y}=0$；$l_{3x}=l_{4y}=l_{02}$，$l_{3y}=l_{4y}=0$

塑性铰线5、6：$\theta_{5x}=\theta_{6x}=0$，$\theta_{5y}=\theta_{6y}=2/l_{01}$，$l_{5x}=l_{6x}=0$，$l_{5y}=l_{6y}=l_{01}$

于是，内功

$$\begin{aligned}U&=4(m_1l_{1x}\theta_{1x}+m_2l_{1y}\theta_{1y})+m_1l_{2x}\theta_{2x}+m'_1l_{3x}\theta_{3x}+m''_1l_{4x}\theta_{4x}+m'_2l_{5y}\theta_{5y}+m''_2l_{6y}\theta_{6y}\\&=\frac{1}{l_{01}}[4(l_{02}m_1+l_{01}m_2)+2(l_{02}m'_1+l_{02}m''_1)+2(l_{01}m'_2+l_{01}m''_2)]\\&=\frac{2}{l_{01}}(2M_{1u}+2M_{2u}+M'_{1u}+M''_{1u}+M'_{2u}+M''_{2u})\end{aligned}$$

可求得外功

$$W=p_u\left(\frac{l_{01}}{2}\times l_{02}-2\times\frac{l_{01}}{2}\times\frac{1}{3}\times\frac{l_{01}}{2}\right)=\frac{p_ul_{01}}{6}(3l_{02}-l_{01})$$

最后由虚功方程，得到

$$W=p_u\left(\frac{l_{01}}{2}\times l_{02}-2\times\frac{l_{01}}{2}\times\frac{1}{3}\times\frac{l_{01}}{2}\right)=\frac{p_u l_{01}}{6}(3l_{02}-l_{01}) \tag{2-28}$$

式（2－28）就是连续双向板按塑性铰线法计算的基本公式，它表示了双向板塑性铰线上正截面受弯承载力的总值与极限荷载 p_u 之间的关系。

4. 设计公式

双向板设计时，各截面的受弯承载力用相应的弯矩设计值代替。但一个方程无法同时确定多个变量，为此，需要补充附加条件。

令 $n=\frac{l_{02}}{l_{01}}$，$\alpha=\frac{m_2}{m_1}$，$\beta=\frac{m'_1}{m_1}=\frac{m''_1}{m_1}=\frac{m'_2}{m_2}=\frac{m''_2}{m_2}$

于是，正截面受弯承载力的总值可以用 n、α、β 和 m_1 来表示：

$$M_{1u}=m_{1u}l_{02}=nm_{1u}l_{01} \tag{2-29}$$

$$M_{2u}=m_{2u}l_{01}=\alpha m_{1u}l_{01} \tag{2-30}$$

$$M'_{1u}=M''_{1u}=m'_{1u}l_{02}=n\beta m_{1u}l_{01} \tag{2-31}$$

$$M'_{2u}=M''_{2u}=m'_{2u}l_{01}=\alpha\beta m_{1u}l_{01} \tag{2-32}$$

代入式（2－28），即得

$$m_{1u}=\frac{p_u l_{01}^2}{8}\frac{(n-1/3)}{(n\beta+\alpha\beta+n+\alpha)} \tag{2-33}$$

设计双向板时，令荷载设计值 $p=p_u$，长短跨比值 n 为已知，这时只要选定 α 和 β 值，即可按式（2－31）求得 m_{1u}，再根据选定的 α 与 β 值，求出其余的正截面受弯承载力设计值 m_{2u}、m'_{1u}、m'_{2u}。考虑到应尽量使按塑性铰线法得出的两个方向跨中正弯矩的比值与弹性理论得出的比值相接近，以期在使用阶段两个方向的截面应力较接近，宜取 $\alpha=\frac{1}{n_2}$；同时，考虑到节省钢材及配筋方便，根据经验，宜取 $\beta=1.5\sim2.5$，通常取 $\beta=2$。

为了合理利用钢筋，参考弹性理论的内力分析结果，通常将两个方向的跨中正弯矩钢筋在距支座 $l_{01}/4$ 处弯起 50%，弯起钢筋可以承担部分支座负弯矩。这样在距支座 $l_{01}/4$ 以内的正塑性铰线上单位板宽的极限弯矩值分别为 $m_1/2$ 和 $m_2/2$，故此时两个方向的跨中总弯矩分别为

$$M_{1u}=m_{1u}\left(l_{02}-\frac{l_{01}}{2}\right)+\frac{m_{1u}}{2}\frac{l_{01}}{2}=m_{1u}\left(n-\frac{1}{4}\right)l_{01} \tag{2-34}$$

$$M_{2u}=m_{2u}\frac{l_{01}}{2}+\frac{m_{2u}}{2}\frac{l_{01}}{2}=\frac{3}{4}\alpha m_{1u}l_{01} \tag{2-35}$$

支座上负弯矩钢筋仍各自沿全长布置，亦即各负塑性铰线上的总弯矩值没有变化。将上式代入式（2－28），即得

$$m_{1u}=\frac{pl_{01}^2}{8}\frac{\left(n-\frac{1}{3}\right)}{\left[n\beta+\alpha\beta+\left(n-\frac{1}{4}\right)+\frac{3}{4}\alpha\right]} \tag{2-36}$$

式（2－36）就是四边连续双向板在距支座 $l_{01}/4$ 处将跨中钢筋弯起一半时短跨方向每

米正截面承载力设计值 m_{1u}的计算公式。

对于具有简支边的连续双向板，只需将下列不同情况下的支座弯矩和跨中弯矩代入公式（2－28），即可得到相应的设计公式：

（1）三边连续、一长边简支。此时简支边的支座弯矩等于零，其余支座弯矩和长跨跨中弯矩不变，仍按式（2－31）、式（2－32）和式（2－35）计算，而短跨因简支边不需要弯起部分跨中钢筋，故跨中弯矩为

$$M_{1u}=\frac{1}{2}\left[n+\left(n-\frac{1}{4}\right)\right]m_{1u}l_{01}=\left(n-\frac{1}{8}\right)m_{1u}l_{01} \tag{2-37}$$

（2）三边连续、一短边简支。此时简支边的支座弯矩等于零，其余支座弯矩和短跨跨中弯矩不变，仍按式（2－31）、式（2－35）和式（2－34）计算，长跨跨中正截面受弯承载力设计值为

$$M_{2u}=\frac{1}{2}\left(\alpha+\frac{3}{4}\alpha\right)m_{1u}l_{01}=\frac{7}{8}\alpha m_{1u}l_{01} \tag{2-38}$$

（3）两相邻边连续，另两相邻边简支。此时的两个方向的跨中弯矩分别取（1）、（2）两种情况的弯矩值。

当部分跨中钢筋弯起后，弯起处正弯矩的承载力下降，所以有可能在该处先于跨度中央出现塑性铰线，形成如图 2－45 所示的向下幂式破坏机构。此时，可以按图示破坏机构进行承载力复核。

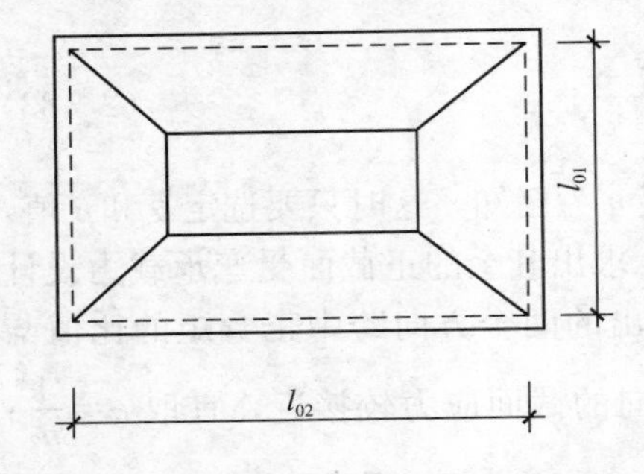

图 2－45　双向板向下的幂式破坏机构

如果双向板承受的活荷载相对比较大，则当以棋盘形间隔布置活荷载时，没有活荷载的区格板也有可能发生如图 2－46 所示向上的幂式破坏机构。图中斜向虚线代表负塑性铰线，而矩形框线仅为破裂线，并非负塑性铰线。因为此处已无负钢筋承受弯矩。这种破坏机构通常发生在支座负弯矩钢筋伸出长度不够的情况下。研究表明，当支座负钢筋伸入长度不小于 $l_{01}/4$ 时，一般可以避免这种破坏。

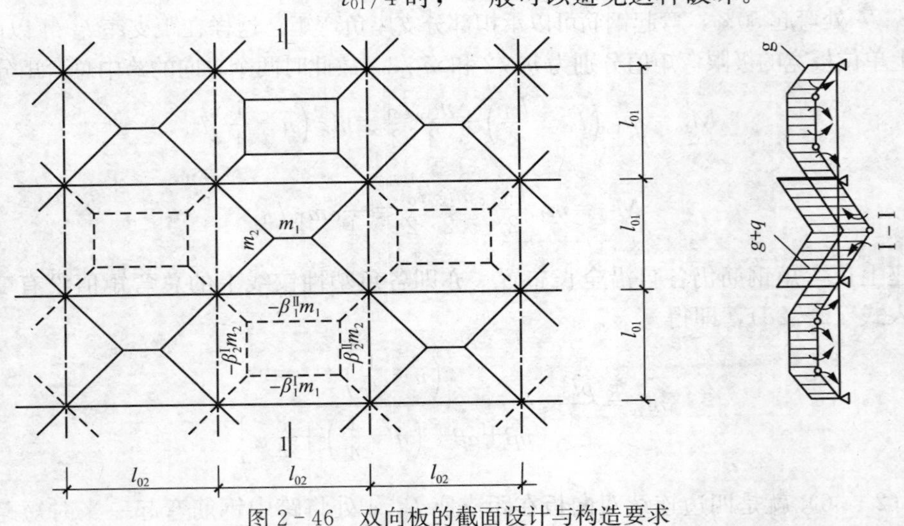

图 2－46　双向板的截面设计与构造要求

2.3.4 双向板的截面设计与构造要求

1. 截面设计

对于周边与梁整体联结的双向板，由于在两个方向受到支承构件的变形约束，整块板内存在穹顶作用，使板内弯矩大大减小。鉴于这一有利因素，对四边与梁整体联结的板，规范允许其弯矩设计值按下列情况进行折减：

(1) 中间跨和跨中截面及中间支座截面，折减系数为0.8。

(2) 边跨的跨中截面及楼板边缘算起的第二个支座截面，当 $l_b/l_0<1.5$ 时，折减系数为0.8；当 $1.5\leqslant l_b/l_0\leqslant 2.0$ 时，折减系数为0.9，式中 l_0 为垂直于楼板边缘方向板的计算跨度；l_b 为沿楼板边缘方向板的计算跨度。

(3) 楼板的角区格不折减。

由于是双向配筋，两个方向的截面有效高度不同。考虑到短跨方向的弯矩比长跨方向的大，故应将短跨方向的跨中受拉钢筋放在长跨方向的外侧，以期具有较大的截面有效高度。通常其取值分别如下：短跨方向，$h_{01}=h-20$(mm)；长跨方向，$h_{02}=h-30$(mm)，其中 h 为板厚。

2. 构造要求

双向板的厚度不宜小于80mm，也不大于160mm。由于挠度不另作验算，双向板的板厚与短跨跨长的比值 h/l_{01}，应满足刚度要求：

简支板 $h/l_{01}\geqslant\dfrac{1}{45}$

连续板 $h/l_{01}\geqslant\dfrac{1}{50}$

双向板的配筋形式与单向板相似，有弯起式和分离式两种。

按弹性理论方法设计时，所求得的跨中正弯矩钢筋数量是指板的中央处的数量，靠近板的两边，其数量可逐渐减少。考虑到施工方面，可按下述方法配置：将板在 l_{01} 和 l_{02} 方向各分为三个板带，如图2-47所示。两个方向的边缘板带宽度均为 $l_{01}/4$，其余则为中间板带。在中间板带上，按跨中最大正弯矩求得的单位板宽内的钢筋数量均匀布置；而在边缘板带上，按中间板带单位板宽内的钢筋数量的一半均匀布置。

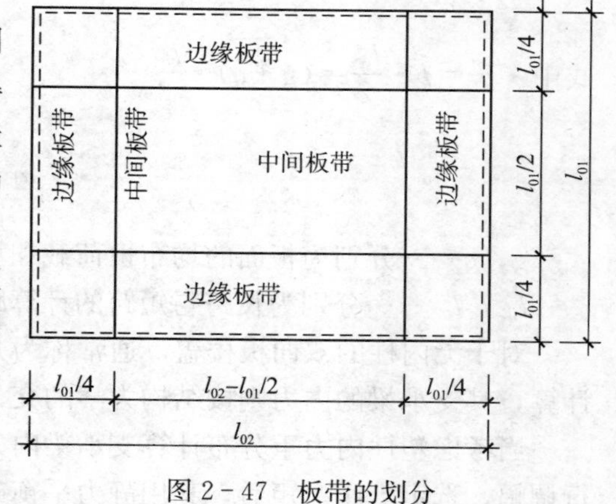

图2-47 板带的划分

支座上承受负弯矩的钢筋，按计算值沿支座均匀布置，并不在板带内减少。受力钢筋的直径、间距及弯起点、切断点的位置等规定，与单向板的有关规定相同。

按塑性铰线法设计时，其配筋应符合内力计算的假定，跨中钢筋或全板均匀布置，或划分成中间及边缘板带后，分别按计算值的100%和50%均匀布置，跨中钢筋的全部或一部分伸入支座下部。支座上的负弯矩钢筋按计算值沿支座均匀布置。

沿墙边、墙角处的构造钢筋与单向板相同。

2.3.5 双向板支承梁的设计

如果假定塑性铰线上没有剪力，则由塑性铰线划分的板块范围就是双向板支承梁的负荷范围，如图 2-48 所示。近似认为斜向塑性铰线是 45°倾角。沿短跨方向的支承梁承受板面传来的三角形分布荷载；沿长跨方向的支承梁承受板面传来的梯形分布荷载。

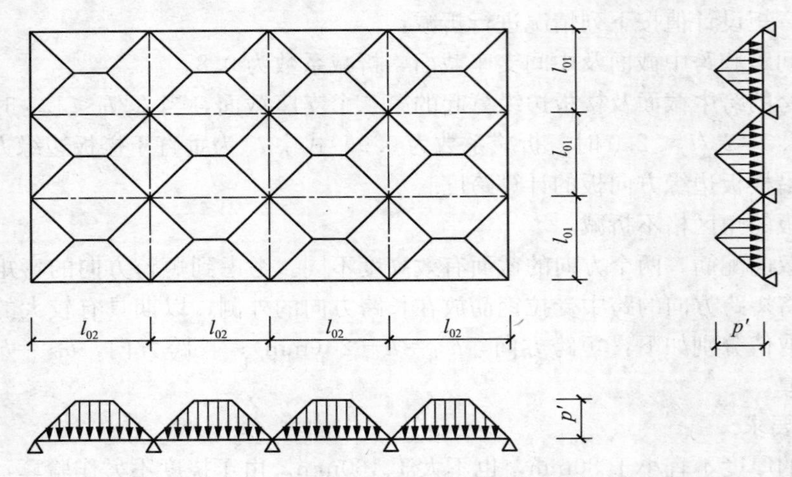

图 2-48 双向板支承梁承受的荷载

按弹性理论设计计算梁的支座弯矩时，可按支座弯矩等效的原则，按下式将三角形荷载和梯形荷载等效为均布荷载 p_e。

三角形荷载作用时：

$$p_e=\frac{5}{8}p' \tag{2-39}$$

梯形荷载作用时：

$$p_e=(1-2\alpha_1^2+\alpha_1^3)p' \tag{2-40}$$

式中 $p'=p\cdot\frac{l_{01}}{2}=(g+q)\cdot\frac{l_{01}}{2}$

$$\alpha_1=0.5\frac{l_{01}}{l_{02}}$$

g，q——分别为板面的均布恒荷载和均布活荷载；

l_{01}，l_{02}——分别为长跨与短跨的计算跨度。

对于无内柱的双向板楼盖，通常称为井字形楼盖。这种楼盖的双向板仍按连续双向板计算，其支承梁的内力则按结构力学的交叉梁系进行计算，或查有关设计手册。

当考虑塑性内力重分布计算支承梁内力时，可在弹性理论求得的支座弯矩基础上，进行调幅，选定支座弯矩后，利用静力平衡条件求出跨中弯矩。

2.3.6 双向板设计例题

某厂房双向板肋梁楼盖的结构平面布置如图 2-49 所示。楼面可变荷载标注值为 6.0kN/m²，混凝土强度等级为 C30，钢筋采用 HPB300 钢筋（Ⅰ级钢）。板厚为 100mm，支承梁宽度为 200mm。试分别按弹性理论和塑性理论方法对楼板进行配筋设计。

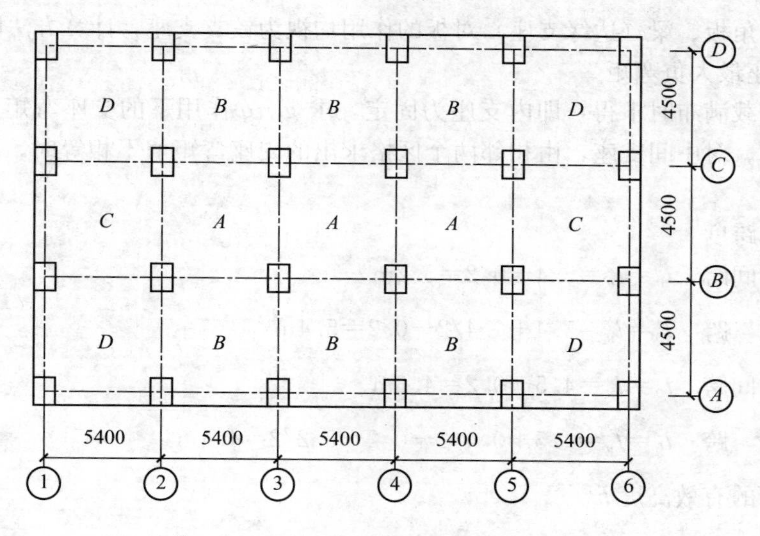

图 2－49　双向板肋梁楼盖结构平面布置图

1. 设计资料

（1）楼面构造层做法：20mm 厚水泥砂浆面层；15mm 厚混合砂浆顶棚抹灰。

（2）楼面可变荷载标准值为 6.0kN/m^2。

（3）材料选用为：

混凝土：采用 C30（f_c＝14.3N/mm^2，f_t＝1.43N/mm^2）。

钢筋：采用 HPB300 钢筋（Ⅰ级钢，f_y＝270N/mm^2）。

（4）截面尺寸

柱：400mm×400mm。

梁：两个方向的梁宽均为 b＝200mm；梁高分别为 400mm 和 500mm。

板：板厚 h＝100mm。

2. 荷载计算

20mm 厚水泥砂浆面层	0.02×20＝0.40kN/m^2
100mm 厚钢筋混凝土板	0.10×25＝2.50kN/m^2
15mm 厚混合砂浆顶棚抹灰	0.015×17＝0.26kN/m^2
	3.16kN/m^2
永久荷载设计值	g＝1.2×3.16＝3.79kN/m^2
可变荷载设计值	q＝1.3×6.0＝7.80kN/m^2
合计	11.59kN/m^2

3. 按弹性理论计算

1）求跨中最大正弯矩

跨中最大正弯矩发生在可变荷载为棋盘形布置。计算时简化为：

（1）求内支座为固定，$g'=g+q/2$ 作用下的跨中弯矩。

（2）求内支座为铰支，$q'=q/2$ 作用下的跨中弯矩。

（3）求以上两种情况所求的跨中弯矩之和，得各内板跨中最大正弯矩。

边跨板、角板、梁（边缘支座）对板的作用均视为铰支支座，计算方法同内板。

2）求支座最大负弯矩

按可变荷载满布时求得，即内支座为固定，求 $g+q$ 作用下的支座弯矩。边缘支座均视为铰支支座。对中间支座，由相邻两个区格求出的支座弯矩值不相等时，取其平均值进行配筋计算。

（1）计算跨度。

纵向：中间跨　$l_0=l_n=5.4-0.2=5.2\text{m}$

边　跨　$l_0=l_n=5.4+0.4/2-0.2=5.4\text{m}$

横向：中间跨　$l_0=l_n=4.5-0.2=4.3\text{m}$

边　跨　$l_0=l_n=4.5+0.4/2-0.2-0.2/2=4.4\text{m}$

（2）截面的有效高度 h_0。

对跨中截面：横向 $h_0=100-20=80\text{mm}$，纵向 $h_0=100-30=70\text{mm}$；

对支座截面均取：$h'_0=80\text{mm}$。

按弹性理论计算的弯矩，见表 2-14。

配筋计算结果略。

按弹性理论计算弯矩（kN·m）　　表 2-14

计算内容		A 区格	B 区格	C 区格	D 区格
l_x/l_y		5.2/4.3	5.2/4.4	5.3/4.3	5.3/4.4
$v=0$	m_x	$0.015\times7.69\times4.3^2+0.0341\times3.9\times4.3^2=4.592$	$0.0156\times7.69\times4.4^2+0.0204\times3.9\times4.4^2=3.863$	$0.0146\times7.69\times4.3^2+0.0326\times3.9\times4.3^2=4.427$	$0.016\times7.69\times4.4^2+0.0211\times3.9\times4.4^2=3.975$
	m_y	$0.0259\times7.69\times4.3^2+0.0533\times3.9\times4.3^2=7.526$	$0.0246\times7.69\times4.4^2+0.0400\times3.9\times4.4^2=6.683$	$0.0266\times7.69\times4.3^2+0.0412\times3.9\times4.3^2=6.753$	$0.0256\times7.69\times4.4^2+0.0328\times3.9\times4.4^2=6.288$
$v=0.2$	m_x^v	6.097	5.200	5.778	5.233
	m_y^v	8.444	7.456	7.638	7.083
m'_x		$-0.0555\times11.59\times4.3^2=-11.89$	$-0.0551\times11.59\times4.4^2=-12.36$	$-0.0557\times11.59\times4.3^2=-11.94$	$-0.0554\times11.59\times4.4^2=-12.43$
m'_y		$-0.0645\times11.59\times4.3^2=-13.82$	$-0.0626\times11.59\times4.4^2=-14.05$	$-0.0658\times11.59\times4.3^2=-14.10$	$-0.0634\times11.59\times4.4^2=-14.23$

4. 按塑性铰线法设计

（1）荷载设计值：$p=g+q=11.59\text{kN/m}^2$。

（2）板的配筋方式采用弯起式。

（3）按极限平衡法求塑性铰线上极限弯矩。

首先从中间区格 A 开始计算，之后依次求 B、C、D 区格的跨中及支座弯矩。

弯矩的计算结果及配筋计算结果见表 2-15、表 2-16 和图 2-50。

按塑性铰线法计算弯矩（kN·m）　　表 2-15

计算内容	A区格	B区格	C区格	D区格
l_x/m	5.2	5.2	5.3	5.3
l_y/m	4.3	4.4	4.3	4.4
M_x	$3.225m_x$	$3.3m_x$	$3.225m_x$	$3.3m_x$
M_y	$6.032m_x$	$5.726m_x$	$6.419m_x$	$6.094m_x$
M'_x	$8.6m_x$	$8.8m_x$	$8.6m_x$（边）	$8.8m_x$（边）
M'_y	$15.21m_x$	8.924×5.2=46.40	$16.10m_x$	9.148×5.3=48.48
M''_x	$8.6m_x$	$8.8m_x$	6.102×4.3=26.24	6.496×4.4=28.58
M''_y	$15.21m_x$	$14.53m_x$（边）	$16.10m_x$	$15.38m_x$（边）
m_x（kN·m）	3.051	3.248	3.011	3.211
m_y（kN·m）	4.462	4.536	4.574	4.659
m'_x（kN·m）	6.102	6.496	6.022	6.422
m'_y（kN·m）	8.924	8.924	9.148	9.148
m''_x（kN·m）	6.102	6.496	6.102	6.496
m''_y（kN·m）	8.924	9.072	9.148	9.318

按塑性铰线法计算配筋　　表 2-16

截面			h_0（mm）	M（kN·m）	A_s（mm^2）	选配钢筋	实际 A_s（mm^2）
跨中	A区格	l_x方向	70	3.051×0.8=2.441	143.5	ϕ8@200	251
		l_y方向	80	4.462×0.8=3.570	183.6	ϕ8@200	251
	B区格	l_x方向	70	3.248×0.8=2.598	152.7	ϕ8@200	251
		l_y方向	80	4.536×0.8=3.629	186.7	ϕ8@200	251
	C区格	l_x方向	70	3.011×0.8=2.409	134.2	ϕ8@200	251
		l_y方向	80	4.574×0.8=3.569	183.6	ϕ8@200	251
	D区格	l_x方向	70	3.211	188.8	ϕ8@200	251
		l_y方向	80	4.659	239.7	ϕ8@200	251
支座	A-A		80	-6.102×0.8=-4.882	251.1	ϕ8@200	251
	A-B		80	-8.924×0.8=-7.139	367.2	ϕ8@200+ϕ8@400	376.5
	A-C		80	-6.102×0.8=-4.882	251.1	ϕ8@200	251
	B-B		80	-6.496×0.8=-5.197	226.4	ϕ8@200	251
	B-D		80	-6.496	334.2	ϕ8@200+ϕ8@400	376.5
	C-D		80	-9.148	470.6	ϕ8@200+ϕ8@200	502
	B边支座		80	-9.072	466.7	ϕ8@400+ϕ8@130	512.5
	C边支座		80	-6.022	309.8	ϕ8@400+ϕ8@200	376.5
	D边支座（l_x方向）		80	-6.422	331.4	ϕ8@400+ϕ8@200	335
	D边支座（l_y方向）		80	-9.318	479.3	ϕ8@400+ϕ8@130	512.5

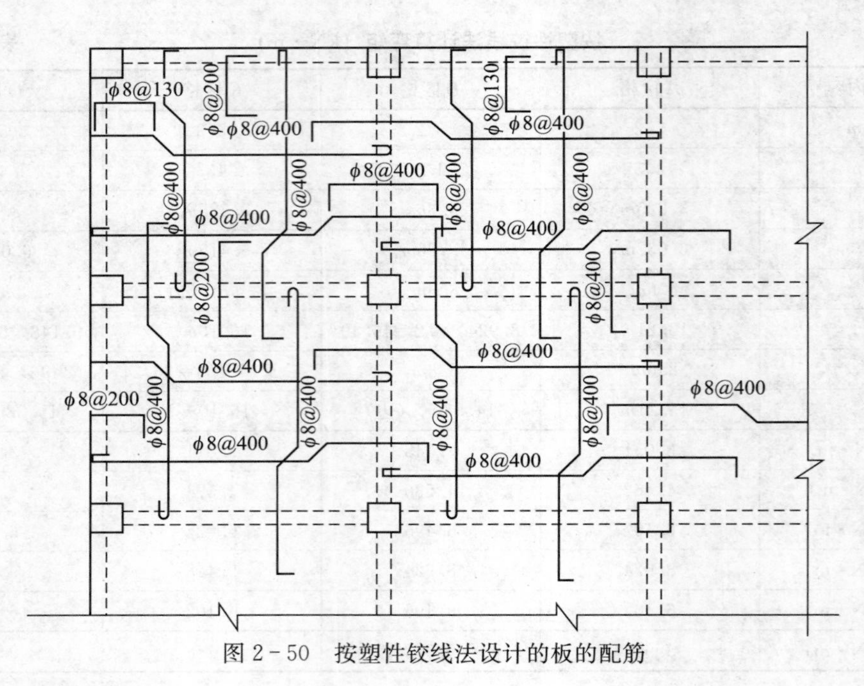

图 2-50　按塑性铰线法设计的板的配筋

2.4　无梁楼盖

2.4.1　无梁楼盖的结构组成与受力特点

1. 结构组成

无梁楼盖不设梁，是一种双向受力的板柱结构。由于没有梁，钢筋混凝土板直接支承在柱上，故与相同柱网尺寸的肋梁楼盖相比，其板厚要大些。为了提高柱顶处平板的受冲切承载力以及减小板的计算跨度，往往在柱顶设置柱帽；但当荷载不太大时，也可不用柱帽。常用的矩形柱帽有无帽顶板的、有折线顶板的和有矩形顶板的三种形式，如图 2-51 所示。通常柱和柱帽的形式为矩形，有时因建筑要求也可做成圆形。

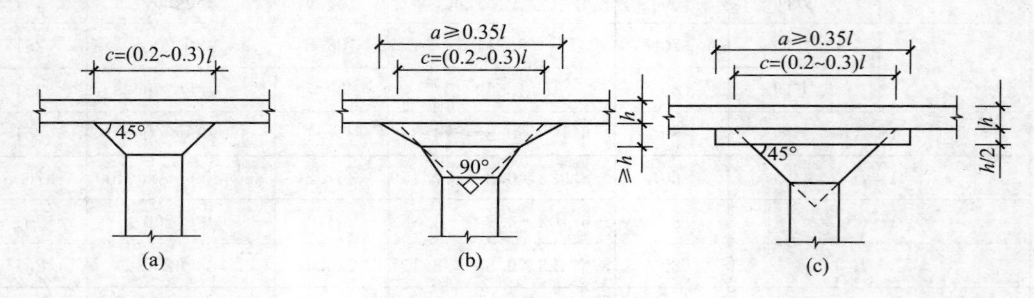

图 2-51　柱帽的主要形式

无梁楼盖的建筑构造高度比肋梁楼盖小，这使得建筑楼层的有效空间加大，同时，平滑的板底可以大大改善采光、通风和卫生条件，故无梁楼盖常用于多层的工业与民用建筑中，如商场、书库、冷藏库、仓库等，水池顶盖和某些整板式基础也采用这种结构形式。

无梁楼盖根据施工方法的不同可分为现浇式和装配整体式两种。无梁楼盖也采用升板施工技术，在现场逐层将在地面预制的屋盖和楼盖分阶段提升至设计标高后，通过柱帽与柱整体连接在一起，由于它将大量的空中作业改在地面上完成，故可大大提高进度。其设计原理，除需考虑施工阶段验算外，与一般无梁楼盖相同。此外，为了减轻自重，也可用多次重复使用的塑料模壳，形成双向密肋的无梁楼盖。

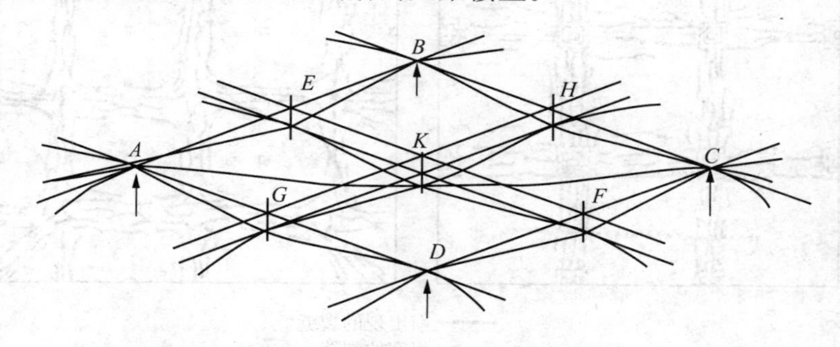

图 2-52　无梁楼板的弹性变形曲线

无梁楼盖因没有梁，侧向刚度比较差，所以当层数较多或有抗震设防要求时，宜设置剪力墙，构成板柱抗震墙结构。

根据以往经验，当楼面活荷载标准值在 5kN/m² 以上，柱网为 6m×6m 时，无梁楼盖比肋梁楼盖经济。

2. 受力特点

无梁楼板是四点支承的双向板，均布荷载作用下，它的弹性变形曲线如图 2-52 所示。如把无梁楼板划分成如图 2-53 所示的柱上板带与跨中板带，则图 2-52 中的柱上板带 AB、CD 和 AD、BC 分别成了跨中板带 EF、GH 的弹性支座。柱上板带支承在柱上，其跨中具有挠度 f_1；跨中板带弹性支承在柱上板带，其跨中相对挠度 f_2，无梁楼板跨中的总挠度为 f_1+f_2。此挠度较相同柱网尺寸的肋梁楼盖的挠度为大，因而无梁楼板的板厚应大些。试验表明，无梁楼板在开裂前，处于弹性工作阶段；随着荷载增加，裂缝首先在柱帽顶部出现，随后不断发展，在跨中中部 1/3 跨度处，相继出现成批的板底裂缝，这些裂缝相互正交，且平行于柱列轴线。即将破坏时，在柱帽顶上和柱列轴线上的板顶裂缝以及跨中的板底裂缝中出现一些特别大的裂缝，在这些裂缝处，受拉钢筋屈服，受压的混凝土压应变达到极限压应变值，最终导致楼板破坏。破坏时的板顶裂缝分布情况见图 2-54（a），板底裂缝分布情况见图 2-54（b）。

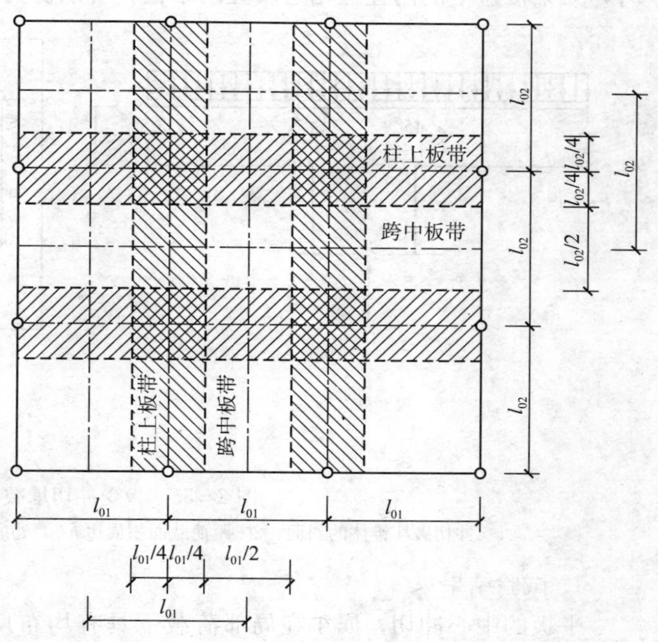

图 2-53　无梁楼板的柱上板带和跨中板带

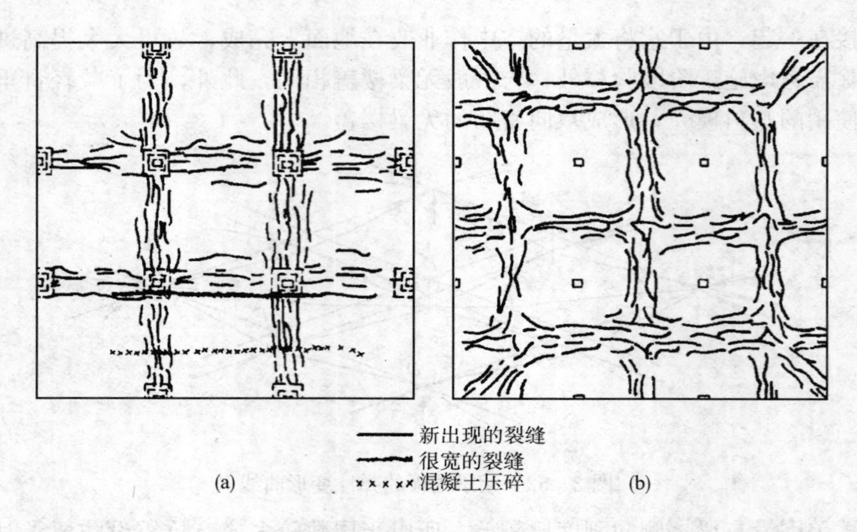

图 2-54　无梁楼板裂缝分布

（a）板面裂缝；（b）板底裂缝

2.4.2　柱帽及板受冲切承载力计算

确定柱帽尺寸及配筋时，应满足柱帽边缘处平板的受冲切承载力要求。当满布荷载时，无梁楼盖中的内柱柱帽边缘处的平板，可以认为承受中心冲切，见图 2-55。

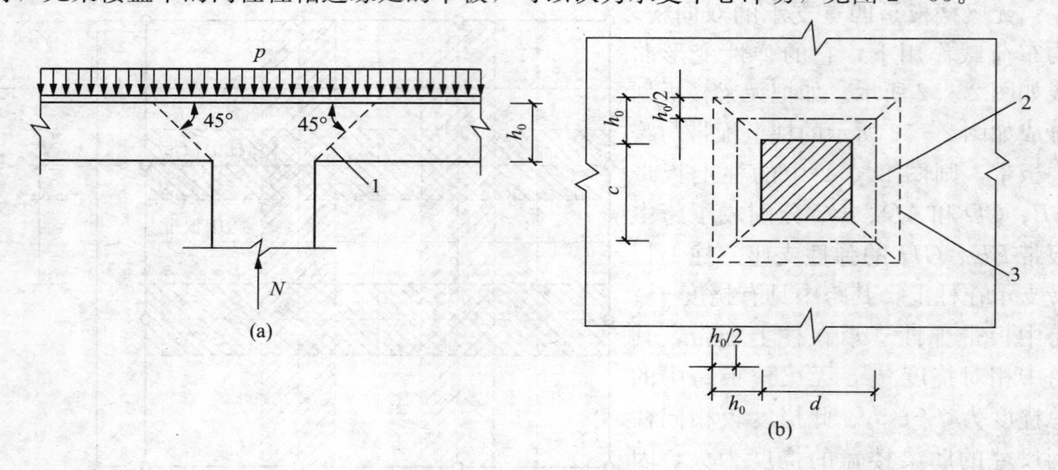

图 2-55　板受冲切承载力计算

1—冲切破坏锥体的斜面；2—距荷载面积周边 $h_0/2$ 处的周长；3—冲切破坏锥体的底面线

1. 试验结果

平板的中心冲切，属于在局部荷载下具有均布反压力的冲切情况。这种情况的试验表明：

（1）冲切破坏时，形成破坏锥体的锥面与平板面大致成 45°倾角。

（2）受冲切承载力与混凝土轴向抗拉强度、局部荷载的周边长度（柱或柱帽周长）及板纵横两个方向的配筋率（仅对不太高的配筋率而言），均大体呈线性关系；与板厚大体呈抛物线关系。

（3）具有弯起钢筋和箍筋的平板，可以大大提高受冲切承载力。

2. 受冲切承载力计算公式

根据中心受冲切承载力试验结果，我国规范规定如下：

（1）对于不配置箍筋或弯起钢筋的钢筋混凝土平板，其受冲切承载力按下式计算：

$$F_l = (0.7\beta_h f_t + 0.25\sigma_{pc,m})\eta u_m h_0 \tag{2-41}$$

式中 F_l——冲切荷载设计值，即柱子所承受的轴向力设计值减去柱顶冲切破坏锥体范围内的荷载设计值，见图 2-55，$F_l=N-p(c+2h_0)(d+2h_0)$；

β_h——截面高度影响系数，当 $h \leqslant 800$mm 时，取 $\beta_h=1.0$，当 $h \geqslant 2000$mm 时，取 $\beta_h=0.9$，其间按线性插值法取用；

u_m——距柱帽周边 $h_0/2$ 处的周长；

f_t——混凝土抗拉强度设计值；

h_0——板的截面有效高度；

η——系数，取 η_1、η_2 中的较小值，其中 $\eta_1=0.4+1.2/\beta_s$，$\eta_2=0.5+\alpha_s h_0/4u_m$。$\beta_s$ 是局部荷载或集中反力作用面积为矩形时的长边与短边尺寸的比值，β_s 不宜大于 4；当 $\beta_s<2$ 时，取 $\beta_s=2$；当面积为圆形时，取 $\beta_s=2$。α_s 是柱类型的影响系数；对中柱，取 $\alpha_s=40$；边柱，取 $\alpha_s=30$；角柱，取 $\alpha_s=20$。

（2）当受冲切承载力不能满足式（2-41）的要求，且板厚不小于 150mm 时，可配置箍筋或弯起钢筋。此时受冲切截面应符合下列条件：

$$F_l = 1.2 f_t \eta u_m h_0 \tag{2-42}$$

当配置箍筋、弯起钢筋时，受冲切承载力按下式计算：

$$F_l = (0.5 f_t + 0.25\sigma_{pc,m})\eta u_m h_0 + 0.8 f_{yv} A_{svu} + 0.8 f_y A_{sbu}\sin\alpha \tag{2-43}$$

式中 A_{svu}——与呈 45°冲切破坏锥体斜截面相交的全部箍筋面积；

A_{sbu}——与呈 45°冲切破坏锥体斜截面相交的全部弯起钢筋截面积；

α——弯起钢筋与板底面的夹角；

f_y、f_{yv}——分别为弯起钢筋和箍筋的抗拉强度设计值。

对于配置受冲切的箍筋或弯起钢筋的冲切破坏锥体以外的截面，仍应按式（2-41）进行受冲切承载力验算。此时，取冲切破坏锥体以外 $0.5h_0$ 处的最不利周长。

2.4.3 无梁楼盖的内力分析

无梁楼盖计算方法也有按弹性理论和塑性铰线法两种计算方法。按弹性理论的计算方法中，有精确计算法、等效框架法、经验系数法等。下面简单介绍工程设计中常用的经验系数法和等效框架法。

1. 经验系数法

经验系数法又称总弯矩法或直接设计法。该方法先计算两个方向的截面总弯矩，再将截面总弯矩分配给同一方向的柱上板带和跨中板带。

为了使各截面的弯矩设计值适应各种活荷载的不利布置，在应用该法时，要求无梁楼盖的布置必须满足下列条件：

（1）每个方向至少应有三个连续跨；

（2）同方向相邻跨度的差值不超过较长跨度的 1.33；

(3) 任一区格板的长边与短边之比值 $l_x/l_y\leqslant 2$；

(4) 可变荷载和永久荷载之比值 $q/g\leqslant 3$。

用该方法计算时，只考虑全部均布荷载，不考虑活荷载的不利布置。

弯矩系数法的计算步骤如下：

(1) 分别按下式计算每个区格两个方向的总弯矩设计值：

x 方向
$$M_{0x}=\frac{1}{8}(g+q)l_y\left(l_x-\frac{2}{3}c\right)^2 \tag{2-44}$$

y 方向
$$M_{0y}=\frac{1}{8}(g+q)l_x\left(l_y-\frac{2}{3}c\right)^2 \tag{2-45}$$

式中 l_x、l_y——两个方向的柱距；

g、q——板单位面积上作用的永久荷载和可变荷载设计值；

c——柱帽在计算弯矩方向的有效宽度。

(2) 将每一方向的总弯矩，分别分配给柱上板带和跨中板带的支座截面和跨中截面，即将总弯矩（M_{0x}或M_{0y}）乘以表 2-17 中所列系数。

(3) 在保持总弯矩值不变的情况下，允许将柱上板带负弯矩的10%分配给跨中板带负弯矩。

无梁双向板的弯矩计算系数 **表 2-17**

截面	边跨			内跨	
	边支座	跨中	内支座	跨中	支座
柱上板带	−0.48	0.22	−0.50	0.18	−0.50
跨中板带	−0.05	0.18	−0.17	0.15	−0.17

2. 等效框架法

钢筋混凝土无梁双向板体系不符合经验系数法所要求的四个条件时，可采用等效框架法确定竖向均布荷载作用下的内力。

等效框架法是把整个结构分别沿纵、横柱列两个方向划分，并将其视为纵向等效框架和横向等效框架，分别进行计算分析。其中，等效框架梁就是各层的无梁楼板。计算步骤如下：

(1) 计算等效框架梁、柱的几何特征。其中，等效框架梁宽度和高度取为板跨中心线间的距离（M_{0x}或M_{0y}）和板厚，跨度取为 $l_y-2c/3$ 或 $l_x-2c/3$；等代柱的截面即原柱截面，柱的计算高度取为层高减柱帽高度，底层柱高度取为基础顶面至楼板底面的高度减柱帽高度。

(2) 按框架计算内力。当仅有竖向荷载作用时，可近似按分层法计算。

(3) 计算所得的等效框架控制截面总弯矩，按照划分的柱上板带和跨中板带分别确定支座和跨中弯矩设计值，即将总弯矩乘以表 2-18 或表 2-19 中所列的分配比值。

方形板的柱上板带和跨中板带的弯矩分配比值 **表 2-18**

截面	端跨			内跨	
	边支座	跨中	内支座	跨中	支座
柱上板带	0.9	0.55	0.75	0.55	0.75
跨中板带	0.10	0.45	0.25	0.45	0.25

矩形板的柱上板带和跨中板带的弯矩分配比值　　表 2-19

l_x/l_y	0.50～0.60		0.60～0.75		0.75～1.33		1.33～1.67		1.67～2.0	
弯　矩	$-M$	M	$-M$	M	$-M$	M	$-M$	M	$-M$	M
柱上板带	0.55	0.50	0.65	0.55	0.70	0.60	0.80	0.75	0.85	0.85
跨中板带	0.45	0.50	0.35	0.45	0.30	0.40	0.20	0.25	0.15	0.15

这里可能会产生一个疑问，即在经验系数法或等效框架法计算板柱结构时，在 x 方向和 y 方向都用了荷载 $g+q$，是否重复了？产生这个疑问的根源是错误地把双向板中的荷载在两个方向分配的概念带到板柱结构中来了。板柱结构中，无梁楼盖的每个区格板是四点支承板，柱间的柱上板带（包括有暗梁的情况）是具有竖向位移的，它们是跨中板带的弹性支承，因此荷载往四个支承点传递，不存在荷载在两个方向分配的问题。双向板是周边支承板，支承处是没有竖向位移的，所以荷载往板的支承边传递，于是就有荷载分配问题。显然，把无梁楼盖当做双向板设计，增加了传力路线，是不经济的。

2.4.4　截面设计与构造要求

1. 截面的弯矩设计值

当竖向荷载作用时，有柱帽的无梁楼板内跨，具有明显的穹顶作用，这时截面的弯矩设计值可以适当折减。除边跨及边支座外，所有其余部位截面的弯矩设计值均为按内力分析得到的弯矩乘以 0.8。

2. 板厚及板的截面有效高度

无梁楼板通常是等厚的。对板厚的要求，除满足承载力要求外，还需满足刚度的要求。由于目前对其挠度尚无完善的计算方法，所以，用板厚 h 与长跨 l_{02} 的比值来控制其挠度。此控制值为：有帽顶板时，$h/l_{01}\leqslant 1/35$；无帽顶板时，$h/l_{02}\leqslant 1/32$；无柱帽时，柱上板带可适当加厚，加厚部分的宽度可取相应跨度的 0.3 倍。

板的截面有效高度取值，与双向板类同。同一部位的两个方向弯矩同号时，由于纵横向钢筋叠置，应分别取各自的截面有效高度。

3. 板的配筋

板的配筋通常采用绑扎钢筋的双向配筋方式。为减少钢筋类型，又便于施工，一般采用一端弯起、另一端直线段的弯起式配筋。钢筋弯起和切断点的位置，必须满足图 2-56 的构造要求。对于支座上承受负弯矩的钢筋，为使其在施工阶段具有一定的刚性，其直径不宜小于 12mm。

4. 柱帽配筋构造要求

柱帽的配筋根据板的受冲切承载力确定。计算所需的箍筋应配置在冲切破坏锥体范围内。此外，尚应按相同的箍筋直径和间距向外延伸至不小于 $0.5h_0$ 范围内。箍筋宜为封闭式，并应箍住架立钢筋，箍筋直径不应小于 6mm，其间距不应大于 $h_0/3$，如图 2-57(a) 所示。

计算所需的弯起钢筋，可由一排或两排组成，其弯起角可根据板的厚度在 30°～45°之间选取，弯起钢筋的倾斜段应与冲切破坏斜截面相交，其交点应在离集中反力作用面积周边以外 $h/3$～$h/2$ 的范围内，如图 2-57(b) 所示。弯起钢筋不应小于 12mm，且每一方向不应少于 3 根。

不同类型柱帽的一般构造要求，如图 2-58 所示。

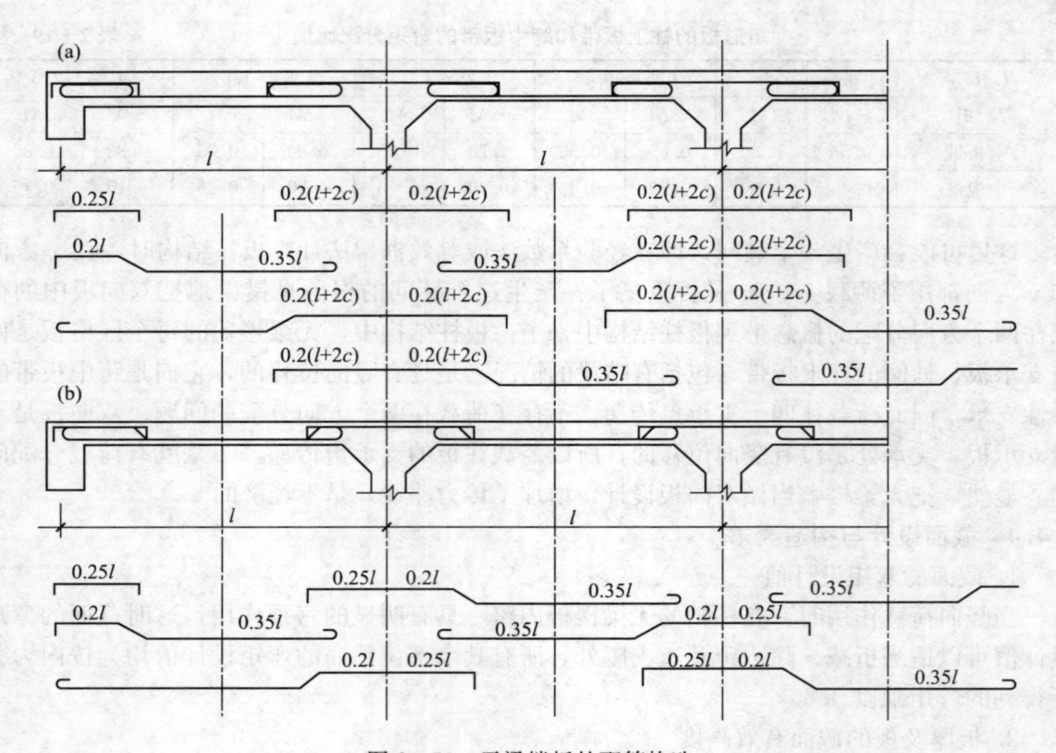

图 2-56　无梁楼板的配筋构造

（a）柱上板带配筋；（b）跨中板带配筋

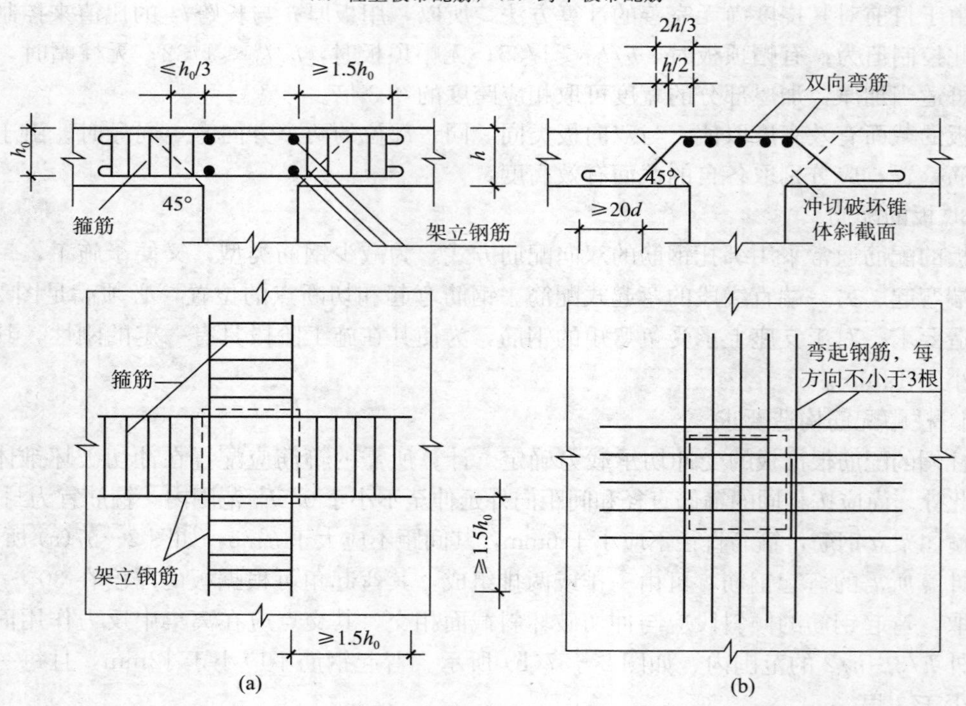

图 2-57　板中抗冲切钢筋布置

（a）箍筋；（b）弯起钢筋

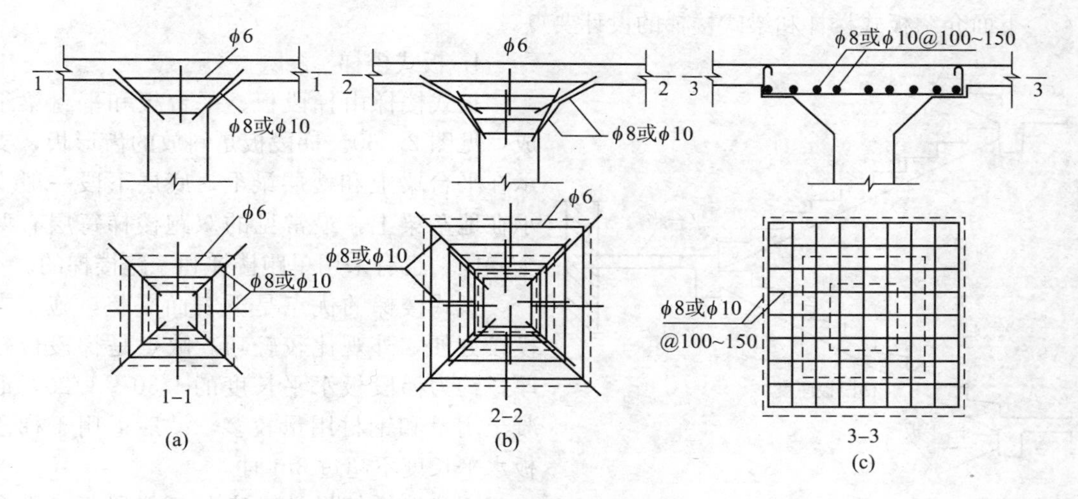

图 2-58　柱帽的配筋构造

5. 边梁

无梁楼盖的周边，应设置边梁，其截面高度不小于板厚的 2.5 倍。边梁除与半个柱上板带一起承受弯矩外，还须承受未计及的扭矩，所以应另设置必要的抗扭构造钢筋。

2.5 楼梯与雨篷

2.5.1 楼梯

楼梯是多层及高层房屋中的重要组成部分。楼梯的平面布置、踏步尺寸、栏杆形式等由建筑设计确定。板式楼梯和梁式楼梯是最常见的楼梯形式，在宾馆等一些公共建筑中也采用一些特种楼梯，如螺旋板式楼梯和悬挑板式楼梯，见图 2-59。

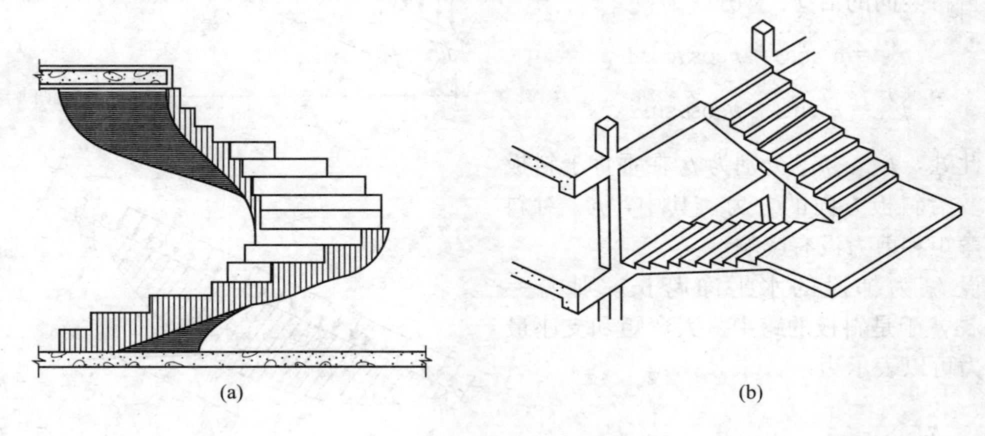

图 2-59　特种楼梯

(a) 螺旋板式楼梯；(b) 悬挑板式楼梯

楼梯的结构设计步骤包括：①根据建筑要求和施工条件，确定楼梯的结构形式和结构布置；②根据建筑类别，确定楼梯的活荷载标准值；③进行楼梯各部件的内力分析和截面设计；④绘制施工图，处理连接部件的配筋构造。

下面介绍板式楼梯和梁式楼梯的设计要点。

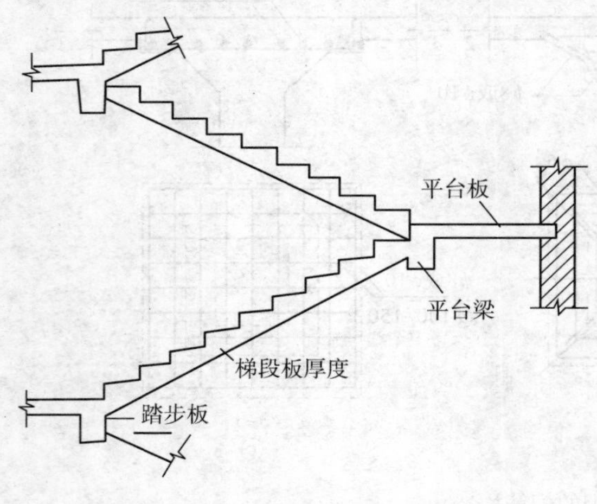

图 2-60 板式楼梯的组成

1. 板式楼梯

板式楼梯由梯段板、平台板和平台梁组成，见图 2-60。梯段板是斜放的齿形板，支承在平台梁上和楼层梁上，底层下段一般支承在地垄梁上，最常见的双跑楼梯每层有两个梯段，也有采用单跑楼梯和三跑楼梯的。

板式楼梯的优点是下表面平整，施工支模较方便，外观比较轻巧。缺点是梯段板较厚，约为梯段板水平长度的 1/30～1/25，混凝土用量和钢材用量较多，一般适用于梯段板水平长度不超过 3m 时。

板式楼梯的设计内容包括梯段板、平台板和平台梁的设计。

1）梯段板

梯段板按斜放的简支梁计算，它的正截面是与梯段板垂直的，楼梯的活荷载是按水平投影面计算的，计算跨度取平台梁间的斜长净距 l'_n，故计算简图如图 2-61 所示。

设梯段板单位水平长度上的竖向均布荷载为 p（表示为 ↓ ）则沿斜板单位长度上的竖向均布荷载为 $p'=p\cos\alpha$（表示为 ↙ ），此处 α 为梯段板与水平线间的夹角。再将竖向的沿 x、y 分解为：

$$p'_x=p'\cos\alpha=p\cos\alpha\cos\alpha$$

$$p'_y=p'\sin\alpha=p\cos\alpha\sin\alpha$$

此处，p'_x、p'_y 分别为 p' 在垂直于斜板方向及沿斜板方向的分力。其中，p'_y 对斜板的弯矩和剪力没有影响。

设 l_n 为梯段的水平净跨长，则 $l_n=l'_n\cos\alpha$，于是斜板的跨中最大弯矩和支座最大剪力可以表示为：

$$M_{\max}=\frac{1}{8}p'_x(l'_n)^2=\frac{1}{8}pl_n^2 \tag{2-46}$$

$$V_{\max}=\frac{1}{2}p'_nl'_n=\frac{1}{2}pl_n\cos\alpha \tag{2-47}$$

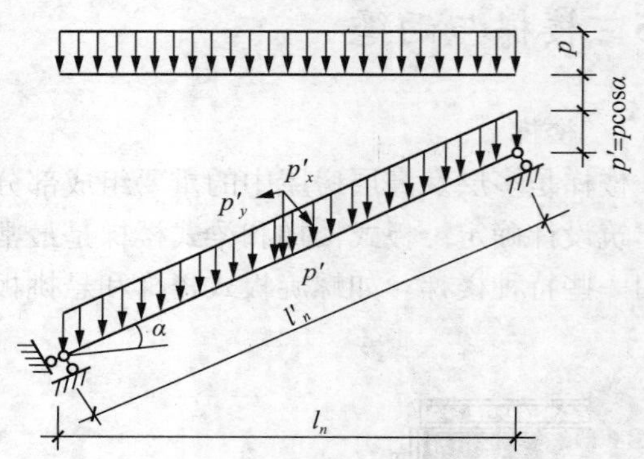

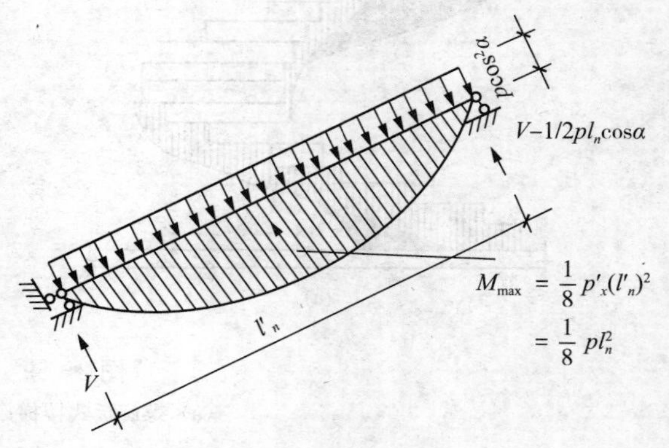

图 2-61 梯段板的计算简图

可见，简支斜梁在竖向均布荷载 p 作用下的最大弯矩，等于其水平投影长度的简支架在 p 作用下的最大弯矩；最大剪力为水平投影长度的简支梁在 p 作用下的最大剪力值乘以 $\cos\alpha$。

考虑到梯段板与平台梁整浇，平台对斜板的转动变形有一定的约束作用，故计算板的跨中正弯矩时，常近似取 $M_{\max}=pl_n^2/10$。

截面承载力计算时，斜板的截面高度应垂直于斜面量取，并取齿形的最薄处。

为避免斜板在支座处产生过大的裂缝，应在板面配置一定数量的钢筋，一般取 ϕ8@200，长度为 $l_n/4$。斜板内分布钢筋可采用 ϕ6 或 ϕ8，每级踏步不少于1根，放置在受力钢筋的内侧。

2）平台板和平台梁

平台板一般设计成单向板，可取 1m 宽板带进行计算，平台板一端与平台梁整体连通，另一端可能支承在砖墙上，也可能与过梁整浇。跨中弯矩可近似取 $M=pl^2/8$，或 $M\approx pl^2/10$。考虑到板支座的转动会受到一定约束，一般应将板下部钢筋在支座附近弯起一半，或在板面支座处另配短钢筋，伸出支承边缘长度为 $l_n/4$。平台梁的设计与一般梁相似。

2. 梁式楼梯

梁式楼梯由踏步板、斜梁和平台板、平台梁组成，见图 2-62。

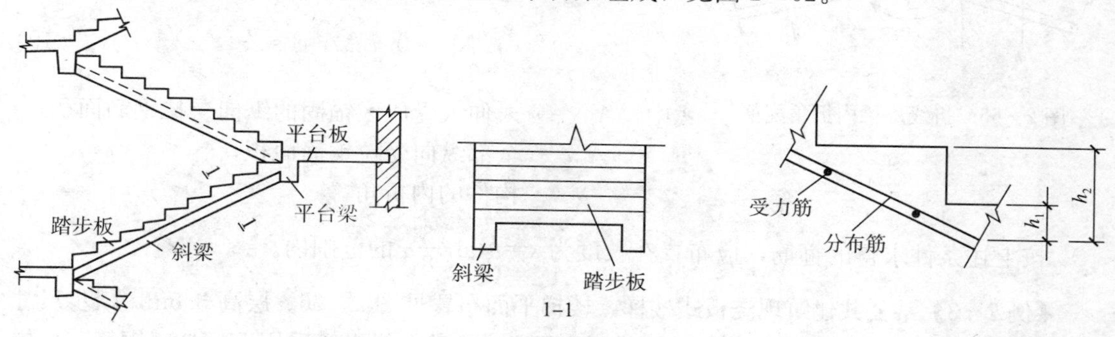

图 2-62　梁式楼梯的组成　　　图 2-63　梁式楼梯的踏步板

（1）踏步板两端支承在斜梁上，按两端简支的单向板计算，一般取一个踏步作为计算单元。踏步板为梯形截面，板的截面高度可近似取平均高度 $h=(h_1+h_2)/2$（图 2-63），板厚一般不小于 30～40mm。每一踏步一般需配置不少于 2ϕ6 的受力钢筋，沿斜向布置的分布筋直径不小于 6mm，间距不大于 300mm。

（2）斜梁的内力计算与板式楼梯的斜板相同。踏步板可能位于斜梁截面高度的上部，也可能位于下部。计算时截面高度可取为矩形截面。

（3）平台梁主要承受斜边梁传来的集中荷载（由上、下跑楼梯斜梁传来）和平台板传来的均布荷载，平台梁一般按简支梁计算。

3. 现浇楼梯的一些构造处理

（1）当楼梯下净高不够时，可将楼层梁向内移动，这样板式楼梯的梯段板成为折线形。此时，设计应注意两个问题：

①梯段板中的水平段，其板厚应与梯段斜板相同，不能和平台板同厚；

②折角处的下部受拉钢筋不允许沿板底弯折，以免产生向外的合力，将该处的混凝土

崩脱，应将此处纵筋断开，各自延伸至上面再行锚固。若板的弯折位置靠近楼层梁，板内可能出现负弯矩，则板上面还应配置承担负弯矩的短钢筋，见图 2-64。

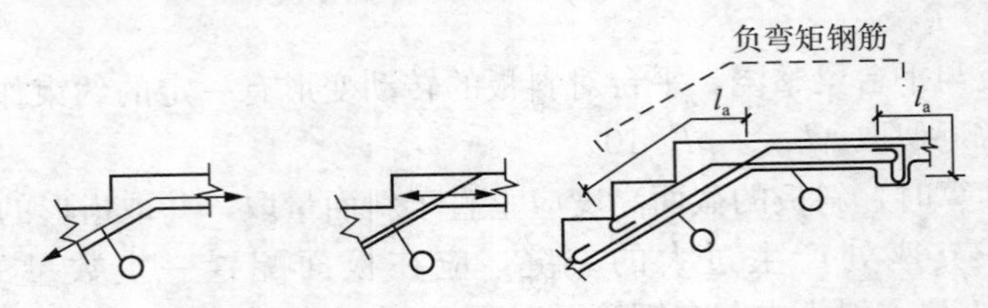

图 2-64 板内折角处配筋

（2）楼层梁内移后，会出现折线形斜梁。折线梁内折角处的受拉纵向钢筋应分开配置，并各自延伸以满足锚固要求，同时还应在该处增设附加箍筋。该箍筋应足以承受未伸入受压区锚固的纵向受拉钢筋的合力，且在任何情况下不应小于全部纵向受拉钢筋合力的 35%。由附加箍筋承受的纵向钢筋的合力按下式计算，见图 2-65：

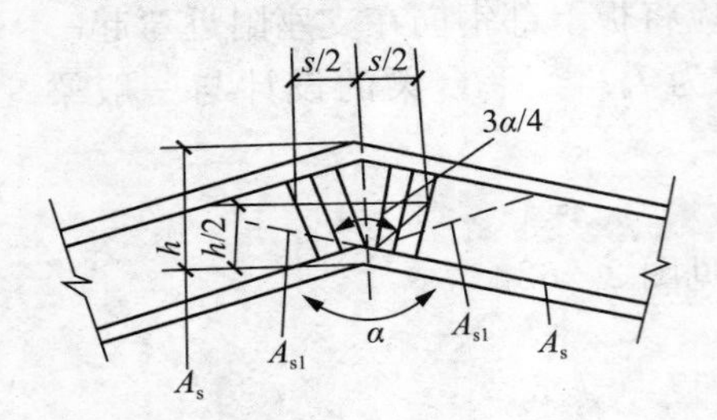

图 2-65 折线形梁内折角配筋

未伸入受压区锚固的纵向受拉钢筋合力

$$N_{s1}=2f_yA_{s1}\cos\frac{\alpha}{2} \tag{2-48}$$

全部纵向受拉钢筋合力的 35%

$$N_{s2}=0.7f_yA_s\cos\frac{\alpha}{2} \tag{2-49}$$

式中 A_{s1}——未伸入受压区锚固的纵向受拉钢筋面积；

A_s——全部纵向受拉钢筋面积；

α——构件的内折角。

按上述条件求得的箍筋，应布置在长度为 $s=h\tan\frac{3}{8}\alpha$ 的范围内。

【例 2-3】某公共建筑现浇板式楼梯，楼梯平面布置见图 2-66。层高 3.6m，踏步尺寸 150mm×300mm。采用 C25 混凝土，板采用 HPB300 钢筋，梁纵筋采用 HRB335 钢筋。楼梯上均布活荷载标准值 $q_k=3.5\text{kN/m}^2$，永久荷载标准值 $q_k=6.6\text{kN/m}^2$，试设计该楼梯。

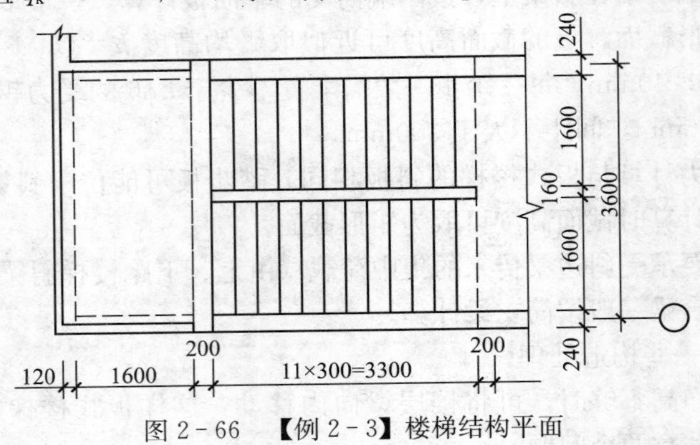

图 2-66 【例 2-3】楼梯结构平面

【解】

1）梯段板设计

取板厚 $h=120$mm，约为板斜长的 1/30。板倾斜角 $\tan\alpha=150/300=0.5$，$\cos\alpha=$

0.894。取1m宽板带计算。

（1）荷载计算

梯段板的荷载计算列于表2-20。已知恒荷载分项系数 $\gamma_G=1.2$；活荷载分项系数 $\gamma_Q=1.4$。总荷载设计值 $p=1.2\times6.6+1.4\times3.5=12.82\text{kN/m}$。

梯段板的荷载 **表2-20**

荷载种类		荷载标准值（kN/m）
恒荷载	水磨石面层	（0.3+0.15）×0.65/0.3=0.98
	三角形踏步	0.5×0.3×0.15×25/0.3=1.88
	混凝土斜板	0.12×25/0.894=3.36
	板底抹灰	0.02×17/0.894=0.38
	小　计	6.6
活荷载		3.5

（2）截面设计

板水平计算跨度 $l_n=3.3\text{m}$，弯矩设计值 $M=\frac{1}{10}pl_n^2=0.1\times12.82\times3.3^2=13.96\text{kN}\cdot\text{m}$。板的有效高度 $h_0=120-20=100\text{mm}$。

$$\alpha_s=\frac{M}{\alpha_1 f_c bh_0^2}=\frac{13.96\times10^6}{11.9\times1000\times100^2}=0.117$$

$$\xi=1-\sqrt{1-2\alpha_s}=1-\sqrt{1-2\times0.117}=0.124<\xi_b=0.576$$

$$A_s=\frac{\alpha_1 f_c bh_0}{f_y}=\frac{11.9\times1000\times100\times0.124}{270}=546.5\text{mm}^2$$

$$\rho_1=\frac{A_s}{bh}=\frac{546.5}{1000\times120}=0.46\%>\rho_{min}=0.45\frac{f_t}{f_y}=0.45\times\frac{1.27}{270}=0.21\%$$

$$\rho_{min}=0.2\%$$

选配 $\phi10@140$，$A_s=561\text{mm}^2$。板的负弯矩钢筋取 $\phi10@280$。

2）平台板设计

设平台板厚 $h=70\text{mm}$，取1m宽板带计算。

（1）荷载计算

平台板的荷载计算列于表2-21。总荷载设计值 $p=1.2\times2.74+1.4\times3.5=8.19\text{kN/m}$。

平台板的荷载 **表2-21**

荷载种类		荷载标准值（kN/m）
恒荷载	水磨石面层	0.65
	70mm厚混凝土板	0.07×25=1.75
	板底抹灰	0.02×17=0.34
	小　计	2.74
活荷载		3.5

（2）截面设计

平台板的计算跨度 $l_0=1.8-0.2/2+0.12/2=1.76\text{m}$。

弯矩设计值 $M=\frac{1}{10}pl_0^2=\frac{1}{10}\times 8.19\times 1.76^2=2.54\text{kN}\cdot\text{m}$。

板的有效高度 $h_0=70-20=50\text{mm}$。

$$\alpha_s=\frac{M}{\alpha_1 f_c bh_0^2}=\frac{2.54\times 10^6}{11.9\times 1000\times 50^2}=0.085$$

$$\xi=1-\sqrt{1-2\alpha_s}=1-\sqrt{1-2\times 0.085}=0.09<\xi_b=0.576$$

$$A_s=\frac{\alpha_1 f_c bh_0}{f_y}=\frac{11.9\times 1000\times 100\times 0.09}{270}=198\text{mm}^2$$

$$\rho_1=\frac{A_s}{bh}=\frac{198}{1000\times 70}=0.283\%>\rho_{min}=0.45\frac{f_t}{f_y}=0.45\times\frac{1.27}{270}=0.21\%\text{且}\rho_{min}=0.2\%$$

选配 $\phi 8@180$，$A_s=279\text{mm}^2$。

3）平台梁设计

设平台梁的截面尺寸为 $b\times h=200\text{mm}\times 350\text{mm}$。

（1）荷载计算

平台梁的荷载计算列于表 2-22。总荷载设计值 $p=1.2\times 14.95+1.4\times 8.93=30.44\text{kN/m}$。

（2）截面设计

计算跨度 $l_0=1.05l_n=1.05\times(3.6-0.24)=3.53\text{m}$

弯矩设计值 $M=\frac{1}{8}pl_0^2=\frac{1}{8}\times 30.44\times 3.53^2=47.4\text{kN}\cdot\text{m}$

剪力设计值 $V=\frac{1}{2}pl_n=\frac{1}{2}\times 30.44\times 3.36=51.1\text{kN}$

平台梁的荷载　　　表 2-22

荷载种类		荷载标准值（kN/m）
恒荷载	梁自重	0.2×（0.35−0.17）×25=1.4
	梁侧粉刷	0.02×（0.35−0.07）×2×17=0.19
	平台板传来	2.74×1.8/2=2.47
	梯段板传来	6.6×3.3/2=10.89
	小　计	14.95
活荷载		$3.5\times\left(\frac{3.3}{2}+\frac{1.8}{2}\right)=8.93$

截面按倒 L 形计算，$b'_f=b+5h'_f=200+5\times 70=550\text{mm}$，梁的有效高度 $h_0=350-35=315\text{mm}$。经计算属于第一类 T 形截面，采用 HRB335 级钢筋。

$$\alpha_s = \frac{M}{\alpha_1 f_c b'_f h_0^2} = \frac{47.4 \times 10^6}{11.9 \times 550 \times 315^2} = 0.07$$

$$\xi = 1 - \sqrt{1 - 2\alpha_s} = 1 - \sqrt{1 - 2 \times 0.07} = 0.074 < \xi_b = 0.55$$

$$A_s = \frac{\alpha_1 f_c b'_f h_0}{f_y} = \frac{11.9 \times 550 \times 315 \times 0.074}{300} = 508\text{mm}^2$$

$$\rho_1 = \frac{A_s}{bh} = \frac{508}{200 \times 350} = 0.73\% > \rho_{min} = 0.2\%$$

选配 2 Φ 14＋1 Φ 16，A_s＝509.1mm²。

斜截面受剪承载力计算。配置箍筋 ϕ6@200，有

$$V_u = 0.7 f_t b h_0 + f_{yv} \frac{A_{sv}}{s} h_0$$

$$= 0.7 \times 1.27 \times 200 \times 315 + 270 \times \frac{2 \times 28.3}{200} \times 315$$

$$= 80.08\text{kN} > V = 51.1\text{kN}$$

满足要求。平台梁配筋见图 2－67。

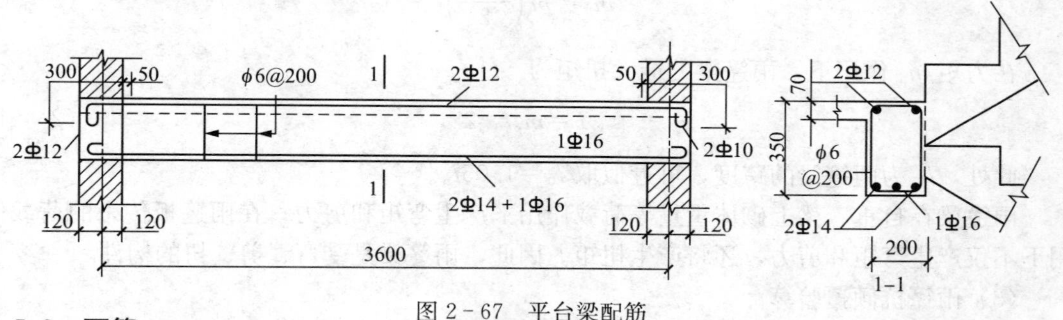

图 2－67　平台梁配筋

2.5.2　雨篷

雨篷、外阳台、挑檐是建筑工程中常见的悬挑构件，它们的设计除了与一般梁板结构相同的内容外，还应进行抗倾覆验算。下面以雨篷为例，介绍设计要点。

1. 一般要求

板式雨篷一般由雨篷板和雨篷梁组成（图 2－68）。雨篷梁既是雨篷板的支承，又兼有过梁作用。

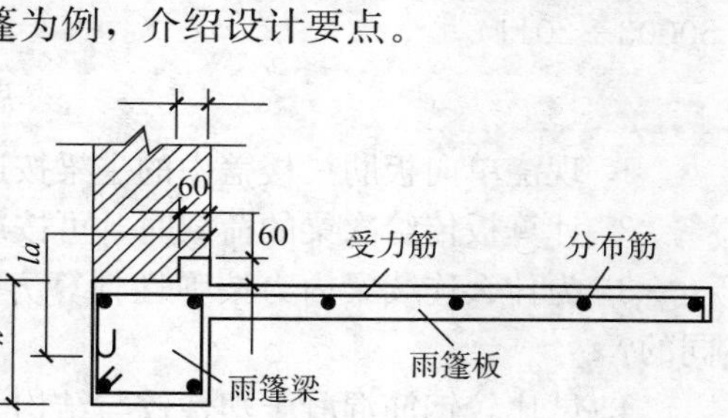

一般雨篷板的挑出长度为 0.6～1.2m 或更长，视建筑要求而定。现浇雨篷板多数做成变厚度的，一般根部板厚为 1/10 挑出长度，但不小于 70mm，板端不小于 50mm。雨篷板周围往往设置凸沿以便能有组织地排水。

图 2－68　板式雨篷

雨篷梁的宽度一般取与墙厚相同，梁的高度应按承载力确定。梁两端伸进砌体的长度应考虑雨篷抗倾覆因素。

雨篷计算包括三个内容：①雨篷板的正截面承载力计算；②雨篷梁在弯矩、剪力、扭

矩共同作用下的承载力计算；③雨篷抗倾覆验算。

2. 雨篷板和雨篷梁的承载力计算

（1）作用在雨篷上的荷载

雨篷板上的荷载有恒载（包括自重、粉刷等）、雪荷载、均布活荷载，以及施工和检修集中荷载。以上荷载中，雨篷均布活荷载与雪荷载不同时考虑，取两者中的大值。

施工集中荷载与均布活荷载不同时考虑。每一个集中荷载值为1.0kN，进行承载力计算时，沿板宽每1m考虑一个集中荷载；进行抗倾覆验算时，沿板宽每隔2.5～3.0m考虑一个。

雨篷板的内力分析，当无边梁时与一般悬臂板相同；当有边梁时，与一般梁板结构相同。

（2）雨篷梁计算

雨篷梁承受的荷载有自重、梁上砌体重、可能计入的楼盖传来的荷载，以及雨篷板传来的荷载。雨篷板传来的荷载将构成雨篷梁的扭矩。

当雨篷板上作用有均布荷载 p 时，作用在雨篷梁中心线的力包括竖向力 V 和力矩 m_p，沿板宽方向每1m的数值分别为 $V=pl$ 和

$$m_p=pl\left(\frac{b+l}{2}\right) \tag{2-50}$$

在力矩 m_p 作用下，雨篷梁的最大扭矩为

$$T=m_p l_0/2 \tag{2-51}$$

此处，l_0 为雨篷梁的跨度，可近似取 $l_0=1.05l_n$。

雨篷梁在自重、梁上砌体重量等荷载作用下产生弯矩和剪力；在雨篷板传来的荷载作用下不仅产生弯矩和剪力，还将产生扭矩。因此，雨篷梁是受弯、剪、扭的构件。

（3）雨篷抗倾覆验算

雨篷板上荷载使整个雨篷绕雨篷梁底的倾覆点转动倾倒，而梁上自重、梁上砌体重量等却有阻止雨篷倾覆的稳定作用。雨篷的抗倾覆验算参见《砌体结构设计规范》（GB 50003—2011）。

思 考 题

1. 现浇单向板肋梁楼盖中的主梁按连续梁进行内力分析的前提条件是什么？
2. 计算板传给次梁的荷载时，可按次梁的负荷范围确定，隐含着什么假定？
3. 为什么连续梁内力按弹性计算方法与按塑性计算方法时，梁计算跨度的取值是不同的？
4. 试比较钢筋混凝土塑性铰与结构力学中的理想铰和理想塑性铰的区别。
5. 按考虑塑性内力重分布设计连续梁是否在任何情况下总是比按弹性方法设计节省钢筋？
6. 试比较内力重分布和应力重分布。
7. 简述无梁楼盖的分析方法。
8. 按结构的形式划分，楼梯有哪几种？有何特点？
9. 雨棚设计包括哪些内容？

第3章　钢筋混凝土单层厂房设计

3.1　单层厂房的结构形式、结构组成和结构布置

3.1.1　单层厂房的结构形式

单层厂房按结构材料大致可分为：混合结构、混凝土结构和钢结构。

目前，我国混凝土单层厂房的结构形式主要有排架结构和刚架结构两种。

排架结构由屋架（或屋面梁）、柱和基础组成，柱与屋架铰接，与基础刚接（图 3－1、图 3－2）。

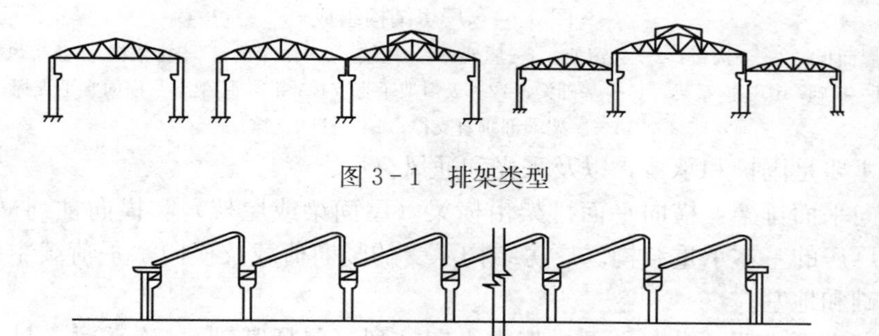

图 3－1　排架类型

图 3－2　锯齿形厂房

目前，常用的刚架结构是装配式钢筋混凝土门式刚架（图 3－3）。它的特点是柱和横梁刚接成一个构件，柱与基础通常为铰接。

本章主要讲述单层厂房装配式钢筋混凝土排架结构设计中的主要问题。

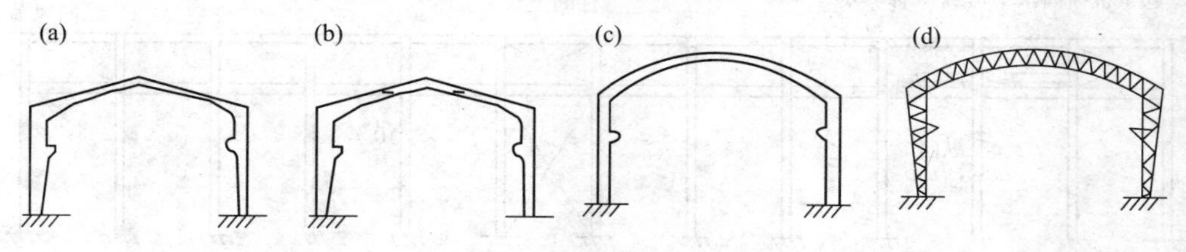

图 3－3　刚架形式

（a）三铰刚架；（b）两铰刚架；（c）弧形刚架；（d）弧形或工字形空腹刚架

3.1.2　单层厂房的结构组成与传力路线

1．结构组成

单层厂房排架结构通常由下列结构构件组成并相互连接成整体，见图 3－4。

（1）屋盖结构：屋盖结构由屋面板（包括天沟板）、屋架或屋面梁（包括屋盖支撑）组成，有时还设有天窗架和托架等。屋盖结构分无檩和有檩体系，前者由大型屋面板、屋面梁或屋架组成，后者由小型屋面板、檩条、屋架组成。屋盖结构有时还有天窗架、托

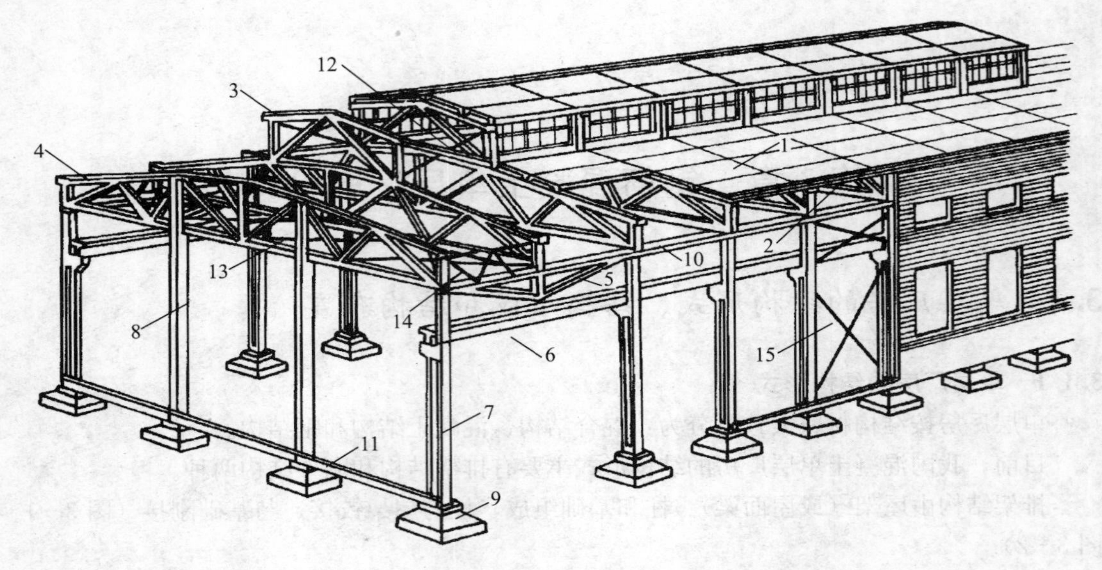

图 3-4　厂房结构组成

1—屋面板；2—天沟板；3—天窗架；4—屋架；5—托架；6—吊车梁；7—排架柱；8—抗风柱；9—基础；10—连系梁；11—基础梁；12—天窗架垂直支撑；13—屋架下弦横向水平支撑；14—屋架端部垂直支撑；15—柱间支撑

架，其作用主要是围护和承重，以及采光和通风。

（2）横向平面排架：横向平面排架由横梁（屋面梁或屋架）和横向柱列（包括基础）组成，它是厂房的基本承重结构。厂房结构承受的竖向荷载及横向水平荷载主要通过它将荷载传至基础和地基。

（3）纵向平面排架：纵向平面排架由纵向柱列（包括基础）、连系梁、吊车梁和柱间支撑等组成，其作用是保证厂房结构的纵向稳定性和刚度，并承受作用在山墙和天窗端壁并通过屋盖结构传来的纵向风载、起重机纵向水平荷载（图 3-5）、纵向地震作用以及温度应力等。

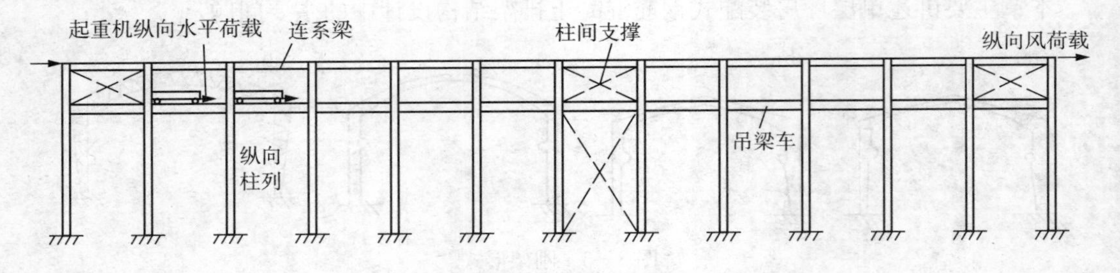

图 3-5　纵向平面排架

（4）吊车梁：简支在柱牛腿上，主要承受起重机竖向荷载和横向或纵向水平荷载，并将它们分别传至横向或纵向排架。

（5）支撑：单层厂房的支撑包括屋盖支撑和柱间支撑两种，其作用是加强厂房结构的空间刚度，保证结构构件在安装和使用阶段的稳定和安全，同时起着把风荷载、起重机水平荷载或水平地震作用等传递到相应承重构件的作用。

（6）基础：基础承受柱和基础梁传来的荷载并将它们传至地基。

（7）围护结构：围护结构包括纵墙、横墙（山墙）及由连系梁、抗风柱（有时还有抗风梁或抗风桥架）和基础梁等组成的墙架。这些构件所承受的荷载，主要是墙体和构件的自重以及作用在墙面上的风荷载等。

2. 传力路线

见图 3-6。

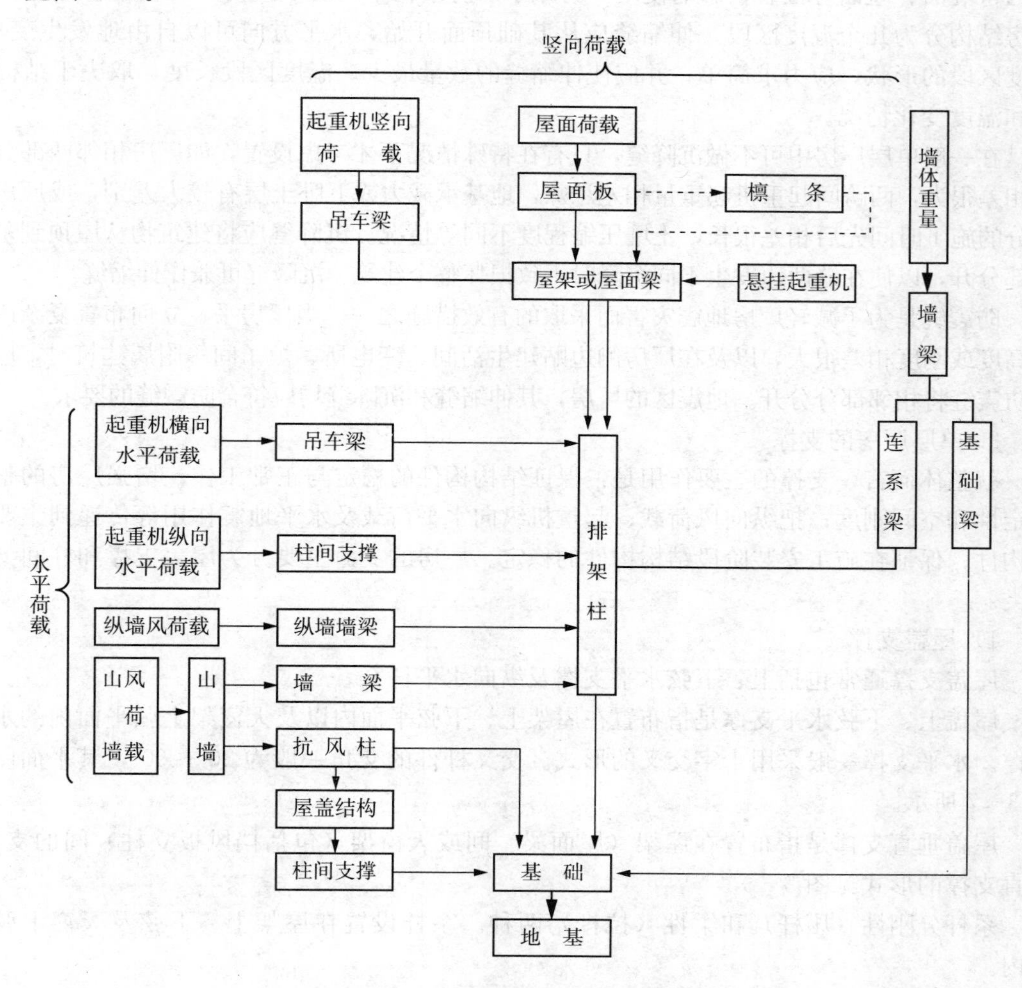

图 3-6 单层厂房传力路线示意图

3.1.3 单层厂房的结构布置

1. 柱网布置

厂房承重柱（或承重墙）的纵向和横向定位轴线，在平面上排列所形成的网格，称为柱网。柱网布置就是确定纵向定位轴线之间和横向定位轴线之间的尺寸。柱网布置的一般原则应为：符合生产和使用要求；建筑平面和结构方案经济合理；在厂房结构形式和施工方法上具有先进性和合理性。

厂房跨度在 18m 及以下时，应采用 3m 的倍数；在 18m 及以上时，应采用 6m 的倍数。厂房柱距应采用 6m 或 6m 的倍数。当工艺布置和技术经济有明显的优越性时，也可采用 21、27、33m 的跨度和 9m 或其他柱距。从经济指标、材料消耗、施工条件等方面来衡量，特别是高度较低的厂房，采用6m柱距比12m柱距优越。

2. 变形缝

变形缝包括伸缩缝、沉降缝和防震缝。

如果厂房长度和宽度过大，当气温变化时，将使结构内部产生很大的温度应力，严重的可将墙面、屋面等拉裂，影响使用。为减小厂房结构中的温度应力，可设置伸缩缝，将厂房结构分为几个温度区段。伸缩缝应从基础顶面开始，水平方向可以自由地发生变形。温度区段的形状，应力求简单，并应使伸缩缝的数量最少。温度区段长度，取决于结构类型和温度变化情况。

在一般单层厂房中可不做沉降缝，只有在特殊情况下才考虑设置，如厂房相邻两部分高度相差很大，两跨间起重机起重量相差悬殊，地基承载力或下卧土层有较大差别，或厂房各部分的施工时间先后相差很长，土壤压缩程度不同等情况。沉降缝应将建筑物从屋顶到基础全部分开，以使在缝两边发生不同沉降时不致损坏整个建筑。沉降缝可兼作伸缩缝。

防震缝是为了减轻厂房地震灾害而采取的有效措施之一。当厂房平、立面布置复杂或结构高度或刚度相差很大，以及在厂房侧边贴建生活间、变电所、炉子间等附属建筑时，应设置防震缝将相邻部分分开。地震区的厂房，其伸缩缝和沉降缝均应符合防震缝的要求。

3. 单层厂房的支撑

就整体而言，支撑的主要作用是：保证结构构件的稳定与正常工作；增强厂房的整体稳定性和空间刚度；把纵向风荷载、起重机纵向水平荷载及水平地震作用等传递到主要承重构件；保证在施工安装阶段结构构件的稳定。厂房的支撑主要分为屋盖支撑和柱间支撑两类。

1）屋盖支撑

屋盖支撑通常包括上、下弦水平支撑及纵向水平杆系。

屋盖上、下弦水平支撑是指布置在屋架上、下弦平面内以及天窗架上弦平面内的水平支撑。水平支撑一般采用十字交叉的形式。交叉杆件的交角一般为30°～60°，其平面图如图3-7所示。

屋盖垂直支撑是指布置在屋架（屋面梁）间或天窗架（包括挡风板立柱）间的支撑。垂直支撑的形式见图3-8。

系杆分刚性（压杆）和柔性（拉杆）两种。系杆设置在屋架上、下弦及天窗上弦平面内。

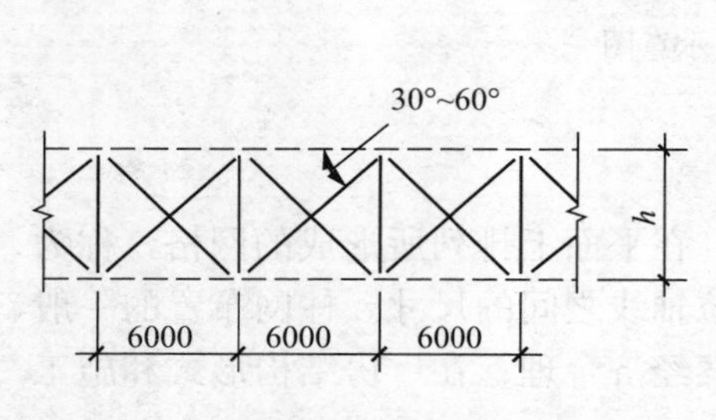

图3-7　屋盖上、下弦水平支撑形式

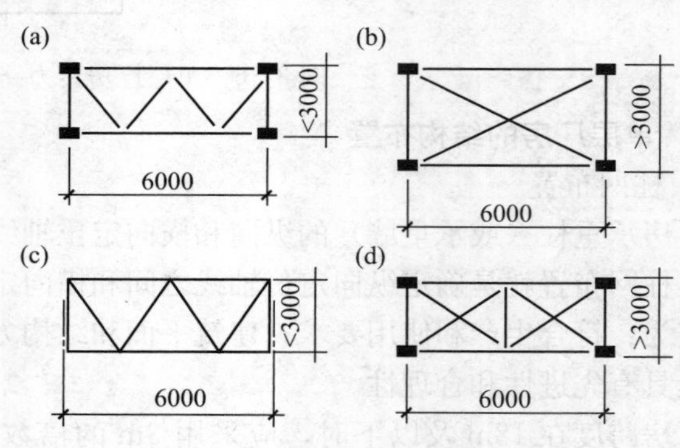

图3-8　屋盖垂直支撑形式

（a）、（b）、（c）钢支撑；（d）钢筋混凝土支撑

2）柱间支撑

柱间支撑的作用主要是提高厂房的纵向刚度和稳定性。对于有起重机的厂房，柱间支撑分上部和下部两种，前者位于吊车梁上部，用以承受作用在山墙上的风力并保证厂房上部的纵向刚度；后者位于吊车梁下部，承受上部支撑传来的力和吊车梁传来的起重机纵向制动力，并把它们传至基础，如图 3－5 所示。

一般单层厂房，凡属下列情况之一者，应设置柱间支撑：

（1）设有臂式起重机或不小于 3t 的悬挂式起重机时；

（2）起重机工作级别为 A6～A8 或起重机工作级别为 A1～A5 且不小于 10t 时；

（3）厂房跨度不小于 18m 或柱高在 8m 以上时；

（4）纵向柱的总数在 7 根及以下时；

（5）露天起重机栈桥的柱列。

当柱间内设有强度和稳定性足够的墙体，且其与柱连接紧密能起整体作用，同时起重机起重量较小（≤5t）时，可不设柱间支撑。柱间支撑应设在伸缩缝区段的中央或邻近中央的柱间。这样有利于在温度变化或混凝土收缩时，厂房可自由变形，而不致发生较大的温度或收缩应力。

当柱顶纵向水平力没有简捷途径传递时，则必须设置一道通长的纵向受压水平系杆（如连系梁）。柱间支撑杆件应与吊车梁分离，以免受吊车梁竖向变形的影响。

柱间支撑宜采用交叉形式，交叉倾角通常在 35°～55°间。当柱间因交通、设备布置或柱距较大而不宜或不能采用交叉支撑时，可采用图 3－9 所示的门架式支撑。

在抗震设防区，可根据需要设置柱间消能支撑。

柱间支撑一般采用钢结构，杆件截面尺寸应经强度和稳定性验算。

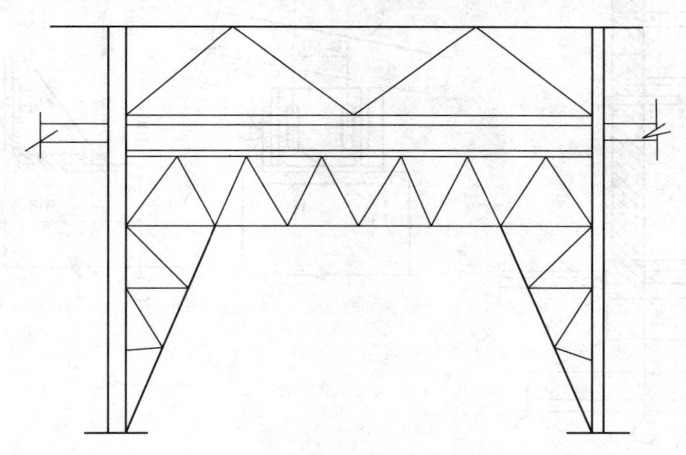

图 3－9　门架式支撑

4. 抗风柱、圈梁、连系梁、过梁和基础梁的功能和布置原则

1）抗风柱

单层厂房的端墙（山墙），受风面积较大，一般需要设置抗风柱将山墙分成几个区格，使墙面受到的风载一部分（靠近纵向柱列区格）直接传至纵向柱列，另一部分经抗风柱下端直接传至基础和经上端通过屋盖系统传至纵向柱列。

当厂房高度和跨度均不大（如柱顶在 8m 以下，跨度为 9～12m）时，可在山墙设置砖壁柱作为抗风柱；当高度和跨度较大时，一般都设置钢筋混凝土抗风柱，柱外侧再贴砌山墙。在很高的厂房中，为不使抗风柱的截面尺寸过大，可加设水平抗风梁或钢抗风桁架，如图 3－10(a) 所示，作为抗风柱的中间铰支点。

抗风柱一般与基础刚接，与屋架上弦铰接，根据具体情况，也可与下弦铰接或同时与上、下弦铰接。抗风柱与屋架连接必须满足两个要求：一是在水平方向必须与屋架有可靠的连接以保证有效地传递风载；二是在竖向允许两者之间有一定相对位移的可靠性，以防厂房与抗风柱沉降不均匀时产生不利影响。所以，抗风柱和屋架一般采用竖向可以移动，水平向又有较大刚度的弹簧板连接，如图 3－10(b) 所示；如厂房沉降较大时，则宜采用螺栓连接，如图 3－10(c) 所示。

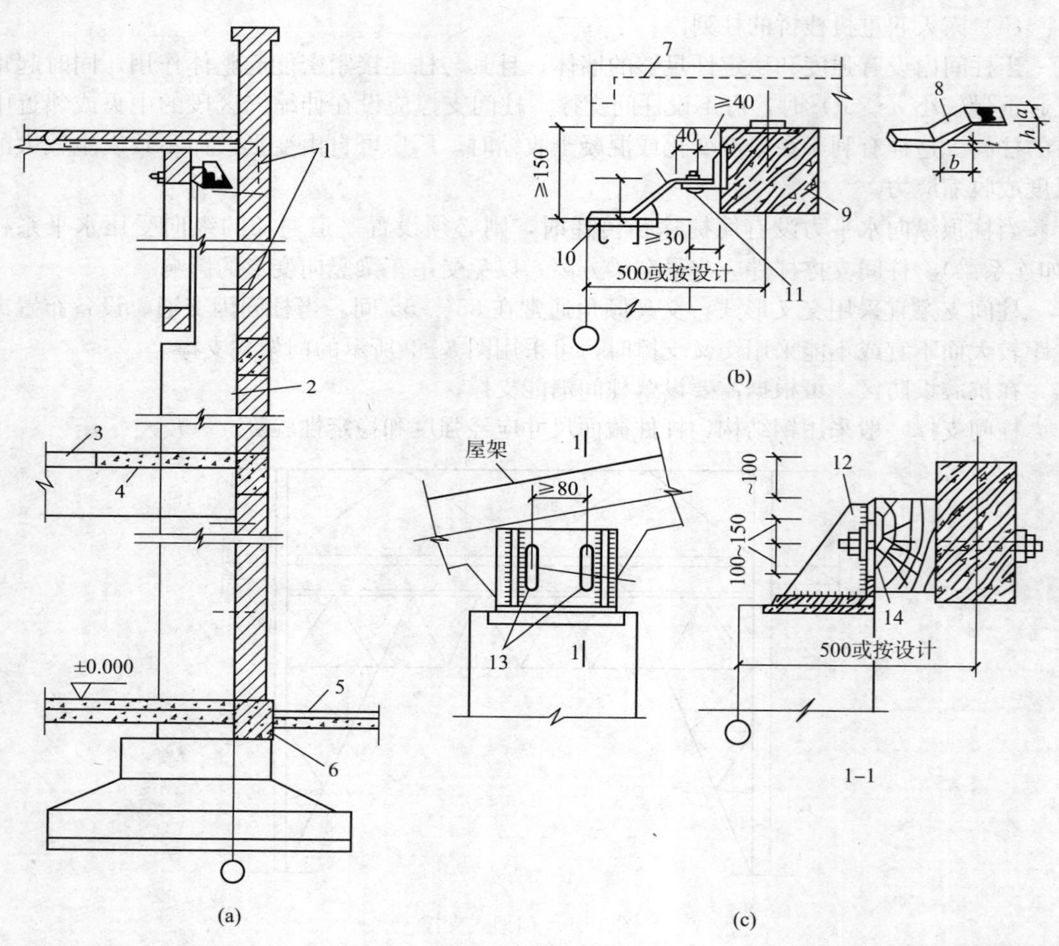

图 3－10　抗风柱及连接示意图

（a）抗风柱；（b）弹簧板连接；（c）螺栓连接

1—锚拉钢筋；2—抗风柱；3—吊车梁；4—抗风梁；5—散水坡；6—基础梁；7—屋面纵筋或檩条；8—弹簧板；9—屋架上弦；10—柱中预埋件；11—≥2ϕ16 螺栓；12—加劲板；13—长圆孔；14—硬木块

2）圈梁、连系梁、过梁和基础梁

当用砖作为厂房围护墙时，一般要设置圈梁、连系梁、过梁和基础梁。

圈梁的作用是将墙体同厂房柱箍在一起，以加强厂房的整体刚度，防止由于地基的不均匀沉降或较大振动荷载引起对厂房的不利影响。圈梁设置于墙体内，和柱连接仅起拉结作用。圈梁不承受墙体重量，所以柱上不设置支撑圈梁的牛腿。

圈梁的布置与墙体高度、对厂房刚度的要求以及地基情况有关。对于一般单层厂房，可按如下原则布置：对无桥式起重机的厂房，当墙厚不大于 240mm、檐高为 5～8m 时，应在檐口附近布置一道，当檐高大于 8m 时，宜增设一道；对有桥式起重机或有极大振动设备的厂房，除在檐口或窗顶布置外，尚宜在吊车梁或墙中适当位置增设一道，当外墙高度大于 15m 时，还应适当增设。圈梁应连续设置在墙体的同一水平面上，并尽可能沿整个建筑物形成封闭状。当圈梁被门窗洞口切断时，应在洞口上部墙体中设置一道附加圈梁，其截面尺寸不应小于被切断的圈梁。

连系梁的作用是连系纵向柱列，以增强厂房的纵向刚度并传递风载到纵向柱列。此外，连系梁还承受起上部墙体的重量。连系梁通常是预制的，两端搁置在柱牛腿上，其连接可采用螺栓或焊接。过梁的作用是承托门窗洞口上部墙体重量。

在进行厂房结构布置时，应尽可能将圈梁、连系梁和过梁结合起来，以节约材料、简化施工，使一个构件在一般厂房中，能起到两种或者三种构件的作用。通常用基础梁来承托围护墙体的重量，而不另做基础。基础梁底部距土壤表面应预留 100mm 的空隙，使梁可随柱基础一起沉降。当基础梁下有冻胀性土时，应在梁下铺设一层干砂、碎砖或矿渣等松散材料，并预留 50～150mm 的空隙，这可防止土壤冻结膨胀时将梁顶裂。基础梁与柱一般不要求连接，将基础梁直接放置在柱基础杯口上或当基础埋置较深时，放置在基础上面的混凝土垫块上，如图 3－11 所示。施工时，基础梁支撑处应坐浆。

当厂房不高、地基比较好、柱基础又埋得较浅时，也可不设基础梁而作砖石或混凝土墙基础。

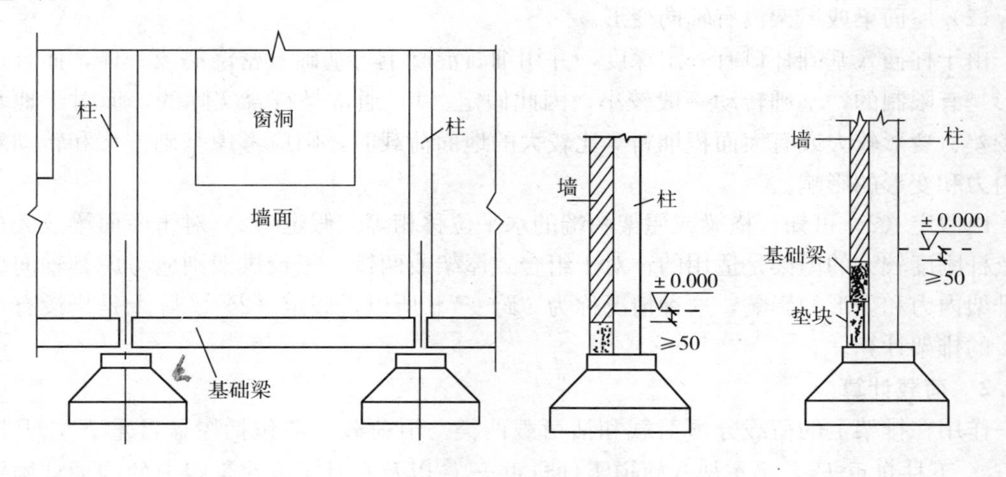

图 3－11　基础梁的位置

3.2　排架计算

单层厂房排架结构实际是空间结构，为方便，可简化为平面结构进行计算。在横向

（跨度方向）按横向平面排架计算，在纵向（柱距方向）按纵向平面排架计算。并且近似认为各个横向平面排架之间以及各个纵向平面排架之间都是互不影响、各自独立工作的。排架计算是为柱和基础设计提供内力数据的，主要内容为：确定计算简图、荷载计算、柱控制截面的内力分析和内力组合。必要时，还应验算排架的水平位移值。

3.2.1 计算简图

由相邻柱距的中心线截出的一个典型区段，称为排架的计算单元，如图 3-12(a) 中的斜线部分所示。除起重机等移动的荷载以外，斜线部分就是排架的负荷范围，或称荷载从属面积。

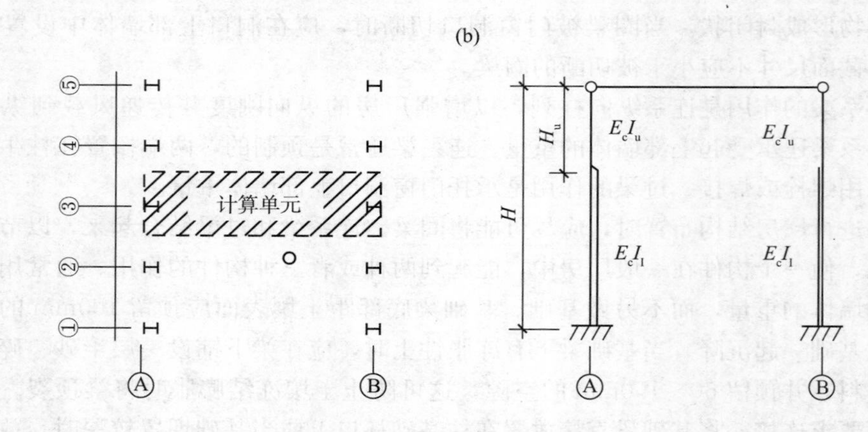

图 3-12　排架的计算单元和计算简图

为了简化计算，根据构造和实践经验，假定：

(1) 柱下端固接于基础顶面，上端与屋面梁或屋架铰接；

(2) 屋面梁或屋架没有轴向变形。

由于柱插入基础杯口有一定深度，并用细石混凝土与基础紧密浇捣成一体，而且地基变形是有限制的，基础转动一般较小，因此假定 (1) 通常是符合实际的。但对于地基土质较差、变形较大或有大面积堆料等比较大的地面荷载时，则应考虑基础位移和转动对排架内力和变形的影响。

由假定 (2) 可知，横梁或屋架两端的水平位移相等。假定 (2) 对于屋面梁或大多数下弦杆刚度较大的屋架是适用的；对于组合式屋架或两铰、三铰拱架则应考虑其轴向变形对排架内力和变形的影响，这种情况称为“跨变”。所以，假定 (2) 实际上是指没有“跨变”的排架计算。

3.2.2 荷载计算

作用在排架上的荷载分恒荷载和活荷载两类。恒荷载一般包括屋盖自重 F_1，上柱自重 F_2，下柱自重 F_3，吊车架和轨道零件自重 F_4，以及有时支承在牛腿上的围护结构等重力 F_5 等。活荷载一般包括屋面活荷载 F_6，起重机荷载 T_{max}、D_{max} 和 D_{min}，均布风载 q_1、q_2，以及作用在屋盖支承处的集中风荷载 $\overline{W}$ 等。图 3-13 所示为上述作用在排架上的荷载。

1. 恒荷载

各种恒荷载的数值可按材料重力密度和结构的有关尺寸由计算得到，标准构件可从标准图上直接查得。在排架计算中，取恒荷载的荷载分项系数 $\gamma_G = 1.2$。考虑到构件安装顺序，吊车梁和柱等构件是在屋面梁（或屋架）没有吊装之前就位的，这时排架还没有形成，因此对吊车梁和柱自重产生的内力不应按排架计算，而应按悬臂柱来分析。

2. 屋面活荷载

屋面活荷载包括屋面均布活荷载、雪荷载和屋面积灰荷载三种，都按屋面的水平投影面积计算。

排架计算时，屋面均布活荷载不与雪荷载同时考虑，仅取两者中的较大值。屋面积灰荷载应与雪荷载和屋面均布活荷载两者中的大值同时考虑。

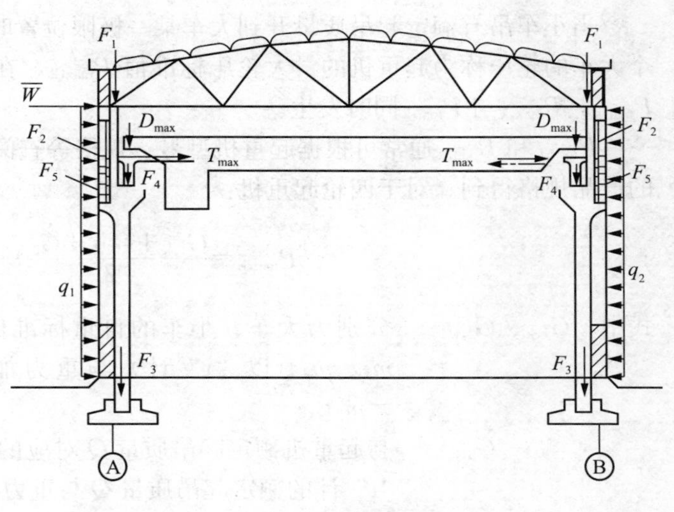

图 3-13　排架荷载示意图

屋面均布活荷载、雪荷载、屋面积灰荷载的荷载分项系数 $\gamma_Q=1.4$。

3. 起重机荷载

单层厂房中常用的起重机有悬挂起重机、手动起重机、捯链以及桥式起重机等。其中，悬挂起重机的水平荷载可不列入排架计算，而由有关支撑系统承受；手动起重机和捯链可不考虑水平荷载。因此，这里讲的起重机荷载是专指桥式起重机而言的，而桥式起重机对排架的作用有竖向荷载和水平荷载两种。

1）作用在排架上的起重机竖向荷载设计值

桥式起重机由大车（桥架）和小车组成，大车在吊车梁的轨道上沿厂房纵向行驶，小车在大车桥架的轨道上沿横向运行；带有吊钩的起重卷扬机安装在小车上。

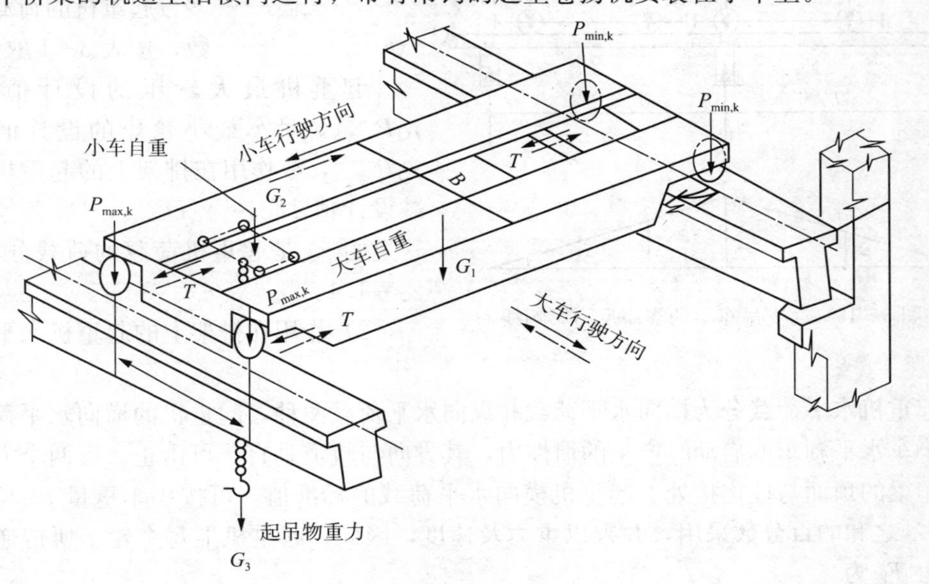

图 3-14　产生 $P_{max,k}$、$P_{min,k}$ 的小车位置

当小车吊有额定起吊质量开到大车某一极限位置时，如图 3－14 所示，在这一侧的每个大车的轮压称为起重机的最大轮压标准值 $P_{max,k}$，在另一侧的轮压称为最小轮压标准值 $P_{min,k}$，$P_{max,k}$ 与 $P_{min,k}$ 同时发生。

$P_{max,k}$ 和 $P_{min,k}$ 通常可根据起重机型号、规格等查阅专业标准或直接参照起重机制造厂的产品规格得到。对于四轮起重机：

$$P_{min,k}=\frac{G_{1,k}+G_{2,k}+G_{3,k}}{2}-P_{max,k} \tag{3-1}$$

式中 $G_{1,k}$、$G_{2,k}$——分别为大车、小车的自重标准值，以“kN”计，等于各自的质量 m_1、m_2（以“t”计）与重力加速度 g 的乘积，$G_{1,k}=m_1g$，$G_{2,k}=m_2g$；

$G_{3,k}$——与起重机额定起吊质量 Q 对应的重力标准值，以“kN”计，等于以“t”计的额定起吊质量 Q 与重力加速度的乘积（$G_{3,k}=Qg$）。

起重机是移动的，因而由 $P_{max,k}$ 在吊车梁支座产生的最大反力标准值 $D_{max,k}$ 必须用吊车梁支座的竖向反力影响线来确定；同时，在另一侧排架上则由 $P_{min,k}$ 产生 $D_{min,k}$。$D_{max,k}$、$D_{min,k}$ 就是作用在排架上的吊车竖向荷载标准值，两者同时发生。利用图 3－15 所示的简支吊车梁支座反力影响线，$D_{max,k}$、$D_{min,k}$ 按下式计算：

$$\begin{aligned}D_{max,k}&=\beta P_{max,k}\sum y_i\\D_{min,k}&=\beta P_{min,k}\sum y_i=D_{max,k}\frac{P_{min,k}}{P_{max,k}}\end{aligned} \tag{3-2}$$

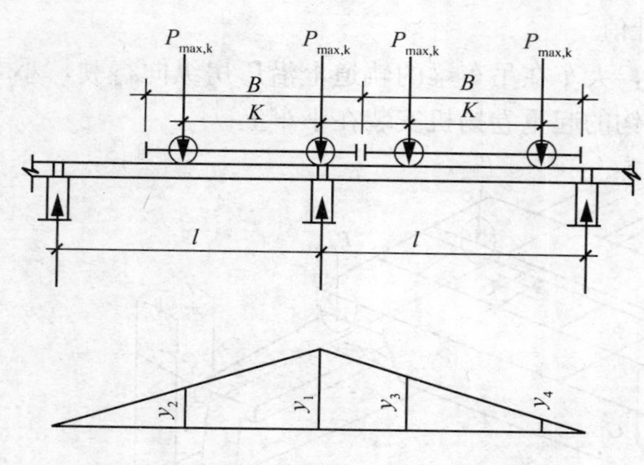

图 3－15 简支吊车梁的支座反力影响线

式中 $\sum y_i$——各大轮子下影响线纵标值的总和；

β——多台起重机的荷载折减系数，按表 3－1 取值。

起重机最大轮压的设计值 $P_{max}=\gamma_Q P_{max,k}$，吊车最小轮压的设计值 $P_{min}=\gamma_Q P_{min,k}$，故作用在排架上的起重机竖向荷载设计值 $D_{max}=\gamma_Q D_{max,k}$，$D_{min}=\gamma_Q D_{min,k}$。这里的 γ_Q 是起重机荷载的荷载分项系数，$\gamma_Q=1.4$。

2）作用在排架上的起重机水平荷载设计值

起重机水平荷载分为横向水平荷载和纵向水平荷载两种，起重机的横向水平荷载主要是指小车水平刹车或启动时产生的惯性力，其方向与轨道垂直。可由正、反两个方向作用在吊车梁的顶面与柱连接处。起重机横向水平荷载的标准值，可按小车重量 g_k 与额定起重量 G_k 之和的百分数采用，并乘以重力及速度，因此，起重机上每个轮子所传递的横向水平力 T_k 为

$$T_k = 9.8\frac{\alpha}{n}(G_k + g_k) \tag{3-3}$$

式中　α——起重机横向制动力系数，对于软钩起重机，当 $G \leqslant 10t$ 时，$\alpha = 0.12$；当 $G = 15 \sim 50t$ 时，$\alpha = 0.10$；当 $G \geqslant 75$ 时，$\alpha = 0.08$；对于硬钩起重机取 $\alpha = 0.20$。

n——每台起重机两端的总轮数，一般为 4。

当起重机上面每个轮子的值确定后，可用计算起重机竖向荷载的办法，计算起重机的最大横向水平荷载 $T_{max,k}$，两台起重机不同时

$$T_{max,k} = T_{1k}(y_1 + y_2) + T_{2k}(y_3 + y_4) \tag{3-4}$$

两台起重机相同时

$$T_{max,k} = T_k \sum y_i \tag{3-5}$$

注意：$T_{max,k}$是同时作用在起重机两边的柱列上。

起重机的纵向水平荷载是指大车刹车或启动时产生的惯性力，作用于刹车轮与轨道的接触点上，方向与轨道方向一致，由厂房的纵向排架承担。起重机纵向水平荷载标准值，应按作用在一边轨道上所有刹车轮的最大轮压之和的 10%计算，即

$$T_{max,k} = 0.1mnP_{max} \tag{3-6}$$

式中　m——起重机台数；

n——每台起重机刹车轮数。

起重机纵向水平荷载，仅在验算纵向排架柱少于 7 根时使用。当车间内有多台起重机共同工作时，计算起重机水平荷载，对单跨、多跨厂房的每个排架参与组合的起重机数不应多于 2 台。

3）多台起重机组合

在排架分析中，常常考虑多台起重机的共同作用，每台起重机同时达到荷载标准值的概率很小，故在设计中进行荷载组合时，应对其标准值乘以相应的折减系数。折减系数如表 3-1 所示。

多台起重机的荷载折减系数 β　　　　表 3-1

参与组合的起重机台数	起重机载荷状态等级	
	轻级和中级	重级和特重级
2	0.9	0.95
3	0.85	0.90
4	0.8	0.85

注：对于多层起重机的单跨或多跨厂房，计算排架时，参与组合的起重机台数及荷载的折减系数，应按实际情况考虑。

4）风荷载

作用在建筑物或构筑物表面上计算用的风压，称为风荷载。垂直于建筑物表面上的风荷载标准值应按下式计算：

$$\omega_k = \beta_z \mu_s \mu_z \omega_0 \tag{3-7}$$

式中 ω_0——基本风压（kN/m^2），以当地比较空旷平坦地面上离地 10m 高统计所得 50 年一遇 10min 平均最大风速标准值，按 $\omega_0 = \frac{v_0^2}{1600}$确定；

β_z——高度 z 处的风振系数；

μ_s——风载体形系数；

μ_z——风压高度变化系数。

计算单层工业厂房风荷载时，柱顶以下的风荷载可按均布荷载计算，屋面与天窗架所受的风荷载一般折算成作用在柱顶上的某种集中水平风荷载 F。

3.2.3 用剪力分配法计算等高排架

从排架计算的观点来看，柱顶水平位移相等的排架，称为等高排架。等高排架有柱顶标高相同的，以及柱顶标高虽不同但柱顶由倾斜横梁贯通相连的两种，分别如图 3－16 所示。由于计算假定（2）规定了横梁的长度是不变的，因此在这两种情况中，柱顶水平位移都相等，都可按等高排架计算。

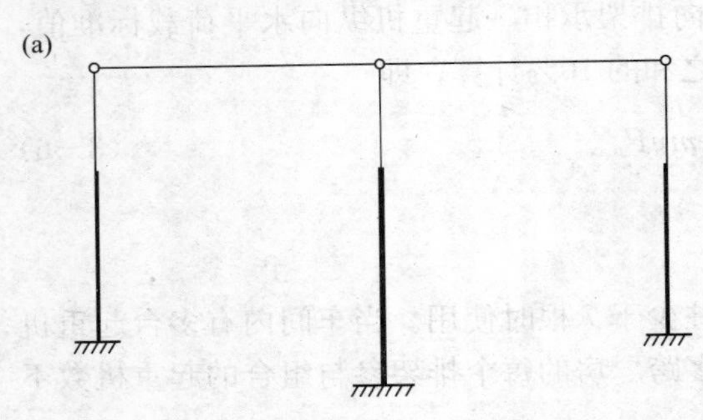

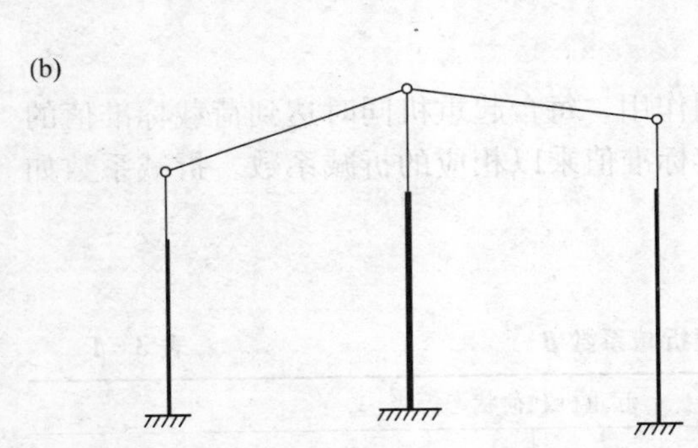

图 3－16 属于按等高排架计算的两种情况

柱顶水平位移不相等的不等高排架，当采用“力法”计算时，可参阅有关文献。这里只介绍计算等高排架的一种简便方法——剪力分配法。

由结构力学可知，当单位水平力作用于单阶悬臂柱顶时，如图 3－17(a)，柱顶水平位移为

$$\delta = \frac{H^3}{3EI_l}\left[1+\lambda^3\left(\frac{1}{n}-1\right)\right] = \frac{H^3}{C_0 EI_l} \tag{3-8}$$

式中 $\lambda = \frac{H_u}{H}$，$n = \frac{I_u}{I_1}$，$C_0 = \frac{3}{1+\lambda^3\left(\frac{1}{n}-1\right)}$，

C_0 可由附录 5 查得。

因此，要使柱顶产生单位水平位移，则需在柱顶施加 $1/\delta$ 的水平力，如图 3－17(b) 所示。显然，若材料相同，柱的刚度越大，需要施加的水平力越大。由此可见，$1/\delta$ 反映了柱抵抗侧力的能力，称之为“抗侧移刚度”，有时也称之为“抗剪刚度”。

对于由若干柱子构成的等高排架，在柱顶水平力作用下，其柱顶剪力可根据各柱的抗剪刚度进行分配，这就是结构力学中的剪力分配法。

1. 柱顶作用水平集中力时的剪力分配

如图 3－17(c) 所示，设排架有 n 根柱，任一柱的抗剪刚度为 $1/\delta_i$，则其分担的柱顶剪力 V_i 可由平衡条件和变形条件求得。

根据横梁刚度为无限大，受力后不产生轴向变形的假定，那么各柱顶的水平位移值应

是相等的，即

$$\Delta_1 = \cdots = \Delta_i = \cdots = \Delta_n \tag{3-9}$$

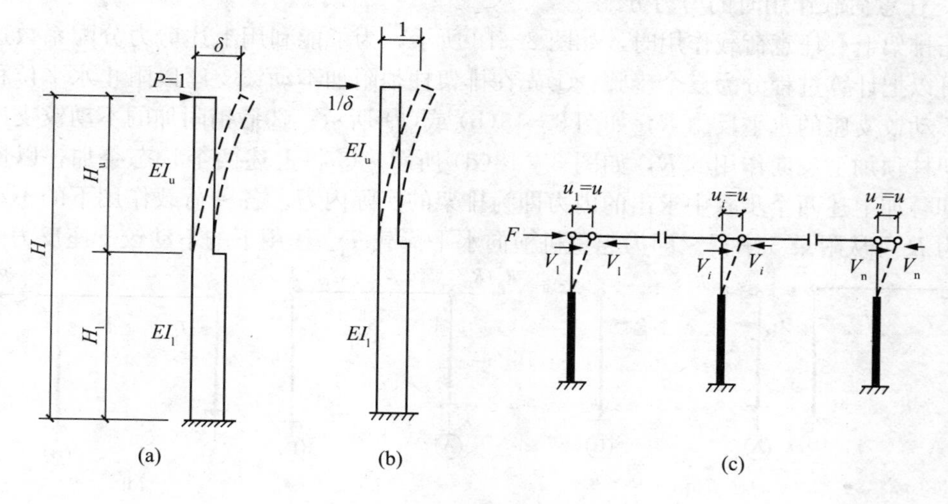

图 3-17　排架柱顶位移

在考虑平衡条件时为了使各柱顶的剪力与相应的柱顶位移相联系，可在柱顶上部切开，在各柱的切口处的内力为一对相应的剪力（铰处无弯矩），如图 3-17(c) 所示，并取上部为隔离体，由平衡条件得

$$F = V_1 + V_2 + \cdots + V_i + \cdots + V_n = \sum V_i \tag{3-10}$$

由 δ 的概念可知，各柱顶的位移为

$$\Delta_1 = V_1\delta_1,\ \Delta_i = V_i\delta_i,\ \Delta_n = V_n\delta_n$$

即

$$V_1 = \frac{1}{\delta_1}\Delta_1,\ V_i = \frac{1}{\delta_i}\Delta_i,\ V_n = \frac{1}{\delta_n}\Delta_n \tag{3-11}$$

将式（3-11）代入式（3-10），可得

$$\frac{\Delta}{\delta_1} + \cdots + \frac{\Delta}{\delta_i} + \cdots + \frac{\Delta}{\delta_n} = F$$

故

$$\Delta = \frac{1}{\sum \frac{1}{\delta_i}} \cdot F \tag{3-12}$$

将 Δ 代入式（3—11），并根据位移相等条件且写成通式为

$$V_i = \left(\frac{1}{\delta_i} / \sum \frac{1}{\delta_i}\right) F = \eta_i \cdot F \tag{3-13}$$

式中　η_i——i 柱的剪力分配系数，等于该柱本身的抗剪刚度与所有柱总的抗剪刚度之比

$$\eta_i=\frac{1}{\delta_i}/\sum\frac{1}{\delta_i} \tag{3-14}$$

2. 任意荷载作用时的剪力分配

当排架上有任意荷载作用时，如图 3-18 所示，为了能利用上述剪力分配系数进行计算，可以把计算过程分为三个步骤：①先在排架柱须附加不动铰支座以阻止水平位移，并求出不动铰支座的水平反力 R，如图 3-18(b) 或(c) 所示；②撤销附加的不动铰支座，在此排架柱顶加上反向作用的 R，如图 3-18(d) 所示；③将上述两个状态叠加，以恢复原状，即叠加上述两个步骤中求出的内力即为排架的实际内力。各种荷载作用下的不动铰支座反力 R 可从附录 5 求得。即为起重机横向水平荷载 T_{max} 作用下的不动铰支座反力系数。

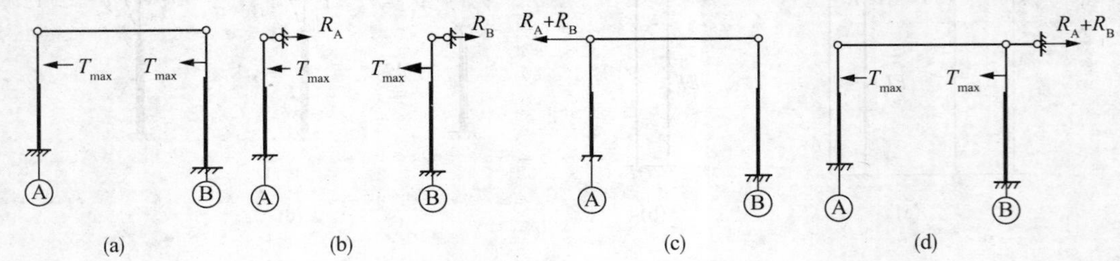

图 3-18 任意荷载作用时的剪力分配

这里规定，柱顶剪力、柱顶水平集中力、柱顶不动铰支座反力，凡是自左向右作用的取为正号，反之取负号。

3.2.4 单内力组合

1. 控制截面

为便于施工，阶形柱的各段均采用相同的截面配筋，并根据各段柱产生最危险内力的截面（称为“控制截面”）进行计算。

上柱：最大弯矩及轴力通常产生于上柱的底截面Ⅰ-Ⅰ（图 3-19），此即上柱的控制截面。

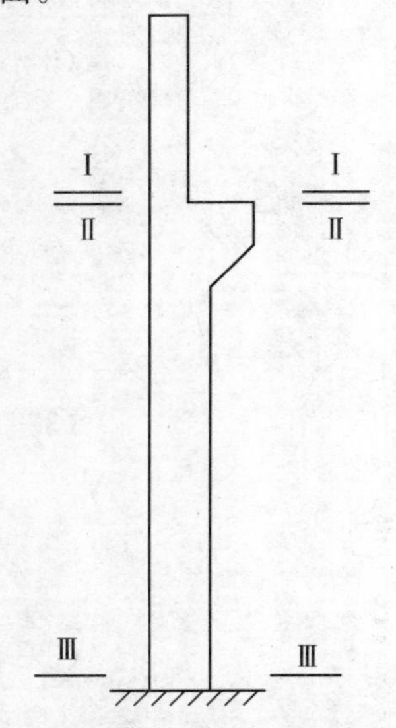

图 3-19 单阶排架柱的控制截面

下柱：在起重机竖向荷载作用下，牛腿顶面处Ⅱ-Ⅱ截面的弯矩最大；在风荷载或起重机横向水平力作用下，柱底截面Ⅲ-Ⅲ的弯矩最大，故常取此两截面为下柱的控制截面。对于一般中、小型厂房，起重机荷载不大，故往往是柱底截面Ⅲ-Ⅲ控制下柱的配筋；对起重机吨位大的重型厂房，则有可能是Ⅱ-Ⅱ截面。下柱底界面Ⅲ-Ⅲ的内力值也是设计柱基的依据，故必须对其进行内力组合。

2. 荷载组合

根据《建筑结构荷载规范》（GB 50009—2012），对于一般框架、排架结构，可以采用简化规则，按照下列组合值中取最不利值确定：

1）由可变荷载效应控制的组合

$$S=\gamma_G S_{Gk}+\gamma_{Q1} S_{Q1k} \tag{3-15}$$

$$S=\gamma_G S_{Gk}+0.9\sum\gamma_{Qi}S_{Qik} \tag{3-16}$$

2）由永久荷载效应控制的组合

$$S=\gamma_G S_{Gk}+\sum_{i=1}^{n}\gamma_{Qi}\psi_{ci}S_{Qik} \tag{3-17}$$

式中 γ_G——永久荷载的分项系数；

γ_{Qi}——第 i 个可变荷载的分项系数，其中 γ_{Q1} 为可变荷载 Q_i 的分项系数；

S_{Gk}——按永久荷载标准值 G_k 计算的荷载效应值；

S_{Qik}——按永久荷载标准值 Q_{ik} 计算的荷载效应值，其中 S_{Q1k} 为各可变荷载效应中起控制作用者；

ψ_{ci}——可变荷载 Q_{ik} 的组合值系数；

n——参与组合的可变荷载数。

3. 内力组合

排架柱是偏心受压构件，其纵向受力钢筋的计算主要取决于轴向力 N 和弯矩 M，根据可能需要的最大的配筋量，一般可考虑以下四种内力组合：

（1）$+M_{max}$ 及相应的 N 和 V；

（2）$-M_{max}$ 及相应的 N 和 V；

（3）N_{max} 及相应的 $\pm M$ 和 V；

（4）N_{min} 及相应的 $\pm M$ 和 V。

内力组合时应注意以下几点：

（1）每次组合都必须包括恒荷载项。

（2）每次组合以一种内力为目标来决定荷载项的取舍，例如，当考虑第（1）种内力组合时，必须以得到 $+M_{max}$ 为目标，然后得到与它对应的 N、V 值。

（3）当取 N_{max} 或 N_{min} 为组合目标时，应使相应的 M 的绝对值尽可能地大，因此对于不产生轴向力而产生弯矩的荷载项（风荷载及起重机水平荷载）中的弯矩值也应组合进去。

（4）风荷载项中有左风和右风两种，每次组合只能取其中的一种。

（5）对于起重机荷载项要注意两点：

①注意 D_{max}（或 D_{min}）与 T_{max} 间的关系。由于起重机横向水平荷载不可能脱离其竖向荷载而单独存在，因此当取用 T_{max} 所产生的内力时，就应把同跨内 D_{max}（或 D_{min}）产生的内力组合进去；另一方面，起重机竖向荷载却是可以脱离起重机横向水平荷载而单独存在的。不过考虑到 T_{max} 既可向左又可向右作用的特性，如果取用了 D_{max}（或 D_{min}）产生的内力，总是要同时取用 T_{max} 才能得到最不利内力。

②注意取用的起重机荷载项目数。在一般情况下，内力组合中对于 T_{max}，不论单跨或者多跨，都只能取一项，对于起重机竖向荷载，单跨时在 D_{max}（或 D_{min}）中两者取一，多跨时或者取一项或者取两项。但是在取两项时要注意起重机荷载的折减系数。

3.2.5 排架考虑厂房空间作用时的计算

如图 3-20 所示若厂房某一排架柱顶受一水平集中力 P 的作用，当按平面排架计算时，当 P 完全由这一榀排架单独承受，将产生柱顶平面位移 Δ（图 3-20(a)）。但实际上，厂房是由若干榀排架组成的空间结构，排架与排架间由纵向构件连接，故力 P 是由全部厂房排架及两端山墙共同承担的，在这榀排架上仅承担 μP，故其柱顶空间位移仅为 $\Delta'=\mu\Delta$（图 3－20(b)）。另空间位移与平面位移比值为

$$\mu=\frac{\Delta'}{\Delta} \tag{3-18}$$

称为厂房的“空间作用分配系数”，显然厂房的空间作用越好，μ 值就越小。

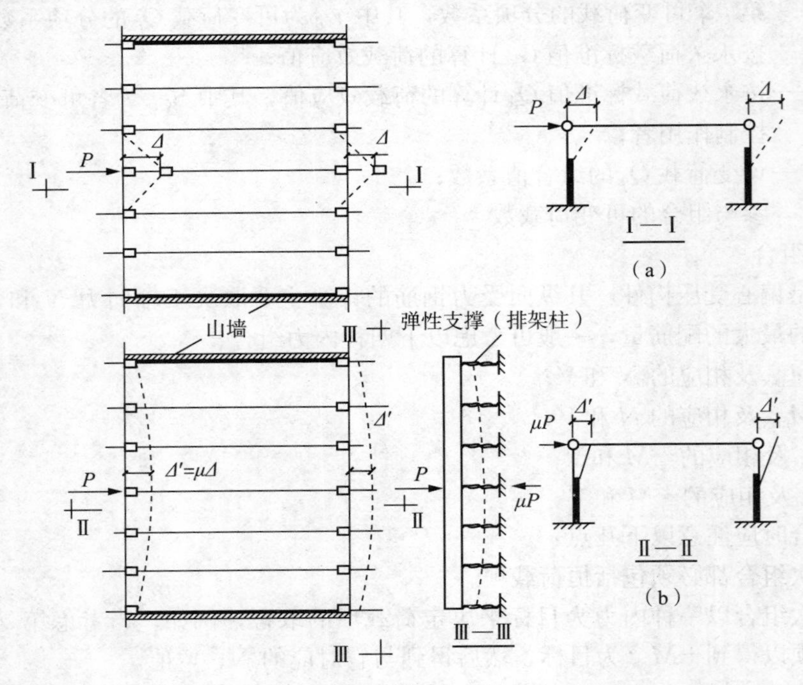

图 3－20　厂房排架的空间作用

(a) 按平面排架计算；(b) 考虑空间作用时的排架计算

根据实测及理论分析，μ 值的大小主要与下列因素有关：

(1) 屋盖刚度。屋盖刚度大，沿纵向分布的荷载能力强，空间作用好，μ 值小。因此，无檩屋盖的 μ 值小于有檩屋盖。

(2) 厂房两端有无山墙。山墙的横向刚度很大，能分担大部分的水平荷载，故两端有山墙的厂房的 μ 值远小于无山墙的 μ 值。

(3) 厂房长度。厂房的长度大，水平荷载可由较多的横向排架分担，则 μ 值小，空间作用大。

(4) 荷载形式。局部荷载作用下，厂房的空间作用好，当厂房承担均匀分布的荷载时，如风荷载，因各排架直接承受的荷载基本相同，仅靠两端的上墙分担荷载，如图 3－21(a) 所示，其空间作用小；若两端无山墙，在均布荷载作用下，如图 3－21(b) 所示，近于平面受力排架，无空间作用。

目前，在单层厂房计算中，应在分析起重机荷载内力时，才考虑厂房的空间作用。单层厂房空间作用分配系数 μ 可从表 3－2 中直接查得，但应注意，表 3－2 注中强调了四种

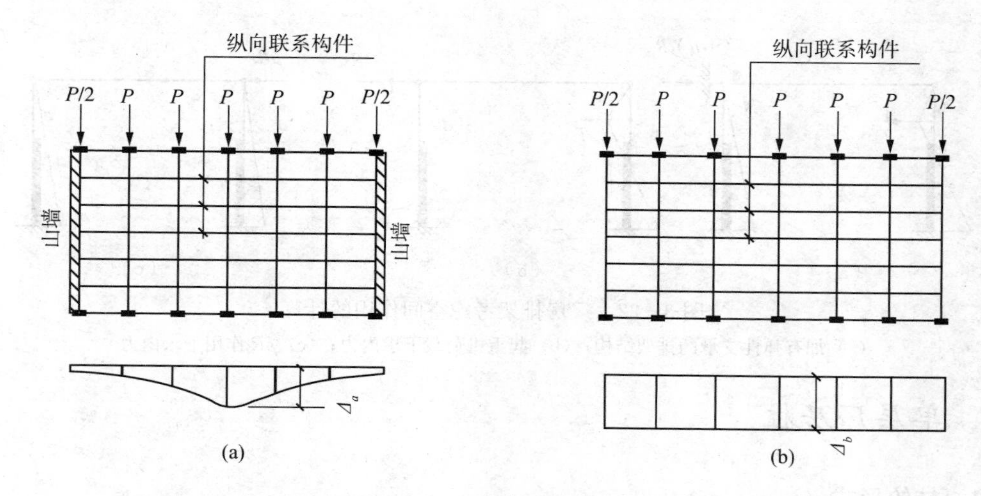

图 3－21　均布荷载作用下的厂房空间作用

（a）两端有山墙作用；（b）两端无山墙作用

情况下不考虑空间作用。

单跨厂房空间作用分配系数 μ　　　　**表 3－2**

厂房情况		起重机吨位（t）	厂房长度（m）			
			≤60		＞60	
有檩屋盖	两端无山墙及一端有山墙	≤30	0.9		0.85	
	两端有山墙	≤30	0.85			
无檩屋盖	两端无山墙及一端有山墙	≤75	厂房跨度（m）			
			12～27	＞27	12～27	＞27
			0.9	0.85	0.85	0.8
	两端有山墙	≤75	0.8			

注：在下列情况下，因厂房过短，或屋盖刚度过度被削弱，不允许考虑空间作用（即取 $\mu=1$）：

1. 当厂房一端有山墙或两端均无山墙，且厂房长度小于 36m 时；
2. 当天窗跨度大于厂房跨度的二分之一，或者天窗布置使厂房屋盖沿纵向不连续时；
3. 厂房柱距大于 12m 时（包括柱距小于 12m，但有个别柱距不等且最大柱距超过 12m 的情况）；
4. 当屋架下弦为柔性拉杆时。

平面排架考虑厂房的空间作用的计算方法，与排架内力计算中的任意荷载作用时相类似，仅在其排架顶部加一弹性支承即可。如图 3－22 所示，其内力计算可按下列步骤进行：

（1）先假设排架无侧移，求出起重机荷载作用下的柱顶反力 R 及柱顶剪力。

（2）将柱顶反力 R 乘以空间分配系数 μ，并将其沿反方向加于可侧移的排架上，求出各柱顶剪力。

（3）将上述两种情况的柱顶剪力叠加，即为考虑空间作用的柱顶剪力。

平面排架考虑厂房的空间作用后，其所负担的荷载及侧移值均减少，故排架柱的主筋可节约 5%～20%，但直接承受荷载的上柱，其弯矩值则有所增大，需增加配筋。

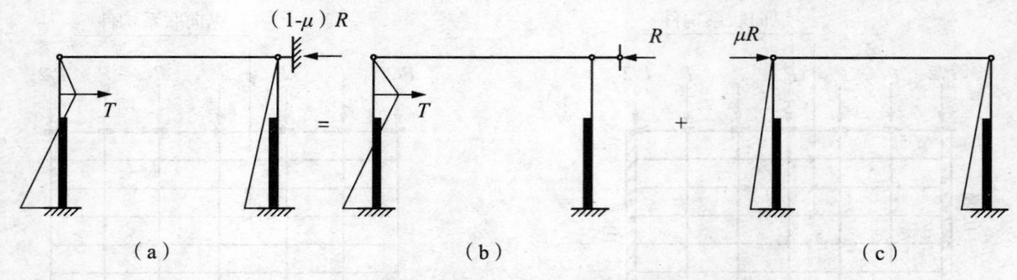

图 3-22　厂房排架考虑空间作用的计算

(a) 加有弹性支承的排架结构；(b) 起重机荷载下求内力；(c) μR 作用下求内力

3.3　单层厂房柱

3.3.1　柱的形式

单层厂房柱的形式很多，有矩形柱、工字形柱、双肢柱等，如图 3-23 所示。

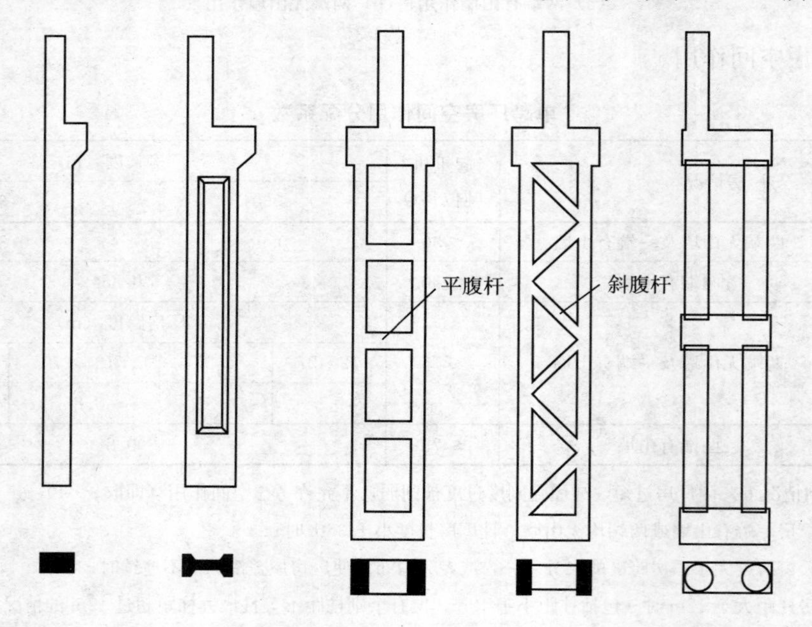

图 3-23　单层厂房柱的形式

矩形柱的混凝土用量多，经济指标较差，但外形简单，施工方便，抗震性能好，是目前用得最普遍的。有时，矩形柱也可做成现场预制的。根据工程经验，目前对柱可按截面高度 h 来确定截面形式：

当 $h \leqslant 600$mm 时，宜采用矩形截面；

当 $h=600\sim800$mm 时，采用工字形或矩形；

当 $h=900\sim1200$mm 时，宜采用工字形；

当 $h=1200\sim1600$mm 时，宜采用工字形或双肢柱；

当 $h>1600$mm 时，宜采用双肢柱。

3.3.2 矩形、工字形柱的设计

柱的设计内容一般包括确定外形构造尺寸和截面尺寸，根据各控制截面最不利的内力组合进行截面设计，施工吊装运输阶段的承载力和裂缝宽度验算，与屋架、吊车梁等构件的连接构造和绘制施工图等，当有起重机时还需进行牛腿设计。

1. 截面尺寸和外形构造尺寸

柱截面尺寸除应保证柱具有足够的承载力外，还必须使柱具有足够的刚度，以免造成厂房横向和纵向变形过大，发生起重机轮和轨道的过早磨损，影响起重机正常运行或导致墙和屋盖产生裂缝，影响厂房的正常使用。

2. 截面设计

根据排架计算求得的控制截面最不利的内力组合 M、N 和 V，按偏心受压构件进行截面计算。对于刚性屋盖的单层厂房排架柱、露天起重机柱和栈桥柱，其计算长度 l_0 可按表 3－3 取用。

采用刚性屋盖的单层工业厂房排架柱、露天吊车柱和栈桥柱的计算长度 l_0　　表 3－3

项次	柱的类型		排架方向	垂直排架方向	
				有柱间支撑	无柱间支撑
1	无起重机厂房柱	单跨	$1.5H$	$1.0H$	$1.2H$
		两跨及多跨	$1.25H$	$1.0H$	$1.2H$
2	有起重机厂房柱	上柱	$2.0H_u$	$1.25H_u$	$1.5H_u$
		下柱	$1.0H_l$	$0.8H_l$	$1.0H_l$
3	露天起重机和栈桥柱		$2.0H_l$	$1.0H_l$	

注：1. H——从基础顶面算起的柱全高；
H_l——从基础顶面至装配式吊车梁底面或现浇式吊车梁顶面的柱下部高度；
H_u——从装配式吊车梁底面或从现浇式吊车梁顶面算起的柱上部高度。
2. 表中有起重机厂房排架柱的计算长度，当计算中不考虑起重机荷载时，可按无起重机厂房的计算长度采用；但上柱的计算长度仍按有起重机厂房采用。
3. 表中有起重机厂房柱，在排架方向的柱计算长度，适用于 $H_u/H_c \geqslant 0.3$ 的情况。当 H_u/H_c 小于 0.3 时，宜采用 $2.5H_u$。

3. 吊装、运输阶段的验算

预制柱一般考虑翻身起吊，按图 3－24 中的 1－1、2－2 和 3－3 截面根据运输、吊装时混凝土的实际强度，分别进行承载力和裂缝宽度验算。验算时应注意下列问题：

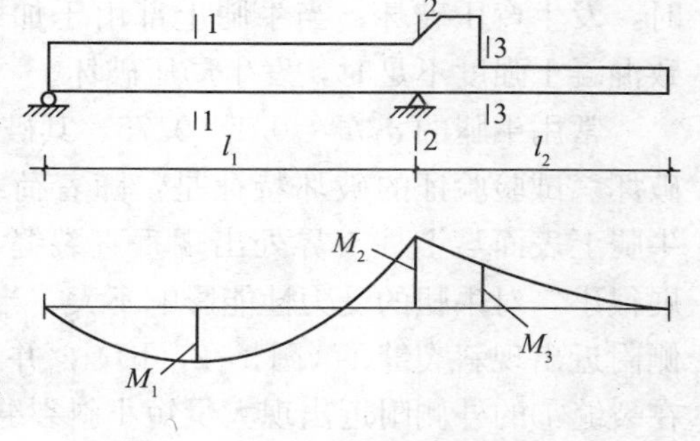

图 3－24　柱吊装验算简图

（1）柱身自重应乘以动力系数 1.5（根据吊装时的受力情况可适当增减）。

（2）因吊装验算系临时性的，故构件安全等级可较其使用阶段的安全等级降低一级。

（3）柱的混凝土强度一般按设计强度的 70% 考虑。当吊装验算要求高于设计强度的 70% 方可吊装时，应在施工图上注明。

（4）一般宜采用单点绑扎起吊，吊点设在变阶处。当需用多点起吊时，吊装方法应与

施工单位共同商定并进行相应的验算。

(5) 当柱变阶处截面吊装验算配筋不足时，可在该局部区段加配短钢筋。

3.3.3 牛腿

单层厂房中，常采用柱侧伸出的牛腿来支承屋架（屋面梁）、托架和吊车梁等构件。由于这些构件大多是负荷较大或是有动力作用的，所以牛腿虽小，却是一个重要部件。

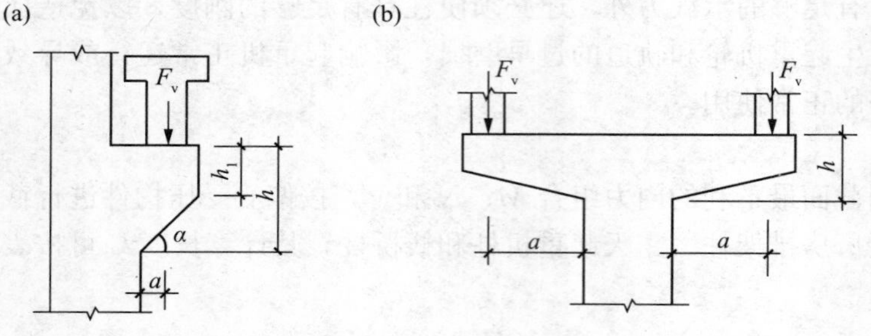

图 3-25 牛腿分类

根据牛腿竖向力 F_v 的作用点至下柱边缘的水平距离 a 的大小，一般把牛腿分成两类：当 $a \leqslant h_0$ 时为短牛腿，见图 3-25(a)，$a > h_0$ 时为长牛腿，见图 3-25(b)，此处 h_0 为牛腿与下柱交接处的牛腿竖直截面的有效高度。

长牛腿的受力特点与悬臂梁相似，可按悬臂梁设计。一般支承吊车梁等构件的牛腿均为短牛腿（以下简称牛腿），它实质上是一变截面深梁，其受力性能与普通悬臂梁不同。

1. 牛腿的受力特点，破坏形态与计算简图

图 3-26 所示是一环氧树脂牛腿模型（$a/h_0=0.5$）的光弹试验结果。从图中可以看出，主拉应力的方向基本上与牛腿的上表面平行，且分布较均匀；主压应力则主要集中在从加载点到牛腿下部转角点的连线附近，这与一般悬臂梁有很大的区别。

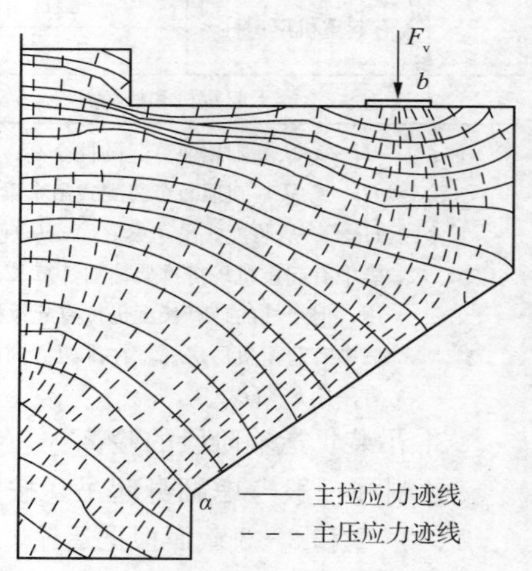

图 3-26 牛腿的光弹试验结果

试验表明，在起重机的竖向和水平荷载作用下，随 a/h_0 值的变化，牛腿呈现出下列几种破坏形态，如图 3-27 所示。当 $a/h_0 < 0.1$ 时，发生剪切破坏；当 $a/h_0=0.1\sim0.75$ 时，发生斜压破坏；当 $a/h_0 > 0.75$ 时，发生弯压破坏；当牛腿上部由于加载板太小而导致混凝土强度不足时，发生局压破坏。

常用牛腿的 $a/h_0=0.1\sim0.75$，其破坏形态为斜压破坏。试验验证的破坏特征是：随着荷载增加，首先牛腿上表面与上柱交界处出现垂直裂缝，但它始终开展很小，对牛腿的受力性能影响不大，当荷载增至40%～60%的极限荷载时，在加载板内侧附近出现斜裂缝①（图3-27(b)），并不断发展；当荷载增至70%～80%的极限荷载时，在裂缝①的外侧附近出现大量短小斜裂缝；随荷载继续增加，当这些短小斜裂缝相互贯通时，混凝土剥落崩出，表明斜压主应力已达 f_c，牛腿即破坏。也有少数牛腿在斜裂缝①发展到相当稳定后，如图 3-27(c) 所示，突然从加载板外侧出现一条通长斜裂缝②，然后随此斜裂缝的开展，牛腿破坏。破坏时，牛腿上部的纵向水平钢筋类似桁架拉杆，从加载点到固定端的整个长度上，其应力接近于均匀分布，并达到 f_y。

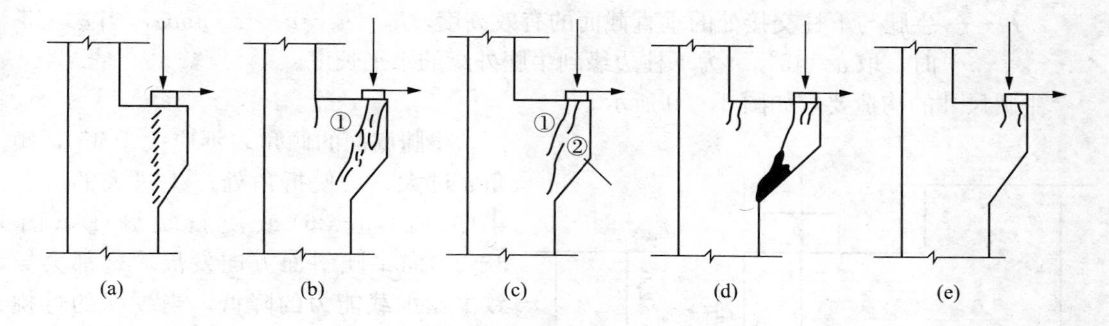

图 3-27　牛腿的各种破坏形态

(a) 剪切破坏 ($a/h_0<0.1$)；(b) 斜压破坏 ($a/h_0=0.1\sim0.75$)；

(c) 斜压破坏 ($a/h_0=0.1\sim0.75$)；(d) 弯压破坏 ($a/h_0>0.75$)；(e) 局压破坏

根据上述破坏形态，$a/h_0=0.1\sim0.75$ 的牛腿可简化成图 3-28 所示的一个以纵向钢筋为拉杆，混凝土斜撑为压杆的三角形桁架，这就是牛腿的计算简图。

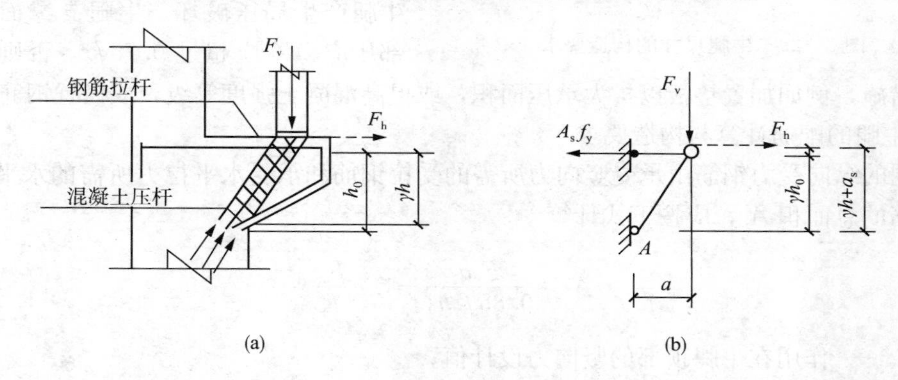

图 3-28　牛腿的计算简图

2. 牛腿尺寸的确定

由于牛腿的截面宽度通常与柱同宽，因此主要是确定截面高度。由上述牛腿试验结果可知，牛腿的破坏都是发生在斜裂缝形成和展开以后。因此，牛腿截面高度的确定，一般以控制其在使用阶段不出现裂缝为准。因此，牛腿的截面尺寸应根据式（3-14）给出的斜裂缝控制条件和构造要求来确定。

$$F_{vk}=\beta\left(1-0.5\frac{F_{hk}}{F_{vk}}\right)\frac{f_{tk}bh_0}{0.5+\frac{a}{h_0}} \tag{3-19}$$

式中　F_{vk}——作用于牛腿顶部按荷载效应标准组合计算的竖向力值；

F_{hk}——作用于牛腿顶部按荷载效应标准组合计算的水平拉力值；

β——裂缝控制系数，对支撑吊车梁的牛腿，取 $\beta=0.65$，对其他牛腿，取 $\beta=0.80$；

a——竖向力的作用点至下柱边缘的水平距离，此时应考虑安装偏差 20mm，当考虑安装偏差的竖向力作用点仍位于下柱截面以内时，取 $a=0$；

b——牛腿宽度；

h_0——牛腿与下柱交接处的垂直截面的有效高度，$h_0=h_1-a_s+c\cdot\tan\alpha$，当 $\alpha>45°$ 时，取 $\alpha=45°$，c 为下柱边缘到牛腿外缘的水平长度。

牛腿尺寸的构造要求如图 3-29 所示。

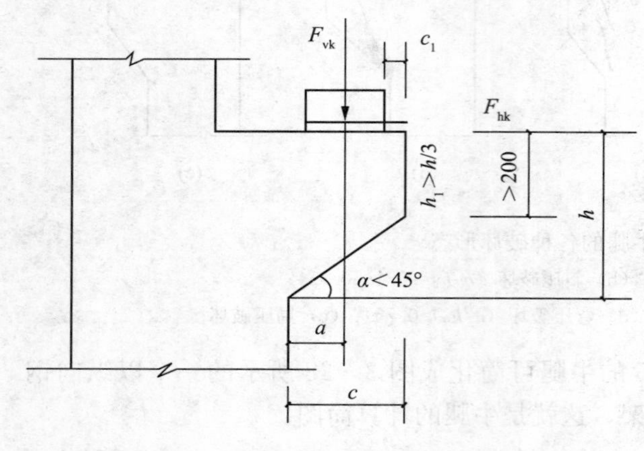

图 3-29　牛腿尺寸的构造要求

牛腿底面的倾角 α 不应大于 45°，倾角 α 过大，会使折角处产生过大的应力集中（图 3-26）或使斜裂缝①（图 3-27）向牛腿斜面方向发展，这都会导致牛腿承载能力的降低。当牛腿的悬挑长度 $c\leqslant100$mm 时，也可不做斜面，即取 $\alpha=0$。

为了防止保护层剥落，要求 $c_1\geqslant70$mm。

在竖向标准值 F_{vk} 的作用下，为防止牛腿产生局压破坏，牛腿支撑面上的局部压应力不应超过 $0.75f_c$，否则应采取必要的措施，例如加置垫板以扩大承压面积，或提高混凝土强度等级，或设置钢筋网等。

3. 牛腿的配筋计算与构造要求

牛腿的纵向受力钢筋由承受竖向力所需的受拉钢筋和承受水平拉力所需的水平锚筋组成，钢筋的总面积 A_s，应按下式计算

$$A_s\geqslant\frac{F_v a}{0.85f_y h_0}+1.2\frac{F_h}{f_y} \tag{3-20}$$

式中　F_v——作用在牛腿顶部的竖向力设计值；

F_h——作用在牛腿顶部的水平拉力设计值；

a——竖向力作用点至下柱边缘的水平距离，当 $a<0.3h_0$ 时，取 $a=0.3h_0$。

沿牛腿顶部配置的纵向受力钢筋，宜采用 HRB400 级或 HRB500 级热轧带肋钢筋。承受竖向力所需的纵向受力钢筋的配筋率，按牛腿的有效截面计算，不应小于 0.2% 及 $0.45f_t/f_y$，也不宜大于 0.6%；其数量不宜少于 4 根，直径不宜小于 12mm。纵向受拉钢筋的一段伸入柱内，并应具有足够的锚固长度 l_a，在柱内的称垂直长度，除满足锚固长度 l_a 外，尚应不小于 $15d$，不大于 $22d$；另一端沿牛腿外缘弯折，并伸入下柱 150mm（图 3-30）。纵向受拉钢筋是拉杆，不得不弯起钢筋。

牛腿内应按构造要求设置水平箍筋及弯起钢筋（图 3-30），它能起抑制裂缝的作用。

水平箍筋应采用直径 6～12mm 的钢筋，在牛腿高度范围内均匀布置，间距 100～150mm。但在任何情况下，在上部 $2/3h_0$ 范围内的水平箍筋的总截面面积不宜小于承受竖向力的受拉钢筋截面面积的 1/2。

当牛腿的剪跨比 $a/h_0\geqslant0.3$ 时，宜设置弯起钢筋。弯起钢筋宜用变形钢筋，并应配置在牛腿上部 1/6～1/2 之间主拉力较集中的区域，见图 3-30，以保证充分发挥其作用。弯起钢筋的截面面积 A_s 不宜小于承受竖向力的受拉钢筋截面面积的 1/2，数量不少于 2 根，直径不宜小于 12mm。

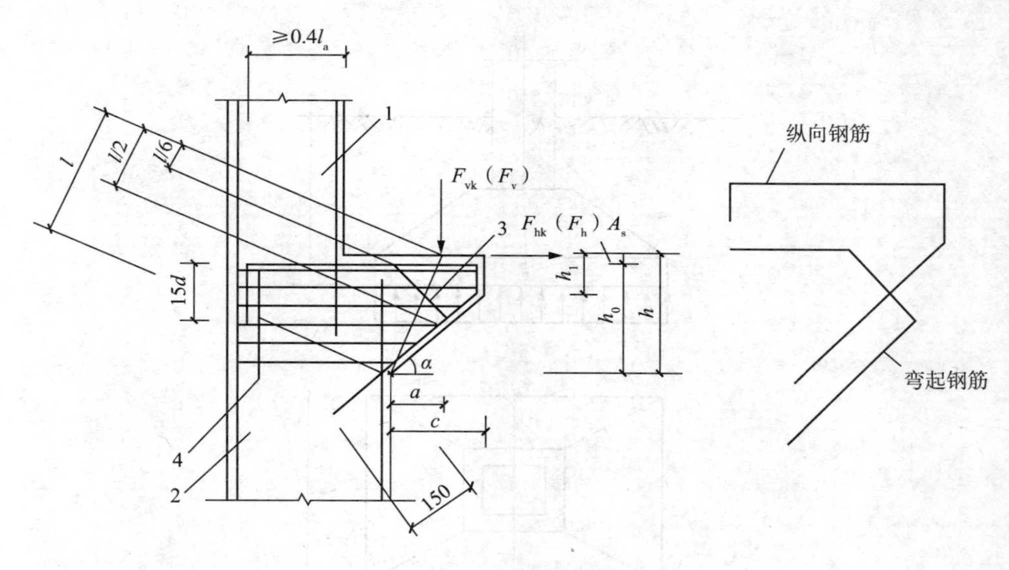

图 3-30　牛腿配筋的构造要求

3.4　柱下独立基础

单层厂房的柱下基础可有各种形式，如独立基础（拓展基础）、条形基础及桩基础等，但最常用的是柱下独立基础。基础是一个重要的结构构件，作用于厂房上的全部荷载，最后都要通过它传递到地基土中。在基础设计中，不仅要保证基础有足够的承载力，而且要保证地基的变形，使基础的沉降不能过大，以免引起上部结构的开裂甚至破坏。

3.4.1　基础地面尺寸的确定

基础的地面尺寸应按地基的承载能力和变形条件来确定。

1. 轴心受压基础

假定基础底面处的压应力的标准值 P_k 为均匀分布，f_a 为修正后的地基承载力特征值，那么设计时应满足下式要求：

$$P_k=\frac{N_k+G_k}{A}\leqslant f_a \tag{3-21}$$

试中　N_k——相应于载荷效应标准组合时，上部结构传到基础顶面的竖向力值；

G_k——基础自重值和基础的土重；

A——基础底面面积，$A=bl$，b 为基础的长边边长，l 为基础的短边边长。

轴压基础的计算图形见图 3-31。

设 γ 为考虑基础自重标准值和基础上的土重后的平均重度，常取 20kN/m，d 为基础的埋置深度，那么由式（3-21）可导出：

$$A\geqslant\frac{N_k}{f_a-rd} \tag{3-22}$$

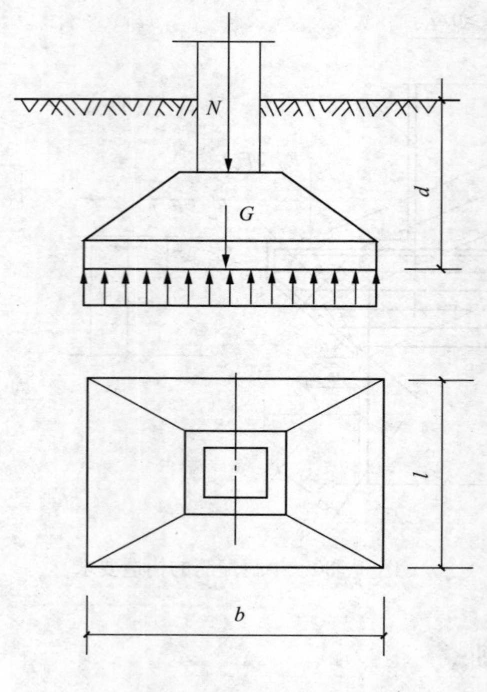

图 3-31　轴压基础的计算图形

2. 偏心受压基础

图 3-32 为偏心受压基础的计算图形，假定在上部荷载作用下基础底面压应力按线性（非均匀）分布，根据力学公式，基础地面两边缘的最大和最小应力为：

$$\begin{matrix} P_{kmax} \\ P_{kmin} \end{matrix} = \frac{N_k + G_k}{bl} \pm \frac{M_k}{W} \tag{3-23}$$

式中　M_k——载荷效应标准组合时，作用于基础底面的弯矩值；

b、l——基础底面的长边与短边的长度，b 为力矩作用方向的边长；

W——基础底面面积的弹性抗矩，$W=\frac{lb^2}{6}$。

设 e 为基础底面合力 N_k+G_k 的偏心距，$e=\frac{M_k}{N_k+G_k}$，将其代入式（3-23）可得：

$$\begin{matrix} P_{kmax} \\ P_{kmin} \end{matrix} = \frac{N_k + G_k}{bl}\left(1 \pm \frac{6e}{b}\right) \tag{3-24}$$

由式（3-24）可知，随 e 值变化，基底应力分布将相应变化。

（1）当 $e<\frac{b}{6}$ 时

$$P_{kmax} = \frac{N_k + G_k}{bl}\left(1 + \frac{6e}{b}\right) \tag{3-25}$$

$$P_{kmin} = \frac{N_k + G_k}{bl}\left(1 - \frac{6e}{b}\right) \tag{3-26}$$

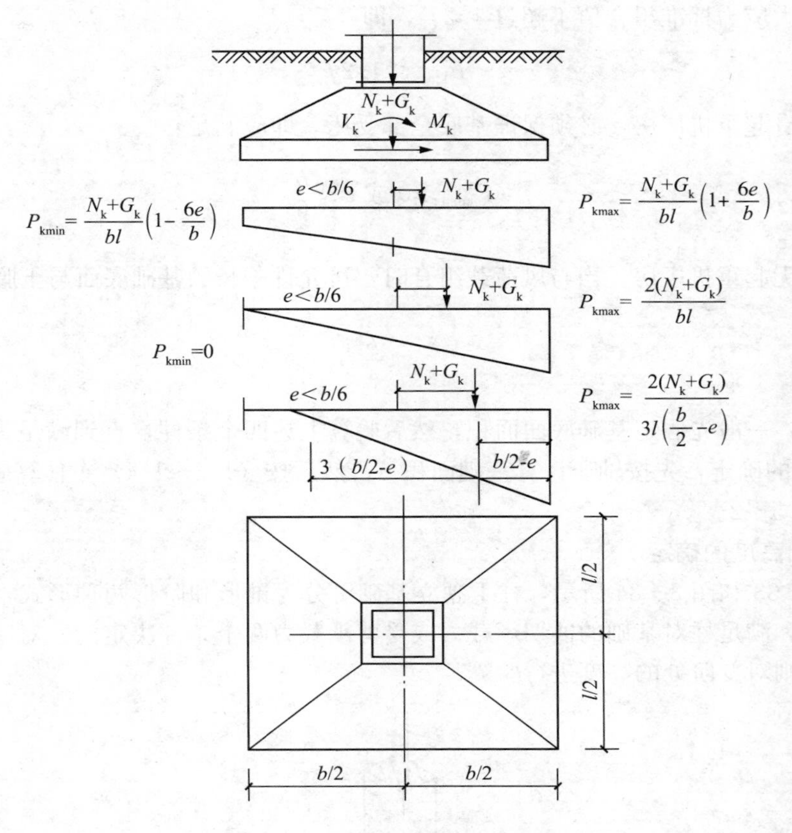

图 3-32　偏心受压基础的计算图形

（2）当 $e=\frac{b}{6}$ 时

$$P_{kmax}=\frac{N_k+G_k}{bl} \tag{3-27}$$

$$P_{kmin}=0 \tag{3-28}$$

（3）当 $e>\frac{b}{6}$ 时，$P_{kmin}<0$ 基底将出现拉应力，由于地基与基础间无粘结作用，实际上不可能发生，因此按式（3-25）无法计算 P_{kmax}。由图 3-32 可知，基底反力的合力与 N_k+G_k 应相平衡。假定三角形应力分布的合力至 P_{kmax} 的距离为 $a=\frac{b}{2}-l$，那么，$D=\frac{1}{2}P_{kmax}3al$，$D=N_k+G_k$。

$$P_{kmax}=\frac{2(N_k+G_k)}{3al} \tag{3-29}$$

为了满足地基承载力要求，设计时应该保证基底压应力符合下列条件：

（1）平均压应力标准组合值 P_k 不超过地基承载力特征值 f_a，即

$$P_{kmax}=\frac{P_{kmin}+P_{kmax}}{2}\leqslant f_a \tag{3-30}$$

（2）最大应力标准组合值不超过 $1.2f_a$，即

$$P_{kmax} \leqslant 1.2 f_a \tag{3-31}$$

（3）对有起重机厂房，必须保证基底全部受压，即应满足：

$$P_{kmin} \geqslant 0 \text{ 或 } e \leqslant \frac{b}{6} \tag{3-32}$$

（4）对无起重机厂房，当与风荷载组合时，可允许$\frac{b}{4}$长的基础底面与土脱离，即

$$e \leqslant \frac{b}{4} \tag{3-33}$$

设计时，一般先假定基础底面面积，然后验算上述四个条件，直到满足为止。基础底面尺寸 $b \times l$ 的确定：先按轴压计算基础面积 A，然后按（1.2～1.4）A 估算底面尺寸，一般取 $b/l=1.5 \sim 2$。

3.4.2 基础高度的确定

如图 3-33 和图 3-34 所示，柱下独立基础可分为锥形和阶形两种形式，其高度 h 是按构造要求和满足柱对基础的冲切承载力或受剪承载力两个条件决定的。对阶形基础，尚需按相同原则对变阶处的高度进行验算。

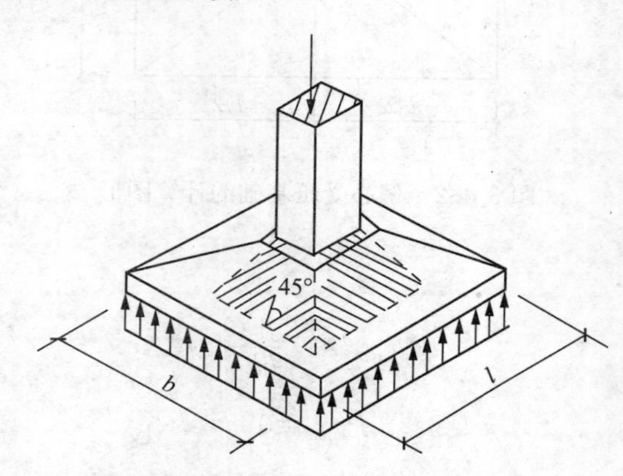

图 3-33 基础的冲切破坏

1. 按冲切承载力计算

如图 3-33 所示，在柱的横向载荷作用下，如基础的高度不够，则将沿柱周边（或变阶处）产生锥体形的冲切破坏，即按沿 45°锥体斜面的斜拉破坏。

为此，必须满足如下条件：

$$F_l = 0.7 \beta_{hp} f_t a_m h_0 \tag{3-34}$$

$$a_m = \frac{a_l + a_b}{2} \tag{3-35}$$

$$F_l = p_j A_l \tag{3-36}$$

式中 β_{hp}——受冲切承载力截面高度影响系数，当 h 不大于 800mm 时，β_{hp} 取 1.0，当 h

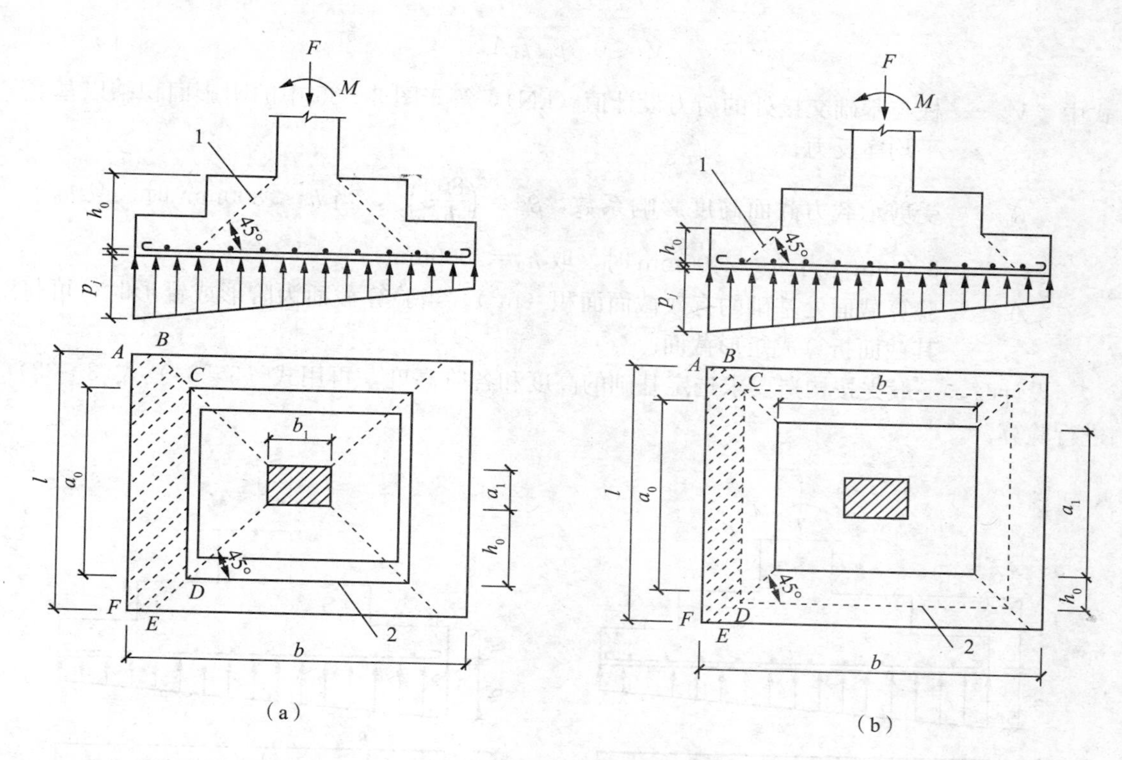

图 3-34 基础冲切破坏的计算图形
（a）柱与基础交接处；（b）基础变阶处

大于等于 2000mm 时，β_{hp} 取 0.9，其间按线性内插法取用；

f_t——混凝土轴心抗拉强度设计值；

h_0——柱与基础交接处或基础变阶处的截面有效高度，取两配筋方向截面有效高度的平均值；

a_l——冲切破坏锥体最不利一侧斜截面的上边长，当计算柱与基础交接受冲切承载力时，取柱宽，当计算基础变阶处的受冲切承载力时，取上阶宽；

a_b——柱与基础交接处或基础变阶处的冲切破坏锥体最不利一侧斜截面的下边长，取 a_l+2h_0；

p_j——扣除基础自重及其上土重后相应于荷载效应基本组合时地基土单位面积净反力，对偏心受压基础可取基础边缘处最大地基土单位面积净反力；

A_l——冲切验算时取用的部分基底面积（图 3-34 中的阴影面积），当 $l \geqslant a_l+2h_0$ 时，

$$A=\left(\frac{b}{2}-\frac{b_t}{2}-h_0\right)l-\left(\frac{l}{2}-\frac{a_1}{2}-h_0\right)^2 \quad (3-37)$$

2. 受剪承载力计算

当 $l<a_l+2h_0$ 时，基础的受力状态接近于单向受力，柱与基础交接处不存在受冲切的问题，仅需对基础进行斜截面受剪承载力验算。应按下列公式验算柱与基础接触处截面受剪承载力。

$$V_s \leqslant 0.7\beta_{hs} f_t A_0 \tag{3-38}$$

式中 V_s——柱与基础交接处的剪力设计值（kN），等于图 3-35 中的阴影面积乘以基底平均净反力；

β_{hs}——受剪承载力截面高度影响系数，$\beta_{hs}=\left(\frac{800}{h_0}\right)^{\frac{1}{4}}$，当 $h_0<800$mm 时，取 $h_0=800$mm，当 $h_0>2000$mm 时，取 $h_0=2000$mm；

A_0——验算截面处基础的有效截面面积（m^2）。当验算截面为阶形或锥形时，可将其截面折算成矩形截面。

设计时，一般先按构造要求选定基础的高度和各阶高度，再用式（3-34）式(3-38）进行验算。

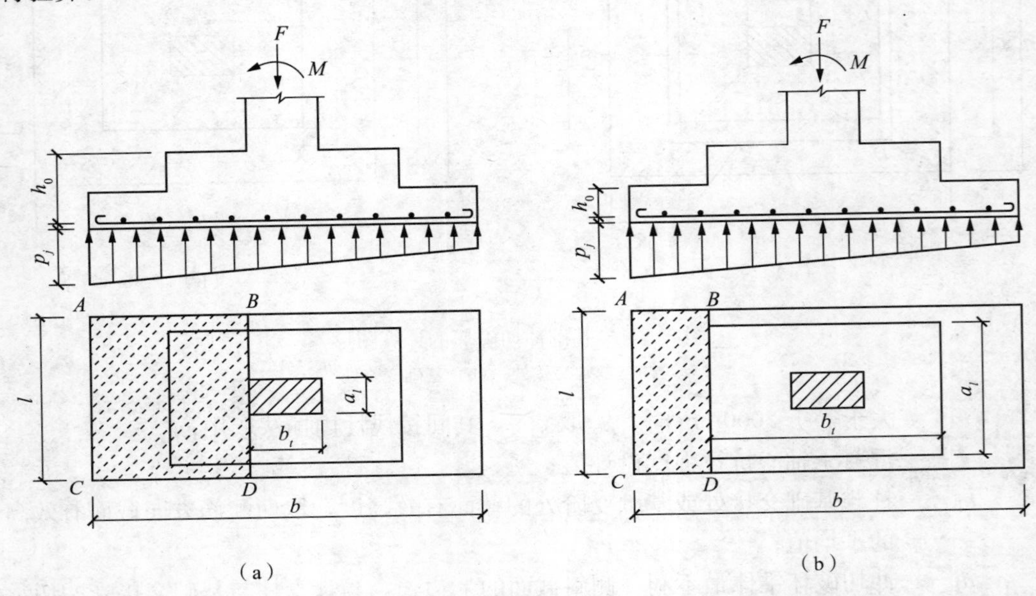

图 3-35　验算基础受剪承载力计算图形

(a) 柱与基础交接处；(b) 基础变阶处

3.4.3　基础底板配筋计算

如图 3-36 所示，在地基反力作用下，柱下独立基础可看作双向并固定周边的悬臂板，其单向配筋可按柱边截面计算；当为阶形基础时，还应按变阶处截面计算。

《建筑地基基础设计规范》(GB 50007—2011）规定：在轴心荷载或单向偏心荷载作用下底板受弯可按下列简化方法计算（图 3-37(a)）。

对于矩形基础，当台阶的宽度比小于或等于 2.5 和偏心距小于或等于 1/6 基础宽度时，任意截面的弯矩可按下列公式计算

$$M_{\mathrm{I}}=\frac{1}{12}a_1^2\left[(2l+a')\left(p_{j\max}+p_j-\frac{2G}{A}\right)+(p_{j\max}-p_j)l\right] \tag{3-39}$$

$$M_{\mathrm{II}}=\frac{1}{48}(l-a')^2(2b+b')\left(p_{j\max}+p_{j\min}-\frac{2G}{A}\right) \tag{3-40}$$

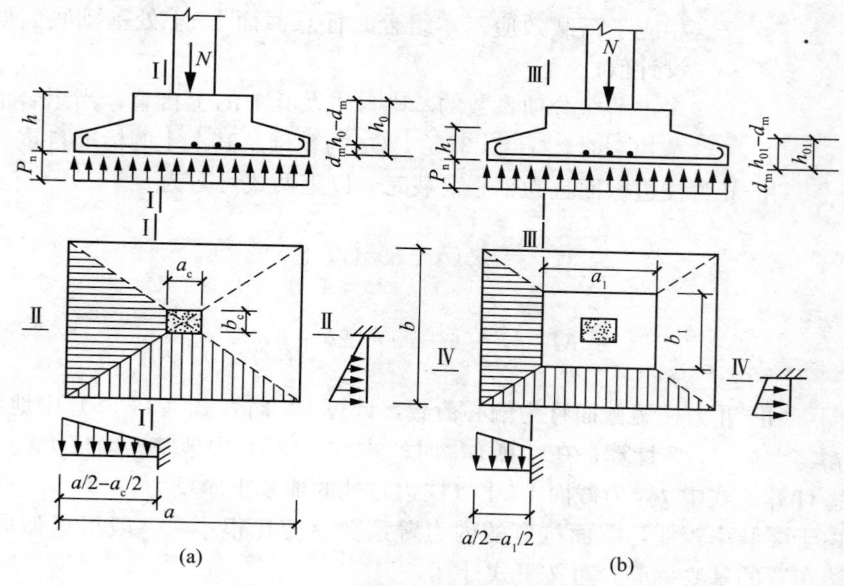

图 3－36　基础底板配筋的计算图形

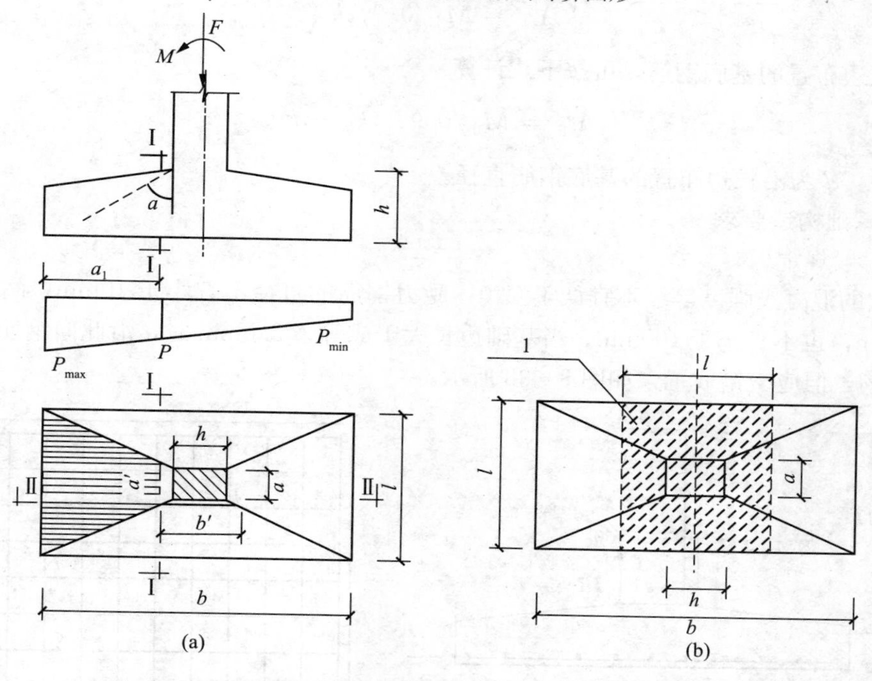

图 3－37　矩形基础底板的计算和基础底板短向钢筋布置示意图

(a) 矩形基础底板的计算示意图；(b) 基础底板短向钢筋布置示意图

1—λ 倍短向钢筋面积均匀配置在阴影范围内

试中　$M_{Ⅰ}$、$M_{Ⅱ}$——任意截面Ⅰ-Ⅰ、Ⅱ-Ⅱ处相应于荷载效应基本组合时的弯矩设计值；

a_1——任意截面Ⅰ-Ⅰ至底边缘最大反力处的距离；

l、b——基础底面的边长；

P_{jmax}、P_{jmin}——相应于荷载效应基本组合时的基础底面边缘最大和最小的地基反力设计值；

p_j——相应于荷载效应基本组合时任意截面Ⅰ-Ⅰ处基础底面地基净反力设计值；

G——考虑荷载分项系数的基础自重及其上的土自重；当组合值由永久荷载控制时，$G=1.35G_k$，G_k为基础及其上土的标准自重。

当Ⅰ-Ⅰ、Ⅱ-Ⅱ为柱边截面且为轴心荷载时，以上两式可写为

$$M_{\mathrm{I}}=\frac{p_j}{24}(b-h)^2(2l+a) \tag{3-41}$$

$$M_{\mathrm{II}}=\frac{p_j}{24}(l-a)^2(2b+h) \tag{3-42}$$

当Ⅰ-Ⅰ、Ⅱ-Ⅱ为柱边截面且为偏心荷载，计算M_{I}时，式（3-36）中地基土净反力按$p_j=(p_{j\max}+p_{j\mathrm{I}})/2$计算；在计算$M_{\mathrm{II}}$时；式（3-37）中地基土净反力按$p_j=(p_{j\max}+p_{j\min})/2$计算。式中$p_{j\mathrm{I}}$为截面Ⅰ-Ⅰ（柱边）处的地基土净反力。

基础由于配筋率较低，截面抗弯的内力臂系数γ变化很小，一般可近似取γ为0.9。于是沿长边布置的基底钢筋，可按下式计算

$$A_{s\mathrm{I}}=M_{\mathrm{I}}/0.9f_yh_0 \tag{3-43}$$

沿短边布置的基底钢筋，可按下式计算

$$A_{s\mathrm{II}}=M_{\mathrm{II}}/0.9f_y(h_0-d) \tag{3-44}$$

其中，d为沿长边布置的基底钢筋直径。

3.4.4 基础构造要求

1. 一般规定

基础的混凝土强度等级不宜低于C20。受力钢筋的直径不宜小于10mm，间距不宜大于200mm，也不宜小于100mm。当基础边长大于或等于2.5mm时，沿此向钢筋的长度可减小10%，但应交错放置，如图3-38所示。

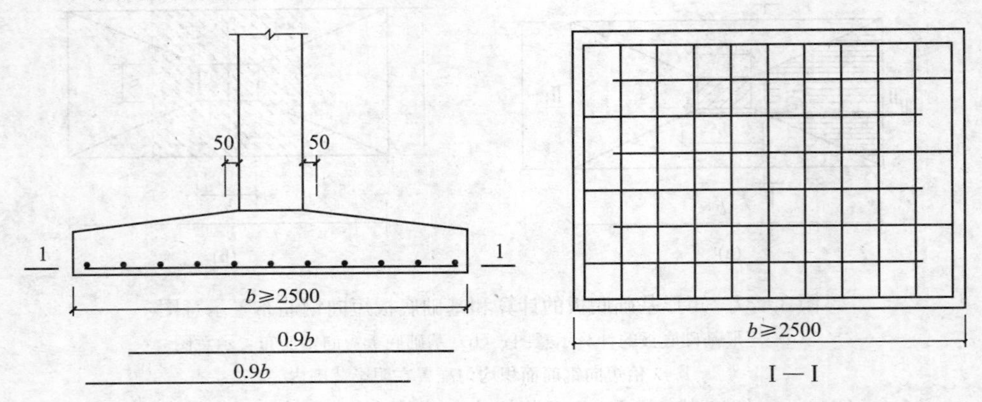

图3-38 柱下独立基础底板受力钢筋布置

基地常设100mm厚、强度等级为C15的素混凝土垫层（垫层厚度不宜小于70mm），则底板受力钢筋的保护层厚度不小于40mm；若地基土质干燥，也可不设垫层，但保护层的厚度不宜小于70mm。

锥形基础的边缘高度一般不小于200mm；阶形基础的高阶高度一般为300～500mm（图3-39）。

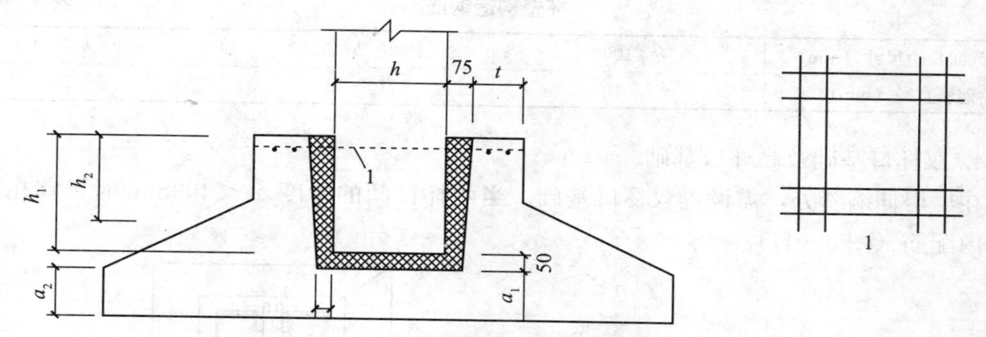

图3-39 预置钢筋混凝土柱与杯口基础的连接

2. 柱的插入深度h_1

为了保证柱与基础的整体结合，柱插入基础应有足够的深度h_1（表3-4）。此外，h_1还应满足柱内受纵向钢筋（直径d）锚固长度不小于l_a的要求，并应考虑吊装时柱的稳定性，即要求$h_1 \geqslant 0.05$倍的预制柱长。

柱的插入深度h_1（mm） **表3-4**

矩形或工字形截面				双肢柱
$h<500$	$500 \leqslant h<800$	$800 \leqslant h \leqslant 1000$	$h>1000$	
$h_1=(1.0\sim1.20)h$	$h_1=h$	$h_1=0.9h$ $h_1 \geqslant 800$	$h_1=0.8h$ $h_1 \geqslant 1000$	$h_1=(1/3\sim2/3)h$ $h_1=(1.5\sim1.8)b$

注：1. h为柱面长边尺寸；b为短边。

2. 柱轴心受压或小偏心受压时，h_1可适当减小；偏心距大于$2h$时，h_1应适当增大。

3. 基础杯底厚度和杯壁厚度。

为了防止安装预制柱时，杯底可能发生冲切破坏，基础的杯底应有足够的厚度a_1，其值见表3-5。同时，杯口内应铺垫50mm厚的水泥砂浆。基础的杯壁应有足够的抗弯强度，其厚度t可按表3-5选用。

基础杯底厚度和杯壁厚度（mm） **表3-5**

柱截面长边尺寸h	杯底厚度a_1	杯壁厚度t
$h<500$	$\geqslant 150$	150～200
$500 \leqslant h<800$	$\geqslant 200$	$\geqslant 200$
$800 \leqslant h<1000$	$\geqslant 200$	$\geqslant 300$
$1000 \leqslant h<1500$	$\geqslant 250$	$\geqslant 350$
$1500 \leqslant h<2000$	$\geqslant 300$	$\geqslant 400$

注：1. 双肢柱的a_1值可适当加大。

2. 当有基础梁时，基础梁下的杯壁厚度应满足其支承宽度的要求。

3. 柱插入杯口部分的表面应凿毛。柱与杯口之间的空隙，应用细石混凝土（比基础混凝土强度高一级）密实充填，其强度达到基础设计强度等级的70%以上时，方能进行上部吊装。

3. 杯壁配筋

当柱为轴心受压或小偏心受压，且$t \geqslant 0.65h_1$（h_1为杯壁高度）时，或为大偏心受压且$t \geqslant 0.75h_1$时，杯壁内一般不配筋。当柱为轴心或小偏心受压，且$0.5 \leqslant t/h_1<0.65$时，

杯壁内可按表 3-6 和图 3-40 的要求配置钢筋。其他情况下，应按计算配筋。

杯壁构造钢筋 **表 3-6**

柱截面长边尺寸（mm）	$h<1000$	$1000\leqslant h<1500$	$1500\leqslant h\leqslant 2000$
钢筋直径（mm）	8～10	10～12	12～16

4. 双杯口基础及高杯口基础

在厂房伸缩缝处，需设置双杯口基础。当两杯口间的厚度 $a_3<400$mm 时，宜在中间杯壁内配筋（图 3-41）。

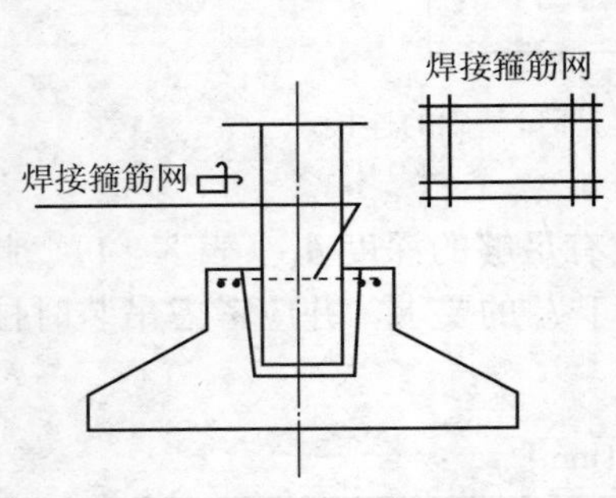
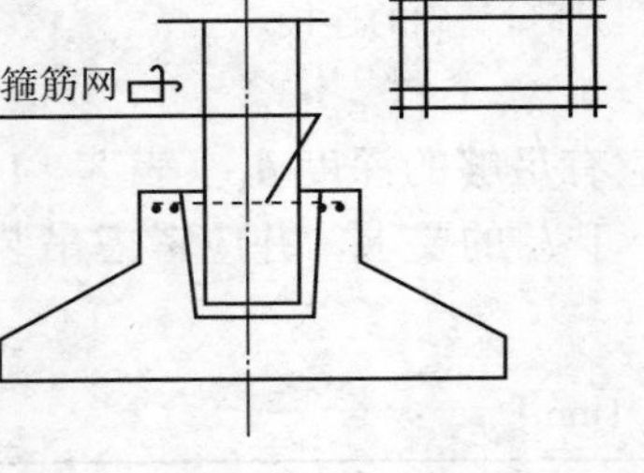

图 3-40 杯口基础及高杯口基础

图 3-41 双杯口基础的杯壁配筋

因地质条件，或因有设备基础，在单层厂房中有时需将个别或部分柱基的埋置深度加大。为使厂房预制柱的长度相同，常在这些柱下设置高杯口基础，其杯口尺寸和配筋可参考图 3-42，其下的短柱可按偏心受压构件设计。

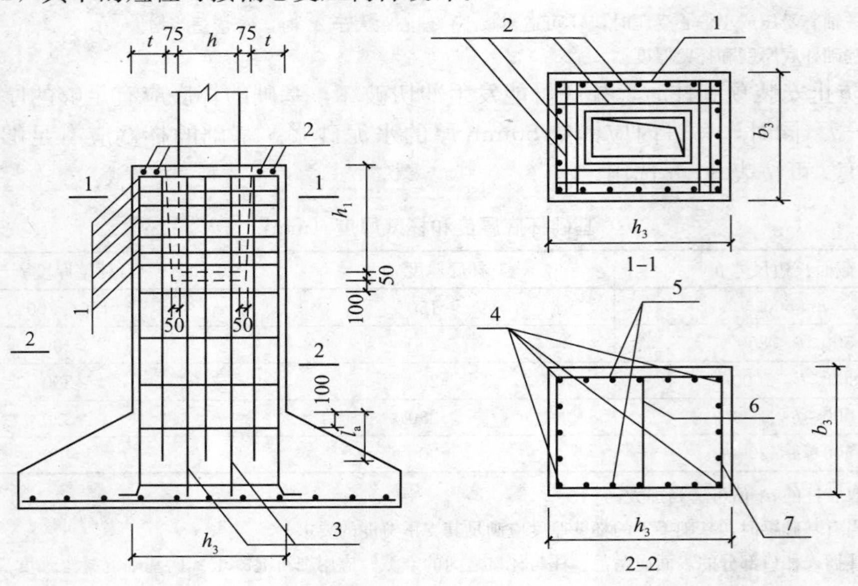

图 3-42 高杯口基础的配筋

1—杯口壁内横向箍筋 ϕ8@150；2—顶层焊接钢筋网；3—插入基础底部的纵向钢筋不应少于每米 1 根；4—短柱四角钢筋一般不小于 Φ20；5—短柱长边纵向钢筋当 $h_3\leqslant 1000$ 用 ϕ12@300，当 $h_3>1000$ 用 ϕ16@300；6—按构造要求；7—短柱短边纵向钢筋每边不小于 $0.05\%b_3h_3$（不小于 ϕ12@300）

【例 3－1】某工业厂房柱（截面尺寸 400mm×700mm）其基础顶面的荷载由排架内力组合给出三种最不利形式：

$$A:\begin{cases}M_{kmax}=110.35\text{kN}\cdot\text{m}\\N_k=554.1\text{kN}\\V_k=10.5\text{kN}\end{cases}\qquad\begin{matrix}M=137.9\text{kN}\cdot\text{m}\\N=692.6\text{kN}\\V=13.1\text{kN}\end{matrix}$$

$$B:\begin{cases}-M_{kmax}=-320\text{kN}\cdot\text{m}\\N_k=804.7\text{kN}\\V_k=-16.5\text{kN}\end{cases}\qquad\begin{matrix}M=-400.24\text{kN}\cdot\text{m}\\N=1005.9\text{kN}\\V=-20.6\text{kN}\end{matrix}$$

$$C:\begin{cases}M_k=-316.55\text{kN}\cdot\text{m}\\N_{kmax}=849.7\text{kN}\\V_k=-15.0\text{kN}\end{cases}\qquad\begin{matrix}M=-395.70\text{kN}\cdot\text{m}\\\text{N}=1062.1\text{kN}\\V=-18.8\text{kN}\end{matrix}$$

地基承载力特征值 $f_a=180\text{kN/m}^2$，C20 级混凝土，试设计此杯口基础。

【解】1）根据构造要求选定基础高度及确定基础埋深。由表 3－4 可知，柱的插入深度 $h_1=700$mm，由表 3－5 可知柱的杯底厚度 $a_1\geqslant200$mm，杯底上部铺设 $a_1=50$mm 的水泥砂浆，故 $h=700+250+50=1000$mm。初选 $h=1000$mm，选杯壁厚 400mm，高 500mm，见图 3－43。

基础埋深 d_1＝基础顶面埋深＋柱插入基础深度＋柱底垫层厚度＋杯底厚度

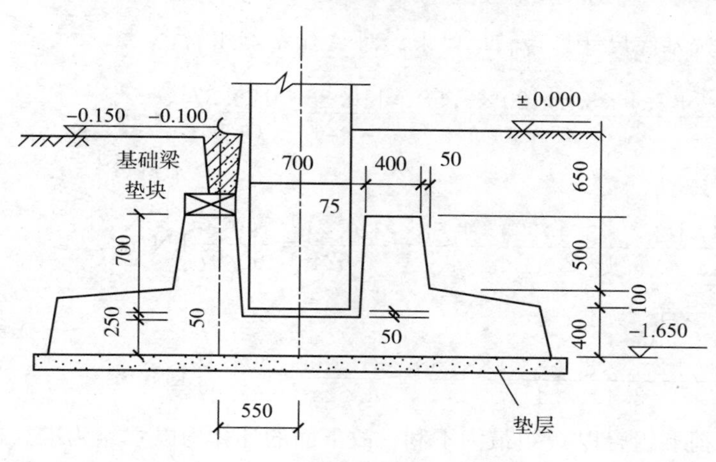

图 3－43　基础尺寸

因室外基础顶面埋深为 550mm，室内外高差 150mm，故

$$d_1=500+150+700+50+250=1650\text{mm}$$

2）确定基础底面尺寸。上部结构传至基础底面的设计荷载为下列三种：

$$A:\begin{cases}M_{kmax}=110.35\text{kN}\cdot\text{m}\\N_k=554.1\text{kN}\\V_k=10.5\text{kN}\end{cases}\qquad\begin{matrix}M=137.9\text{kN}\cdot\text{m}\\N=692.6\text{kN}\\V=13.1\text{kN}\end{matrix}$$

$$B:\begin{cases}-M_{kmax}=-320.21\text{kN}\cdot\text{m} & M=-400.24\text{kN}\cdot\text{m}\\ N_k=804.7\text{kN} & N=1005.9\text{kN}\\ V_k=-16.5\text{kN} & V=-20.6\text{kN}\end{cases}$$

$$C:\begin{cases}M_k=-316.55\text{kN}\cdot\text{m} & M=-395.7\text{kN}\cdot\text{m}\\ N_{kmax}=849.7\text{kN} & N=1062.1\text{kN}\\ V_k=-15.0\text{kN} & V=-18.8\text{kN}\end{cases}$$

（1）预估基础底面尺寸。按最大轴力确定底面尺寸，此时地基承载力特征值为 f_a，由轴心受压公式得：

$$A\geqslant\frac{N_k}{f_a-\gamma d}$$

d 为平均埋深：$d=\frac{1500+1650}{2}=1575\text{mm}$，$\gamma$ 取 20kN/m^3，故

$$A\geqslant\frac{849.7}{180-20\times1.58}=5.73\text{m}^2$$

按扩大 1.2～1.4 倍考虑偏压基础底面面积，取 1.4，则 $A=1.4\times5.73=8.02\text{m}^2$，选长边尺寸 $b=3.4\text{m}$，短边尺寸 $l=2.4\text{m}$，则 $A=2.4\times3.4=8.16\text{m}^2$，满足要求

$$W=\frac{lb^2}{6}=\frac{1}{6}\times2.4\times3.4\times3.4=4.624\text{m}^3$$

（2）验算所选基底尺寸是否满足要求。对 A 组荷载组合：

$$\frac{P_{kmax}}{P_{kmin}}=\frac{554.1+2.4\times3.4\times20\times1.58}{3.4\times2.4}\pm\frac{110.35}{4.624}=\frac{123.37}{75.64}\text{kN/m}^2$$

对 B 组荷载组合

$$\frac{P_{kmax}}{P_{kmin}}=\frac{804.7+2.4\times3.4\times20\times1.58}{3.4\times2.4}\pm\frac{320.21}{4.624}=\frac{199.46}{60.97}\text{kN/m}^2$$

对 C 组荷载组合

$$\frac{P_{kmax}}{P_{kmin}}=\frac{849.7+2.4\times3.4\times20\times1.58}{3.4\times2.4}\pm\frac{316.55}{4.624}=\frac{204.19}{67.27}\text{kN/m}^2$$

计算表明，荷载组合以 C 组最为不利，故下面的计算均以 C 组为准。地基反力为

$$P_k=\frac{1}{2}(P_{kmax}+P_{kmin})=135.73\text{kN/m}^3<f_a=180\text{kN/m}^2$$

$$P_{kmax}=204.19\text{kN/m}^2<1.2f_a=216\text{kN/mm}^2$$

故所选基底尺寸满足要求。

3）基础抗冲切验算和受弯承载力验算。

（1）基底净反力设计值：

$$\frac{P_{jmax}}{P_{jmin}}=\frac{1062.1}{8.16}\pm\frac{395.7}{4.624}=\frac{215.73}{44.58}\text{kN/m}^2$$

（2）柱边冲切承载力验算。由图 3－44 可知：

$$h_0=1000-40=960\text{mm}$$

$$a_t+2h_0=400+2\times960=2320\text{mm}<l=2400\text{mm}$$

故不用进行受剪承载力验算，冲切承载力验算如下：

$$F_l=psA=ps\left(\frac{b}{2}-\frac{b_c}{2}-h_0\right)l-\left(\frac{l}{2}-\frac{a_t}{2}-h_0\right)^2$$

$$=215.73\times\left(\frac{3.4}{2}-\frac{0.7}{2}-0.96\right)\times2.4-215.73\times\left(\frac{2.4}{2}-\frac{0.4}{2}-0.96\right)^2$$

$$=201.58\text{kN}$$

$$a_m=\frac{0.4+0.4+2\times0.96}{2}=1.36\text{m}$$

$$0.7\beta_{hp}f_t a_m h_0=0.7\times0.98\times1.1\times1.36\times960=985.2\text{kN}$$

$F_l<0.7\beta_{hp}f_t a_m h_0$，满足要求。

(3) 变阶处冲切承载力（图 3-44）：

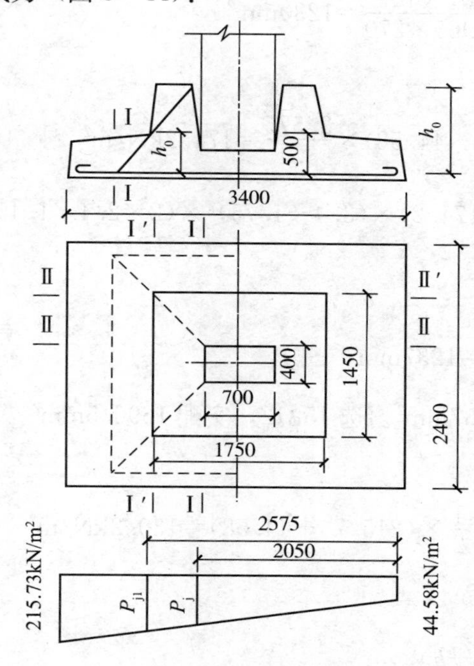

图 3-44　冲切验算

$h'_0=500-40=460\text{mm}$，$a'_t=1450\text{mm}$，$b'_t=1750\text{mm}$

$a'_t+2h_0=1450+2\times460=2370\text{mm}<l=2400\text{mm}$，故用受剪承载力验算。

$$F_l=215.73\times\left(\frac{3.4}{2}-\frac{1.750}{2}-0.46\right)^2\times2.4-215.73\times\left(\frac{2.4}{2}-\frac{1.450}{2}-0.46\right)^2$$

$$=188.93\text{kN}$$

$$a_m=\frac{1.45+1.45+2\times0.46}{2}=1.91\text{m}$$

$0.7\beta_{hp} f_t a_m h_0 = 0.7 \times 1.0 \times 1.1 \times 1.91 \times 460$

$= 676.52\text{kN} > F_l$，满足要求。

4）基底配筋计算。

（1）沿长边方向：

$$P_{j\max} = 215.73\text{kN/m}^2, \ P_{j\min} = 44.58\text{kN/m}^2$$

①沿柱边截面

$$p_{j\text{I}} = p_{j\min} + (p_{j\max} - p_{j\min}) \times \frac{b_\text{I}}{b}$$

$$= 44.58 + (215.73 - 44.58) \times \frac{2.05}{3.4} = 147.77\text{kN/m}^2$$

$$M_\text{I} = \frac{1}{48}(p_{j\max} + p_\text{I})(b-h)^2(2l+a)$$

$$A_{s1} = \frac{M_1}{0.9 h_0 f_y} = \frac{287.07 \times 10^6}{0.9 \times 960 \times 270} = 1230\text{mm}^2$$

②沿变阶处截面

$$p_{j\text{I}} = 44.58 + (215.73 - 44.58) \times \frac{2.575}{3.4} = 174.2\text{kN/m}^2$$

$$M_\text{I} = \frac{1}{48} \times (215.73 + 174.2) \times (3.4 - 1.75)^2 \times (2 \times 2.4 + 1.45)$$

$$= 138.23\text{kN} \cdot \text{m}$$

$$A_{s1} = \frac{138.23 \times 10^6}{0.9 \times 460 \times 270} = 1237\text{mm}^2$$

由①、②可知，取 1237mm^2。选 $15\phi12$，实配 1696.5mm^2。

（2）沿短边方向：

$$p_j = \frac{1}{2}(p_{j\max} + p_{j\min}) = \frac{1}{2} \times (215.73 + 44.58) = 130.2\text{kN/m}^2$$

①柱边截面

$$M_\text{II} = \frac{1}{24} p_j (l-a)^2 (2b+h)$$

$$= \frac{1}{24} \times 130.2 \times (2.4 - 0.4)^2 \times (2 \times 3.4 + 0.7) = 162.8\text{kN} \cdot \text{m}$$

$$A_{s\text{II}} = \frac{M_\text{II}}{0.9 f_y (h_0 - d)} = \frac{162.8 \times 10^6}{0.9 \times 270 \times (960 - 12)} = 706.7\text{mm}^2$$

②变阶处截面

$$M_\text{II} = \frac{1}{24} \times 13.2 \times (2.4 - 1.45)^2 \times (2 \times 3.4 + 1.75) = 41.86\text{kN} \cdot \text{m}$$

$$A_{s\text{II}}=\frac{41.86\times10^6}{0.9\times270\times(460-12)}=384.7\text{mm}^2$$

由①、②可知，取 $A_{s\text{II}}=706.7\text{mm}^2$，选用 12$\phi$10，实配 942$\text{mm}^2$。

设计完毕，施工图见图 3-45。

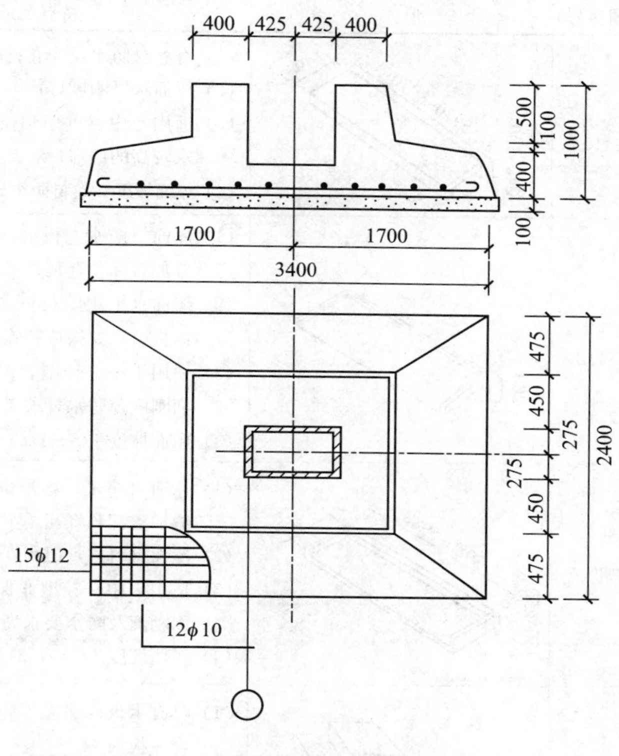

图 3-45 施工图

3.5 单层厂房的屋盖结构选型

3.5.1 简述

目前，单层厂房屋盖结构的形式基本上分为无檩和有檩两种体系。无檩体系是将大型屋面板直接焊在（一般不少于三个焊点）屋架或屋面梁上而形成的屋盖结构。这种屋盖的整体性和刚度均较好，构件种类和数量减少，故安装工序少，施工速度快，适用广泛，在具有较大吨位起重机和有较大振动的大中型及重型厂房中经常使用。有檩体系是将小型屋面板或屋面瓦放在檩条上，檩条支承在屋架上而形成的屋盖结构。这种屋盖的构件小而轻，便于运输和吊装，虽然整体刚度较小，但在保证板与檩条、檩条与屋架均牢固连接的前提下，可满足一般中小型厂房的使用要求。

本节将主要介绍屋面构件、屋面梁和屋架、板梁合一结构、天窗架及托架的常用形式及选用方法。

3.5.2 屋盖构件

1. 屋面板

单层厂房中常用的屋面板有预应力混凝土屋面板（槽形板）、预应力混凝土 F 形屋面板，预应力混凝土单肋板、钢丝网水泥波形瓦、石棉水泥瓦及钢筋混凝土挂瓦板等，详见表3-7。其中应用最广泛的是预应力混凝土屋面板。

屋面板类型 表3-7

序号	构件名称（标准图集号）	形式	特点及适用条件
1	预应力混凝土屋面板（92G410）	1490；5970~8970；240~300	(1) 有卷材防水及非卷材防水两种； (2) 屋面水平刚度好； (3) 适用于中、重型和振动较大，对屋面刚度要求较高的厂房； (4) 屋面坡度：卷材防水最大1/5，非卷材防水1/4
2	预应力混凝土F型屋面板（CG412）	1490；5370；200	(1) 屋面自防水，板沿纵向互相搭接，横缝及脊缝加盖瓦和脊瓦； (2) 屋面水平刚度及防水效果比预应力混凝土屋面板差，如构造和施工不当，易积雨、积雪； (3) 适用于中、轻型非保温厂房，不适用于对屋面刚度及防水要求高的厂房； (4) 屋面坡度1/8～1/4
3	预应力混凝土单肋板	935~1200；3980~5980；180~250	(1) 屋面自防水，板沿纵向互相搭接，横缝及脊缝加盖瓦和脊瓦，主肋只有一个； (2) 屋面材料省，但刚度差； (3) 适用于中、轻型非保温厂房，不适用于对屋面刚度及防水要求高的厂房； (4) 屋面坡度1/4～1/3
4	预应力混凝土夹心保温屋面板（三合一板）	9950；130；1490	(1) 具有承重、保温、防水三种作用，故也称三合一板； (2) 适用于一般保温厂房，不适用于气候寒冷、冻融频繁地区和有腐蚀性气体及湿度大的厂房； (3) 屋面坡度1/12～1/8
5	预应力混凝土槽瓦	990；3300~3900；100	(1) 在檩条上互相搭接，沿横缝及脊缝加盖瓦及脊瓦； (2) 屋面材料省，构造简单，施工方便，但刚度较差，如构造和施工处理不当，易渗漏； (3) 适用于中、轻型厂房，不适用于有腐蚀性介质、有较大振动、对屋面刚度及隔热要求高的厂房； (4) 屋面坡度1/5～1/3
6	钢丝网水泥波形瓦	1700~2000；990	(1) 在纵、横向互相搭接，加脊瓦； (2) 屋面材料省、施工方便，但刚度较差，运输、安装不当，易损坏； (3) 适用于轻型厂房，不适用于有腐蚀性介质、有较大振动、对屋面刚度及隔热要求高的厂房； (4) 屋面坡度1/5～1/3

预应力混凝土屋面板由面板、横肋和纵肋组成，其传力系统类似板梁结构所介绍的平面楼盖，其中板、横肋和纵肋分别相当于平面楼盖中的板、次梁和主梁。其常见的平面尺寸有 1.5m×6m，也有采用 3m×9m、1.5m×9m 和 3m×12m 的。屋面板一般承受防水屋面恒载和积灰荷载、雪荷载及施工检修荷载等。

2. 檩条

檩条起着支承小型屋面板并将屋面荷载传给屋架的作用。它与屋架连接牢固，并与支撑构件共同组成整体，保证厂房的空间刚度，可靠地传递水平荷载。

檩条一般有倒 L 形、T 形两种，其材料可为普通混凝土，也可为预应力混凝土，其常见类型见表 3-8。当檩条跨度为 4m 或 6m 时，一般采用上述形式，当檩条跨度为 9m 或更大时，可采用组合式（上弦为钢筋混凝土，腹杆与下弦杆为钢材）和轻钢檩条。

檩条支撑在屋架上弦，有正放和斜放两种形式。前者受力较好，但屋架上弦要作水平支托（图 3-46(a)）；后者在荷载作用下产生双向弯曲，若屋面坡度较大时，在未焊牢时易倾翻，故往往需在支座处屋架上弦预埋件上事先焊一短钢板来防止倾翻（图 3-46(b)）。

檩条类型 **表 3-8**

序号	构件名称	形式	跨度 l（m）
1	钢筋混凝土倒 L 形檩条	L	4～6
2	钢筋混凝土 T 形檩条	L	4～6
3	预应力混凝土倒 L 形檩条	L	6
4	预应力混凝土 T 形檩条	L	6

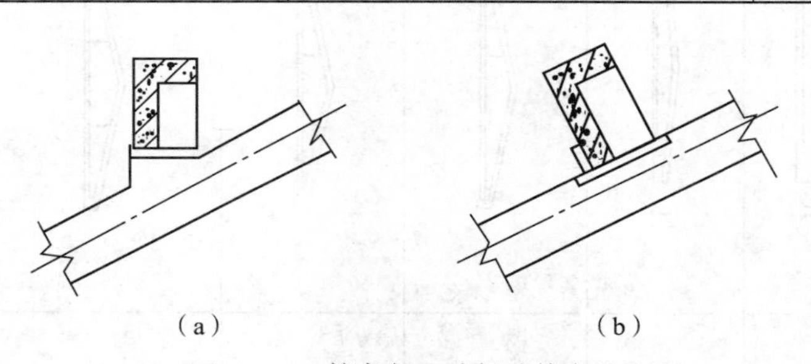

图 3-46 檩条与上弦杆连接方法

(a) 水平支托；(b) 短钢板

3.5.3 屋面梁和屋架

屋面梁和屋架是单层厂房中的重要构件，起着支承屋面板或檩条并将屋面荷载传给排架柱的作用，其常见形式、经济指标、特点和适用条件见表 3-9。除表中所列构件外，在纺织厂中一般采用锯齿形屋盖，常用钢筋混凝土三角刚架和钢筋混凝土窗框支承屋面板两种形式。

屋面梁和屋架的构件名称、形式、特点及适用条件　　表 3-9

序号	构件名称（标准图号）	形式	跨度（m）	每平方米材料用量			特点及适用条件
				允许荷载（kN/m^2）	混凝土（cm）	钢材（kg）	
1	预应力混凝土单坡屋面梁（G414）		9	4.50	2.13	4.83	梁高小、重心低、侧向刚度好，施工较方便，但自重大，适用于有较大振动和腐蚀介质的厂房，屋面坡度 1/12～1/8
			12	4.50	2.32	4.96	
2	预应力混凝土双坡屋面梁（G414）		12	4.50	2.43	4.80	
			15	4.50	2.64	5.82	
			18	4.50	3.37	6.14	
3	钢筋混凝土两铰拱屋架（G310、CG311）		9	3.00	1.08	2.50	上弦为钢筋混凝土，下弦为角钢，顶节点刚接，自重较轻。适用于中、小型厂房，应防止上下弦受压，屋面坡度：卷材防水 1/5，非卷材防水 1/4
			12	3.00	1.49	3.25	
			15	3.00	1.93	3.88	
4	钢筋混凝土三铰拱屋架（G310、CG311）		9	3.00	1.00	2.85	顶节点为铰接，其他同上
			12	3.00	1.28	3.51	
			15	3.00	1.60	3.80	
5	预应力混凝土三铰拱屋架（CG424）		9	3.00	0.68	2.04	上弦为先张法预应力，下弦为角钢，其他同上
			12	3.00	1.01	2.60	
			15	3.00	1.21	3.38	
			18	3.00	1.49	4.09	
6	钢筋混凝土组合式屋架（CG315）		12	3.00	1.02	4.00	上弦及受压腹杆为钢筋混凝土，下弦及受拉腹杆为角钢，自重较轻，适用于中小型厂房，屋面坡度 1/4
			15	3.00	1.39	5.20	
			18	3.00	1.36	6.00	

续表

序号	构件名称（标准图号）	形式	跨度（m）	每平方米材料用量			特点及适用条件
				允许荷载（kN/m²）	混凝土（cm）	钢材（kg）	
7	钢筋混凝土折线形屋架（G314）		15 18 21 24	3.50 3.50	2.03 2.00	4.92 5.76	外形较合理，屋面坡度合适，适用于卷材防水屋面的中型厂房
8	预应力混凝土折线形屋架（G415）		18 21 24 27 30	4.00 3.50 3.50 3.50 3.50	2.24 2.70 2.86 3.00 4.14	4.43 5.10 5.47 6.00 6.15	适用于卷材防水屋面的大中型厂房，其他同上
9	预应力混凝土折线形屋架（CG423）		18 21 24	3.50 3.50 3.50	1.71 2.10 2.30	3.80 4.56 5.04	外形较合理，适用于非卷材防水屋面的中型厂房，屋面坡度 1/4
10	预应力混凝土梯形屋架（CG417）		18～30	3.50	2.50	5.10	自重较大，刚度好，适用于卷材防水屋面，重型、高温及采用井式或横向天窗的厂房，屋面坡度 1/12～1/10
11	预应力混凝土直腹杆屋架		15～36	2.50	2.19	4.69	无斜腹杆、构造简单，但端部坡度较陡，适用于采用井式或横向天窗的厂房

3.5.4 板梁合一的屋盖结构

板梁或板架合一结构是在对原有的厂房屋盖结构进行改革的基础上形成的，它将屋面板和梁组成整体，既可减少结构构件的种类和数量以及施工吊装工序，又具有受力性能合理、结构高度小、空间刚度好、材料用量省等优点，目前多用于起重机起重量小的厂房和仓库。下面简介几种常见的结构形式。

1. 预应力混凝土 V 形折板

如图 3－47 所示，预应力混凝土薄板采用先张法叠层生产，折缝处不灌混凝土，运至工地吊装就位后再在上、下折缝处灌混凝土，形成 V 形整体空间结构。

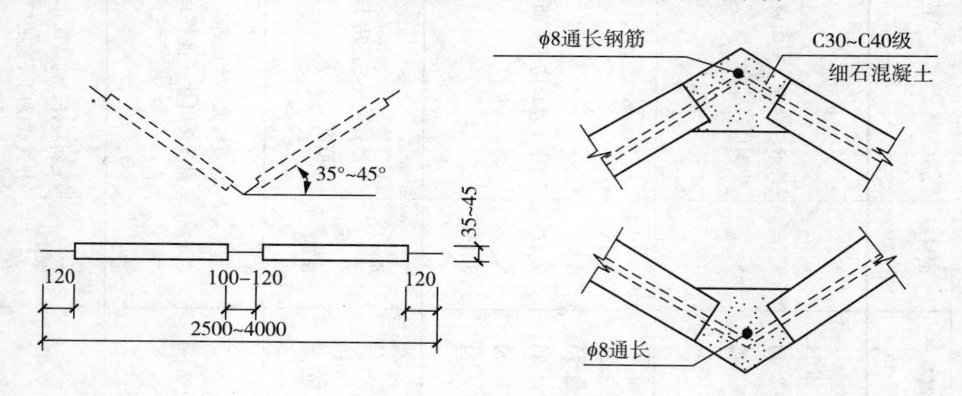

图 3－47　V 形板生产示意图

V 形折板具有体形简洁，浇缝后整体刚度和抗震性能好等优点。它制作方便，可叠层生产，便于采用工业化方法制作和施工，用料省，自重轻，已在工业建筑中得到广泛应用。坡宽（即一个 V 形折板的水平投影宽度）一般采用 2～3m，纵向高跨比不宜小于 1/20，板厚不宜小于 35mm，折板倾角一般采用 30°～38°。

2. 预应力混凝土 T 形板

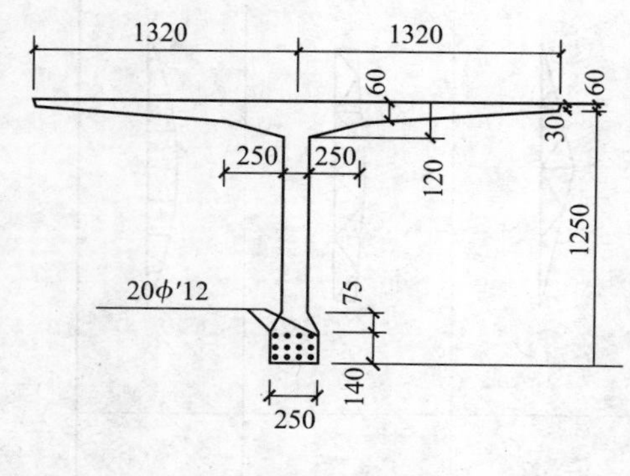

图 3－48　T 形板图

预应力混凝土 T 形板分单 T 和双 T 板两种，跨度 18m 以上时应用单 T 板。其优点是既可做屋面板、楼面板，也可做板墙。且其体形简单，制作简单，便于工业化生产，并可降低围护结构的高度和简化支撑。其缺点是尺寸和重量大，需较大的运输和起重设备，在工地制作时，则要有较大的场地。

预应力混凝土 T 形板能一件多用，可用一种形式的构件装配成一幢厂房的全体结构和墙体，并易形成大柱网，其高跨比一般为 1/40～1/30，板面宽度一般为 1.22～3.04m。目前，美国、西欧、日本都已广泛使用（图 3－48）。

3. 预应力混凝土双曲抛物面壳板

预应力混凝土双曲抛物面壳板，又称马鞍形壳板，其外形如图 3－49 所示，为负高斯曲率双曲抛物面。配有两簇交叉的直线应力钢筋，可在先张法台座上叠层生产。国内常用跨度为 9～15m，最大已用到 28m，壳板宽度为 1.2～3m，板厚 35～50mm。

双曲抛物面壳板系空间薄壁结构，受力性能好，刚度大，用料省，构件种类少，便于工厂化生产，利用机械化施工。目前，国外如欧洲、日本等地区，已将其列为一种工业建筑体系广泛推广使用。

板梁合一的屋盖结构在一定程度上改革了板、梁（屋架）分离的屋盖体系，减轻了屋盖结构自重，是单层工业厂房屋盖体系改革值得注意的动向。

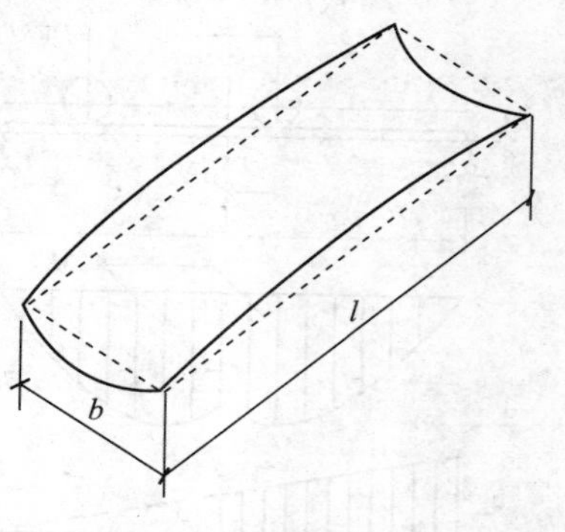

图 3-49　双曲线抛物面壳板

3.5.5　天窗架

单层厂房根据采光和通风的要求，有时需设置天窗，传统的气楼或天窗是用天窗架支撑屋面构件，并将其上的全部荷载传给屋面梁或屋架。天窗架对整个屋盖结构在受力性能和经济等方面均有较大的影响。除了气楼或天窗外，还有下沉式、井式或其他形式的天窗。

钢筋混凝土天窗架一般由两个三角形钢架组成，中间设一个铰，以便制作和运输。常用形式有 W 形和 II 形两种。

设计天窗架时，可根据构件跨度、天窗高度，在相应的全国性和地区性标准图集中选用。

3.5.6　托架

当柱距大于屋面板或檩条的跨度时，则需沿纵向柱列设置托架，用于支承中间屋面梁或屋架，这种情况常常在有大型设备需出入车间时发生，建筑上称抽柱方案。托架的常见形式为三角形或折线形两种，当预应力筋为粗钢筋时采用三角形，预应力钢筋为钢丝束时采用折线形。

设计时可根据托架的跨度和其上荷载的大小选用。全国性标准图集和地区性标准图集中均有托架部分，如 G433 等。

3.6　吊车梁的受力特点及选型

3.6.1　吊车梁的受力特点

吊车梁是单层厂房中的重要构件，它直接承受吊车传来的竖向和水平荷载，并将其传递给排架柱，它对吊车的正常运行和厂房的纵向刚度都有重要作用。

吊车梁是支撑在柱牛腿上的简支梁，其受力特点取决于吊车荷载的特性，有以下几点。

1. 吊车荷载是可移动的荷载

吊车梁承受的荷载是两组移动的集中荷载的横向水平荷载 T。所以，既要考虑自重和 R 作用下的竖向弯曲，又要考虑自重、R 和 T 联合作用的双向弯曲。由于是移动荷载，可应用影响线的方法计算各截面的最大内力，或作包络图。在两台吊车作用下，弯矩包络图一般呈“鸡心状”，这时可对绝对最大弯矩截面支座一段近似地取为二次抛物线。支座和跨中截面间的剪力包络图形，可近似按直线采用，如图 3-50 所示。

2. 承受的吊车荷载是重复荷载

根据实际调查，在 50 年的使用期内，吊车的利用等级可分 9 级，吊车的荷载状态可

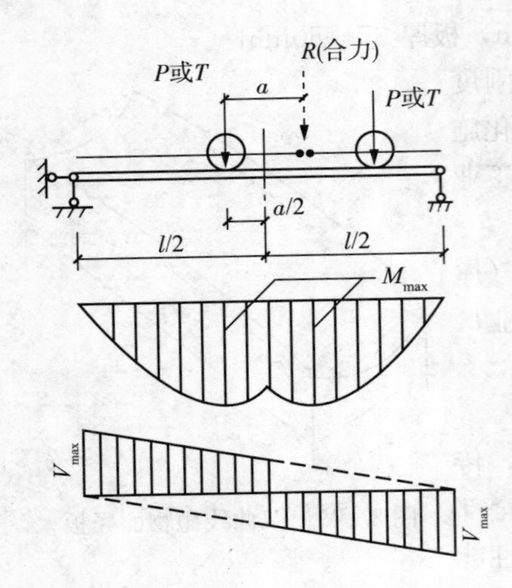

图 3-50　吊车梁的弯矩与剪力包络图

分 4 种，其工作级别可分 8 级（A_1～A_8），详见《起重机设计规范》(GB/T 3811—2008)。对于特重级和重级工作制吊车（A_6～A_8），其荷载的重复次数的总和可达（4～6）×10^6 次；中级工作制吊车（A_4～A_5），一般为 1×10^6 次。直接承受这种重复荷载，吊车梁会因疲劳而产生裂缝，直至破坏，所以对特重级、重级和中级（A_4～A_8）工作制吊车梁，除静力计算外，还要进行疲劳验算。

3. 考虑吊车荷载的动力特性

（1）吊车竖向荷载的动力系数 β。桥式吊车特别是速度较快的重级工作制桥式吊车，对吊车梁的作用带有明显的动力特性，因此，在计算吊车梁及其连接部分的承载力以及吊车梁的抗裂性能时，都必须对吊车的竖向荷载乘以动力系数 β：悬挂吊车（包括捯链），轻、中级工作制吊车，β＝1.05；重级工作制软钩吊车，β＝1.1；超重级工作制硬钩吊车，β＝1.1。

（2）吊车横向水平荷载的增大系数 α。由于结构、吊车桥架的变形及其他因素，常在轨道与大车轮之间产生卡轨力，有时甚至会比吊车横向水平惯性力大好几倍，所以应考虑增大系数 α。α 值见表 3-10。

吊车横向水平荷载增大系数 α　　表 3-10

吊车类别		吊车起重量（t）	计算吊车梁（或起重机桁架）、制动结构的强度和稳定性	计算吊车梁（或起重机桁架）、制动结构、柱相互间的连接强度
软钩吊车		5～20	2.0	4.0
		30～275	1.5	3.0
		≥300	1.3	2.6
硬钩吊车	夹钳或刚性料耙吊车	—	3.0	6.0
	其他硬钩吊车		1.5	3.0

4. 考虑吊车荷载的偏心影响

吊车竖向荷载 βR_{max} 和横向水平荷载 T 对吊车梁截面的弯曲中心是偏心的。竖向荷载产生偏心是吊车轨道安装时允许有 20mm 的误差所引起的。在这两个偏心荷载作用下，吊车梁将处于受扭状态。

综上所述，吊车梁是重复受力的双向弯曲的弯、剪、扭构件。

3.6.2　吊车梁的选型

目前，工业厂房中常用的吊车梁，从材料来分有钢筋混凝土、预应力混凝土和钢—混凝土组合结构三种；从形式上分有等截面 T 形和工字形截面吊车梁、鱼腹式吊车梁、折线形吊车梁、拱形吊车梁以及桁架吊车梁五种。

吊车梁的选用应根据起重机的跨度、吨位、工作制以及材料供应、技术条件、工期等因素综合考虑，灵活掌握。根据工程实践经验，可参考下列意见选用：

（1）对 6m 跨以及 4m 跨的吊车梁，轻、中级工作制起重量 30t 以内，重级工作制起重量 20t 以内，可采用钢筋混凝土吊车梁，也可采用预应力混凝土吊车梁；轻、中级工作制起重量大于 30t，重级工作制起重量大于 20t，应采用预应力混凝土吊车梁。

（2）对 9m 跨的吊车梁，起重量为 10t 及 10t 以下，可采用普通钢筋混凝土吊车梁，也可采用预应力混凝土吊车梁；中、重级工作制起重量大于 10t，应采用预应力混凝土吊车梁或桁架式吊车梁。

（3）对 12m 和 18m 跨吊车梁，一般均应采用预应力混凝土吊车梁及桁架式吊车梁。

目前，正在实行中的全国性和地区性标准图集中，有关吊车梁部分的内容甚多，设计时可根据当地情况，按以上原则进行选用。

3.7　单层厂房结构设计实例

3.7.1　设计任务

某厂金工车间的等高排架。该金工车间平、立面布置如图 3－51 所示。柱距除端部为 5.5m，其余均为 6m，跨度 18m＋18m；每跨设有两台起重机，起重机工作制级别为 A5 级，轨顶标高为 7.2m，起重机起重量左右跨相同，具体见表 3－11。外墙无连系梁，墙厚 240mm，每开间侧窗面积 24m^2。钢窗，无天窗。

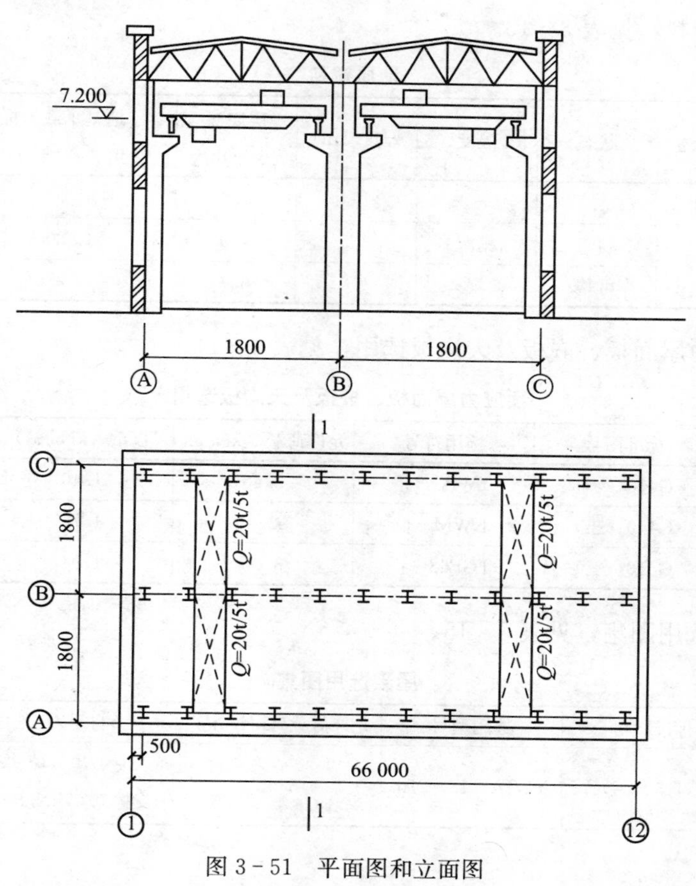

图 3－51　平面图和立面图

屋面做法：绿豆砂保护层；三毡三油防水层；20厚水泥砂浆找平层；80厚泡沫混凝土保温层；预应力混凝土大型屋面板。

3.7.2 设计参考资料

(1) 荷载资料，见表3-11。

荷载资料 **表3-11**

基本雪压	0.4kN/m²
基本风压	0.5kN/m²
吊车	20t/5t
地面粗糙度类别	B
屋面活载	0.5kN/m²

(2) 吊车及其数据，见表3-12。

吊车及其数据 **表3-12**

起重机 Q (t)	桥跨 L (k/m)	轮距 L (m)	吊车宽 B (mm)	吊车总量 W (kN)	小车重 g (kN)	最大轮压 P_{max} (kN)	吊车顶至轨顶 H (mm)	轨中至车外端 $B1$ (mm)	最小轮压 P_{min} (kN)
20t/5t	16.5	4000	5200	223	68.6	174	2094	230	37.5

(3) 地质资料，见表3-13。

地质资料 **表3-13**

层次	底层描述	状态	湿度	厚度 (m)	层底深度 (m)	地基承载力标准值 f_{ak} (kN/m²)	重度 γm (kN/m³)
1	回填土	—	—	1.4	1.4	—	16
2	棕黄填土	硬塑	稍湿	3.5	4.9	200	17
3	棕红黏土	可塑	湿	1.8	6.7	250	17.8

(4) 预应力屋面板、嵌板及天沟板选用，见表3-14。

预应力屋面板、嵌板及天沟板选用 **表3-14**

名称	标准图号	选用符号	允许荷载 (kN/m)	自重 (kN/m²)	备注
预应力屋面板	G410 (一)	YWB-2Ⅱ	2.46	1.40	自重包括灌缝重
嵌板	G410 (二)	KWM-Ⅰ	2.5	1.75	自重包括灌缝重
天沟板	G410 (三)	TGB68-Ⅰ	3.05	1.91	自重包括灌缝重

(5) 屋架选用图集，见表3-15。

屋架选用图集 **表3-15**

跨度 (m)	标准图号	选用型号	允许荷载 (kN/m²)	自重	屋架边缘高度 (m)
18	G415 (一)	YWJA-18-2Aa	3.5	60.5kN/榀，屋盖钢支撑 0.05kN/m²	2.15

（6）吊车梁选用图集，见表 3-16。

吊车梁选用图集 **表 3-16**

标准图号	选用型号	起重量	L_k（m）	自重（kN）	梁高（mm）
G425	YXDL6-6	20t/5t	10.5～22.5	44.2/根	1200

注：轨道连接件重：0.8kN。

（7）基础梁：16.7kN/根。

（8）钢窗重：0.45kN/m²。

（9）常用材料自重，见表 3-17。

常用材料自重 **表 3-17**

名称	单位自重（kN/m²）
三毡三油绿豆砂面层	0.35
水泥砂浆	20
泡沫混凝土	8
240mm 厚砖墙	4.75

3.7.3 结构构件选型及柱截面尺寸确定

因该厂房跨度为 18m，且柱顶标高大于 8m，故采用钢筋混凝土排架结构。为了使屋盖具有较大刚度，选用预应力混凝土折线形屋架及预应力混凝土屋面板。选用钢筋混凝土吊车梁及基础梁。

由图 3-52 可知柱顶标高为 9.6m，牛腿顶面标高为 6m；设室内地面至基础顶面的距离为 0.5m，则计算简图中柱的总高度 H、下柱高度 H_L 和上柱高度 H_U 分别为

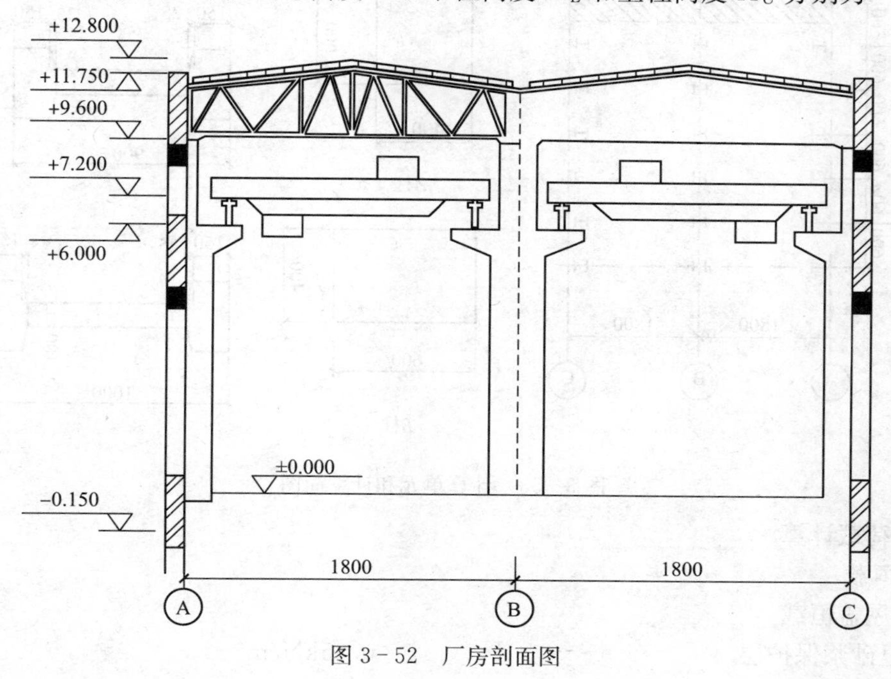

图 3-52 厂房剖面图

$$H=9.6+0.5=10.1\text{m}$$

$$H_L=6+0.5=6.5\text{m}$$

$$H_U=10.1-6.5=3.6\text{m}$$

根据柱的高度、起重机起重量及工作级别等条件，可确定柱的截面尺寸，见表 3-18。

柱截面尺寸及相应的计算参数　　表 3-18

柱号 \ 计算参数		截面尺寸（mm）	面积（mm^2）	惯性矩（mm^4）	自重（kN/m）
A、C	上柱	矩 400×400	1.6×10^5	21.3×10^8	4.0
	下柱	工 400×900×100×150	1.875×10^5	195.38×10^8	4.69
B	上柱	矩 400×600	2.4×10^5	72×10^8	6.0
	下柱	工 400×1000×100×150	1.975×10^5	256.34×10^8	4.94

本设计仅取一榀排架进行计算，计算单元和计算简图如图 3-53 所示。

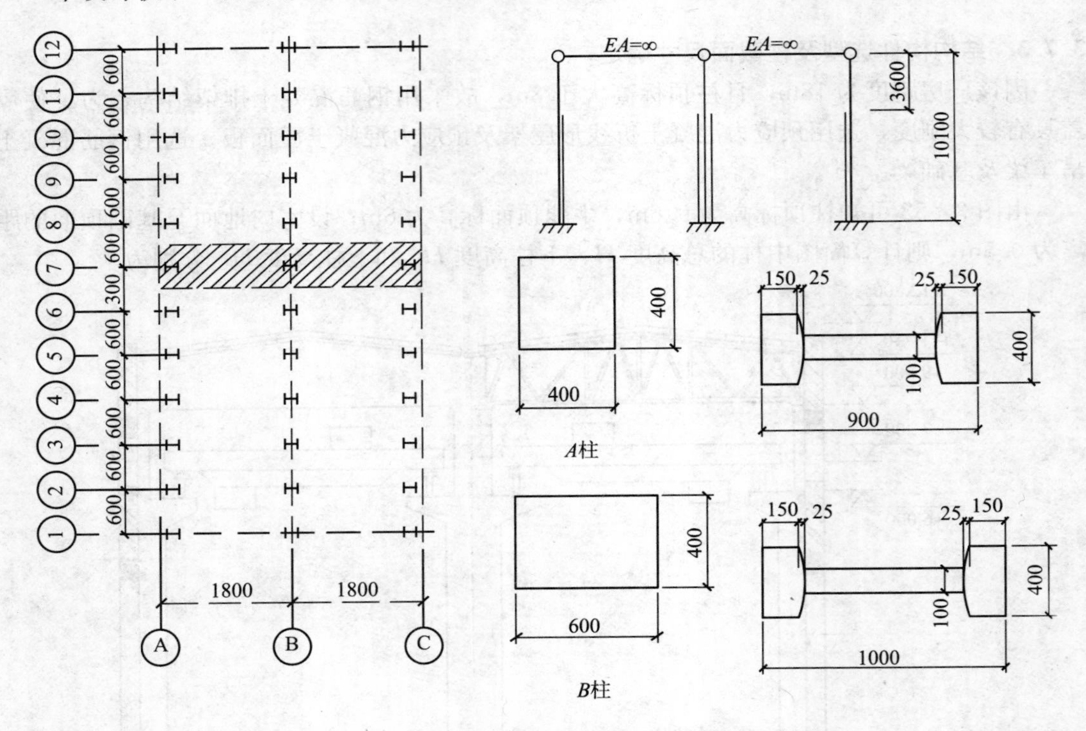

图 3-53　计算单元和计算简图

3.7.4　荷载计算

1. 恒载

1）屋盖恒载

绿豆砂浆保护层　　　　　　　　　　0.35kN/m^2

二毡三油防水层	$0.35kN/m^2$
20mm 厚水泥砂浆找平层	$20kN/m^3 \times 0.02m = 0.40kN/m^2$
80mm 厚泡沫混凝土保温层	$8kN/m^3 \times 0.08m = 0.64kN/m^2$
预应力混凝土大型屋面板（包括灌缝）	$1.40kN/m^2$
屋盖钢支撑	$0.05kN/m^2$
总计	$2.84kN/m^2$

屋架重力荷载为 60.5kN/榀，则作用于柱顶的屋盖结构的重力荷载设计值为

$$G_1 = 1.2 \times (2.84 \times 6 \times 18/2 + 60.5/2) = 220.33kN$$

2）吊车梁及轨道重力载荷设计值

$$G_3 = 1.2 \times (44.2 + 0.8 \times 6m) = 58.8kN$$

3）柱自重重力荷载设计值

A、*C* 柱：

上柱：$G_{4A} = G_{4C} = 1.2 \times 4.0 \times 3.6 = 17.28kN$

下柱：$G_{5A} = G_{5C} = 1.2 \times 4.69 \times 6.5 = 36.58kN$

B 柱：

上柱：$G_{4B} = 1.2 \times 6.0 \times 3.6 = 25.92m$

下柱：$G_{5B} = 1.2 \times 4.94 \times 6.5 = 38.53m$

各项恒载作用位置如图 3-54 所示。

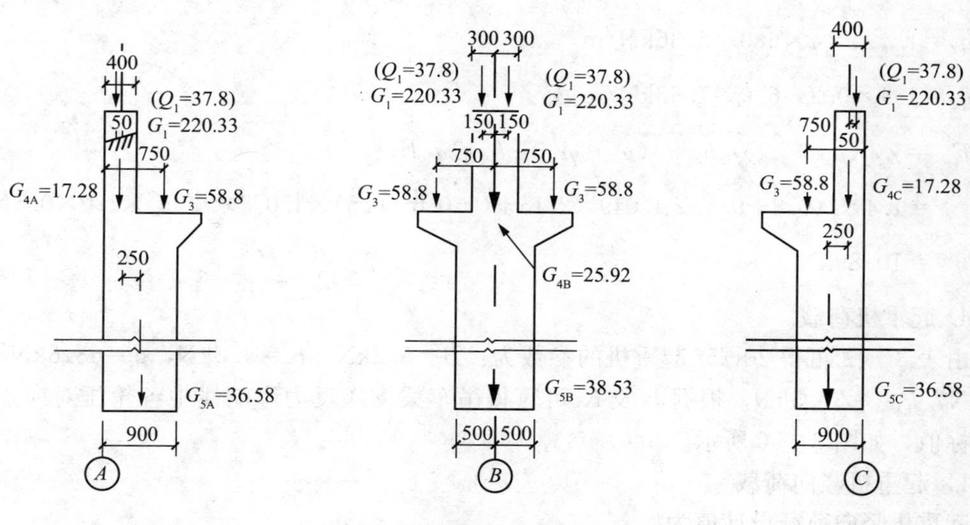

图 3-54　荷载作用位置图（kN）

2. 屋面活荷载

屋面活荷载标准值为 $0.5kN/m^2$，雪荷载标准值为 $0.4kN/m^2$，后者小于前者，故仅

按前者计算。作用于柱顶的屋面活荷载设计值为

$$Q_1 = 1.4\times0.5\times6\times18/2 = 37.8\text{kN}$$

Q_1 的作用位置与 G_1 的作用位置相同，如图 3-54 所示。

3. 风荷载

风荷载的标准值按 $\omega_k = \beta_z\mu_z\mu_z\omega_0$ 计算，其中 $\omega_0 = 0.5\text{kN/m}^2$，$\beta_z = 1.0$，$\mu_z$ 根据厂房各部分标高（图 3-52）及 B 类地面粗糙度确定如下：

柱顶（标高 9.6m）：$\mu_z = 1.000$；

檐口（标高 11.75m）：$\mu_z = 1.049$；

屋顶（标高 12.80m）：$\mu_z = 1.078$。

μ_z 如图 3-55 所示，则由上式可得排架迎风面及背风面的风荷载标准值分别为

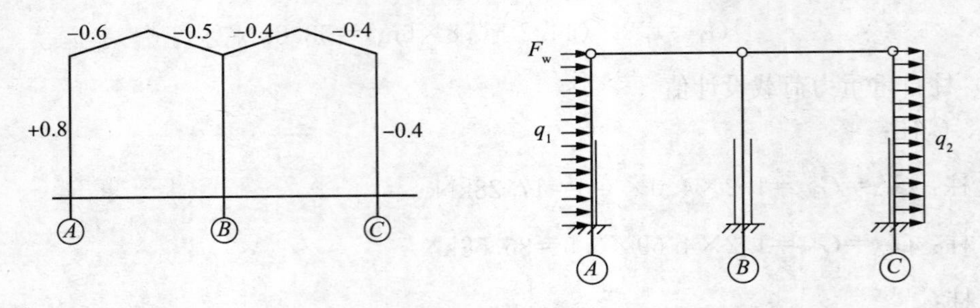

图 3-55　风荷载体形系数及计算简图

$\omega_k = \beta_z\mu_z\mu_{s1}\omega_0 = 1.0\times0.8\times1.0\times0.5 = 0.4\text{kN/m}^2$

$\omega_{2k} = \rho_z\mu_z\mu_{s2}\omega_0 = 1.0\times0.4\times1.0\times0.5 = 0.2\text{kN/m}^2$

则作用于排架计算简图（图 3-55）上的风荷载设计值为

$q_1 = 1.4\times0.4\times6.0 = 3.36\text{kN/m}$

$q_2 = 1.4\times0.2\times6.0 = 1.68\text{kN/m}$

$$\begin{aligned}F_w &= \gamma_Q[(\mu_{s1}+\mu_{s2})\mu_z h_z + (\mu_{s3}+\mu_{s4})\mu_z h_z]\beta_z\omega_0 B \\ &= 1.4\times[(0.8+0.4)\times1.049\times2.15+(-0.6+0.5)\times1.078\times1.05]\times1.0\times0.5\times6.0 \\ &= 10.89\text{kN}\end{aligned}$$

4. 起重机荷载

由表 3-12 可得 20t/5t 起重机的参数为：$B=5.2\text{kN}$，$K=4.0\text{kN}$，$g=68.6\text{kN}$，$Q=200\text{kN}$，$P_{\min}=37.5\text{kN}$，根据 B 及 K 可算得吊车梁支座反力影响线中各轮压对应点的竖向坐标值，如图 3-56 所示。

1）起重机竖向荷载

起重机竖向荷载设计值为

$$D_{\max} = \gamma_Q P_{\max}\sum y_i = 1.4\times174\times(1+0.8+0.133+0.333) = 551.998\text{kN}$$

$$D_{\max} = \gamma_{Q\min}\sum y_i = 1.4\times37.5\times(1+0.8+0.133+0.333) = 118.965\text{kN}$$

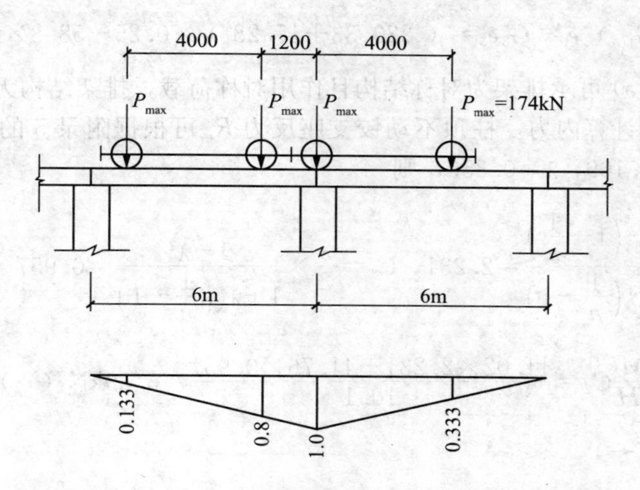

图 3-56 起重机荷载作用下支座反力影响线

2）起重机横向水平荷载

作用于每一个轮子上的起重机横向水平制动力为

$$T = 1/4a(Q+g) = 1/4 \times 0.1 \times (200 + 68.6) = 6.715\text{kN}$$

作用于排架柱上的起重机横向水平荷载设计值为

$$T_{max} = \gamma_Q T \sum y_i = 1.4 \times 6.715 \times 2.266 = 21.30\text{kN}$$

3.7.5 排架内力分析

该厂房为两跨等高排架，可用剪力分配法进行排架内力分析，其中柱的剪力分配系数 η_i 的计算，见表 3-19。

柱剪力分配系数 **表 3-19**

柱别	$n=I_u/I_l$ $\lambda=H_u/H$	$C_0=3/[1+\lambda^3(1/n-1)]$ $\delta=H^3/C_0EI_l$	$\eta_i=\dfrac{1/\delta_i}{\sum 1/\delta_i}$
A、C柱	$n=0.109$ $\lambda=0.356$	$C_0=2.192$ $\delta_A=\delta_C=2.406\times10^{-8}/E$	$\eta_A=\eta_C=0.277$
B柱	$n=0.281$ $\lambda=0.356$	$C_0=2.690$ $\delta_B=1.494\times10^{-8}/E$	$\eta_B=0.446$

1. 恒载作用下排架内力分析

由图 3-57(a) 可知：

$\overline{G_1}=G_1=220.33\text{kN}$；$\overline{G_2}=G_3+G_{4A}=58.8+17.28=76.08\text{kN}$

$\overline{G_3}=G_{5A}=36.58\text{kN}$；$\overline{G_4}=2G_1=2\times220.33=440.66\text{kN}$

$\overline{G_6}=G_{5B}=38.53\text{kN}$；$\overline{G_5}=G_{4B}+2G_3=25.92+2\times58.8=143.52\text{kN}$

$\overline{M_1}=\overline{G_1}e_1=220.33\times005=11.02\text{kN}$

$\overline{M_2}=(\overline{G_1}+G_{4A})\ e_0-G_3e_3=(220.33+17.28)\times0.25-58.8\times0.3=41.76\text{kN}$

由于图 3-57(a) 可示排架为对称结构且作用对称荷载，排架结构无侧移，故各柱可按柱顶为不动铰支座计算内力。柱顶不动铰支座反力 R_i 可根据附录 5 的相应公式计算。对于 A、C 柱，$n=0.109$，$\lambda=0.356$，则

$$C_1=\frac{3}{2}\times\frac{1-\lambda^2\left(1-\dfrac{1}{n}\right)}{1+\lambda^3\left(\dfrac{1}{n}-1\right)}=2.231,\ C_3=\frac{3}{2}\times\frac{1-\lambda^2}{1+\lambda^3\left(\dfrac{1}{n}-1\right)}=0.957$$

$$R_A=\frac{M_1}{H}C_1+\frac{M_2}{H}C_2=\frac{11.02\times2.231+41.76\times0.957}{10.1}=6.39\text{kN}\ (\rightarrow)$$

$$R_C=-6.39\ (\leftarrow)$$

本例中 $R_B=0$。求得 R_i 后，可用平衡条件求出柱各截面的弯矩和剪力。柱各截面的轴力为该截面以上重力荷载之和，恒载作用下排架结构的弯矩图和轴力图分别见图 3-57(b)、图 3-57(c)。图 3-57(d) 为排架柱的弯矩、剪力和轴力的正负号规定，下同。

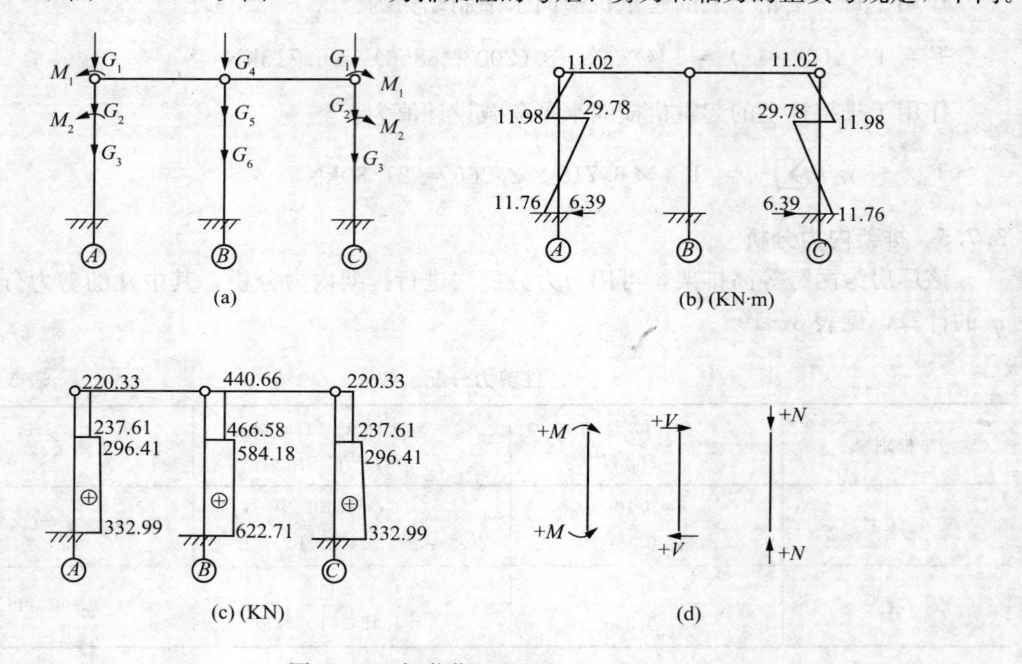

图 3-57　恒载作用下排架内力图

2. 屋面活荷载作用下排架内力分析

1）AB 跨作用屋面活荷载

排架计算简图如图 3-58 所示，其中 $Q_1=37.8\text{kN}$，它在柱顶及变阶处引起的力矩为

$M_{1A}=37.8\times0.05=1.89\text{kN}\cdot\text{m}$

$M_{2A}=37.8\times0.25=9.45\text{kN}\cdot\text{m}$

$M_{1B}=37.8\times0.15=5.67\text{kN}\cdot\text{m}$

对于 A 柱，$C_1=2.231$，$C_3=0.957$，则

$$R_A=\frac{M_{1A}}{H}C_1+\frac{M_{2A}}{H}C_1=\frac{1.89\times2.231+9.45\times0.957}{10.1}=1.31\text{kN}\ (\rightarrow)$$

对于 B 柱，$n=0.281$，$\lambda=0.356$，则

$$C_1=\frac{3}{2}\times\frac{1-\lambda^2\left(1-\frac{1}{n}\right)}{1+\lambda^3\left(\frac{1}{n}-1\right)}=2.231,\quad C_3=\frac{3}{2}\times\frac{1-\lambda^2}{1+\lambda^3\left(\frac{1}{n}-1\right)}=0.957$$

$$R_B=\frac{M_{1B}}{H}C_1=\frac{5.67\times1.781}{10.1}=1.00\text{kN}\ (\rightarrow)$$

$$R=R_A+R_B=1.31+1.00=2.31\text{kN}\ (\rightarrow)$$

将 R 反作用于柱顶，计算相应的柱顶剪力，并与相应的柱顶不动铰支座反力叠加，可得屋面活荷载作用于 AB 跨时的柱顶剪力，即

$$V_A=R_A-\eta_A R=1.31-0.277\times2.31=0.67\text{kN}\ (\rightarrow)$$

$$V_B=R_B-\eta_B R=1.00-0.446\times2.31=-0.03\text{kN}\ (\rightarrow)$$

$$V_C=\eta_C R=-0.277\times2.31=-0.64\text{kN}\ (\leftarrow)$$

排架各柱的弯矩图、轴力图及柱底剪力如图 3-58(b)、图 3-58(c) 所示。

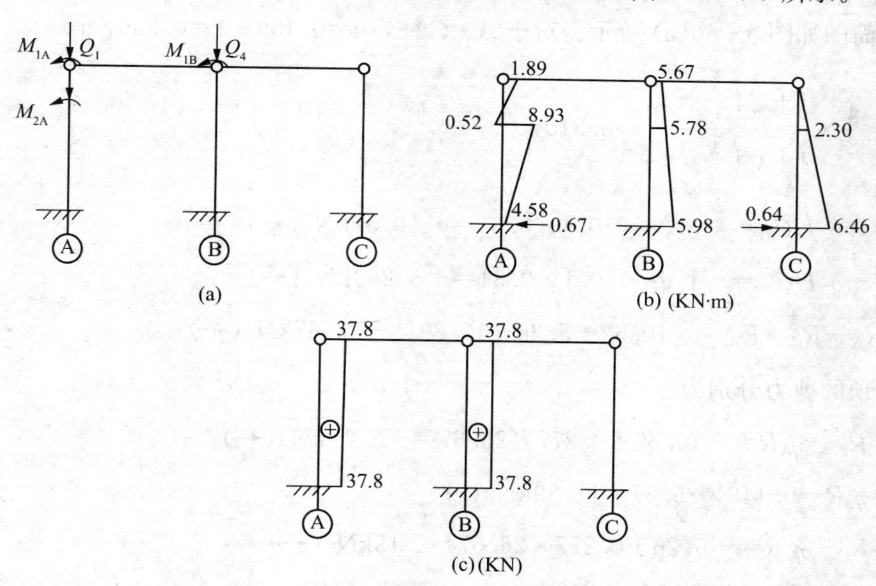

图 3-58　AB 跨作用屋面活荷载时排架内力图

2）BC 跨作用屋面活载荷

由于结构对称，且 BC 跨与 AB 跨作用荷载相同，故只需将图 3-58 中内力图的位置及方向调整一下即可，如图 3-59 所示。

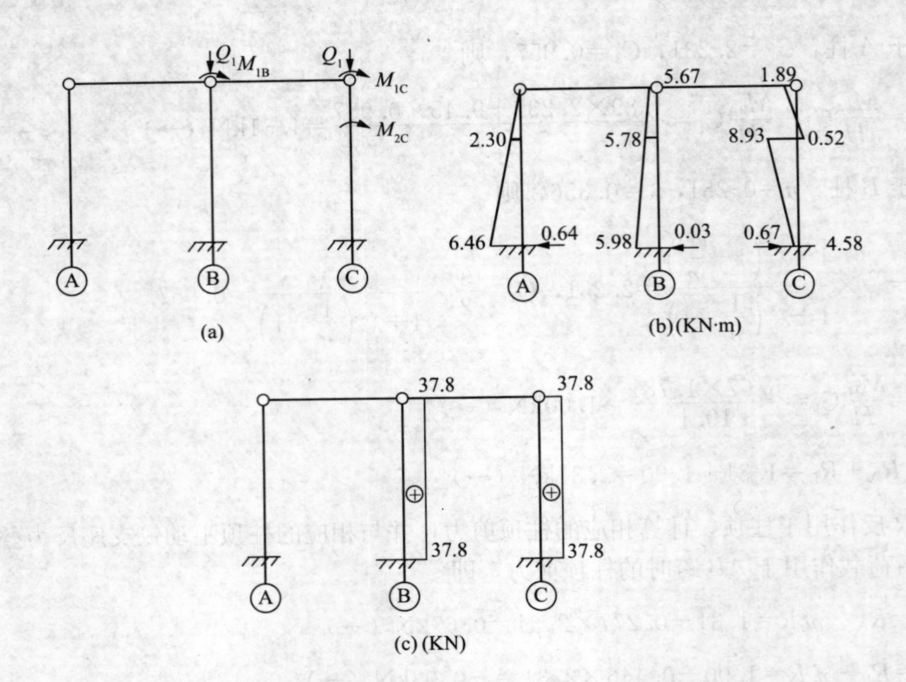

图 3-59　*BC* 跨作用屋面活荷载时排架内力图

3. 风荷载作用下排架内力分析

1）左风时

计算简图如图 3-60(a) 所示。对于 *A*、*C* 柱，$n=0.109$，$\lambda=0.356$，得

$$C_{11}=\frac{3}{8}\times\frac{1+\lambda^4\left(\frac{1}{n}-1\right)}{1+\lambda^3\left(\frac{1}{n}-1\right)}=0.310$$

$$R_A=-q_1HC_{11}=-3.36\times10.1\times0.31=-10.52\text{kN}\ (\leftarrow)$$

$$R_C=-q_2HC_{11}=-1.68\times10.1\times0.31=-5.263\text{kN}\ (\leftarrow)$$

$$R=R_A+R_C+F_W=-10.52-5.26-10.89=-26.67\text{kN}\ (\leftarrow)$$

各柱顶的剪力分别为

$$V_A=R_A-\eta_AR=-10.52+0.277\times26.67=-3.13\text{kN}\ (\leftarrow)$$

$$V_B=\eta_BR=0.446\times26.67=11.89\text{kN}\ (\rightarrow)$$

$$V_C=R_C-\eta_CR=-5.26+0.277\times26.67=2.13\text{kN}\ (\leftarrow)$$

排架内力如图 3-60(b) 所示。

2）右风时

计算简图如图 3-61(a) 所示。将图 3-60(b) 所示 *A*、*C* 柱内力图对换且改变内力符号后可得图 3-61(b) 所示。

4. 起重机荷载作用下排架内力分析

1）R_{max}作用于 *A* 柱

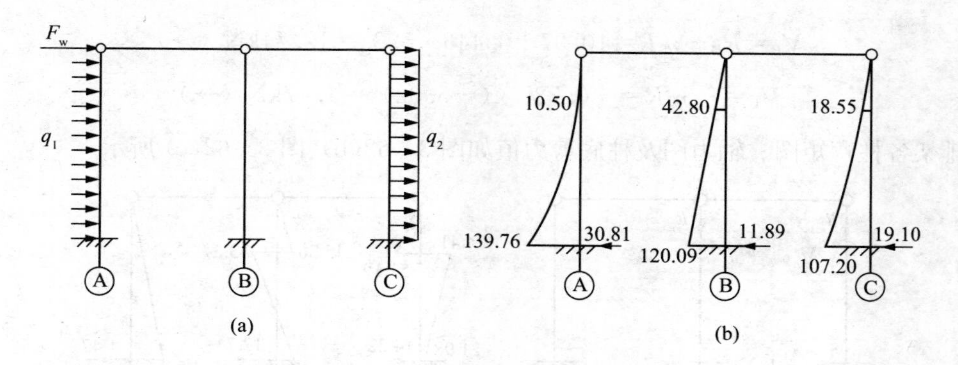

图 3-60　左风时的排架内力图

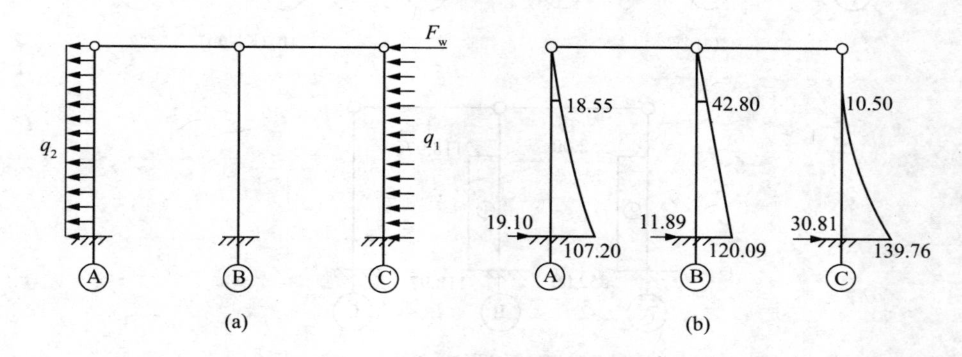

图 3-61　右风时的排架内力图

计算简图如图 3-62(a) 所示，其中起重机竖向荷载 $R_{\max}$、$R_{\min}$。在牛腿顶面处引起的力矩为

$$M_{\mathrm{A}}=R_{\max}e_3=552.00\times0.3=165.6\mathrm{kN\cdot m}$$

$$M_{\mathrm{B}}=R_{\min}e_3=118.97\times0.75=89.23\mathrm{kN\cdot m}$$

对于 A 柱，$C_3=0.957$，则

$$R_{\mathrm{A}}=-\frac{M_{\mathrm{A}}}{H}C_3=-\frac{165.6}{10.1}\times0.957=-15.69\mathrm{kN}\ (\leftarrow)$$

对于 B 柱，$n=0.281$，$\lambda=0.356$，得

$$C_3=\frac{3}{2}\times\frac{1-\lambda^2}{1+\lambda^3\left(\frac{1}{n}-1\right)}=1.174$$

$$R_{\mathrm{B}}=\frac{M_{\mathrm{B}}}{H}C_3=\frac{89.23}{10.1}\times1.174=10.37\mathrm{kN}\ (\rightarrow)$$

$$R=R_{\mathrm{A}}+R_{\mathrm{B}}=-15.69+10.37=-5.32\mathrm{kN}\ (\leftarrow)$$

排架各柱顶的剪力分别为

$$V_{\mathrm{A}}=R_{\mathrm{A}}-\eta_{\mathrm{A}}R=-15.69+0.277\times5.32=-14.22\mathrm{kN}\ (\leftarrow)$$

$$V_B = R_B - \eta_B R = 10.37 + 0.446 \times 5.32 = 12.74\text{kN}\ (\rightarrow)$$

$$V_C = -\eta_C R = -0.227 \times (-5.32) = 1.47\text{kN}\ (\rightarrow)$$

排架各柱弯矩图、轴力图及柱底剪力值如图 3-62(b)、图 3-62(c) 所示。

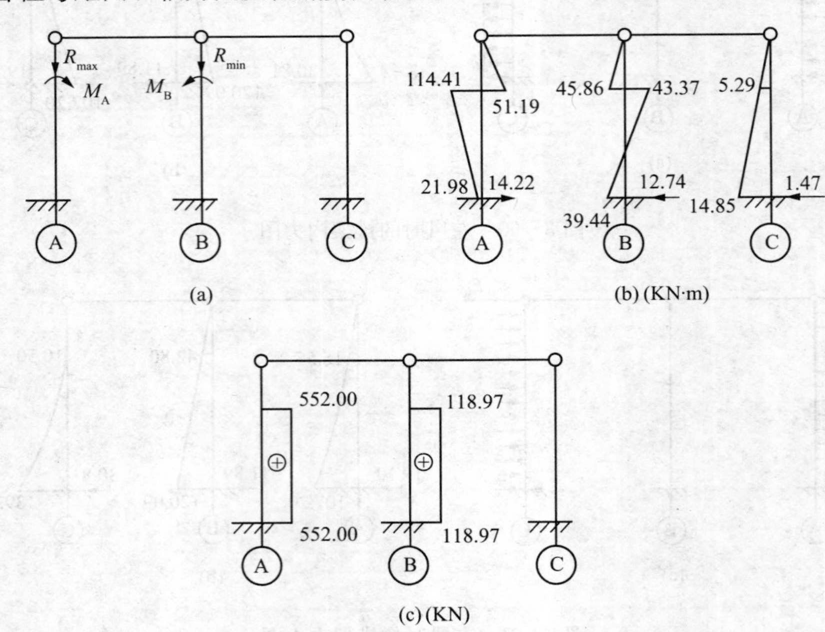

图 3-62　R_{max} 作用在 A 柱时的排架内力图

2）R_{max} 作用于 B 柱左

计算简图如图 3-63(a) 所示，M_A、M_B 计算如下

$$M_A = R_{min} e_3 = 118.97 \times 0.3 = 35.69\text{kN} \cdot \text{m}$$

$$M_B = R_{max} e_3 = 552.00 \times 0.75 = 414.00\text{kN} \cdot \text{m}$$

柱顶不动铰支反力 R_A、R_B 及总反力 R 分别为

$$R_A = -\frac{M_A}{H} C_3 = -\frac{35.69}{10.1} \times 0.957 = -3.38\text{kN}\ (\leftarrow)$$

$$R_B = \frac{M_B}{H} C_3 = \frac{414.00}{10.1} \times 1.174 = 48.12\text{kN}\ (\leftarrow)$$

$$R = R_A + R_B = -3.38 + 48.12 = 44.74\text{kN}\ (\rightarrow)$$

各柱顶剪力分别为

$$V_A = R_A - \eta_A R = -3.38 - 0.277 \times 44.74 = -15.77\text{kN}\ (\leftarrow)$$

$$V_B = R_B - \eta_B R = 48.12 - 0.446 \times 44.74 = 28.17\text{kN}\ (\rightarrow)$$

$$V_C = -\eta_C R = -0.227 \times 44.74 = -12.39\text{kN}\ (\leftarrow)$$

排架各柱的弯矩图、轴力图及柱底剪力值如图 3-63(b)、图 3-63(c) 所示。

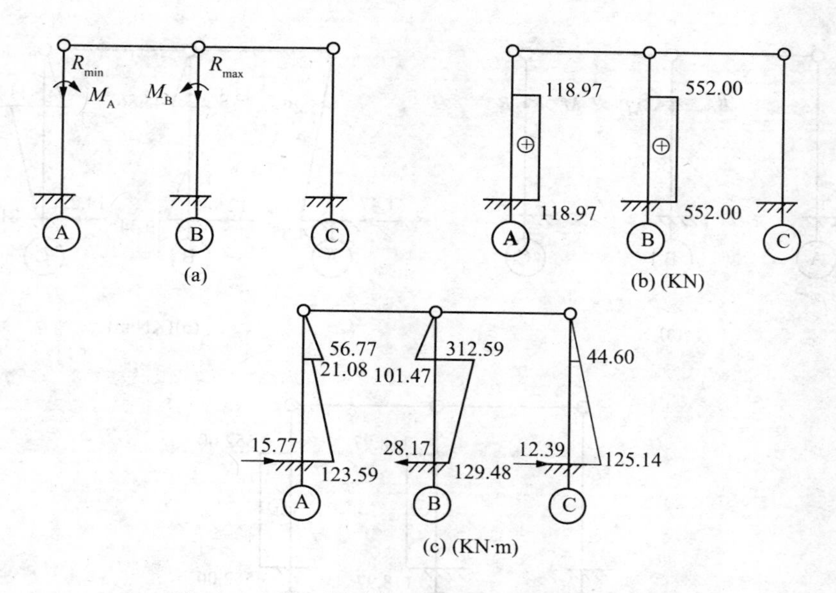

图 3-63　R_{max}作用在 B 柱左侧时的排架内力图

3）R_{max}作用于 B 柱右

根据结构对称性及起重机吨位相等的条件，内力计算与 R_{max} 作用于 B 柱左的情况相同，只需将 A、C 柱内力对换并改变全部弯矩及剪力符号，如图 3-64 所示。

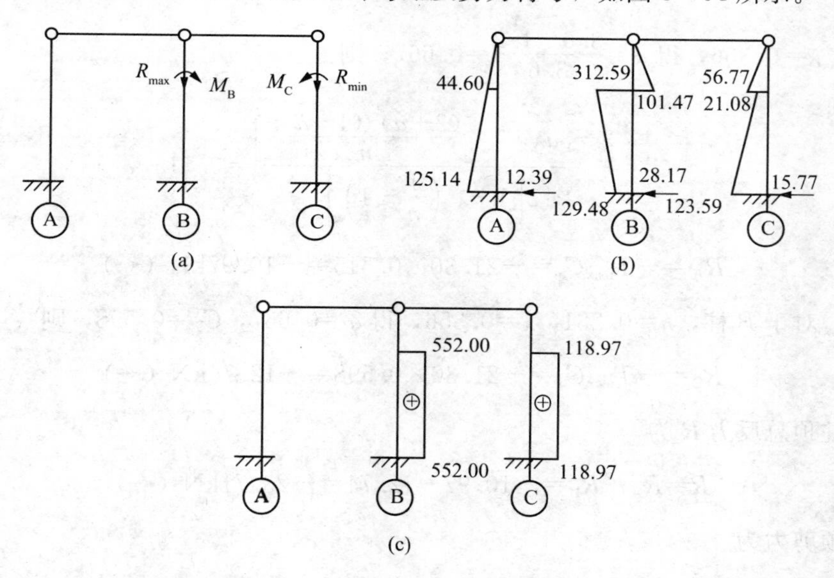

图 3-64　R_{max}作用在 B 柱右侧时的排架内力图

4）R_{max}作用于 C 柱

同理，将作用于 A 柱情况的 AC 柱内力对换，并注意改变符号，可求得各柱的内力，如图 3-65 所示。

5）T_{max}作用于 AB 跨柱

当 AB 跨作用起重机横向水平荷载时，排架计算简图如图 3-66(a) 所示，对于 A 柱，

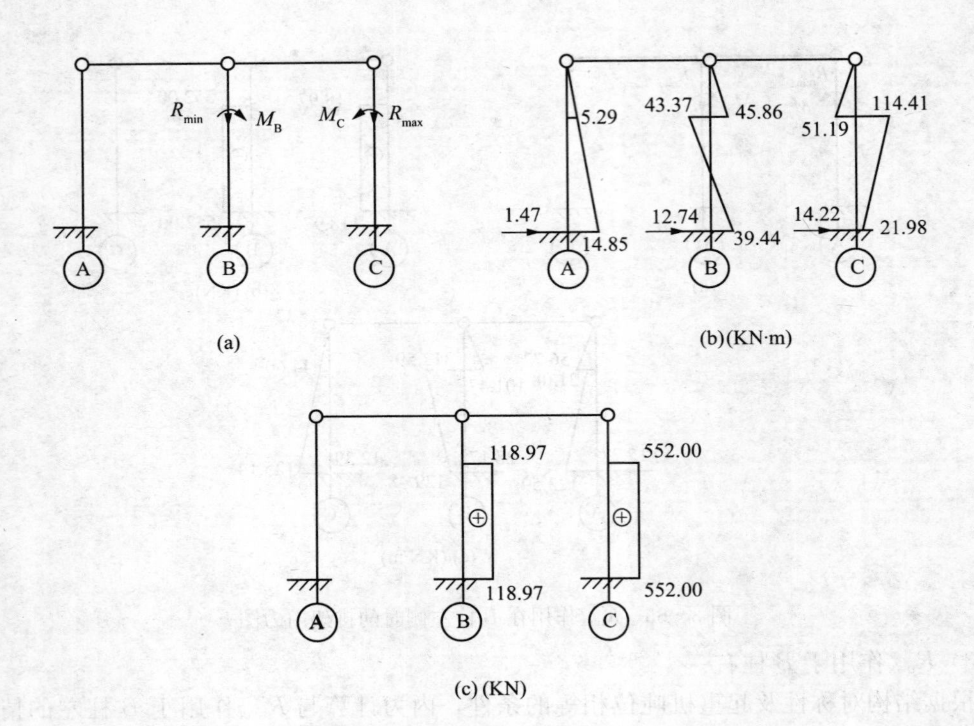

图 3-65　R_{max}作用在 C 柱时的排架内力图

$n=0.109$，$\lambda=0.356$，得 $a=\dfrac{3.6-1.2}{3.6}=0.667$，则

$$C_5=\frac{2-3a\lambda+\lambda^3\left[\dfrac{(2+a)\ (1-a)^2}{n}\right]}{2\left[1+\lambda^3\left(\dfrac{1}{n}-1\right)\right]}=0.515$$

$$R_A=-T_{max}C_5=-21.30\times0.515=-10.97\text{kN}\ (\leftarrow)$$

同理，对于 B 柱，$n=0.281$，$\lambda=0.356$，得 $a=0.667$，$C_5=0.598$，则

$$R_B=-T_{max}C_5=-21.30\times0.598=-12.74\text{kN}\ (\leftarrow)$$

排架柱顶总反力 R 为

$$R=R_A+R_B=-10.97-12.74=-23.71\text{kN}\ (\leftarrow)$$

各柱顶剪力为

$$V_A=R_A-\eta_A R=-10.97+0.277\times23.71=-4.40\text{kN}\ (\leftarrow)$$

$$V_B=R_B-\eta_B R=-12.74+0.446\times23.71=-2.71\text{kN}\ (\leftarrow)$$

$$V_C=-\eta_C R=0.227\times23.71=6.57\text{kN}\ (\rightarrow)$$

排架各柱的弯矩图及柱底剪力值如图 3-66(b) 所示。当 T_{max}方向相反时，弯矩图和剪力只改变符号，大小不变。

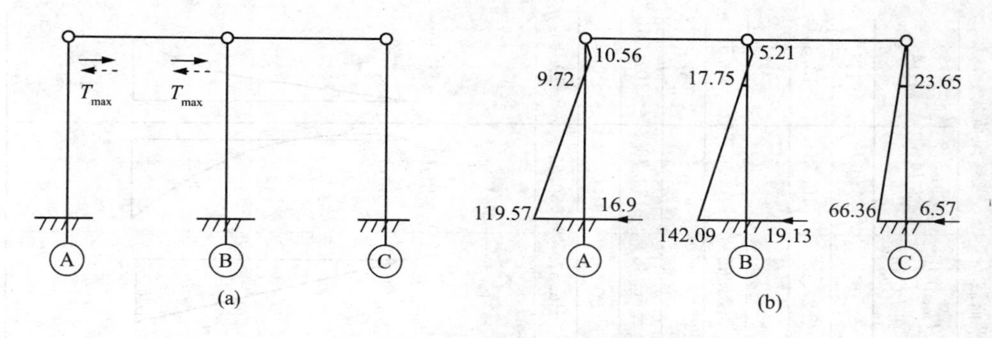

图 3-66　T_{max}作用于 AB 跨时的排架内力图

6）T_{max}作用于 BC 跨柱

由于结构对称及起重机吨位相等，故排架内力计算与 T_{max} 作用于 AB 跨的情况相同，仅需将 A 柱与 C 柱的内力对换，如图 3-67 所示。

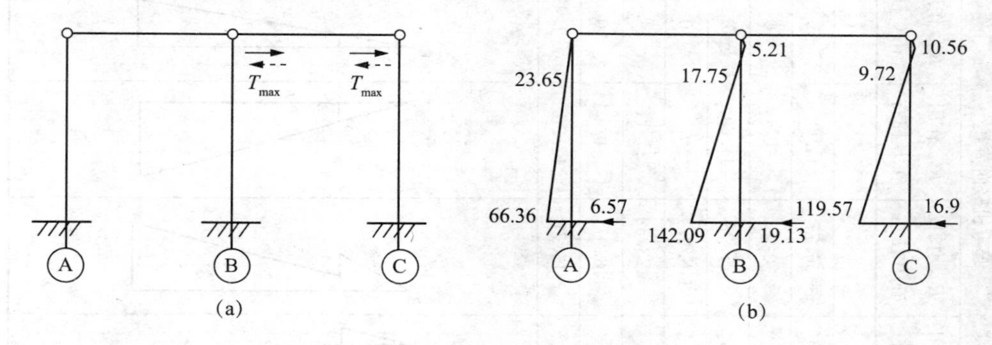

图 3-67　T_{max}作用于 BC 跨时的排架内力图

3.7.6　内力组合

以 A 柱内力组合为例。表 3-20 为各种荷载作用下柱内力标准值汇总表，表 3-21～表 3-29 为 A 柱内力组合表，上述表中的控制截面及正号内力方向如表 3-20 中的例图所示。

对柱进行裂缝宽度验算时，须有荷载准永久组合下的弯矩和轴力。为此，表 3-29 中亦给出了 M_q 和 N_q 的组合值。

3.7.7　柱截面设计

以 A 柱为例。混凝土强度等级为 C30，$f_c=14.3\text{N/mm}^2$，$f_{tk}=2.01\text{N/mm}^2$；采用 HRB400 级钢筋，$f_y=f'_y=360\text{kN/mm}^2$，$\xi_b=0.518$。上、下柱均采用对称配筋。

1. 上柱配筋计算

上柱截面共有 4 组内力。取 $h_0=400-40=360\text{mm}$，$N_b=\alpha_1 f_c bh_0\xi_b=1.0\times14.3\times400\times360\times0.518=1066.67\text{kN}$，而Ⅰ-Ⅰ截面的内力均小于 N_b，则都属于大偏心受压，所以选取偏心距较大的一组内力作为最不利内力，即取

$$M=78.783\text{kN}\cdot\text{m},N=237.61\text{kN}$$

起重机厂房排架方向上柱的计算长度 $l_0=2\times3.6=7.2\text{m}$。附加偏心矩 e_a 取 20mm（大于 400/30mm），即

A 柱内力设计值汇总 **表 3-20**

柱号及正向内力	荷载类别		恒载	屋面活荷载		起重机竖向荷载				起重机水平荷载		风荷载	
				作用在 AB	作用在 BC	R_{max}作用在 A 柱	R_{max}作用在 B 柱左	R_{max}作用在 B 柱右	R_{max}作用在 C 柱	T_{max}作用在 AB 跨	T_{max}作用在 BC 跨	左风	右风
	序号		1	2	3	4	5	6	7	8	9	10	11
	Ⅰ-Ⅰ	M	11.98	0.52	2.30	−51.19	−56.77	44.60	−5.29	±9.72	±23.65	10.50	−18.55
		N	237.61	37.8	0	0	0	0	0	0	0	0	0
	Ⅱ-Ⅱ	M	−29.78	−8.93	2.30	114.41	−21.08	44.60	−5.29	±9.72	±23.65	10.50	−18.55
		N	296.41	37.8	0	552	118.97	0	0	0	0	0	0
	Ⅲ-Ⅲ	M	11.76	−4.58	6.46	21.98	−123.59	125.14	−14.85	±119.57	±66.36	139.76	−107.20
		N	332.99	37.8	0	552	118.97	0	0	0	0	0	0
		V	6.39	0.67	0.64	−14.22	−15.77	12.36	−1.47	±16.90	±6.57	30.81	−19.10
弯矩图													

注：M 单位：kN·m，N 单位：kN，V 单位：kN，表 3-21～表 3-29 与此同。

1.2×恒载+1.4×屋面活荷载 **表 3-21**

截面	组合项	$+M_{max}$及相应的 N	组合项	$-M_{max}$及相应的 N	组合项	$+N_{max}$及相应的 M	组合项	N_{min}及相应的 M
Ⅰ-Ⅰ	1 2 3	14.8	1	11.98	1 2 3	14.8	1 3	14.8
		275.41		237.61		275.41		237.61
Ⅱ-Ⅱ	1 3	−27.48	1 2	−38.71	1 2	−38.71	1	−29.78
		296.41		334.21		334.21		296.41
Ⅲ-Ⅲ	1 3	18.22	1 2	7.18	1 2 3	13.64	1 3	18.22
		332.99		370.79		370.79		332.99
	1 2 3	V_{max}		相应的 M		相应的 N		
		7.7		13.64		370.79		

1.2×恒载+1.4×吊车荷载 **表 3-22**

截面	组合项	$+M_{max}$及相应的 N	组合项	$-M_{max}$及相应的 N	组合项	$+N_{max}$及相应的 M	组合项	N_{min}及相应的 M
Ⅰ-Ⅰ	1 6 9	73.405	1 5 7 9	−58.95	1 6 9	73.405	1 6 9	73.405
		237.61		237.61		237.61		237.61
Ⅱ-Ⅱ	1 4 6 9	118.713	1 5 7 9	−72.161	1 4 6 9	118.713	1 7 9	−55.826
		738.01		391.586		738.01		296.41
Ⅲ-Ⅲ	1 4 6 8	237.069	1 5 8	−207.084	1 4 6 8	237.069	1 6 9	184.11
		774.59		440.063		774.59		332.99
	1 6 9	V_{max}		相应的 M		相应的 N		
		23.454		184.11		332.99		

1.2×恒载+1.4×风荷载 **表 3-23**

截面	组合项	$+M_{max}$及相应的 N	组合项	$-M_{max}$及相应的 N	组合项	$+N_{max}$及相应的 M	组合项	N_{min}及相应的 M
Ⅰ-Ⅰ	1 10	22.48	1 11	−6.57	1 10	22.48	1 10	22.48
		237.61		237.61		237.61		237.61
Ⅱ-Ⅱ	1 10	−19.28	1 11	−48.33	1 11	−48.33	1 11	−48.33
		296.41		296.41		296.41		296.41
Ⅲ-Ⅲ	1 10	151.52	1 11	−95.44	1 10	151.52	1 10	151.52
		332.99		332.99		332.99		332.99
	1 10	V_{max}		相应的 M		相应的 N		
		37.2		151.52		332.99		

1.2×恒载＋0.9×1.4×（屋面活荷载＋吊车荷载＋风载） **表 3-24**

截面	组合项	$+M_{max}$及相应的 N	组合项	$-M_{max}$及相应的 N	组合项	$+N_{max}$及相应的 M	组合项	N_{min}及相应的 M
Ⅰ-Ⅰ	1，2 3，6 9，10	79.251	1，5 7，9 9	−68.555	1，2 3，6 9 10	79.251	1，3 6，9 10	178.783
		271.63		237.61		271.63		237.61
Ⅱ-Ⅱ	1，3 4，6 9，10	115.384	1，2 5，7 9，11	−92.655	1，2 3，4 6，9 10	107.347	1，7 9 11	−69.916
		693.85		416.08		727.87		296.41
Ⅲ-Ⅲ	1，3 4，6 8，10	346.136	1，2 5，8 11	285.802	1，2 3，4 6，8 10	342.104	1，3 6，9 10	298.473
		730.43		463.376		764.45		332.99
	1，2 3，6 9，10	V_{max}		相应的 M		相应的 N		
		50.656		294.351		367.01		

1.2×恒载＋0.9×1.4×（屋面活荷载＋吊车荷载） **表 3-25**

截面	组合项	$+M_{max}$及相应的 N	组合项	$-M_{max}$及相应的 N	组合项	$+N_{max}$及相应的 M	组合项	N_{min}及相应的 M
Ⅰ-Ⅰ	1，2 3，6 9	69.801	1 5 7 9	−51.860	1，2 3，6 9	69.801	1 3 6 9	69.333
		271.63		237.61		271.63		237.61
Ⅱ-Ⅱ	1，3 4，6 9	105.934	1，2 5，7 9	75.960	1，2 3，4 6，9	97.897	1 7 9	−53.221
		693.85		416.088		727.87		296.41
Ⅲ-Ⅲ	1，3 4，6 8	220.352	1，2 5，8	−189.322	1，2 3，4 6，8	216.23	1 3 6 9	172.689
		730.43		463.376		764.45		332.99
	1，2 3，6 9	V_{max}		相应的 M		相应的 N		
		22.927		168.567		367.01		

1.2×恒载+0.9×1.4×（屋面活荷载+风载）　　表 3-26

截面	组合项	$+M_{max}$及相应的N	组合项	$-M_{max}$及相应的N	组合项	$+N_{max}$及相应的M	组合项	N_{min}及相应的M
Ⅰ-Ⅰ	1 2 3 10	23.968 271.63	1 11	−4.715 237.61	1 2 3 10	23.968 271.63	1 3 10	23.5 237.61
Ⅱ-Ⅱ	1 3 10	−18.26 296.41	1 2 11	−54.512 330.43	1 2 11	−54.512 330.43	1 11	−46.475 296.41
Ⅲ-Ⅲ	1 3 10	143.358 332.99	1 2 11	−88.842 367.01	1 2 3 10	139.236 367.01	1 3 10	143.358 332.99
	1，2 3，10	V_{max}		相应的M			相应的N	
		35.298		139.236			367.01	

1.2×恒载+0.9×1.4×（吊车荷载+风载）　　表 3-27

截面	组合项	$+M_{max}$及相应的N	组合项	$-M_{max}$及相应的N	组合项	$+N_{max}$及相应的M	组合项	N_{min}及相应的M
Ⅰ-Ⅰ	1，6 9，10	76.713 237.61	1，5 7，9 11	−68.555 237.61	1 6 9 10	76.713 237.61	1 6 9 10	76.713 237.61
Ⅱ-Ⅱ	1，4 6，9 10	113.314 693.85	1，5 7，9 11	−84.618 382.068	1，4 6，9 10	113.314 693.85	1 7 9	−69.916 296.41
Ⅲ-Ⅲ	1，4 6，8 10	340.332 730.43	1，5 8，11	−281.680 429.356	1，4 6，8 10	340.332 730.43	1，6 9，10	292.659 332.99
	1，6 9，10	V_{max}		相应的M			相应的N	
		49.477		292.659			332.99	

1.35×恒载+0.7×1.4×屋面活荷载+0.7×1.4×起重机竖向荷载 表 3-28

截面	组合项	$+M_{max}$及相应的N	组合项	$-M_{max}$及相应的N	组合项	$+N_{max}$及相应的M	组合项	N_{min}及相应的M
Ⅰ-Ⅰ	1，2 3，6	43.550	1 5	−22.288	1，2 3，6	43.550	1 3 6	43.186
		293.771		267.311		293.771		276.311
Ⅱ-Ⅱ	1，3 4，6	57.153	1，2 5，7	54.521	1，2 3，4	33.935	1 7	−36.835
		642.581		426.544		707.681		333.461
Ⅲ-Ⅲ	1，3 4，6	100.139	1 2 5	−67.838	1，2 3，4 6	96.933	1 3 6	96.590
		683.733		476.025		710.194		374.614
	1，2 3，6	V_{max}		相应的M		相应的N		
		15.911		93.384		401.073		

A柱内力组合 表 3-29

截面	组合项	$+M_{max}$及相应的N	组合项	$-M_{max}$及相应的N	组合项	$+N_{max}$及相应的M	组合项	N_{min}及相应的M	M_q，N_q	备注
Ⅰ-Ⅰ	1，2，3 6，9 10 表3-24	79.251	1，5，7 9，11 表3-24	−68.555	1，2 3，6 表3-28	43.550	1，3，6 9，10 表3-24	78.783	36.96	标准值取自N_{min}及相应的M、N项
		271.63		237.61		293.771		237.61	198.008	
Ⅱ-Ⅱ	1，4，6 9 表3-22	118.713	1，2，5 7，9 11 表3-24	−92.655	1，4 6，9 表3-23	118.713	1，7 9，11 表3-24	−69.916	—	
		738.01		416.088		738.01		296.41	—	
Ⅲ-Ⅲ	1，3，4 6，8 10 表3-24	346.136	1，2，5 8，11 表3-24	−285.802	1，4 6，8 表3-22	237.069	1，3，6 9，10 表3-24	298.473	85.51	标准值取自N_{min}及相应的M、N项
		730.43		463.376		774.59		332.99	277.49	
	1，2，3 6，9 10 表3-24	V_{max}		相应的M		相应的N			—	
		50.656		294.351		367.01			—	

$$e_0=\frac{M}{N}=\frac{78.783\times10^6}{237.6\times10^3}=332\text{mm}，e_i=e_0+e_a=332+20=352\text{mm}$$

$$\zeta_c=\frac{0.5f_cA}{N}=\frac{0.5\times14.3\times400^2}{237610}=4.81>1.0(\text{取}\ \xi_1=1.0)$$

$$\eta_s=1+\frac{1}{1500\dfrac{e_i}{h_0}}\left(\frac{l_0}{h}\right)^2\zeta_c=1+\frac{1}{1500\times\dfrac{352}{360}}\left(\frac{7200}{400}\right)^2\times1.0=1.22$$

$$\chi=\frac{N}{\alpha_1f_cb}=\frac{237610}{1.0\times14.3\times400}=41.54\text{mm}$$

$$\chi < \xi_b h_0 = 186.48\text{mm} \quad 且\ \chi < 2a' = 80\text{mm}$$

$$e' = e_a + \eta_s e_0 - h/2 + a' = 20 + 1.22 \times 332 - 400/2 + 40 = 265.04\text{mm}$$

$$A_s = A'_s = \frac{Ne'}{f_y(h_0 - a')} = \frac{237610 \times 265.04}{360(360-40)} = 546.67\text{mm}^2$$

选 3 Φ 18（A_s=763mm²），则

$$\rho = \frac{A_s}{bh} = \frac{763}{400 \times 400} = 0.48\% > 0.2\%$$

满足要求。

而垂直于排架方向柱的计算长度 l_0=1.25×3.6=4.50m，则

$$\frac{l_0}{b} = \frac{4500}{400} = 11.25, \varphi = 0.961$$

$$N_u = 0.9\varphi(f_c A + f'_y A'_s)$$

$$= 0.9 \times 0.961 \times (14.3 \times 400 \times 400 + 360 \times 763 \times 2)$$

$$= 2454.03\text{kN} > N_{max} = 293.771\text{kN}（满足弯矩作用平面外的承载力要求）$$

2. 下柱配筋计算

取 h_0=900−40=860mm，与上柱分析方法类似。

$$N_b = \alpha_1 f_c(b'_f - b)h'_f + \alpha_1 f_c b h_0 \xi_b$$

$$= 1.0 \times 14.3 \times (400 - 100) \times 150 + 1.0 \times 14.3 \times 100 \times 860 \times 0.518$$

$$= 1280.536\text{kN}$$

而Ⅱ-Ⅱ、Ⅲ-Ⅲ截面的内力均小于 N_b，则都属于大偏心受压。所以，选取偏心距 e_0 最大的一组内力作为最不利内力。

按 M=298.473kN·m，N=332.99kN 计算。下柱计算长度取 l_0=1.0H_l=6.5m，附加偏心距 e_a=900/30=30mm（大于 20mm）。B=100mm，h_f'=150mm，有

$$e_0 = M/N = 298.473 \times 10^6 / 332990 = 896.34\text{mm}$$

$$e_i = e_0 + e_a = 896.34 + 30 = 926.34\text{mm}$$

$$A = 1.875 \times 10^5\text{mm}^2,\ I_y = 195.38 \times 10^8\text{mm}^4$$

$$I = \sqrt{\frac{I_y}{A}} = \sqrt{\frac{195.38 \times 10^8}{1.875 \times 10^5}} = 322.804\text{mm}$$

$$\xi_c = 0.5 f_c A/N = 0.5 \times 14.3 \times 1.875 \times 10^5 / 332900 = 4.027 > 1（取\ \xi_c = 1）$$

$$\eta_s = 1 + \frac{1}{1500\frac{e_i}{h_0}}\left(\frac{l_0}{h}\right)\xi_c = 1 + \frac{1}{1500 \times \frac{926.34}{860}} \times \left(\frac{6500}{900}\right) \times 1 = 1.032$$

先假定中和轴位于翼缘内，则

$x=N/(\alpha_1 f_c b'_f)=332990/(1.0\times14.3\times400)=58.22\text{mm}<h'_f=150\text{mm}$

即中和轴过翼缘，且 $x<2\alpha'_s=800\text{mm}$，有

$e'=e_\alpha+\eta_s e_0-h/2+\alpha'=30+1.032\times896.34-900/2+40=516.34\text{mm}$

$A_s=A'_s=Ne'/f_y(h_0-\alpha')=332990\times516.34/360\times(860-40)=582.44\text{mm}^2$

选用 4 ⌀ 18，$A_s=1018\text{mm}^2$

垂直于弯矩作用面的承载力计算

$$L_0=0.8H_l=0.8\times6500=5200\text{mm}$$

$$A=1.875\times10^5\text{mm}^2,\ I_x=165\times10^7\text{mm}^4$$

$$i=\sqrt{\frac{I_x}{A}}=\sqrt{\frac{165\times10^7}{1.875\times10^5}}=93.8\text{mm}$$

$$L_0/i=5200/93.8=55.44>28,\ \varphi\approx0.87$$

$N_u=0.9\varphi(f_c A+f'_y A'_s)$

$=0.9\times0.87\times(14.3\times1.875\times10^5+360\times2\times1018)$

$=2673.326\text{kN}>N_{max}=774.59\text{kN}$

满足弯矩作用平面外的承载力要求。

3. 柱箍筋配置

由内力组合表知 $V_{max}=50.656\text{kN}$，相应地 $N=367.01\text{kN}$，$M=294.251\text{kN}\cdot\text{m}$，验算截面尺寸是否满足要求。

$H_w=900-2\times150=600\text{mm}$

$H_w/b=600/400=1.5<4$

$0.25\beta_c f_c bh_0=0.25\times1.0\times14.3\times400\times860=1229.8\text{kN}>V_{max}=50.656\text{kN}$

截面满足要求。

计算是否需要配箍筋。

$\lambda=M/Vh_0=294.351\times10^6/(50.656\times10^3\times860)=6.76>3$(取 $\lambda=3$)

$0.3f_c A=0.3\times14.3\times1.875\times10^5=8.04\times10^5=804\text{kN}>N=367.01\text{kN}$

$1.75f_t bh_0/(\lambda+1.0)+0.05\text{N}$

$=1.75/(3.0+1.0)\times1.43\times100\times860+0.05\times367.01\times10^3$

$=72154.45\text{N}=72.15\text{kN}>V_{max}=50.656\text{kN}$

可按构造配箍筋，上下柱均选用 $\phi8@200$ 箍筋。

4. 柱的裂缝宽度验算

当 $e_0/h_0>0.55$ 时，柱应进行裂缝宽度验算。本设计中，相应于控制上、下柱配筋的最不利内力组合的荷载效应准永久组合为下柱：$M_q=85.51\text{kN}\cdot\text{m}$，$N_q=277.49\text{kN}$；上

柱：$M_q=36.96\text{kN}\cdot\text{m}$，$N_q=198.008\text{kN}$。

对上柱

$$E_0=M_q/N_q=36.96\times10^3/198.008=186.66\text{mm}<0.55h_0=198\text{mm}$$

对下柱

$$E_0=M_q/N_q=85.51\times10^3/277.49=308.16\text{mm}<0.55h_0=473\text{mm}$$

故本排架柱可不进行裂缝宽度验算。

5. 牛腿设计

根据吊车梁支承位置、截面尺寸及构造要求，初步拟定牛腿尺寸，如图 3－68 所示，其中牛腿截面宽度 $b=400\text{mm}$，牛腿截面高度 $h=600\text{mm}$，$h_0=565\text{mm}$。

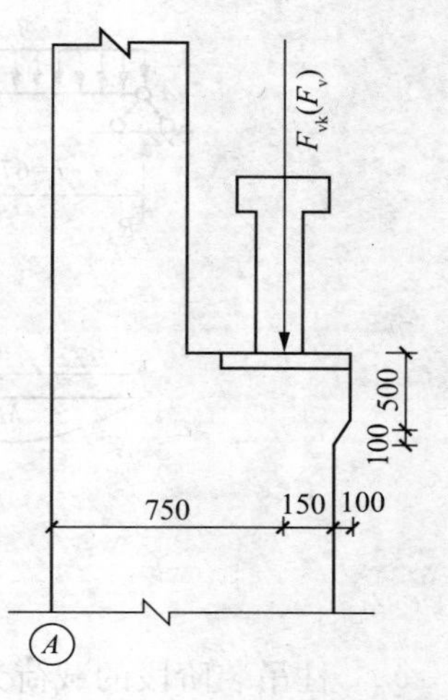

图 3－68　牛腿尺寸简图

1）牛腿截面高度验算

$\beta=0.65$，$f_{tk}=2.01\text{N/mm}^2$，$F_{hk}=0$（牛腿顶面无水平荷载），$a=-150\text{mm}+20\text{mm}=-130\text{mm}<0$，取 $a=0$。

F_{vk}按下式确定

$$F_{vk}=D_{max}/\gamma_Q+G_3/\gamma_G=551.998/1.4+58.8/1.2=443.284\text{kN}$$

$$\beta\left(1-0.5\frac{F_{hk}}{F_{vk}}\right)\frac{f_{tk}bh_0}{0.5+\dfrac{a}{h_0}}=0.65\times\frac{2.01\times400\times565}{0.5}=590.538\text{kN}>F_{vk}$$

故截面高度满足要求。

2）牛腿配筋计算

由于 $a=-150+20=-130\text{mm}<0$，因而该牛腿可按构造要求配筋。根据构造要求，$A_s\geqslant\rho_{min}bh=0.002\times400\times600=480\text{mm}^2$，且 $A_s\geqslant0.45f_t/f_ybh=400\times600\times0.45\times1.43/360=429\text{mm}^2$，纵筋不宜少于 4 根，直径不宜少于 12mm，所以选用 4 Φ 16（$A_s=804\text{mm}^2$）。

由于 $a/h_0<0.3$，则可以不设置弯起钢筋，箍筋按构造配置，牛腿上部 $2h_0/3$ 范围内水平箍筋的总截面面积不应小于承受 F_v 的受拉纵筋总面积的 1/2，箍筋选用 $\phi8@100$。

局部承压面积近似按柱宽乘以吊车梁端承压板宽度取用

$$A=400\times500=2.0\times10^5\text{mm}^2$$

$$\frac{F_{vs}}{A}=\frac{443.284\times10^3}{2.0\times10^5}=2.216<0.75f_c=10.725\text{N/mm}^2$$

满足要求。

6. 柱的吊装验算

采用翻身起吊，吊点设在牛腿下部，混凝土达到设计强度后起吊。柱插入杯口深度为 $h_1=0.9\times900=810\text{mm}$，取 $h_1=850\text{mm}$，则柱吊装时总长度为 $3.6+6.5+0.85=$

10.95m，计算简图如图 3-69 所示。

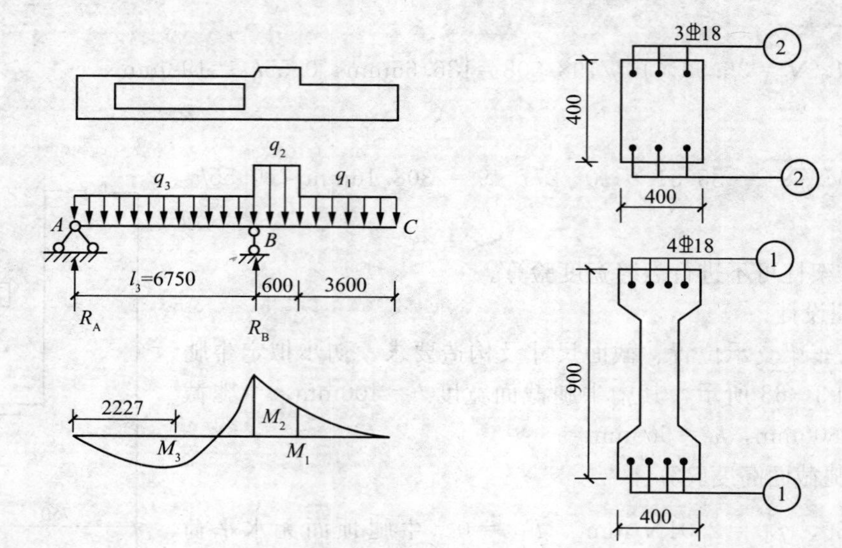

图 3-69 柱吊装计算简图

柱吊装阶段的载荷为柱自重重力载荷（应考虑动力系数），即

$q_1 = u\gamma_G q_{1k} = 1.5 \times 1.2 \times 4.0 = 7.2\text{kN/m}$

$q_2 = u\gamma_G q_{2k} = 1.5 \times 1.2 \times 0.4 \times 1.0 \times 25 = 18.0\text{kN/m}$

$q_3 = u\gamma_G q_{3k} = 1.5 \times 1.2 \times 4.69 = 8.442\text{kN/m}$

在上述载荷作用下，柱各控制截面的弯矩为：

$M_1 = \frac{1}{2} q_1 H_u^2 = \frac{1}{2} \times 7.2 \times 3.6^2 = 46.656\text{kN} \cdot \text{m}$

$M_2 = \frac{1}{2} \times 7.2 \times (3.6 + 0.6)^2 + \frac{1}{2} \times (18 - 7.2) \times 0.6^2 = 65.448\text{kN} \cdot \text{m}$

由 $\sum M_B = R_A l_3 - \frac{1}{2} q_3 l_3^2 + M_2 = 0$，得：$R_A = \frac{1}{2} q_3 l_3 - \frac{M_2}{l_3} = \frac{1}{2} \times 8.442 \times 6.75 - \frac{65.448}{6.75}$ $= 18.796\text{kN}$

$M_3 = R_A x - \frac{1}{2} q_3 x^2$

令 $\frac{dM_3}{dx} = R_A - q_3 x = 0$，得 $x = \frac{R_A}{q_3} = \frac{18.796}{8.44} = 2.227\text{m}$，则下柱段最大弯矩 M_3 为：

$M_3 = 18.796 \times 2.227 - \frac{1}{2} \times 8.422 \times 2.227^2 = 20.925\text{kN} \cdot \text{m}$

柱截面受弯承载力及裂缝宽度验算过程见表 3-30。

柱吊装阶段承载力及裂缝宽度验算 **表 3-30**

柱截面	上柱	下柱
M（M_q）（kN·m）	46.656（38.88）	65.448（54.540）
$M_u=f_yA_s$（h_0-a^*）	87.897>0.9×46.565=41.990	300.51>0.9×65.448=58.903
$\sigma_{sk}=M_q/$（$0.87h_0A_s$）	162.697	71.606
$\varphi=1.1-0.65\dfrac{f_{tk}}{\rho_{te}\sigma_{sk}}$	0.297	−0.515<0.2，取0.2
$W_{max}=\alpha_{cr}\varphi\dfrac{\sigma_{sk}}{E_s}$（$1.9c+0.08\dfrac{d_{eq}}{\rho_{te}}$）	0.102<0.2（满足要求）	0.028<0.2（满足要求）

第 4 章　混凝土公路桥总体设计

4.1　桥梁的结构组成和分类

1. 混凝土公路桥的结构组成

混凝土公路桥由上部结构、下部结构、附属结构三部分组成。

1）上部结构

包括桥跨结构和桥面系，是桥梁承受行人、车辆等各种作用并跨越障碍（例如河流、山谷和道路等天然或人工障碍）空间的直接承载部分。图 4－1 中所示主梁和桥面、图 4－2所示拱圈、拱上结构和桥面分别为梁式桥和拱式桥的上部结构。

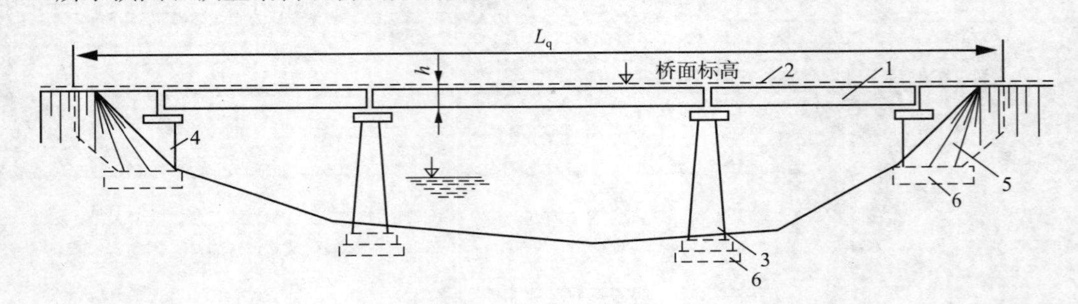

图 4－1　梁桥的基本组成部分

1—主梁；2—桥面；3—桥墩；4—桥台；5—锥形护坡；6—基础

2）下部结构

为桥台、桥墩和基础的总称。下部结构是用以支承上部结构，把结构重力、车辆等各种作用传递给地基的构筑物。桥台位于桥的两端与路基衔接，还起到承受台后路堤上压力的作用。桥墩位于两端桥台之间，单孔桥只有桥台没有桥墩。基础位于桥台或桥墩与地基之间。

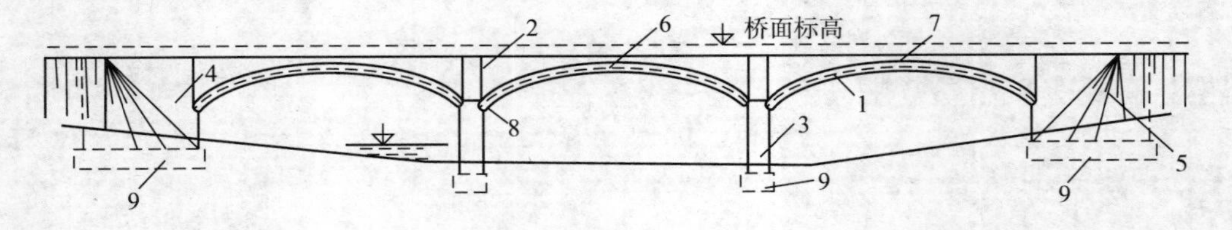

图 4－2　拱桥的基本组成部分

1—拱圈；2—拱上结构；3—桥墩；4—桥台；5—锥形护坡；6—拱轴线；7—拱顶；8—拱脚；9—基础

3）附属结构

包括桥头路堤锥形护坡、护岸等，其作用是防止桥头填土向河中坍塌，并抵御水流的冲刷。

参照图 4-1、图 4-2 介绍一些与桥梁布置和结构有关的主要尺寸和术语名称。

计算跨径 l——对于梁桥为桥跨结构两支承点之间距离；对于拱桥为两拱脚截面形心点之间的水平距离。

净跨径 l_0——一般为计算水位上相邻两个桥墩或桥台之间的净距。通常把梁桥两支承处内边缘间的净距离、拱桥两拱脚截面最低点间的水平距离也称为净跨径。

标准跨径 L_k——对梁桥为桥墩中线间或桥墩中线与台背前缘间距离；对拱桥为净跨径。

桥梁全长 L——对有桥台的桥梁为两岸桥台侧墙或八字尾端间的距离；对无桥台桥梁为桥面系行车道长度。

多孔跨径总长 L_d——对梁（板）桥为多孔标准跨径的总长；对拱桥为两岸桥台内拱脚截面最低点（起拱线）间的距离；对其他形式桥梁为桥面系行车道长度。

桥梁高度 H——行车道顶面至低水位间的距离，或行车道顶面至桥下路线的路面间的距离。

桥梁建筑高度 h——行车道顶面至上部结构最下边缘间的距离。

桥下净空 H_0——上部结构最低边缘至计算水位或通航水位间的距离，对于跨越其他线路的桥梁是指上部结构最低边缘至所跨越路线的路面间的距离。

拱桥矢高和矢跨比——从拱顶截面下缘至相邻两拱脚截面下缘最低点之连线的垂直距离，称为净矢高（f）；拱顶截面形心至相邻两拱脚截面形心之连线的垂直距离，称为计算矢高（f）。计算矢高与计算跨径之比（f/l），称为拱圈的矢跨比。

2. 混凝土公路桥的分类

1）按基本受力体系分类

按桥梁承重结构的受力体系，可分为以下几类。

（1）梁式桥

主要承重构件是梁（板）。在竖向荷载作用下承受弯矩与剪力，此时桥墩、桥台只承受竖向压力，见图 4-3。

（2）拱式桥

主要承重构件是拱圈或拱肋。在竖向荷载作用下，主要承受压力，截面也承受弯矩和剪力。桥墩、桥台除承受竖向反力和弯矩外，还承受水平推力，见图 4-4。

（3）刚架桥

上部结构和墩、台（支柱）彼此连接成一个整体，在竖向荷载作用下，柱脚产生竖向反力、水平反力和弯矩。这种桥的受力情况介于梁和拱之间，见图 4-5。

（4）悬索桥

以缆索为主要承重构件。在竖向荷载作用下，缆索只承受拉力。墩台除受竖向反力外，还承受水平推力，见图 4-6。

（5）组合体系桥

是由不同受力体系的结构所组成，互相联系，共同受力。图 4-7 为梁拱组合的系杆拱桥；图 4-8 为拉索和梁组合的斜拉桥。

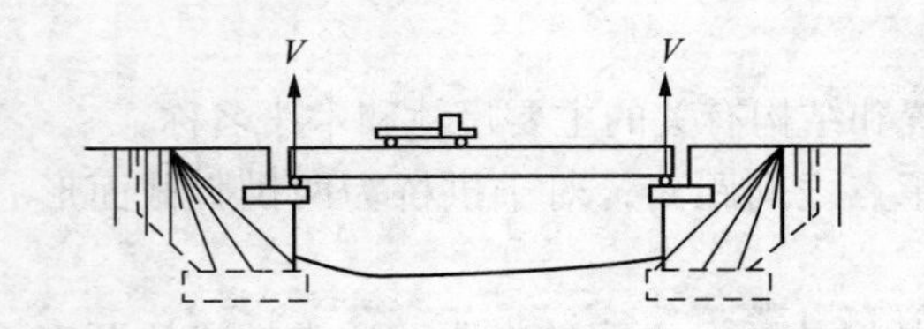

图 4-3　梁式桥

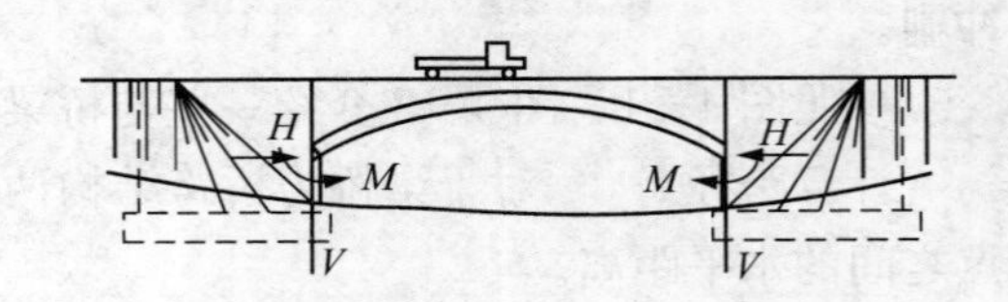

图 4-4　拱式桥

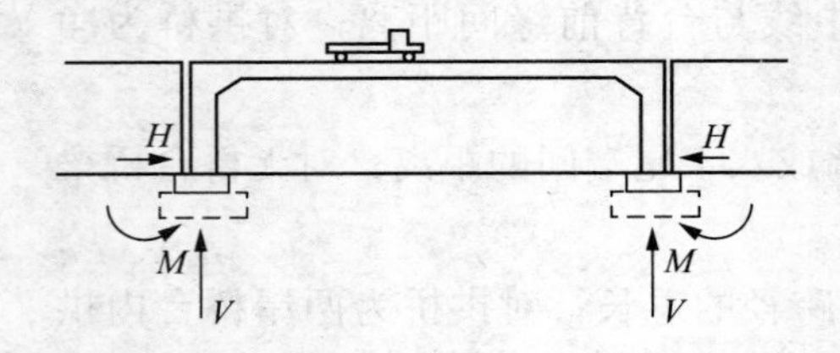

图 4-5　刚架桥

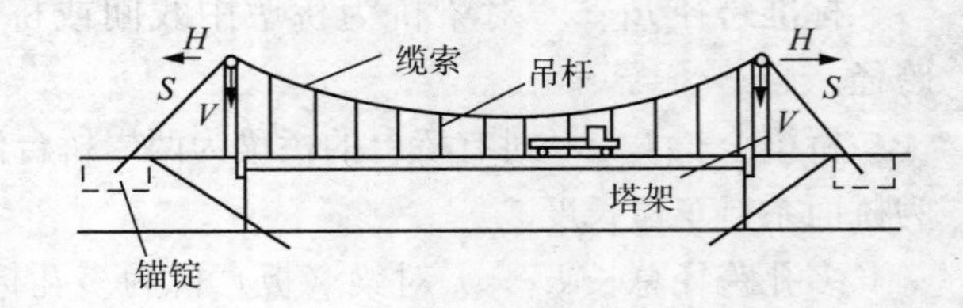

图 4-6　悬索桥

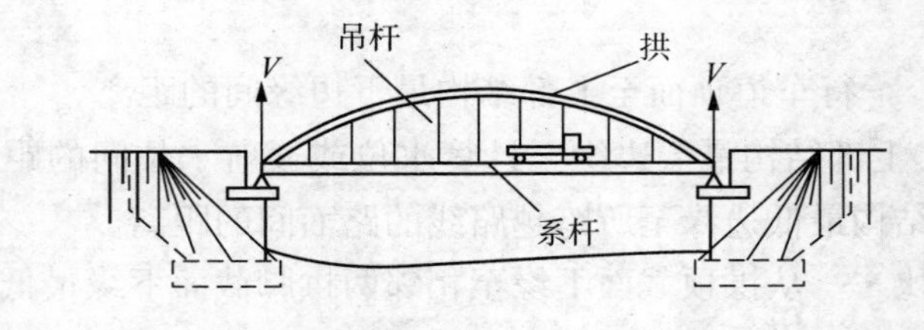

图 4-7　梁拱组合的系杆拱桥

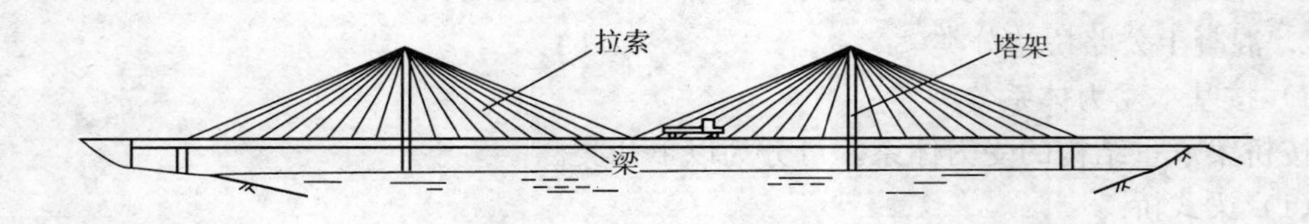

图 4-8　拉索和梁组合的斜拉桥

2）按桥梁的总长和跨径分类

可分为特大桥、大桥、中桥和小桥。表 4-1 为我国《公路工程技术标准》（JTG B01—2003）规定的大、中、小桥和涵洞划分标准。

桥梁涵洞按跨径分类表　　**表 4-1**

桥涵分类	多孔跨径总长 L_d（m）	单孔跨径 L_k（m）	桥涵分类	多孔跨径总长 L_d（m）	单孔跨径 L_k（m）
特大桥	$L_d>1000$	$L_k>150$	小　桥	$8\leqslant L_d\leqslant 30$	$5\leqslant L_k<20$
大　桥	$100\leqslant L_d\leqslant 1000$	$40\leqslant L_k\leqslant 150$	涵　洞	—	$L_k<5$
中　桥	$30<L_d<100$	$20\leqslant L_k<40$	—	—	—

在表 4-1 中，单孔跨径系指标准跨径。同时，在《公路工程技术标准》（JTG B01—2003）中建议，当跨径在 50m 以下时，应尽量采用标准跨径。标准跨径规定为：3、4、5、6、8、10、13、16、20、25、30、35、40、45、50m。

3）按上部结构的桥面系位置分类

可分为上承式桥、下承式桥和中承式桥。桥面系布置在桥跨承重结构之上者称为上承式桥，见图4-3～图4-5。桥面系布置在桥跨承重结构之下的称为下承式桥，见图4-7。桥面系布置在桥跨结构高度中部的称为中承式桥，图4-9为中承式拱桥的简图。

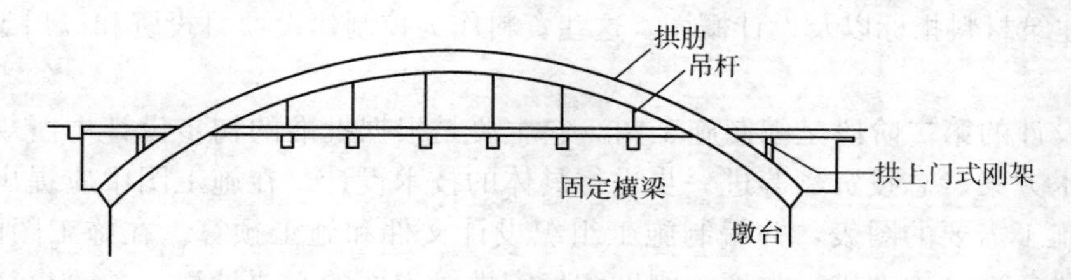

图4-9　中承式拱桥的简图

除以上三种划分方法外，按用途划分，有公路桥、铁路桥、农桥、人行桥等；按跨越障碍的性质，可分为跨河桥、跨线桥（立体交叉）、高架桥等。

4.2　桥梁的总体规划和设计要点

桥梁设计应符合技术先进、安全可靠、适用耐久、经济合理的要求，同时应满足美观、环境保护和可持续发展的要求。

1. 桥梁设计的基本要求

1）使用要求

桥上的行车道和人行道宽度应保证车辆和人群安全畅通，并应满足将来交通量增长的需要。桥型、跨径大小和桥下净空应满足泄洪、安全通航或通车等要求。建成的桥梁要保证使用年限，并便于检查与维修。

2）安全、适用、耐久性要求

整个桥梁结构及其各部分构件在制造、运输、安装和使用过程中应具有足够的承载能力、刚度、稳定性和耐久性。

3）施工要求

桥梁的结构应便于制造和安装，因地制宜地采用新技术，加快施工进度，保证工程质量和施工安全。

4）经济要求

桥梁设计方案必须进行技术经济比较，一般地说，应使桥梁的造价最低，材料消耗最少。然而，也不能只按建筑造价作为全面衡量桥梁经济性的指标，还要考虑到桥梁的使用年限、养护和维修费用等因素。

5）美观要求

在满足上述要求的前提下，尽可能使桥梁具有优美的建筑外形，并与周围的景物相协调。合理的轮廓是美观的重要因素，决不应把美观片面地理解为豪华的细部装饰。

2. 桥梁设计程序

我国桥梁的设计程序，对于大、中桥尽量采用两阶段设计；对于小桥采用一阶段设计。

桥梁设计的第一阶段是编制设计文件。在这一阶段设计中，主要是选择桥位，拟定桥架结构形式和初步尺寸，进行方案比较，编制最佳方案的材料用量和造价，然后报上级单位审批。

在初步设计的技术文件中，应提供必要的文字说明、图表资料、设计方案、工程数量、主要建筑材料指标以及设计概算。这些资料作为控制建设项目投资和以后编制施工预算的依据。

桥梁设计的第二阶段是编制施工图。它主要是根据批准的初步设计中所规定的修建原则、技术方案、总投资额等进一步进行具体的技术设计。在施工图中应提出必要的说明和适应施工需要的图表，并编制施工组织设计文件和施工预算。在施工图的设计中，必须对桥梁各部分构件进行强度、刚度和稳定性等方面的必要计算，并绘出详细的结构施工图。

3. 桥型选择

桥梁结构形式的选择，必须满足实用经济，并适当照顾美观的原则。结合到每一具体的结构形式，它又与地质、水文、地形等因素有关。所以，在选择桥型时，必须妥善地处理各方面的矛盾，得出合理的方案。

影响桥型选择的因素很多，可将其分为独立因素、主要因素和限制因素等。

桥梁的长度、宽度和通航孔大小等都是桥型选择的独立因素，在提出设计任务时，对这些因素有的已经提出一定的要求。这些因素不是设计人员在进行桥梁设计时能随意更改的，因此，把这些因素称为独立因素。

经济是进行桥型选择时必须考虑的主要因素，无论在什么条件下修建桥梁都必须满足经济要求。

地质、地形、水文及气候条件是桥型选择的限制因素。地质条件在很大程度上影响到桥位、桥型（包括基础类型）和工程造价。地形条件及水文条件将影响到桥型、基础埋置深度、水中桥墩数量等。例如，在水下基础施工困难的地方，适当地将跨径放大一些，避开困难多的水下工程，常可取得较好的经济效果；在高山峡谷、水深流急的河道，建造单孔桥往往比较合理。

4. 桥梁的纵断面和横断面设计

1）桥梁纵断面设计

桥梁纵断面设计，主要是确定桥梁的总长度、桥梁的分孔与跨径、桥梁的高度、基础埋置深度、桥面及桥头引道的纵坡等。

桥梁的跨径和桥梁的高度应能保证桥下洪水的安全宣泄。桥梁的跨径如果定得过小，将使洪水不能全部从桥下通过，从而提高了桥前的壅水高度，加大了桥下的水流速度，使河床和河岸发生冲刷，甚至引起路堤决口等重大事故。

桥梁的分孔与许多因素有关。分孔过多，虽然桥跨结构因跨径小而便宜一些，但桥墩的数目增多，结果造价增大。反之，分孔过少，墩台的造价可能低些，但桥跨结构因跨径增大，造价也要提高。最经济的跨径就是使上部结构和下部结构的总造价最低。因此，当桥墩较高或地质不良，基础工程较复杂时，桥梁跨径就得选大些；反之，当桥墩较矮或地质较好时，跨径就可选小些。在实际设计中，应对不同的跨径布置进行比较，来选择最经济的跨径和孔数。

在通航的河流上，首先应以考虑桥下通航的要求来确定孔径，当通航跨径大于经济跨径时，通航孔按通航要求确定孔径，其余的桥孔应根据上下结构总造价最低的经济原则来决定跨径。当通航的跨径小于经济跨径时，按经济跨径布置桥孔。

桥梁高度的确定，应结合桥型、跨径大小等综合考虑。在确定桥高时还应考虑以下几个问题。

（1）桥梁的最小高度应保证桥下有足够的流水净空高度。通常永久性梁桥的桥跨结构底面应高于计算水位（不小于）0.5m；对于有流冰的河流，应高出最高流冰面（不小于）0.75m，见图4-10。为了防止桥梁的支座结构遭受水淹，设计时还应使支座底面高出计算水位（不小于）0.25m，高于最高流冰面（不小于）0.5m。

对于拱桥（无铰拱），拱脚容许淹没在计算水位之下，但通常淹没深度不超过拱圈矢高的2/3。为了保证漂浮物的通过，在任何情况下拱顶底面应高出计算水位（不小于）1.0m，即$\Delta f_0 \geqslant 1.0$m，见图4-11。为了防止冰害，拱脚的起拱线尚应高出最高流冰面（不小于）0.25m。

（2）在通航的河流上，必须设置1孔或数孔能保证桥下有足够通航净空的通航孔。通航净空，就是在桥孔中垂直于流水方向所规定的空间界限，如图4-10和图4-11中虚线所示的图形。通航河流的桥下净空，根据《内河通航标准》（GB 50139—2004）的有关规定，汇总于表4-2，表中的通航净空尺度符号示意，详见图4-12。

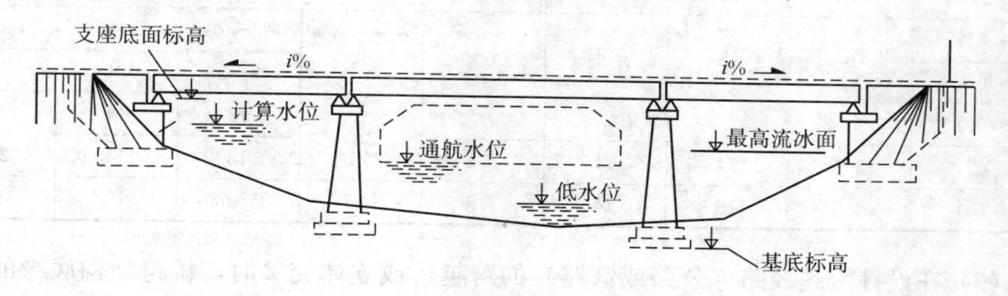

图4-10　梁桥流水净空高度示意图

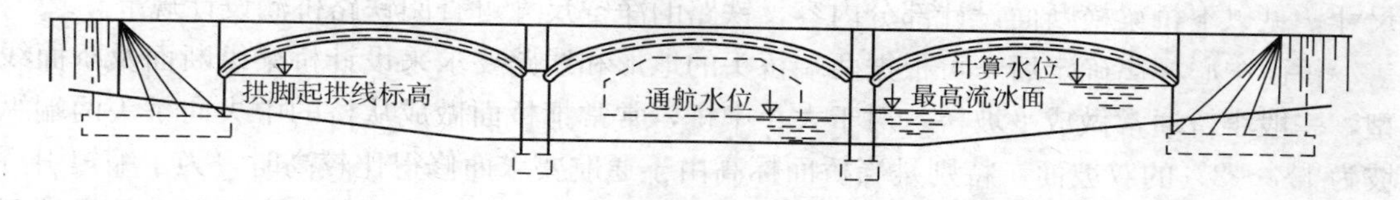

图4-11　拱桥流水净空高度示意图

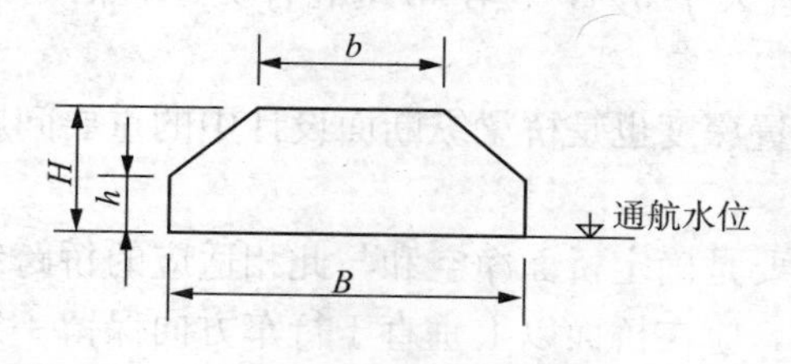

图4-12　通航净空尺度

水上过河建筑物通航净空尺度 **表 4-2**

航道等级	天然及渠化河流（m）				限制性航道（m）			
	净高 H	净宽 B	上底宽 b	侧高 h	净高 H	净宽 B	上底宽 b	侧高 h
Ⅰ-（1）	24	160	120	7.0				
Ⅰ-（2）	18	125	95	7.0				
Ⅰ-（3）		95	70	7.0				
Ⅰ-（4）		85	65	8.0	18	130	100	7.0
Ⅱ-（1）	18	105	80	6.0				
Ⅱ-（2）		90	70	8.0				
Ⅱ-（3）	10	50	40	6.0	10	65	50	6.0
Ⅲ-（1）	10				10			
Ⅲ-（2）		70	55	6.0				
Ⅲ-（3）		60	45	6.0		85	65	6.0
Ⅲ-（4）		40	30	6.0		50	40	6.0
Ⅵ-（1）	4.5	22	17	3.4	4.5	18～22	14～17	3.4
Ⅵ-（2）								
Ⅵ-（3）	6	18	14	4.0	6	25～20	19	3.6
Ⅵ-（4）						28～30	21	3.4
Ⅶ-（1）	3.5	14	11	2.8	3.5	18	14	2.8
Ⅶ-（2）						18	14	2.8
Ⅶ-（3）	4.5	18	14	2.8	4.5	25～30	19	2.8

（3）在设计跨越线路（公路或铁路）的跨越桥或立体交叉时，桥跨结构底缘的标高应比被跨越线路的路面或轨面标高大出规定的通行车辆的净空高度，对于公路所需的净空尺寸，见以下桥梁横断面设计部分内容，铁路的净空尺寸可查阅铁路桥涵设计规范。

桥面中心标高确定后，可根据两端桥头的地形和线路要求来设计桥梁纵断面及桥面线型，一般小桥通常做成平坡桥，对于大、中桥，常常把桥面做成从桥的中央向桥头两端纵坡为1%～2%的双坡面，特别是当桥面标高由于通航要求而修得比较高时，为了缩短引桥和降低桥头引道路堤的高度，更需要采用双向倾斜的纵向坡度，对大、中桥桥上的纵坡不宜大于4%，桥头引道不宜大于5%，位于市镇混合交通繁忙处，桥上纵坡和桥头引道纵坡均不得大于3%。

桥墩和桥台的基础埋置深度也是桥梁纵断面设计中的重要问题。

2）桥梁横断面设计

桥梁横断面设计，主要是确定桥面净空和与此相适应的桥跨结构横断面的布置，为了保证车辆和行人安全通过，应在桥面以上垂直于行车方向保留一定界限的空间，这个空间称为桥面净空。

桥面净空主要指净宽和净高。《公路工程技术标准》（JTG B01—2003）根据桥梁与公路路基应尽可能同宽的指导思想，规定的桥面净空与相应公路等级的建筑界限相同。图

4－13 为《公路工程技术标准》（JTG B01—2003）对高速公路和一级公路的建筑界限示意图。

图 4－13 中的 W 为行车道宽度，其值的规定见表 4－3；H 为净高，H 为 5m（高速公路、一级公路和一般二级公路），其余符号意义详见《公路工程技术标准》（JTG B01—2003）。

各级公路桥面行车道净宽标准 **表 4－3**

公路等级	桥面行车道净宽（m）	车道数	公路等级	桥面行车道净宽（m）	车道数
高速公路	2×净－7.5 或 2×净－7.0	4	三级公路	净－7	2
一级公路	2×净－7.5 或 2×净－7.0	4	四级公路	净－7 或净－4.5	2 或 1
二级公路	净－9 或净－7	2	—	—	—

净宽包括行车道和人行道及自行车道宽度。

桥上人行道和自行车道的设置，应根据需要而定，并与线路前后布置配合，必要时自行车和行车道宜设置适当的分隔设施。一个自行车道的宽度为 1.0m，自行车道数应根据自行车的交通量而定，当单独设置自行车道时，一般不应少于双车道的宽度；人行道的宽度为 0.75m 或 1.0m，大于 1.0m 时按 0.5m 的倍数增加；设置自行车道和人行道时，可根据具体情况，设置栏杆和安全带，安全带的宽度通常每侧设 0.25m。人行道和安全带应高出行车道面至少 0.25～0.35m，以保证行人和行车本身的安全。与路基同宽的小桥和涵洞可仅设缘石和栏杆，漫水桥不设人行道，但应设护柱。

为了桥面上排水的需要，桥面应根据不同类型的桥面铺装，设置从桥面中央倾向两侧的 1.5％～3.0％的横坡，人行道宜设置向行车道倾斜 1％的横坡。

5. 设计前应收集的技术资料

一座桥梁的总体设计涉及的因素很多，必须充分地进行调查研究，从实际出发，分析该桥的具体情况，才能得出合理的设计方案，因此，桥梁总体设计必须进行一系列的野外勘测和资料的收集工作，对于跨越河流的桥梁在勘测时应收集如下资料。

1）桥梁的使用任务

调查道路的交通种类，车辆的载重等级，往来车辆密度和行人情况，以此确定荷载设计标准、车道数目、行车道宽度以及人行道宽度等。

2）桥位附近的地形

测量桥位处的地形、地物，并绘成平面地形图，供设计时布置桥位中线位置、桥墩位置、桥头接线，施工时布置场地。

3）地质资料

通过钻探调查桥位处的地质情况，并将钻探资料绘成地质剖面图，作为基础设计的一个重要依据，为使地质资料更接近实际，可以根据初步拟定的桥梁分孔方案将钻孔位置布置在墩台附近。

4）河流的水文情况

测量桥位附近的河道纵断面、桥位处的河床断面，调查历年最高洪水位、低水位、流冰水位和通航水位，流量和流速，以及河床的冲刷、淤积和变迁的情况等，为确定桥梁跨径、基础埋置深度和桥面标高提供可靠的依据，为桥梁施工提供一定的资料。

5）其他资料

调查当地可采用的建筑材料种类、数量、规格和质量；水泥、木料和钢材的供应；当地的气温变化、降雨量、风力、冰冻季节和冰冻深度；施工单位的机械设备；建桥附近的交通状况；电力、劳动力的来源；以及有无地震等情况，为设计和施工提供必要的资料。

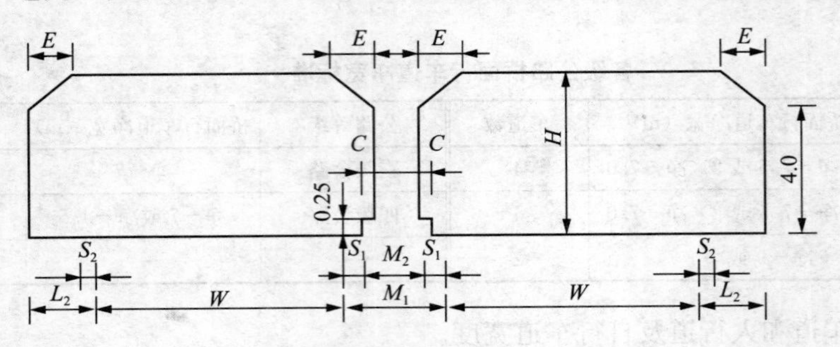

高速公路、一级公路

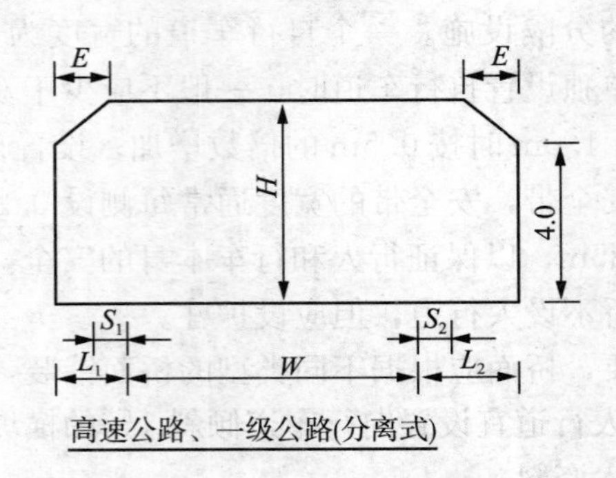

高速公路、一级公路(分离式)

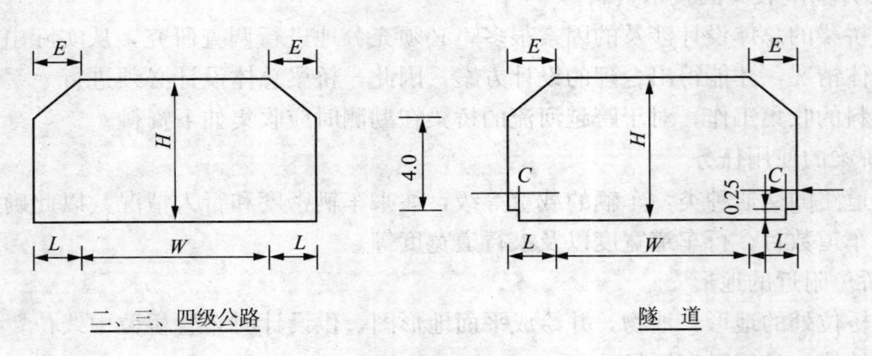

二、三、四级公路　　　　隧道

图 4-13　高速公路的建筑限界（mm）

图中：　W——行车道宽度；

C——当计算行车速度等于或大于 100km/h 时为 0.5m，小于 100km/h 时为 0.25m；

S_1——行车道左侧路缘带宽度；

S_2——行车道右侧路缘带宽度；

M_1、M_2——中间带及中央分隔带宽度；

E——建筑限界顶角宽度，当 $L \leqslant 1\text{m}$ 时，$E=L$；当 $L>1\text{m}$ 时，$E=1\text{m}$；

H——净高，汽车专用公路和一般二级公路为 5.0m，三、四级公路为 4.5m。

4.3 公路桥梁的荷载

作用在桥梁上的荷载可分为下列三大类：

(1) 永久荷载（恒荷载）——在设计使用期内，其值不随时间变化，或其变化与平均值相比可以忽略不计的荷载。它包括结构重力、预应力、土的重力及土侧压力、混凝土收缩及徐变影响力、基础变位影响力和水的浮力。

(2) 可变荷载——在设计使用期内，其值随时间变化，且其变化与平均值相比不可忽略的荷载。按其对桥涵结构的影响程度，又分为基本可变荷载和其他可变荷载。基本可变荷载包括汽车荷载及其引起的冲击力、离心力、平板挂车（或履带车）及其引起的土侧压力和人群荷载。其他可变荷载包括汽车制动力、风力、流水压力、冰压力、温度影响力和支座摩阻力。

(3) 偶然荷载——在设计使用期内，不一定出现，但一旦出现，其持续时间较短而数值很大的荷载。包括船只或漂浮物的撞击力、地震力。

车辆荷载和人群荷载通常被称为活荷载。

1. 永久荷载

桥梁结构重力等于本身的体积乘以材料的重力密度。常用材料重力密度见表 4-4，土侧压力可分为静止土压力、土抗力、主动土压力和被动土压力。

常用材料重力密度表 **表 4-4**

<table>
<tr><th colspan="2">材料种类</th><th>重力密度
(kN/m^3)</th><th>附注</th></tr>
<tr><td colspan="2">钢、铸钢</td><td>78.5</td><td rowspan="6">含筋量（以体积计）小于 2%的钢筋混凝土，其重力密度采用 25.0kN/m^3，大于 2%的，采用 26.0kN/m^3</td></tr>
<tr><td colspan="2">铸　铁</td><td>72.5</td></tr>
<tr><td colspan="2">锌</td><td>70.0</td></tr>
<tr><td colspan="2">铅</td><td>114.0</td></tr>
<tr><td colspan="2">钢筋混凝土</td><td>25.0～26.0</td></tr>
<tr><td colspan="2">混凝土或片石混凝土</td><td>24.0</td></tr>
<tr><td rowspan="4">砖石砌体</td><td>浆砌块石或料石</td><td>24.0～25.0</td><td rowspan="4">—</td></tr>
<tr><td>浆砌片石</td><td>23.0</td></tr>
<tr><td>干砌块石或片石</td><td>21.0</td></tr>
<tr><td>砖砌体</td><td>18.0</td></tr>
<tr><td rowspan="3">桥　面</td><td>沥青混凝土</td><td>23.0</td><td rowspan="3">包括水结碎石，级配碎（砾）石</td></tr>
<tr><td>沥青碎石</td><td>22.0</td></tr>
<tr><td>泥结碎（砾）石</td><td>21.0</td></tr>
<tr><td colspan="2">填土</td><td>17.0～18.0</td><td rowspan="4">石灰、砂、砾石，
石灰 30%，土 70%</td></tr>
<tr><td colspan="2">填石</td><td>19.0～20.0</td></tr>
<tr><td colspan="2">石灰三合土</td><td>17.5</td></tr>
<tr><td colspan="2">石灰土</td><td>17.5</td></tr>
</table>

混凝土收缩、徐变和桥梁墩台基础的变位将使超静定结构桥梁产生附加内力，可根据

《公路钢筋混凝土及预应力混凝土桥涵设计规范》(JTG D62—2004) 建议的方法计算。

水的浮力对桥梁墩台的影响，当墩台位于透水性地基上时，验算墩台稳定性应考虑水的浮力，验算基底应力仅考虑低水位的浮力或不考虑水的浮力；当墩台位于不透水性地基上时，可不考虑水的浮力；当不能肯定地基是否透水时，应以透水和不透水两种情况分别计算，与其他荷载组合，取其最不利者。

2. 基本可变荷载

基本可变荷载中的汽车、平板挂车和履带车有不同的型号和载重等级，而且车辆的轮轴数量、各部分尺寸也不相同。因此，只按某一具体车型及其荷载来设计桥梁是不合理的，必须拟定一个既能概括目前国内车辆状况，又能适当地照顾将来发展的全国统一车辆荷载标准，作为设计公路桥梁的依据。

以下介绍《公路工程技术标准》(JTG B01—2003) 在桥梁设计中对车辆荷载及其影响力和人群荷载的规定。

1) 汽车荷载

汽车荷载以汽车车队表示，可分为汽车－10 级、汽车－15 级、汽车－20 级和汽车－超 20 级四个等级。各级车队的纵向排列，各级汽车的平面尺寸和横向布置如图 4－14 和图 4－15 所示。其主要技术指标见表 4－5。

各级汽车荷载主要技术指标 **表 4－5**

主要技术指标	单 位	汽车－10 级	汽车－15 级	汽车－20 级	汽车－超 20 级	
一辆汽车总重力	kN	100	150	200	300	550
一行汽车车队中重车辆数	辆	—	1	1	1	1
前轴重力	kN	30	50	70	60	30
中轴重力	kN	—	—	—	—	2×120
后轴重力	kN	79	100	130	2×120	2×140
轴距	m	4	4	4	4+1.4	3+1.4+7+1.4
轮距	m	1.8	1.8	1.8	1.8	1.8
前轮着地宽度和长度	m	0.25×0.2	0.25×0.2	0.3×0.2	0.3×0.2	0.3×0.2
中后轮着地宽度和长度	m	0.5×0.2	0.5×0.2	0.6×0.2	0.6×0.2	0.6×0.2
车辆外形尺寸（长×宽）	m	7×2.5	7×2.5	7×2.5	8×2.5	15×2.5

荷载级别中的数字表示车队中主车的等级。考虑到车队行驶时可能出现超过规定的主车重力的车辆，因此，在每级汽车车队中均规定有一辆重车（或称加重车）。每级车队中主车的数目可以根据需要按规定间距任意延伸排列。

汽车车队在桥上的纵横位置均按最不利情况布置，以使计算部位产生最大的内力。但是，车辆轴重力的顺序应按车队的规定排列，不得任意改动。

汽车外侧车轮的中线，离人行道或安全带边缘的距离不得小于 0.5m。

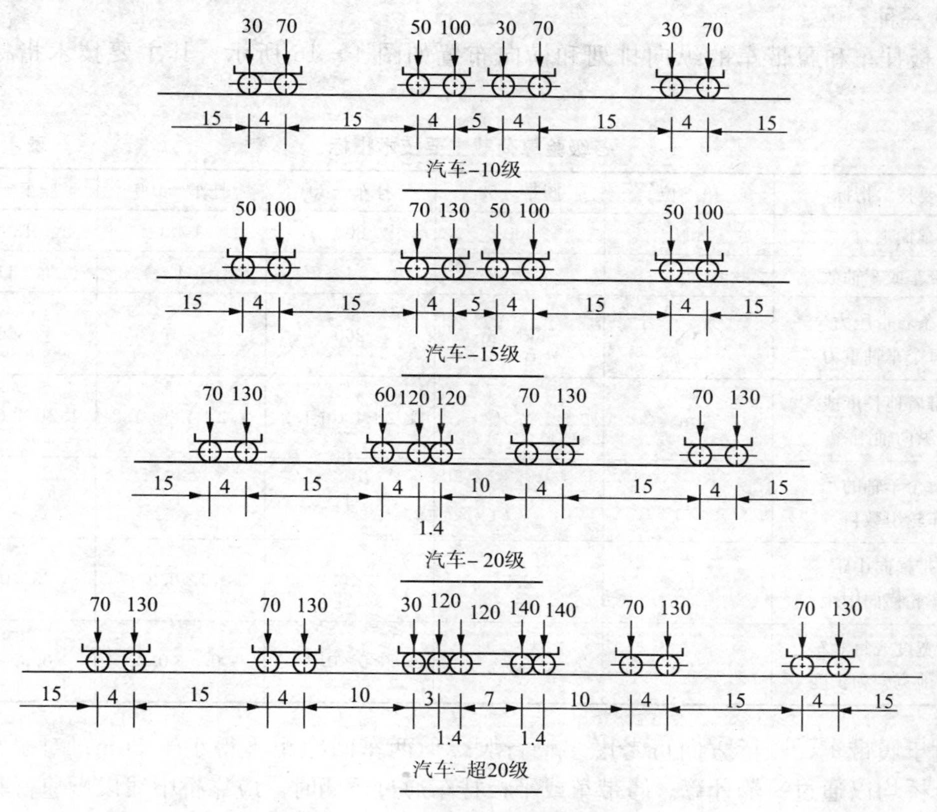

图 4-14　各级汽车车队的纵向排列

（轴重力单位：kN；尺寸单位：m）

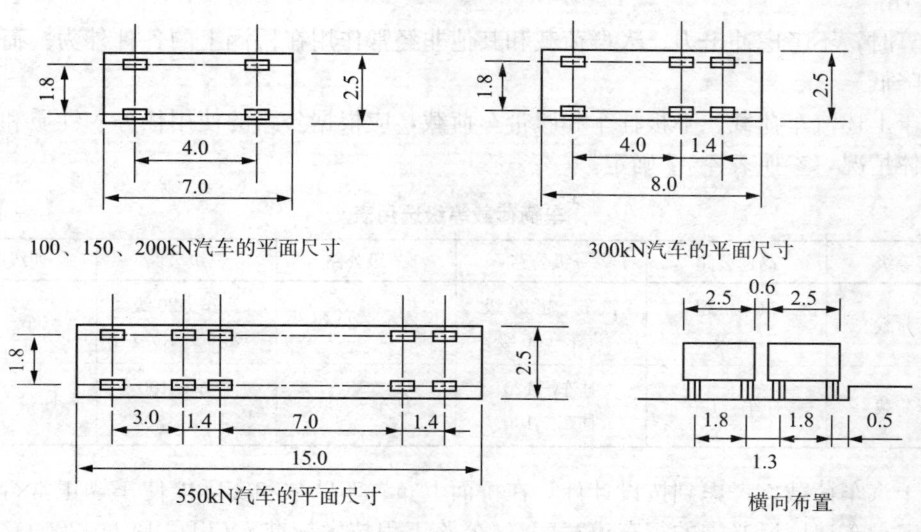

图 4-15　各级汽车的平面尺寸和横向布置

2）平板挂车和履带车荷载

在《公路工程技术标准》中，将平板挂车和履带车荷载统称为验算荷载。

平板挂车荷载可分为挂车－80、挂车－100 和挂车－120 三种。履带车荷载只有履带—50 一种。

平板挂车和履带车的纵向排列和横向布置如图 4 - 16 所示。其主要技术指标见表 4 - 6。

各级验算荷载主要技术指标　　表 4 - 6

主要技术指标	单　位	履带—50	挂车—80	挂车—100	挂车—120
车辆重力	kN	500	800	1000	1200
履带车或车轴数	个	2	4	4	4
各条履带压力或每个车轴重力	kN	56kN/m	200	250	300
履带着地长度或纵向轴距	m	4.5	1.2+4.0+1.2	1.2+4.0+1.2	1.2+4.0+1.2
每个车轴的车轮组数目	组	—	4	4	4
履带横向中距或车轮横向中距	m	2.5	3×0.9	3×0.9	3×0.9
履带宽度或每对车轮着地宽度和长度	m	0.7	0.5×0.2	0.5×0.2	0.5×0.2

对于履带车，顺桥方向可考虑多辆行驶，但两车间净距不得小于 50m；对于平板挂车，全桥均以通过一辆计算。履带车或平板挂车通过桥涵时，应靠桥中线以慢速行驶。

履带车外侧履带的中线或平板挂车外侧车轮的中线，离人行道或安全带边缘的距离不得小于 1m。

验算时，不考虑冲击力、人群荷载和其他非经常作用在桥涵上的各种外力。荷载系数应予以降低。

对于上述汽车荷载、平板挂车和履带车荷载，应根据公路的使用任务、性质和将来发展等具体情况，参照表 4 - 7 确定。

车辆荷载等级选用表　　表 4 - 7

公路等级	高速公路	一级公路	二级公路	三级公路	四级公路
计算荷载	汽车—超 20 级	汽车—超 20 级 汽车—20 级	汽车—20 级	汽车—20 级 汽车—15 级	汽车—10 级
验算荷载	挂车—120	挂车—120 挂车—100	挂车—100	挂车—100 挂车—80	履带车—50

对于汽车荷载，考虑到按设计计算在桥面上布置车队数和实际能使车辆正常行驶并且保持一定行车速度所必需的行车道宽度，《公路工程技术标准》（JTG B01—2003）规定了横向布置车队数，如表 4 - 8 所示。

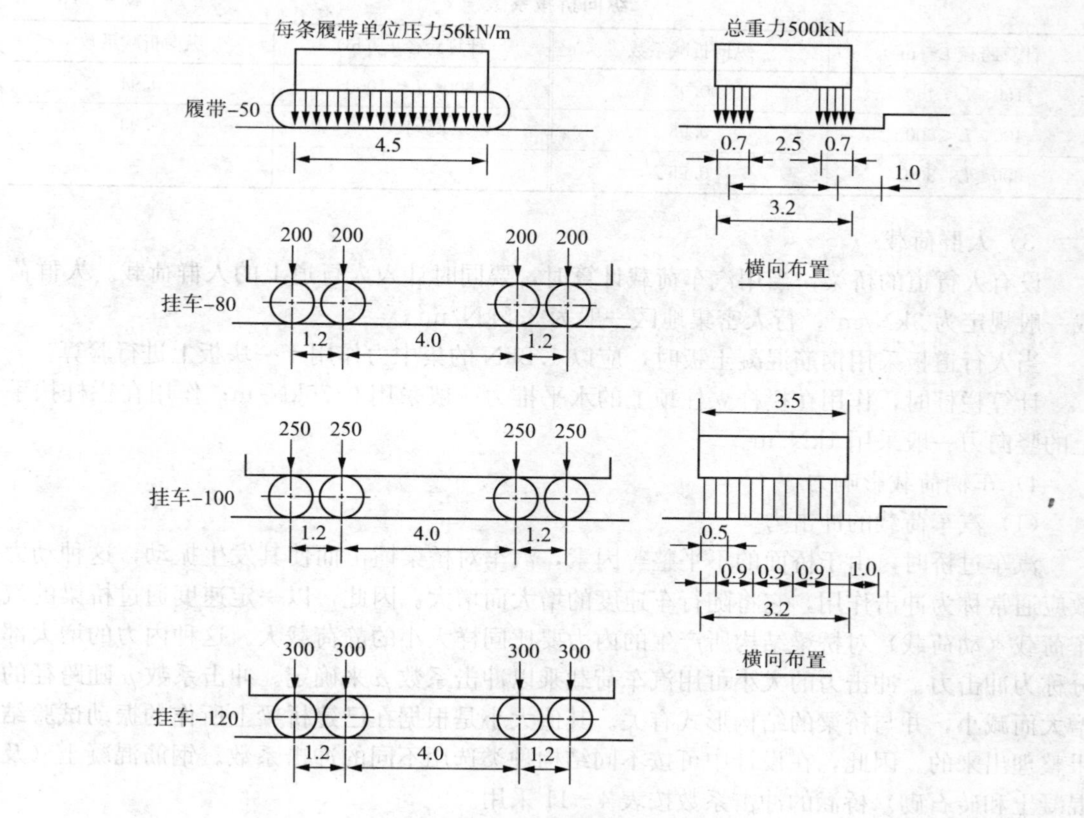

图 4－16　各级验算荷载图式和横向布置
（轴重力单位：kN；尺寸单位：m）

桥梁横向布置车队数　　　　**表 4－8**

桥面净宽 W（m）		横向布置车队数	桥面净宽 W（m）		横向布置车队数
车辆单向行驶时	车辆双向行驶时		车辆单向行驶时	车辆双向行驶时	
$W<7.0$		1	$17.5\leqslant W<21.0$		5
$7.0\leqslant W<10.5$	$7.0\leqslant W<14.0$	2	$21.0\leqslant W<24.5$	$21.0\leqslant W<28.0$	6
$10.5\leqslant W<14.0$		3	$24.5\leqslant W<28.0$		7
$14.0\leqslant W<17.5$	$14.0\leqslant W<21.0$	4	$28.0\leqslant W<31.5$	$28.0\leqslant W<35.0$	8

当桥梁横向布置车队数大于 2 时，应考虑计算荷载效应的横向折减，但折减后的效应不得小于用两行车队布载的结果。一个整体结构上的计算荷载横向折减系数规定见表 4－9。

横向折减系数　　　　**表 4－9**

横向布置车队数	3	4	5	6	7	8
横向折减系数	0.78	0.67	0.60	0.55	0.52	0.50

当桥梁计算跨径大于等于 150m 时，应考虑计算荷载效应的纵向折减。当为多跨连续结构时，整个结构均应按最大的计算跨径考虑计算荷载效应的纵向折减。纵向折减系数规定见表 4－10。

纵向折减系数　　　　表 4-10

计算跨径 L（m）	纵向折减系数	计算跨径 L（m）	纵向折减系数
$150 \leqslant L < 400$	0.97	$800 \leqslant L < 1000$	0.94
$400 \leqslant L < 600$	0.96	$L \geqslant 1000$	0.93
$600 \leqslant L < 800$	0.95	—	—

3）人群荷载

设有人行道的桥梁，当用汽车荷载计算时，要同时计入人行道上的人群荷载。人群荷载一般规定为 3kN/m^2；行人密集地区一般为 3.5kN/m^2。

当人行道板采用钢筋混凝土板时，应以 1.2kN 的集中力作用于一块板上进行验算。

计算栏杆时，作用在栏杆立柱顶上的水平推力一般采用 0.75kN/m；作用在栏杆扶手上的竖向力一般采用 1kN/m。

4）车辆荷载影响力

（1）汽车荷载的冲击力

汽车过桥时，由于桥面的不平整等因素，汽车对桥梁撞击而使其发生振动，这种动力效应通常称为冲击作用，它将随行车速度的增大而增大。因此，以一定速度通过桥梁的汽车荷载（动荷载）对桥梁结构所产生的内力要比同样大小的静荷载大。这种内力的增大部分称为冲击力。冲击力的大小可用汽车荷载乘以冲击系数 μ 来确定。冲击系数 μ 随跨径的增大而减小，并与桥梁的结构形式有关。其值大小是根据在已建桥梁上所作的振动试验结果整理出来的。因此，在设计中可按不同结构种类选用不同的冲击系数。钢筋混凝土（及混凝土和砖石砌）桥涵的冲击系数按表 4-11 采用。

钢筋混凝土（及混凝土和砖石砌）桥涵的冲击系数　　　　表 4-11

结构种类	跨径或荷载长度（m）	冲击系数 μ
梁、刚构、拱上构造、桩式和柱式墩台、涵洞盖板	$L \leqslant 5$	0.30
	$L \geqslant 45$	0
拱桥的主拱圈或拱肋	$L \leqslant 20$	0.20
	$L \geqslant 70$	0

注：对于简支的主梁、主桁、拱桥的拱圈等主要构件，L 为计算跨径；对于悬臂梁、连续梁、刚构、桥面系构件和仅受局部荷载的构件及墩台等，L 为其相应内力影响线的荷载长度，即为各荷载区段长度之和；L 值在表列数值之间时，冲击系数可用直线内插法求得。

对于钢筋混凝土桥（及混凝土桥和砖石拱桥）等的上部构件、钢或钢筋混凝土支座、钢筋混凝土桩式或柱式墩台等应计入汽车荷载的冲击力。其他各式墩台不计冲击力、填料厚度（包括路面厚度），等于或大于 500mm 的拱桥和涵洞（明涵除外）也均不计冲击力。

（2）离心力

位于曲线上的桥梁，当曲线半径等于或小于 250m 时，应计算离心力。设曲线半径为 R，车辆荷载的重力为 P，在桥上行驶的车辆的车速为 v，则车辆的离心力为

$$H=\frac{Pv^2}{gR} \tag{4-1}$$

式中　g——重力加速度，$g=9.8\text{m/s}^2$。

如果车速以“km/h”计，曲线半径以“m”计，则式（4－1）变为

$$H=\frac{Pv^2}{127R} \tag{4-2}$$

因此，离心力等于车辆荷载（不计冲击力）乘以离心力系数 C。为了计算方便，车辆荷载 P 通常采用均匀分布的等代荷载。离心力的着力点作用在桥面以上 1.2m 处，为计算方便也可移至桥面上，不计由此引起的力矩。

（3）制动力

当汽车在桥上刹车时，车轮和桥面之间将产生一种水平的滑动摩擦力，这种摩擦力叫车辆制动力。

桥上的车队不可能全部同时刹车，所以制动力的大小并不等于摩擦系数乘以荷载长度内的车辆总重力，而是按荷载长度内车辆总重力的一部分计算。当桥面为 1～2 车道时，制动力按布置在荷载长度内的一行汽车车队总重力的 10%计算，但不得小于一辆车重的 30%；当桥面为 4 车道时，制动力按上述数值增加一倍。

制动力方向就是行车方向，着力点在桥面以上 1.2m 处，为了计算方便，刚架桥、拱桥的制动力着力点可移至桥面上；计算墩台时，着力点可移至支座中心（铰中心或辊轴中心）或滑动支座的接触面上或摆动支座的底板面上。刚性墩台各种支座传递的制动力见表 4－12。

刚性墩台各种支座传递的制动力 **表 4－12**

桥梁墩台及支座类型		应计的制动力	符号说明
简支梁桥台	固定支座	H_1	H_1——当荷载长度为计算跨径时的制动力
	滑动支座	$0.5H_1$	
	滚动（或摆动）支座	$0.25H_1$	
简支梁桥墩	两个固定支座	H_2	H_2——当荷载长度为相邻两跨计算跨径之和时的制动力
	一个固定支座 一个活动支座	见注 2	
	两个活动支座	$0.5H_2$	
	两个滚动（或摆动）支座	$0.25H_2$	
连续梁桥墩	固定支座	H_3	H_3——当荷载长度为一联长度（连续梁）或主孔加两悬臂长度（悬臂梁）时的制动力
	滚动（或摆动）支座	$0.25H_3$	
悬臂梁岸墩或中墩	固定支座	H_3	
	滚动（或摆动）支座	$0.25H_3$	

注：1. 每个活动支座传递的制动力不得大于其摩阻力。

2. 当简支梁桥墩上设有两种支座（固定支座和活动支座）时，制动力应按相邻两跨传来的制动力之和计算，但不得大于其中较大跨径的固定支座或两等跨中一个跨径的固定支座传来的制动力。

3. 对于板式橡胶支座，当其厚度相等时，制动力可平均分配。

对于简支梁桥，当墩台为柔性桩墩时，设有油毛毡支座和钢板支座的墩台，制动力可按其刚度分配；设有板式橡胶支座的墩台，可考虑联合抗推作用。

（4）车辆荷载引起的土侧压力

车辆荷载在桥台的破坏棱体上引起的土侧压力，按换算成等代的均布土层厚度计算。

3. 偶然荷载

（1）船只或漂浮物的撞击力

在通航河道和有漂浮物出现的河流上建造桥梁时，墩台、基础计算中应考虑船只或漂浮物的撞击力，但船只撞击力和漂浮物的撞击力不能同时考虑。

（2）地震力

在地震设计烈度为8度及8度以上的地震区修建桥梁时，应采取抗震措施，以提高桥梁的抗震能力。其中连续梁、T形刚构等桥型的抗震设防烈度应降低1度。

4. 荷载组合

进行桥涵设计时，应根据结构物特性及建桥地区情况，按所列荷载的出现可能，进行下列组合。

组合Ⅰ：基本可变荷载（平板挂车或履带车除外）的一种或几种与永久荷载的一种或几种相组合。

组合Ⅱ：基本可变荷载（平板挂车或履带车除外）的一种或几种与永久荷载的一种或几种与其他可变荷载的一种或几种相组合；设计弯桥时，当离心力与制动力组合时，制动力仅按70％计算。

组合Ⅲ：平板挂车或履带车与结构重力、预应力、土的重力及土侧压力的一种或几种相组合。

组合Ⅳ：基本可变荷载（平板挂车或履带车除外）的一种或几种与永久荷载的一种或几种与偶然荷载中的船只或漂浮物的撞击力相组合。

组合Ⅴ：根据施工时的具体情况进行施工荷载组合。

组合Ⅵ：结构重力、预应力、土的重力及土侧压力的一种或几种与地震力相组合。

在进行荷载组合时，还应注意一些不可能参与组合的荷载。如汽车制动力不与流水压力组合，冰压力不和支座摩阻力组合，流水压力不与冰压力组合。

第 5 章　混凝土梁式桥

5.1　梁式桥的主要类型及适用范围

混凝土梁桥具有多种不同的构造类型，下面从几个主要方面简述混凝土梁桥上部结构的分类。

1. 按承重结构的受力图式分类

主要有简支梁桥、连续梁桥、悬臂梁桥三类，分别见图 5-1(a)、图 5-1(b)、图 5-1(c)。

(1) 简支梁桥：简支梁属静定结构，且相邻桥孔各自单独受力，故结构内力不受墩台基础不均匀沉降影响，从而适用于地基土较差的桥位上建桥。

简支梁主要受其跨中正弯矩的控制，当跨径增大时，梁的跨中截面恒载弯矩和活载弯矩急剧增加。当恒载弯矩所占比例较大时（混凝土梁跨径增大），梁能承受的活载能力就减小。因此，钢筋混凝土简支梁（板）的常用跨径在 20m 以下。当采用预应力混凝土简支板时，常用跨径在 13～16m；而预应力混凝土简支梁可用跨径在 25～50m。

(2) 悬臂梁桥：将简支梁梁体加长，并越过支点就成为悬臂梁。仅梁的一端悬出者称为单悬臂梁，两端均悬出者称为双悬臂梁。对于较长的桥，可以借助简支挂梁与悬臂梁一起组成多孔桥。在受力方面，悬臂部分使支点上产生负弯矩，减少跨中的正弯矩，所以，对相同的跨径，悬臂梁跨中高度可比简支梁小。悬臂梁属静定结构，墩台的不均匀沉降不会在梁内引起附加内力。带挂梁的悬臂梁，挂梁与悬臂梁连接处的构造比较复杂，挠度曲线在这个连接处有折点，会加大荷载的冲击作用，因而易于损坏。

(3) 连续梁桥：采用连续梁作为桥跨结构承重构件的梁式桥。连续梁在竖向力作用下支点截面产生负弯矩，从而显著减小了梁跨中截面的正弯矩，这样，不但可减小梁跨中的建筑高度，而且能节省混凝土数量，跨径增大时，这种节省就愈显著。连续梁是超静定结构，当一个支点有沉降时，都会使各跨的梁体截面上产生附加内力，所以对桥梁墩台的地基要求严格。

钢筋混凝土连续梁的主孔常用跨径范围为 30m 以下，而预应力混凝土连续梁的主孔常用范围为 40～160m。

以上三种受力图式的混凝土梁桥，在墩台上必须设置专门传力和支承的部件，即支座。在工程中，混凝土梁式桥还有 T 形刚构桥和连续—刚构桥。T 形刚构桥是一种具有悬臂受力特点的梁式桥，是从桥墩上伸出悬臂段，形同“T”字，在桥跨中部与简支挂梁组成的受力结构，见图 5-2(a)。带挂梁的 T 形刚构桥是静定结构。预应力混凝土 T 形刚构的主孔常用跨径在 60～200m。连续—刚构桥综合了连续梁和 T 形刚构的特点，将主梁做成连续梁与薄壁桥墩固结，如图 5-2(b) 所示。由于薄壁桥墩是一种柔性桥墩，在竖向荷载作用下，连续—刚构桥基本上是无推力的受力体系，而梁具有连续梁的受力特点。预应力混凝土连续—刚构桥的主孔跨径已达到 270m。

T 形刚构和连续—刚构桥的主梁与桥墩均为固结，是不在墩上设支座的梁式桥。

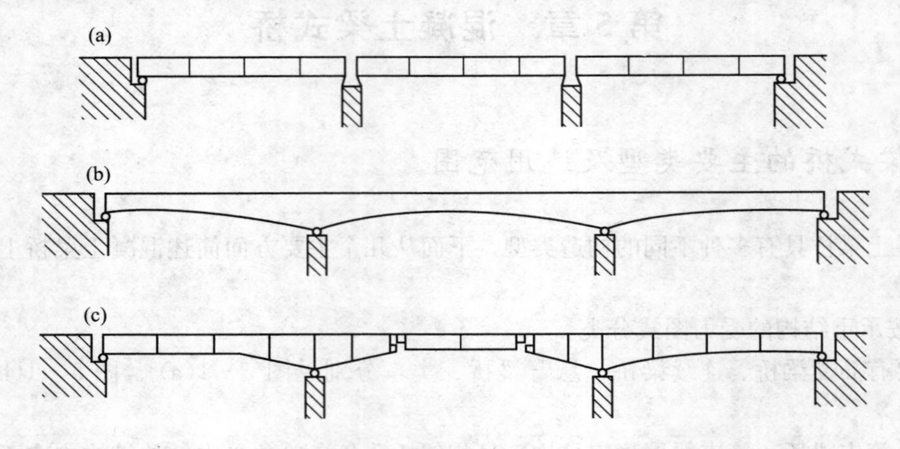

图 5-1　混凝土梁桥（1）

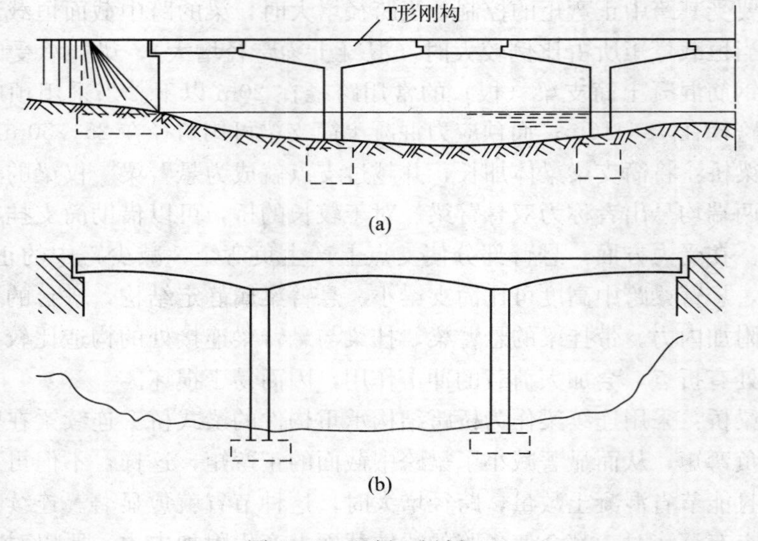

图 5-2　混凝土梁桥（2）

2. 按承重结构的横截面形式分类

（1）板桥：板桥的承重结构就是矩形截面的钢筋混凝土板或预应力混凝土板。桥跨宽度方向仅用一块混凝土板的称为整体式板桥，见图 5-3(a)；若用数块预制混凝土板横向连接形成整体的称为装配式板桥，见图 5-3(b)。

简支板桥可采用整体式结构，或装配式结构，前者跨径一般为 4～8m，后者跨径一般为 6～13m。装配式的预应力混凝土简支空心板跨径可达 16～20m。连续板桥多采用整体式结构，目前已建成的钢筋混凝土连续板桥，最大跨径达 25m，预应力混凝土连续板桥的跨径已达 33.5m。

（2）肋梁桥：桥跨横截面形成明显肋形开口截面的梁桥。梁肋（或称腹板）与顶部的钢筋混凝土桥面板结合在一起作为承重结构。

肋梁桥最适宜于采用简支受力体系，这是因为在正弯矩作用下，肋与肋之间处于受拉区的混凝土得到很大程度的挖空，显著减轻了结构自重，同时又充分利用了扩展的混凝土桥面板的抗压能力，故中等跨径 13～15m 以上的架桥，通常用简支肋梁桥（又称简支 T 形梁桥）。

图 5-3(c) 和图 5-3(d) 分别表示出了整体式和装配式肋梁桥的横截面形式。

（3）箱梁桥：承重结构是封闭形的薄壁箱形梁，见图 5-3(e)。箱形梁因底板能承受较大的压力，因此，它不仅能承受正弯矩，而且也能承受负弯矩，同时箱形梁整体受力性能好，箱壁可做得很薄，能有效地减轻重力。一般大跨径的悬臂梁桥或连续梁桥往往采用箱形梁。

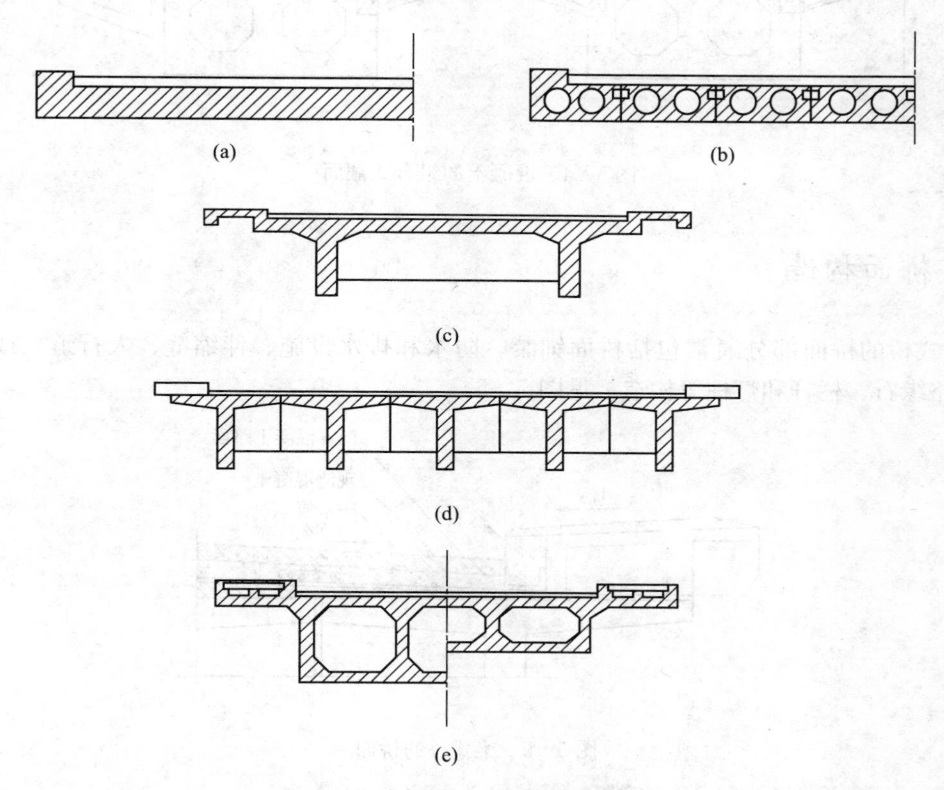

图 5-3　混凝土梁（板）的基本截面形式

3. 按施工安装方法分类

（1）整体浇筑式梁桥：在桥孔中搭设支架、模板，整体浇筑承重结构混凝土建成的梁桥。中小跨径的整体式梁桥多采用整体浇筑施工法，整体性好，并易于做成几何形状不规则、复杂的梁桥，例如曲线梁（板）、斜梁（板）桥。但其施工速度慢，要耗费大量支架模板及中断航运。

（2）预制装配式梁桥：将在预制厂或桥梁施工现场预制的梁运至桥跨，使用起重设备安装和完成各梁横向连接组成承重结构的梁桥。中小跨径装配式梁桥主要采用预制装配施工法修建。预制装配施工法生产速度快，质量易于保证，而且还能与下部结构同时施工，因此是简支混凝土梁（板）桥的主要施工方法。

（3）预制—现浇式梁桥：承重结构的梁（板）截面一部分采用预制，安装至桥跨上后，截面其余部分采用现浇并与预制部分形成整体的梁桥，又称为组合式梁桥。横截面形式见图5-4。组合式梁桥与装配式梁桥相比，预制构件的重力可以显著减少，且便于运输安装，整体性又好；与整体式梁桥相比，可节省支架和模板材料，施工进度也较快。但是，组合式梁桥施工工序较多，桥上现浇混凝土的工作量较大，而且预制部分的结构在施工过程中要单独承受桥面现浇混凝土的重力，所以总的材料用量要比整体式桥和装配式桥多一些。

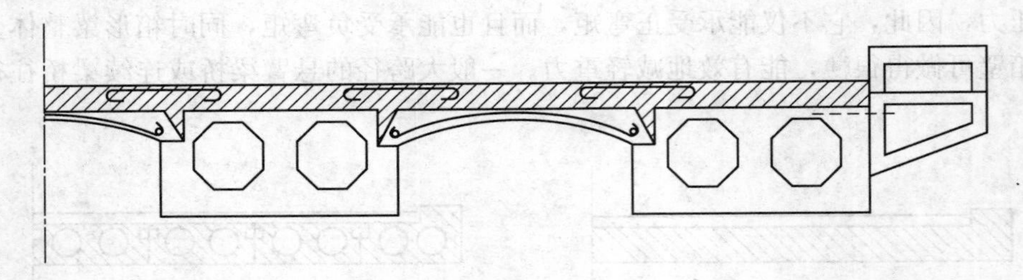

图5-4　混凝土的组合式截面

5.2　桥面构造

梁式桥的桥面部分通常包括桥面铺装、防水和排水设施、伸缩缝、人行道（或安全带）、路缘石、栏杆和灯柱等构造，见图5-5。

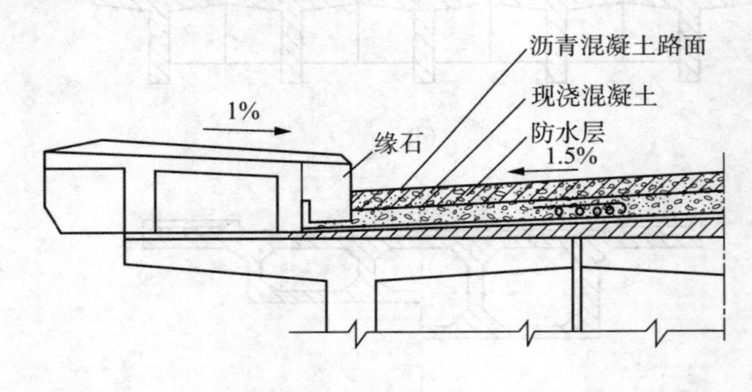

图5-5　梁式桥的桥面

1. 桥面铺装

桥面铺装的作用是防止车轮轮胎或履带车直接磨耗行车道板；保护主梁免受雨水侵蚀；分散车轮的集中荷载。因此，桥面铺装要有一定的强度，防止开裂，并保证耐磨。桥面铺装的种类有以下两种

（1）水泥混凝土或沥青混凝土铺装

梁式桥采用水泥混凝土铺装，其最小厚度为100mm，混凝土强度等级不低于梁（板）混凝土等级。水泥混凝土桥面铺装中应设置钢筋网，所用钢筋直径宜为8～12mm，网格尺寸为150mm×150mm。当采用沥青混凝土铺装时，一般厚度为90mm，并且在铺装层下必须设防水层。

(2) 防水混凝土铺装

在需要防水的梁桥上，可在桥面板上铺设 80～100mm 的防水混凝土，并且铺设钢筋网，然后在防水混凝土铺装上再铺筑 40mm 厚的沥青混凝土作为可修补的磨耗层。

为了迅速排除桥面雨水，桥面铺装层的表面做成横向 1.5%～2%的横坡，通常是在桥面板顶面铺设混凝土三角垫层来构成；对于板桥或就地浇筑的肋梁桥，为了节省铺装材料并减轻重力，也可将横坡直接设在墩台顶部而做成倾斜的桥面板，此时可不设置混凝土三角垫层。桥面铺装的表面曲线通常采用抛物线型。人行道设 1%的向内横坡。表面用直线型。

2. 桥面排水和防水设施

(1) 桥面排水

钢筋混凝土结构不宜经受时而湿润、时而干晒的交替作用。湿润后的水分如接着因严寒而结冰，则更有害。因为渗入混凝土微细发纹和孔隙内的水分，在结冰时会使混凝土发生破坏，而且，水分的侵蚀也会使钢筋锈蚀。因此，防止雨水积滞于桥面并渗入梁体而影响桥梁的耐久性，除在桥面铺装层内设置防水层外，应使桥上的雨水迅速排出桥外。

桥面排水是借助于桥面纵坡和横坡的作用，把雨水迅速汇向集水口，并从泄水管排出。当桥面纵坡大于 2%而桥长小于 50m 时，一般能保证雨水从桥头引道上排出，桥上可以不设泄水管，此时可在引道两侧设置流水槽，以免雨水冲刷引道路基；当桥面纵坡大于 2%而桥长大于 50m 时，为防止雨水积滞桥面，就需要设置泄水管，顺桥长每隔 12～15m 设置一个。当桥面纵坡小于 2%时，泄水管就需设置得更密一些，一般顺桥长每隔 6～8m 设置一个。

排水用的泄水管设置在行车道两侧，可对称排列，也可交错排列。泄水管离路缘石的距离为 0.3～0.5m，见图 5-6。泄水管的过水面积通常按每平方米桥面至少应设 100mm² 的泄水管截面面积。目前，公路桥常用的泄水管有钢筋混凝土管和铸铁管两种，其构造如图 5-7 所示。

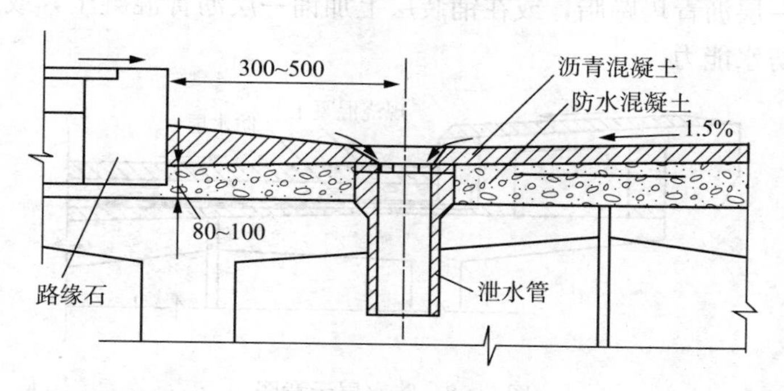

图 5-6 泄水管布置（mm）

(2) 防水层

桥面防水层设置在桥面铺装层下面，它把透过铺装层渗下来的雨水接住并汇集到泄水管排出。

防水层一般由两层无纺布和三层改性沥青组合而成，厚约 2mm。防水层顺桥面纵向

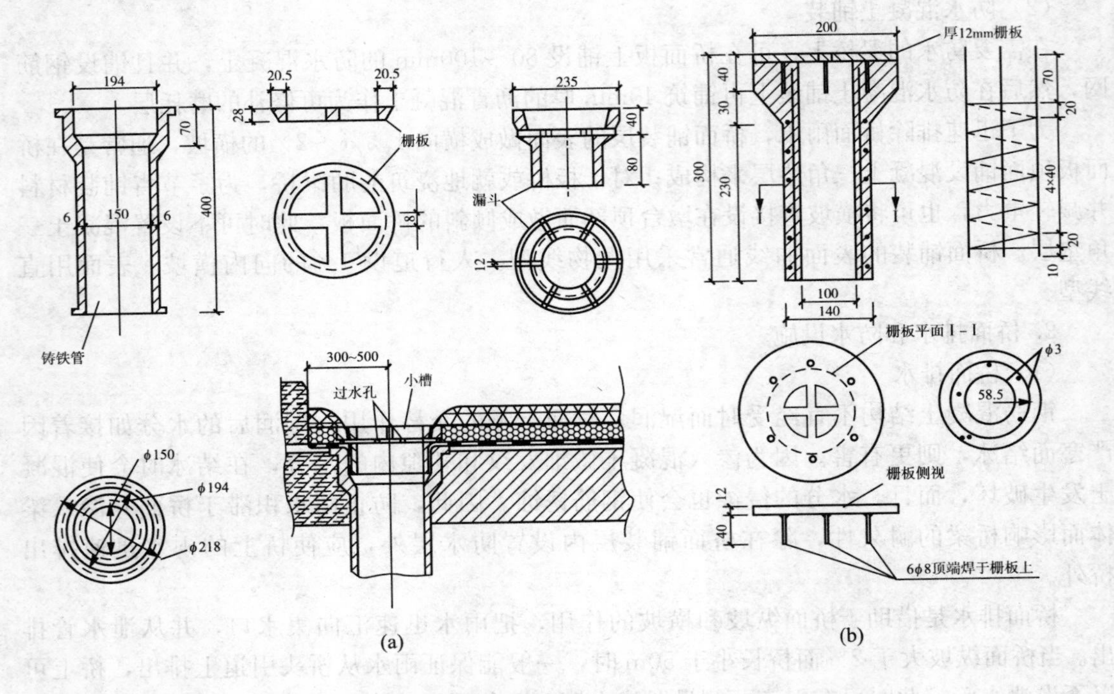

图 5-7 公路桥常用泄水管（mm）

（a）铸铁泄水管；（b）钢筋混凝土泄水管

应铺过桥台背；桥面两侧伸过路缘石底面从人行道与路缘石的砌缝里向上叠 100mm，见图 5-8。防水层需用厚 30mm 以上的水泥混凝土作保护层，然后再在上面铺沥青混凝土或浇筑水泥混凝土。由于上述防水层的造价高，施工又麻烦，它虽有防水作用，但却把行车道板与铺装层隔开，处理不好，将使铺装层起壳开裂。因此，除在严寒地区，为防止渗水冰冻引起桥面破坏或在行车道板内钢筋因裂缝而锈蚀，才予以设置。在气候温暖地区，可在三角垫层上涂一层沥青玛蹄脂，或在铺装层上加铺一层沥青混凝土，或用防水混凝土做铺装层，以增强防水能力。

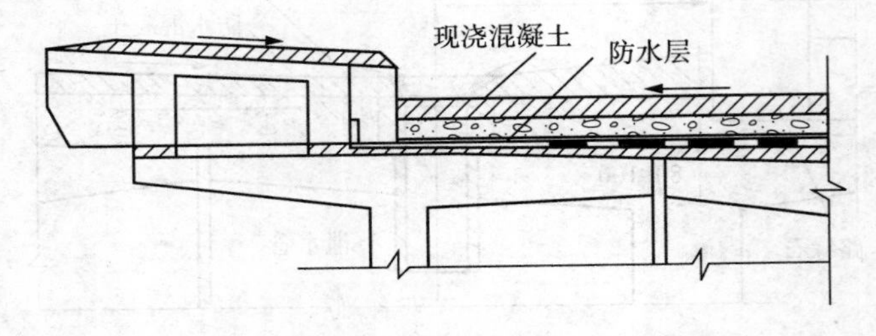

图 5-8 防水层示意图

3. 伸缩缝

当气温变化时，梁的长度也随之变化，因此在梁与桥台间，梁与梁之间应设置伸缩缝。在伸缩缝处的栏杆和铺装层都要断开。伸缩缝的构造既要保证梁能自由地变形，又要车辆在伸缩缝处能平顺地、无噪声地通过，还要不漏水，安装和养护简单方便。常用的伸缩缝有以下几种。

（1）U形镀锌薄钢板式伸缩缝

对于中小跨径的梁式桥，当其纵向总变形量在20～40mm以内时，常采用以镀锌薄钢板式为跨缝材料的伸缩缝装置，见图5-9。弯成U形断面的长条镀锌薄钢板，分上下两层，上层的弯形部分开凿了孔径6mm、孔距30mm的梅花眼，其上设置石棉纤维垫绳，然后用沥青胶填塞。这样，当桥面伸缩时镀锌薄钢板可随之变形。下层U形镀锌薄钢板可将渗下的雨水沿横向排出桥外。

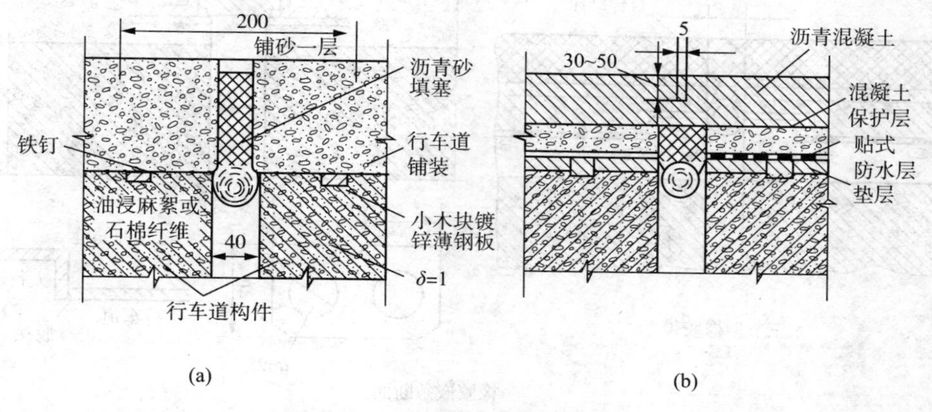

图5-9　U形镀锌薄钢板式伸缩缝

（2）组合伸缩缝

由V形密封橡胶条与型钢组成的伸缩缝装置，可以根据变形量的要求组合成单联和多联，见图5-10。伸缩缝选择的变形量模数为80mm，以此为基本模数进行分级，多联组合伸缩缝的位移量可由160mm至1200mm。单联组合伸缩缝，适用于位移量小于及等于80mm的中小跨径梁桥。

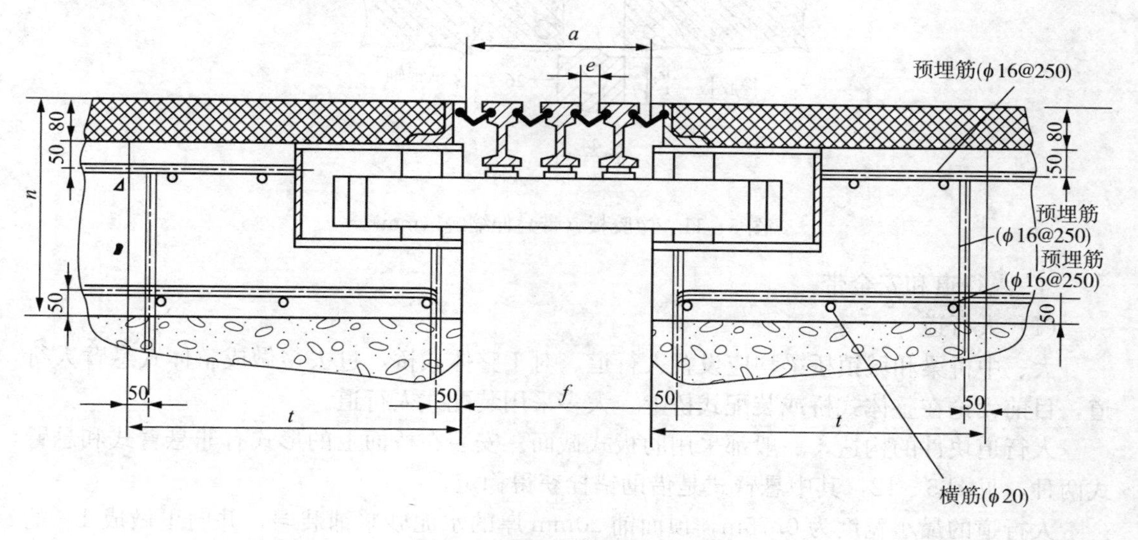

图5-10　组合伸缩缝（mm）

在公路桥梁上使用的伸缩缝还有橡胶带伸缩缝和橡胶板伸缩缝，见图5-11。使用氯丁橡胶制成具有2个（3个）圆孔的伸缩缝橡胶带直接胶贴在钢板上，构造简单，使用方便，但不适应较大的变形量要求，仅用于伸缩量为20～60mm的场合且耐久性差。橡胶板伸缩缝的跨缝材料是内置有钢板的橡胶板，使伸缩缝本身既能受拉，又能受压。橡胶板厚55～130mm，梁体的纵向变形由橡胶层上的槽口的压缩和张开来完成，常用于变形量在100mm左右的场合。

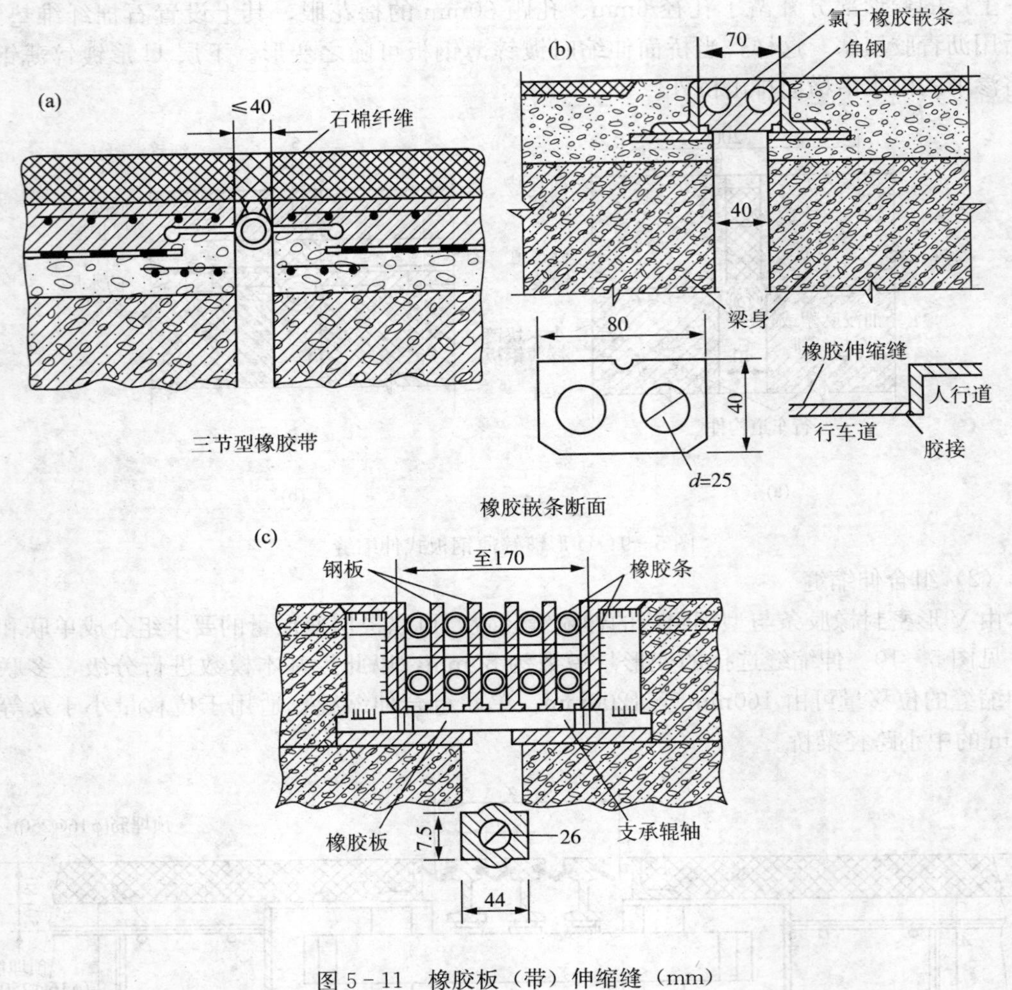

图 5-11　橡胶板（带）伸缩缝（mm）

4. 人行道和安全带

(1) 人行道

大、中桥梁和城镇桥梁均应设置人行道。对于整体式桥，过去多做成整体式悬臂人行道，目前无论在整体式桥或装配式桥上，大多采用装配式人行道。

人行道块件的构造，一般都采用肋板式截面。安装在桥面上的形式有非悬臂式和悬臂式两种，见图 5-12，其中悬臂式是借助锚栓获得稳定。

人行道的最小宽度为 0.75m，顶面铺 20mm 厚的水泥砂浆铺装层，并向里做成 1%的横坡，以利排水。

(2) 安全带

在交通量不大或行人稀少地区，一般可不设人行道，而只设安全带。

安全带宽度 250mm，其块件构造有矩形截面和肋板式截面两种，见图 5-13。安装在桥面上的形式也有非悬臂式和悬臂式两种，其中悬臂式也要借助锚栓获得稳定。

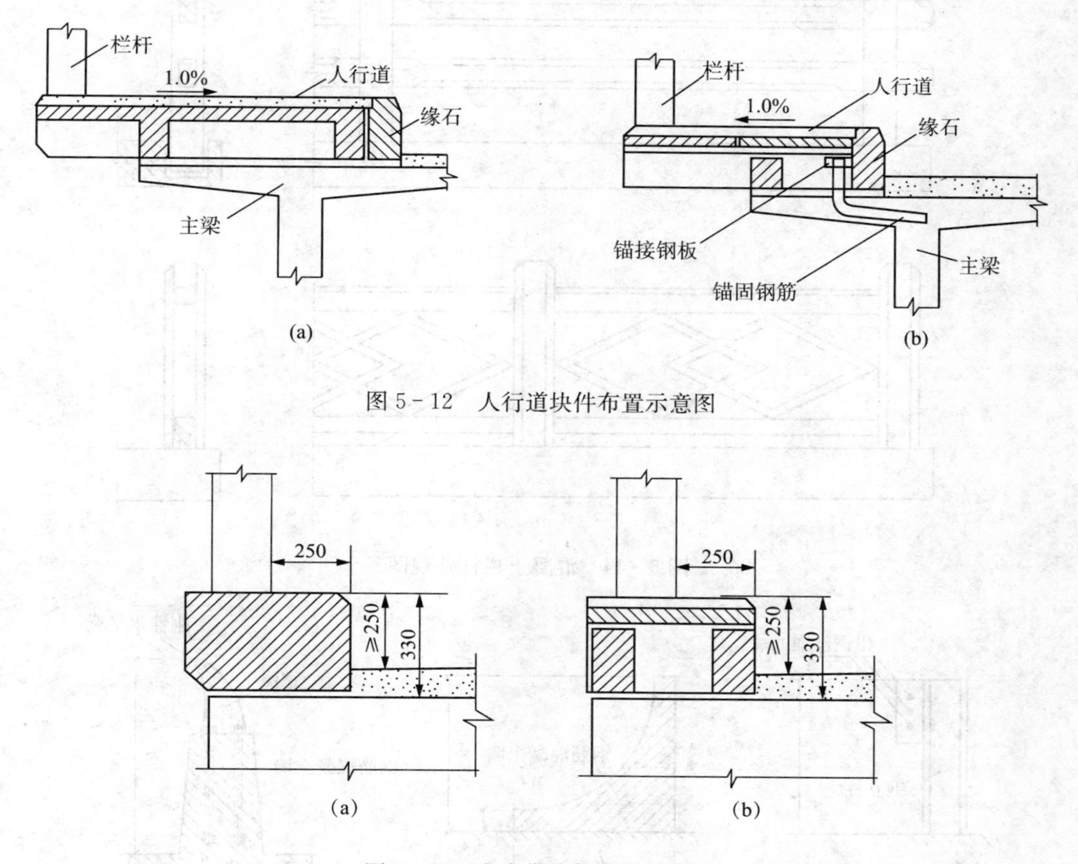

图 5-12　人行道块件布置示意图

图 5-13　安全带块件布置示意图

5. 栏杆

栏杆是一种安全防护设备，应简单适用，朴素大方。栏杆高度通常为 800～1200mm，有时对于跨径较小且宽度不大的桥可将栏杆做得矮些（600mm）。

对公路桥梁，可采用结构简单的扶手栏杆，见图 5-14(a)。这种栏杆是在人行道上每隔 1.6～2.7m 设置栏杆柱，柱与柱之间用扶手连接。栏杆柱的截面可内配钢筋；扶手内也配钢筋。扶手用水泥砂浆固定在柱的预留孔内。但在桥面伸缩缝处，扶手和柱之间应能自由变形。

对于城郊桥梁，可采用造型美观的双棱形花板栏杆，见图 5-14(b)。

在高速公路桥梁上，为了防止高速行车的事故损失及设施的损坏，采用专门的桥梁护栏设施。图 5-15(a) 所示为金属梁柱式护栏，立柱和横梁均为钢制或铝合金制；图 5-15(b) 所示为钢筋混凝土墙式护栏，是一种刚性护栏，即它是基本不变形的护栏结构，利用失控车辆碰撞后爬高并转向来吸收碰撞能量；图 5-15(c) 所示是组合式护栏，它是由钢筋混凝土墙式护栏和金属梁柱式护栏组合成的。

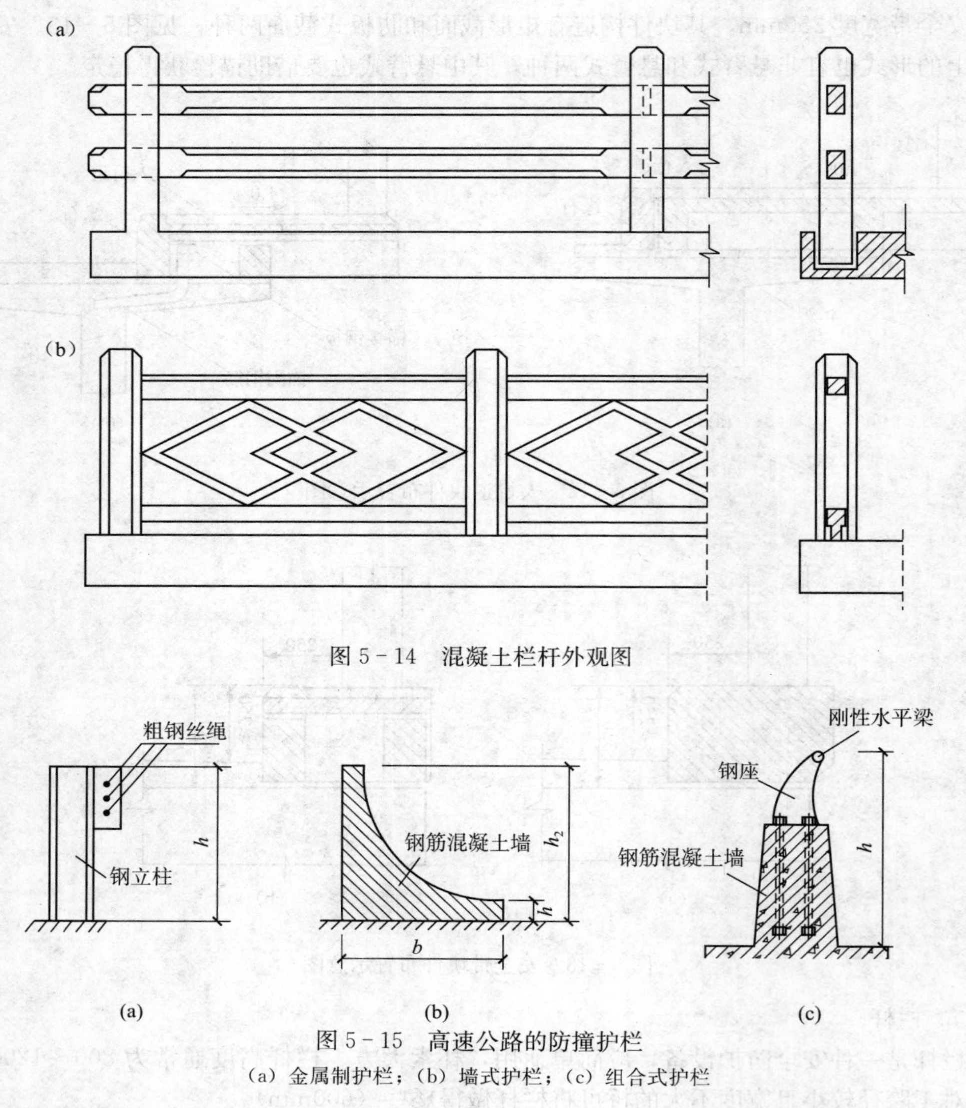

图 5-14　混凝土栏杆外观图

图 5-15　高速公路的防撞护栏

（a）金属制护栏；（b）墙式护栏；（c）组合式护栏

5.3 板桥

公路混凝土简支板桥的跨径在 8m 以下时，实心板的材料用量与空心板相比增加不多，而且构造简单，施工方便，因此，跨径 8m 以下的板桥采用实心板比较合适。当跨径大于 8m 时，实心板的材料用量与空心板相比增加很多，因此，这时采用空心板比较合适。

简支板作为板桥的行车道板，主要尺寸是板的厚度，它应满足承载能力和刚度的要求。设计时可参照表 5-1 所示的板厚与跨径比值来初步拟定板的厚度。但为了保证混凝土的浇筑质量，对实心的行车道板厚度应不小于 100mm；对空心板，中间挖空后截面内最小厚度和最小宽度不宜小于 70mm。

板厚度与跨径之比值 **表 5-1**

截面形式	整体式实心板	装配式实心板	装配式空心板
厚跨比（h/l）	1/16～1/12	1/22～1/16	1/20～1/14

注：l——板的标准跨径，h——板的厚度。

5.3.1 整体式正交板桥

整体浇筑的简支板桥一般均采用等厚度钢筋混凝土板，它具有整体性好、横向刚度大，而且易于浇筑所需要的形状等优点。在小跨径的桥梁上得到广泛的应用。

整体式板桥的板宽大，在荷载作用下，板的横向发生弯曲。由图 5-16，从跨中部分垂直于桥轴的桥中线的横向弯矩影响线可知，当荷载位于桥中线时，板内将产生正的横向弯矩；当荷载位于板的两边时，板内将产生负的横向弯矩。由此可知，板中除了布置纵向主筋之外，尚需布置与主筋方向相垂直的横向钢筋，称为分布钢筋，它通常布置在主筋的上面，见图 5-17。主筋与分布钢筋构成的纵横钢筋网尚可防止由于混凝土收缩、温度变化所引起的裂缝。当板宽度较大时，板的横向将产生负弯矩，为此，还必须在板的顶部配置适当的横向钢筋。

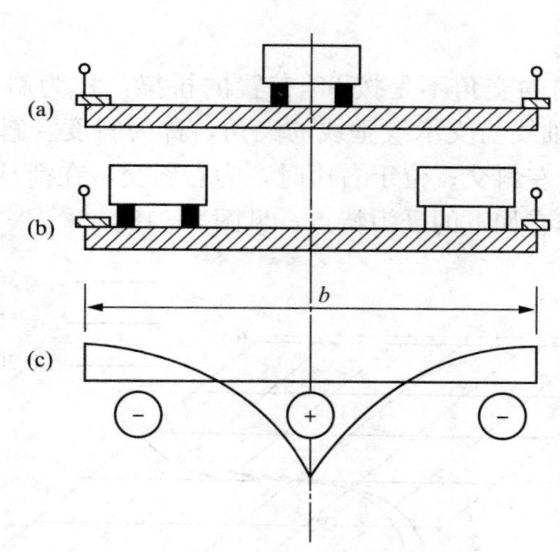

图 5-16 板桥的横向弯矩

（a）横桥向产生正弯矩的活荷载；（b）横桥向产生负弯矩的活荷载；（c）板跨中部分横向弯矩影响线

钢筋混凝土行车道板内主筋直径应不小于 10mm，间距不大于 200mm。板内主筋可以不弯起，也可以弯起。有弯起时，通过支点的不弯起钢筋，每米板宽内不少于 3 根，截面积不少于主筋截面的 1/4。弯起的角度为 30°或 45°，弯起的位置为沿板高中线计算的 1/6～1/4 跨径处。对于分布钢筋，直径应不小于 6mm，间距不大于 250mm，同时在单位长度板宽内的截面积应不少于主筋截面积的 15%。板的主钢筋与板边缘间的净距应不小于 15mm。

图 5-17 所示为标准跨径 6m，行车道宽度 7m，两边设 25mm 的安全带，按汽车-10 级、履带-50 级设计的整体式简支板桥的构造。计算跨径为 5.69m，净跨径为 5.40m，板厚为 360mm。纵向主钢筋用直径 18mm 的 HRB335 钢筋，分布钢筋用直径 10mm 的 R235

钢筋。由于板内的主拉应力一般不大，按计算可不设斜筋，但是从构造上考虑有时仍将多余的一部分主钢筋弯起。桥跨结构的混凝土设计强度为 20MPa。

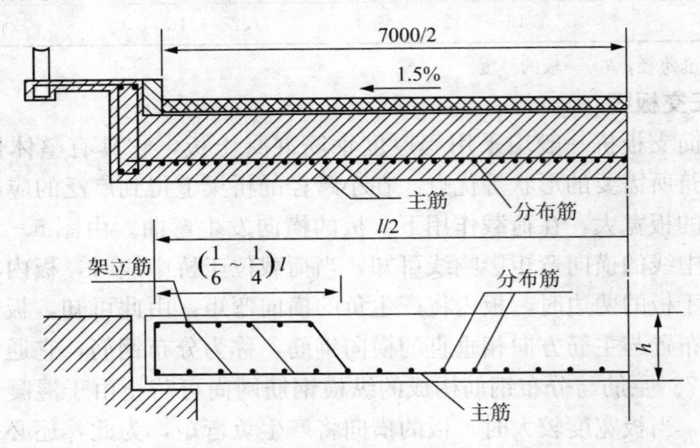

图 5－17　整体式板的钢筋布置图

5.3.2　整体式斜交板桥

桥梁轴线与水流方向的交角不是按 90°布置的桥梁，称为斜交桥。相交的角度（锐角），称为斜交角；桥梁轴线与支承线垂线的夹角，称为斜度。斜度位于桥梁轴线（以路线前进方向）左边时，为左斜交；位于右边时，为右斜交，在荷载作用下，斜交板桥的受力比正交板桥复杂，它具有如下的受力特点，见图 5－18。

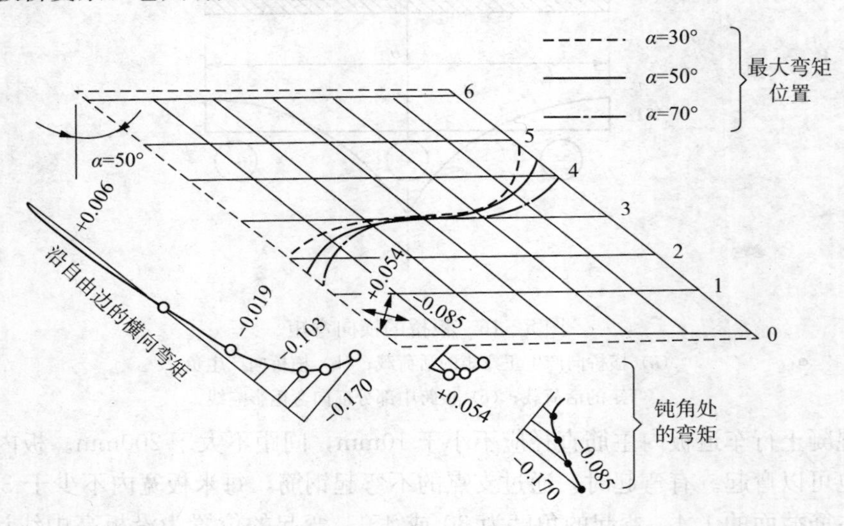

图 5－18　斜交板桥的受力特性

（1）最大主弯矩方向，在板的中央部分，接近于垂直支承边；在板的自由边处，接近于自由边与支承边垂线之间的中间方向。最大主弯矩的位置随斜度的增大而变化，从跨中向钝角部位移动。

（2）在钝角处有垂直于钝角平分线的负弯矩，它随斜度的增大而增加，但其分布范围不宽，并且迅速消减。

（3）支承反力从钝角处向锐角处逐渐减少，因此，锐角有向上翘起的倾向。同时，存在着相当大的扭矩。

为了形象地解释上述现象，可以把斜板化成以 A、B、C 和 D 为支承的三跨连续梁，见图 5－19。斜板在均布荷载和中央集中荷载作用下，支点 A 和 D 产生负反力。为阻止锐角处上翘，就在 AB 和 CD 间产生负弯矩，且 B 点和 C 点处负弯矩最大，说明了钝角部位产生较大负弯矩的原因。此外，当从 AB 和 CD 部分向 BC 部分传递弯矩时，尚对 BC 部分引起扭矩。斜板内的 E 点弯矩大致在 BC 方向为最大，随着 l/b 的比值逐渐减小，E 点的弯矩方向逐渐接近于垂直支承边。

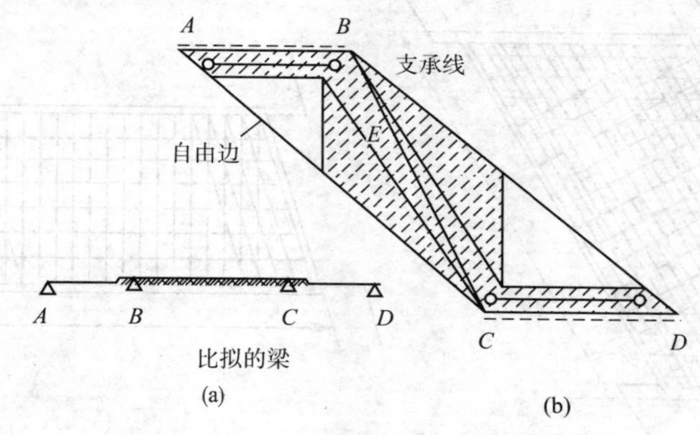

图 5－19　描述斜板受力概念的比拟梁

（a）斜板；（b）比拟梁

熟悉了斜板的工作性能后，就不难配置斜板的钢筋。当斜度小于 15°时，可按正交板布置钢筋；当斜度大于 15°时，按斜交板布置钢筋。

斜交板主钢筋的布置有两种方法。一种按主弯矩方向变化布置钢筋，见图 5－20。这种布筋方法因主钢筋长度不一致而使钢筋种类增多。另一种按斜板的受力特性布置钢筋。主钢筋的方向：当 $l/b \geqslant 1.3$ 时，主钢筋平行于自由边布置，见图 5－21(a)；当 $l/b < 1.3$ 时，从钝角开始主钢筋垂直于支承边布置，靠近自由边的局部范围内沿斜跨径方向布置，见图 5－21(b)，一直到与中间部分的主钢筋相衔接时为止。

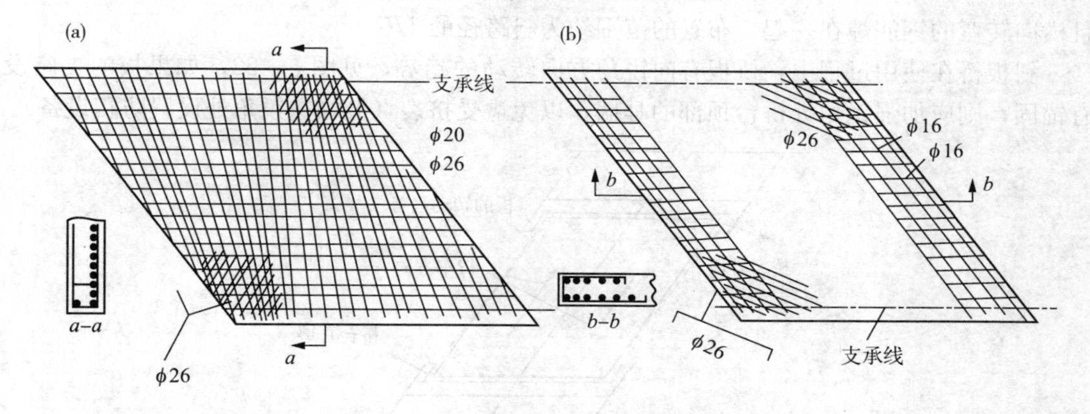

图 5－20　斜拉桥的布筋方法之一

（a）底层钢筋；（b）顶层钢筋

分布钢筋的方向。对第一种情况，分布钢筋方向平行于支承边，见图 5-20(b)。对第二种情况，当 $l/b \geqslant 1.3$ 时，从两钝角起到板跨中央的一段，分布钢筋方向与主钢筋垂直，在支承边附近范围内的分布钢筋平行于支承边，一直到与中间部分的分布钢筋相衔接为止，见图 5-21(a)；当 $l/b < 1.3$ 时，分布钢筋方向平行于支承边，见图 5-21(b)。

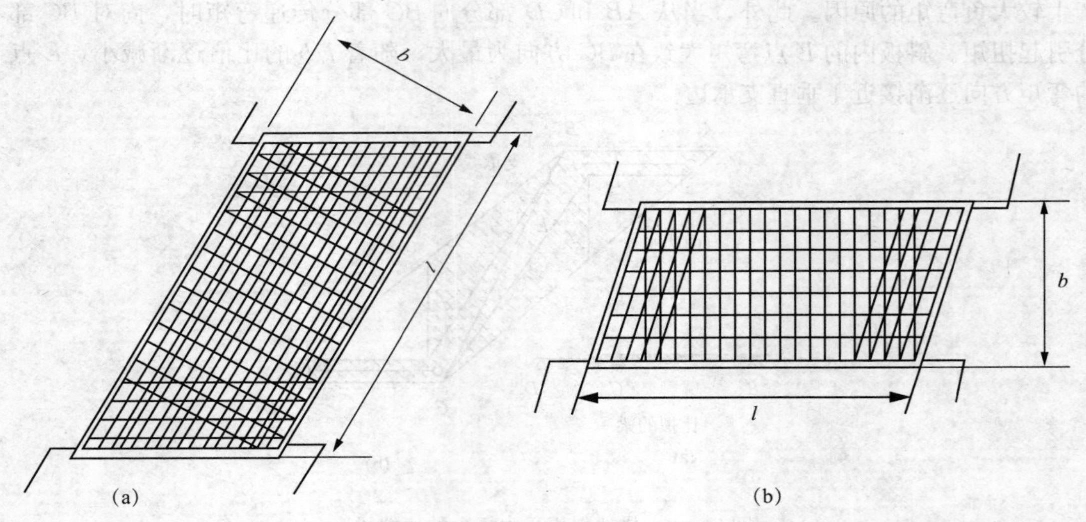

图 5-21　斜拉桥的布筋方法之二

(a) 主钢筋平行自由边 $\left(\frac{l}{b} \geqslant 1.3\right)$；(b) 主钢筋垂直于支承边 $\left(\frac{l}{b} < 1.3\right)$

为了承受较大的支点压力，在钝角底层增设方向平行于钝角平分线的附加钢筋（为了克服钝角布筋层数过多的缺点，可改用平行于主钢筋和分布钢筋方向的钢筋网）；为了承受较大的钝角顶面负弯矩，在钝角上层处设垂直于钝角平分线的附加钢筋。这两种钢筋每米宽度的面积为跨中主钢筋的 K 倍（当 $15° < \alpha < 30°$ 时，$K=0.8$；当 $30° < \alpha < 45°$ 时，$K=1.0$），布置范围约为斜跨径的 1/5。为了抵抗扭矩，在板的自由边上层加设一些钢筋网，见图 5-20。当斜度较大时，在支承附近上层布置平行于支承边的钢筋网，并与边缘弯起且横向转弯的钢筋焊在一起，布置的范围约为斜跨径的 1/5。

斜板桥在使用过程中，桥板有向锐角方向转动的趋势，见图 5-22，如果板的支座没有锚固，则应加强锐角处桥台顶部的耳墙，以免遭受挤裂（最好在锐角处设置防爬设备）。

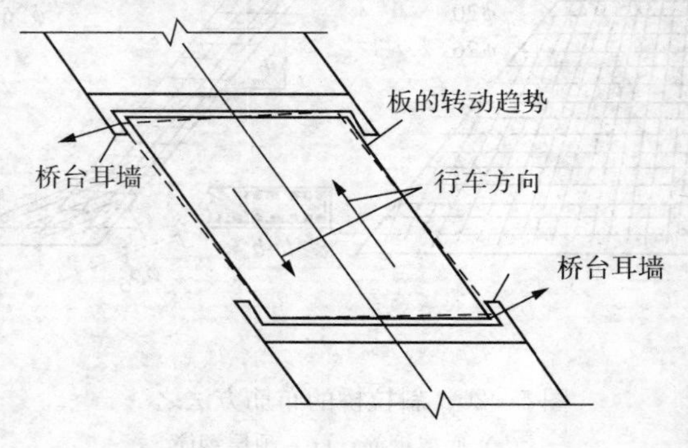

图 5-22　斜桥转动趋势

5.3.3 装配式正交实心板桥

装配式板桥的桥面板，为便于构件的运输、安装，沿桥宽划成数块。通常板宽采用1m，实际宽度为0.99m，这是考虑到现场安装时，有1cm的调整余地。

装配式实心板多采用钢筋混凝土简支板。图5－23所示为标准跨径6m，行车道宽度7m，两边设0.75m的人行道，按汽车－15级、挂车－80、人群荷载3kN/m² 设计的装配式简支板桥的构造。计算跨径为5.68m，净跨径为5.4m，预制板厚为0.28m，桥面铺装为80mm（其中60mm参与受力）。

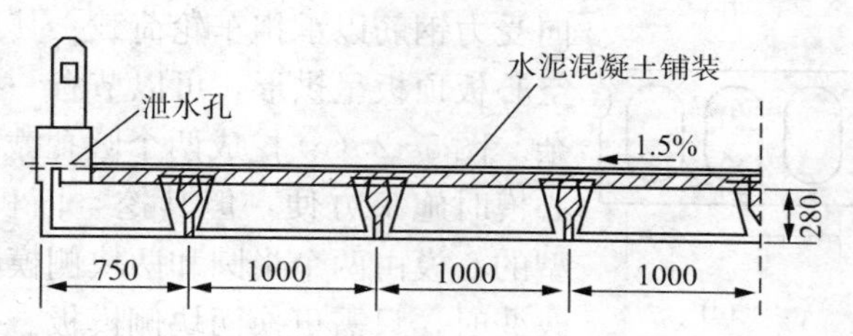

图5－23 装配式简支实心桥构造（mm）

图5－24所示为行车道块件构造。纵向主钢筋用直径18mm的HRB335钢筋，箍筋用直径6mm的R235钢筋，架立钢筋用直径8mm的R235钢筋。预制板安装就位后，在企口缝内填筑强度等级比预制板高的小石子混凝土（一般采用C30混凝土），并浇筑厚80mm的C25混凝土铺装层使之连成整体。为了加强预制板与铺装层的结合，以及相邻预制板的连接，将板中的箍筋伸出预制板顶面，待板安装就位后将这段钢筋弯平，并与相邻预制板中的箍筋相互搭接，以钢丝绑扎，然后浇筑于混凝土铺装层中。当桥梁下部结构采用轻型桥台时，预制板块件两端均应设置栓钉与墩台锚固；当下部结构采用重力式墩台时，只需在一端设置栓钉，栓钉直径与主钢筋相同。块件吊点位置应设置在距端头0.5m处。

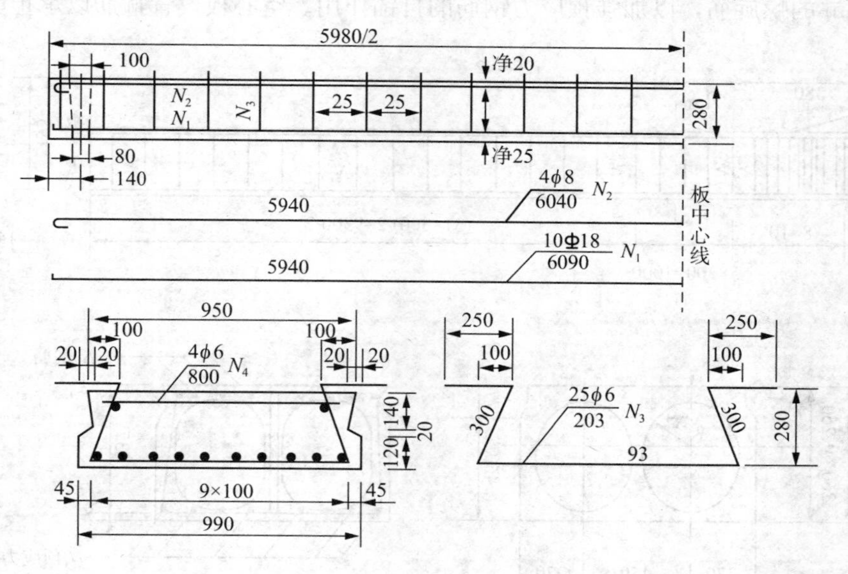

图5－24 实心板行车道块件构造（mm）

5.3.4 装配式正交空心板桥

装配式钢筋混凝土空心板桥目前使用跨径范围 6～13m；预应力混凝土空心板桥常用跨径为 8～16m。

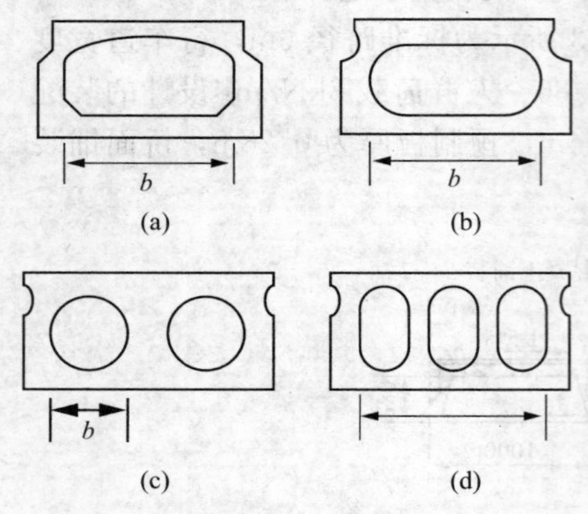

图 5-25 空心板的截面形式

空心板的开孔形式很多，图 5-25 所示为几种常用的开孔形式。开孔形式要求模板制造和装拆方便，使用率高，材料省，造价低，图 5-25(a) 和图 5-25(b) 所示的单孔，挖空面积最多，但顶板需配置横向受力钢筋以承担车轮荷载。其中，图 5-25(a) 所示空心板顶板呈拱形，可以节省一些钢筋，但模板较复杂。图 5-25(c) 挖成两个圆孔截面，当用无缝钢管作心模时施工方便，但其挖空面积较小。图 5-25(d) 型的心模由两个半圆和两块侧模板组成，当板的厚度改变时，只需更换两块侧模板。空心板模断面最薄处不得小于 70mm。为了保证抗剪强度，空心板应在截面内按计算需要配置弯起钢筋和箍筋。

图 5-26 所示为标准跨径 13m，行车道宽度 7m，两边设 0.25m 的安全带，按汽车—20级，挂车—100 设计的装配式预应力混凝土空心板桥的行车道块件构造示意图。计算跨径为 12.6m，预制板厚为 0.6m。每块空心板的横截面开两个宽 0.38m、高 0.46m 的腰圆孔截面，混凝土最薄处为 0.7m。采用 C40 的混凝土预制空心板和填塞铰缝。每块板在下缘配置 7 根直径为 20mm 的冷拉级预应力钢筋（抗拉设计强度为 700N/mm^2），采用先张法张拉。顶面配置 3 根直径为 12mm 的非预应力钢筋。支点附近板的顶面配置 6 根直径为 8mm 的非预应力钢筋，以承受施加预应力时产生的拉应力。在预应力钢筋的端头配置直径为 6mm 的螺旋筋，以加强预应力钢筋的自锚作用。空心板设置箍筋以承担剪力。

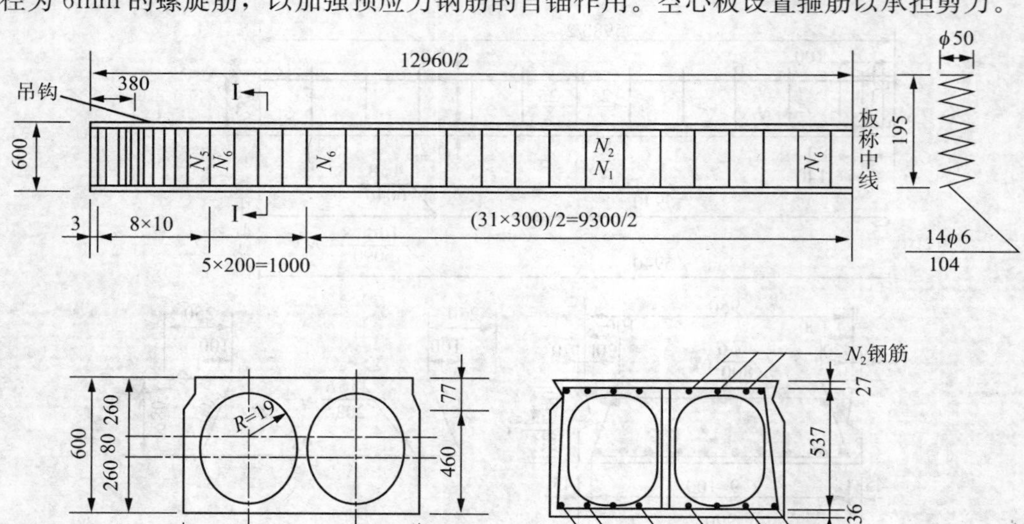

图 5-26 预应力空心板行车道块件构造

5.3.5 装配式斜交板桥

装配式斜交板桥与整体式一样，具有斜交板的力学特性。不过，由于每块装配式板的跨宽比很大，所以斜板内的受力情况要比整体式板好，板的配筋也有所不同。

图 5-27 所示为装配式简支斜板桥的平面布置，板的钢筋布置与斜度大小有关。当斜度 $\alpha=25°\sim35°$时，块件主钢筋顺桥向布置，箍筋平行于支承线布置，与主筋斜交，见图 5-28(a)；当斜度 $\alpha=40°\sim60°$时，块件主钢筋顺桥向布置，箍筋垂直于主钢筋布置，另外，在块件两端支点附近 1m 范围内各增加 5 根与主钢筋斜交的、平行于支承线的箍筋，见图 5-28(b)。

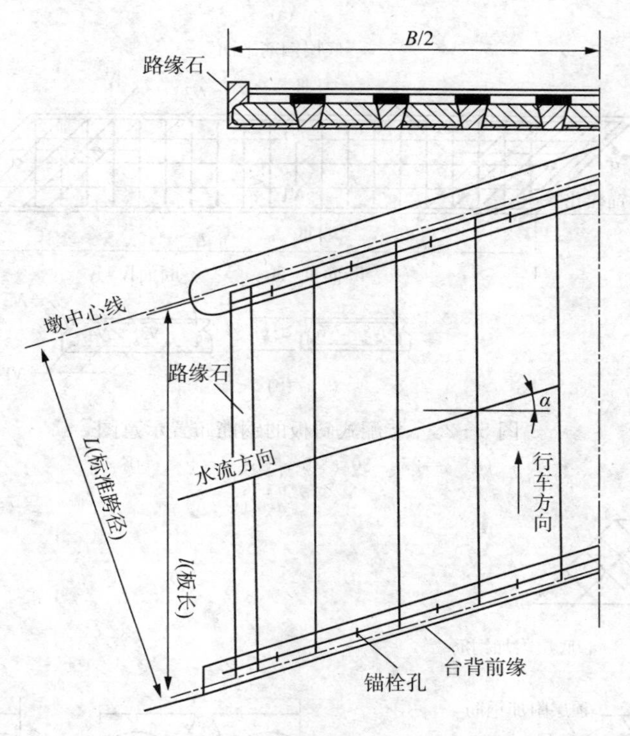

图 5-27 装配式简支斜板桥的平面布置

在斜板桥块件的钢筋布置中，当斜度 $\alpha=40°\sim60°$时，在块件的两端要设置附加钢筋。对 $\alpha=40°\sim50°$，只在块件两端底层布置垂直于支承线的附加钢筋，见图 5-29(a)；对 $\alpha=50°\sim60°$，还需在块件两端顶层布置垂直钝角平分线的附加钢筋，见图 5-29(b)。

装配式板桥的横向连接：

为了增加块件间的整体性和在外荷载作用下相邻的几个块件能共同工作，在块件之间必须设置横向连接，这种横向连接的构造有企口圆形混凝土铰和企口棱形混凝土铰，见图 5-30。它是在块件安装就位后，在企口缝内用 C30～C40 的小石子混凝土填筑密实而成的。

为了加强块件间和板与桥面铺装间的连接，还可将块件中钢筋伸出与相邻块件伸出的钢筋互相搭接绑扎，并浇筑在混凝土铺装层内。

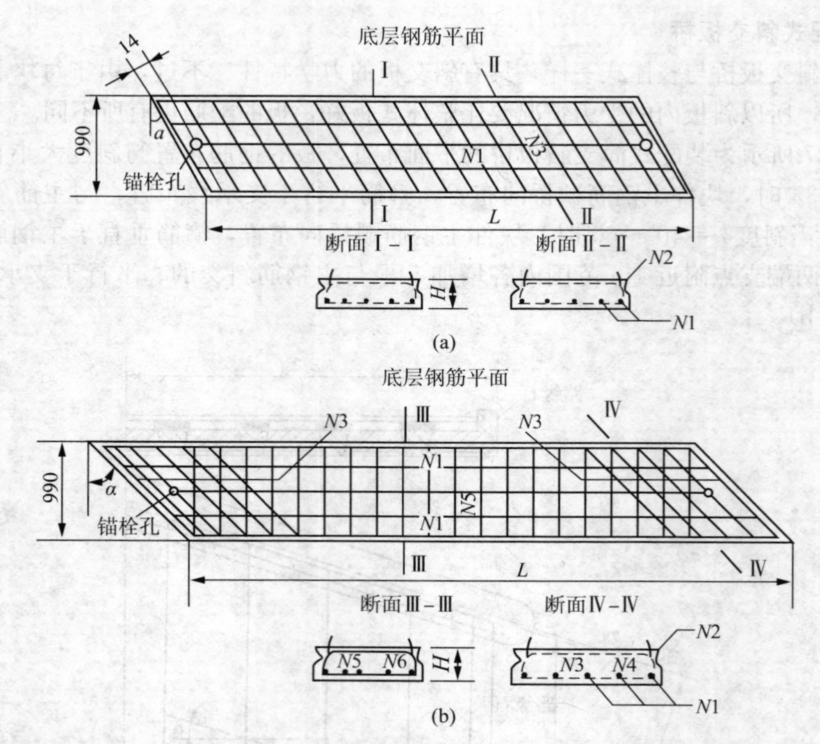

图 5-28 装配式斜板的钢筋布置示意图

（a）$\alpha=25°$、$30°$、$35°$；（b）$\alpha=40°$、$60°$

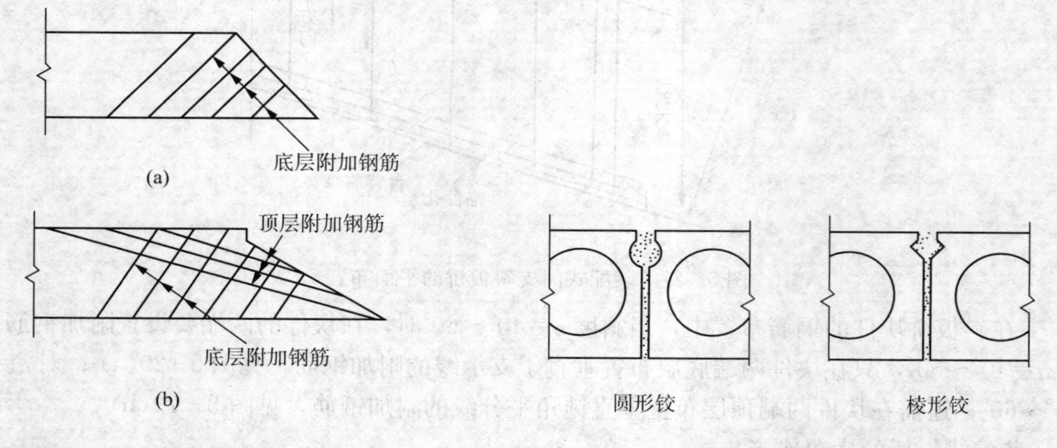

图 5-29 斜板桥块件附加钢筋布置

图 5-30 装配式板间现浇企口混凝土铰示意图

5.4 装配式 T 形简支梁桥的设计与构造

装配式 T 形梁桥是由几根 T 形截面的主梁（它包括主梁肋和设在主梁肋顶部的翼板（也称为行车道板））和与主梁肋相垂直的横向肋板（也称为横隔梁）组成。通过设在横隔梁下方和横隔梁顶部翼缘板处的焊接钢板连接成整体，见图 5-31，或用现场浇筑混凝土连接而成的桥跨结构。在行车荷载作用下，将行车道板上的局部荷载分布给各根主梁。

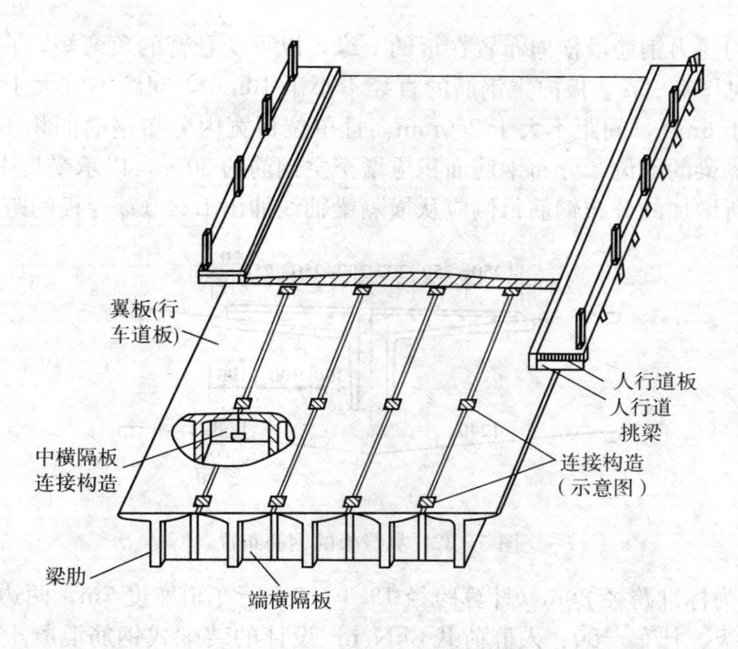

图 5-31　用焊接钢板连接的装配式 T 形桥梁

5.4.1　装配式钢筋混凝土简支 T 形梁桥

（1）主梁的布置与尺寸

主梁间距不但与材料用量、构件的安装重量有关，而且与翼板的刚度有关。一般说来，对于跨径大一些的桥，适当地加大主梁间距，可减少钢筋和混凝土的用量。但由于桥面板的跨径增大，悬臂板端部较大的挠度将引起接缝处桥面纵向裂缝的可能性也要大些。同时，构件重力的增大也使吊运和安装工作增加困难。主梁间距一般在 1.5～2.2m 之间。对于用钢板连接的 T 形梁桥，考虑到翼板刚度和现有施工条件，主梁间距一般采用 1.6m。

主梁的高度随跨径大小、主梁间距、设计荷载等级而定，约为跨径的 1/16～1/11。主梁梁肋的宽度在满足抗剪要求的情况下，尽量减薄，以减轻构件的重力，但应满足主钢筋布置的要求，一般为 150～200mm。

（2）横隔梁的布置与尺寸

横隔梁在装配式梁桥中起着连接主梁的作用，它的刚度愈大，桥梁的整体性越好，在荷载作用下各主梁就能更好地共同受力。因此，T 形梁桥须在跨内设 3～5 道的横隔梁。然而，设置横隔梁将使模板复杂化，同时，横隔梁的接头焊接也必须在专门的脚手架上进行。

横隔梁的高度可取主梁高度的 3/4。考虑到梁体在运输和安装过程中的稳定性，端横隔梁最好做成与主梁同高。横隔梁梁肋的宽度为 13～20mm，宜做成上宽下窄和内宽外窄的楔形，以便于施工时脱模。

（3）主梁翼板尺寸与构造

翼缘板的宽度应比主梁间距小 20mm，以便在安装过程中调整 T 梁的位置和制作上的误差。翼板的厚度，在端部较薄，一般不小于 60mm，在肋板相交处，不小于梁高的 1/12。

翼缘板内的受力钢筋沿横向布置在板的上缘，以承受悬臂的负弯矩，在顺桥向还应设置分布钢筋，见图 5－32。板内主钢筋的直径不小于 10mm，间距不宜大于 200mm。分布钢筋直径不小于 6mm，间距不大于 250mm，且单位板宽内分布钢筋面积不少于主钢筋的 15%。在有横隔梁的部位，分布钢筋面积应增至主钢筋的 30%，以承受集中轮载作用下的局部负弯矩，所增加的分布钢筋每侧应从横隔梁轴线伸出 $L/4$（L 为板的跨径）的长度。

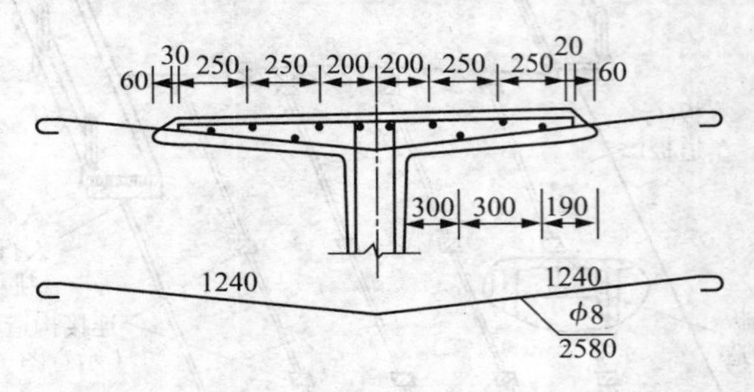

图 5－32　翼缘板的钢筋布置

图 5－33 为标准跨径 20m（计算跨径 19.40m），行车道宽度 7m，两边设 0.75m 人行道，按汽—15 级、挂车—80、人群荷载 3kN/m² 设计的装配式钢筋混凝土简支 T 形梁桥主梁钢筋构造图。主梁钢筋包括主钢筋、弯起钢筋、箍筋、架立钢筋和水平纵向钢筋。由于主钢筋数量多，故采用多层焊接钢筋骨架。

图 5－34 示出了横隔梁的钢筋构造。在每根横隔梁的上缘配置 2 根受力钢筋，下缘配置 4 根受力钢筋，各用钢板连接成骨架。同时，在上、下钢筋骨架中均加焊锚固钢板的短钢筋（$N2$、$N4$）。横隔梁的箍筋作用是抵抗剪力。

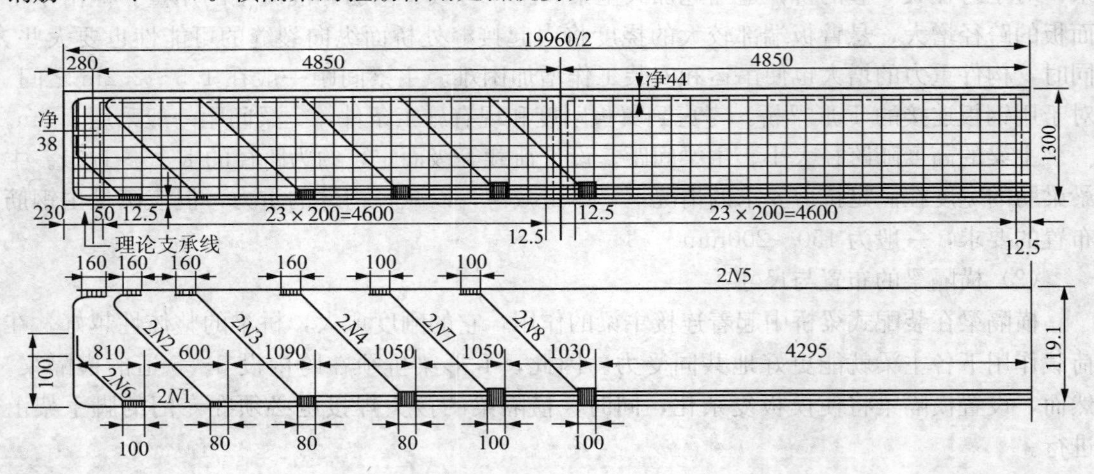

图 5－33　装配式 T 形梁块件梁肋钢筋构造

（4）装配式 T 形梁的横向连接

装配式 T 形梁的横向连接是保证桥梁整体性的关键，因此连接处应有足够的强度和刚度，在使用过程中不致因受荷载的反复作用而发生松动，连接的方法有以下几种：

当 T 梁无中横隔梁时，采用各预制主梁的翼板做成横向刚性连接的做法。一种做法是用桥面混凝土铺装做成的刚性连接，如图 5－35 所示。它是在 T 形的翼板上现场浇筑 80

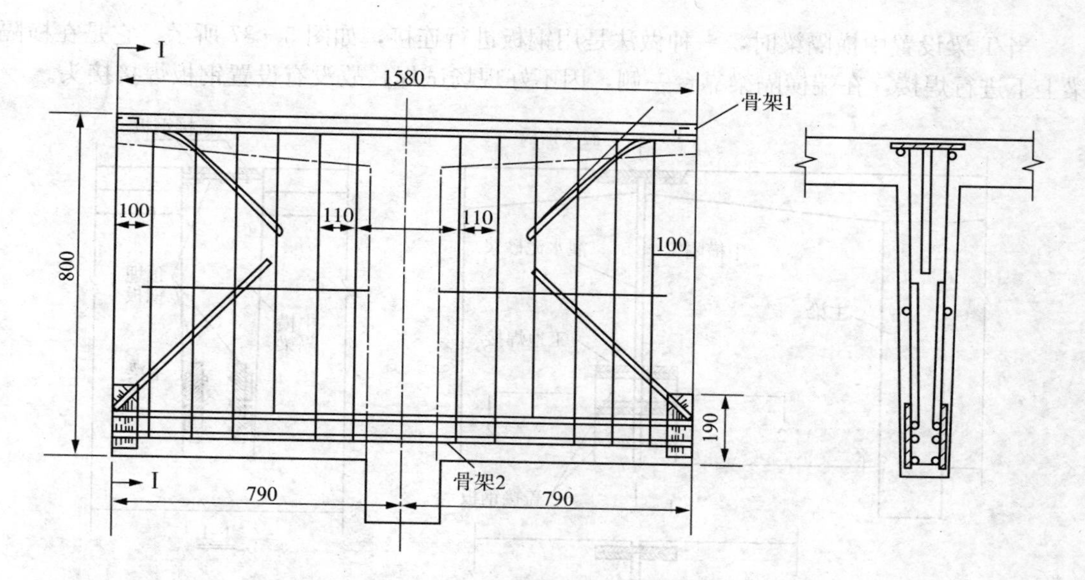

图 5－34　装配式 T 形梁的中横隔梁钢筋构造

～150mm 厚的铺装混凝土，铺装内设置（按计算的）钢筋网。同时，在翼缘内增设向上弯起的钢筋，在梁肋上设置倒 U 形钢筋，伸出梁顶面并将它们浇筑在桥面铺装混凝土层内，翼缘板在接缝处的空隙用砂浆填实。这种连接既承受剪力又承受弯矩。另一种做法是用桥面板直接连成的刚性连接，如图 5－36 所示。它是在预制 T 形梁时，翼板伸出钢筋，待 T 形梁安装后，焊接钢筋，现浇接头混凝土。

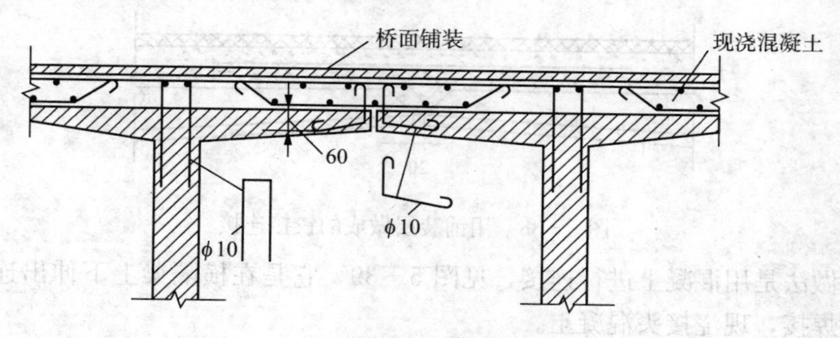

图 5－35　用铺装层做成的刚性连接

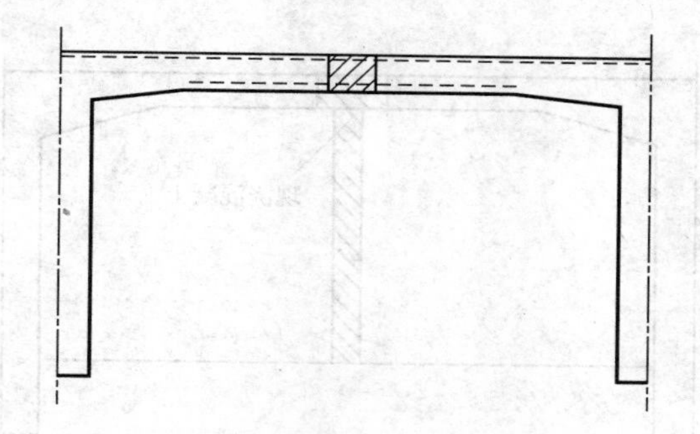

图 5－36　用桥面板直接连成的刚性连接

当T梁设置中横隔梁时，一种做法是用钢板进行连接，如图5－37所示。它是在横隔梁上下进行焊接，在端横隔梁靠台一侧，因不好现场试焊，故没有设置钢板焊接接头。

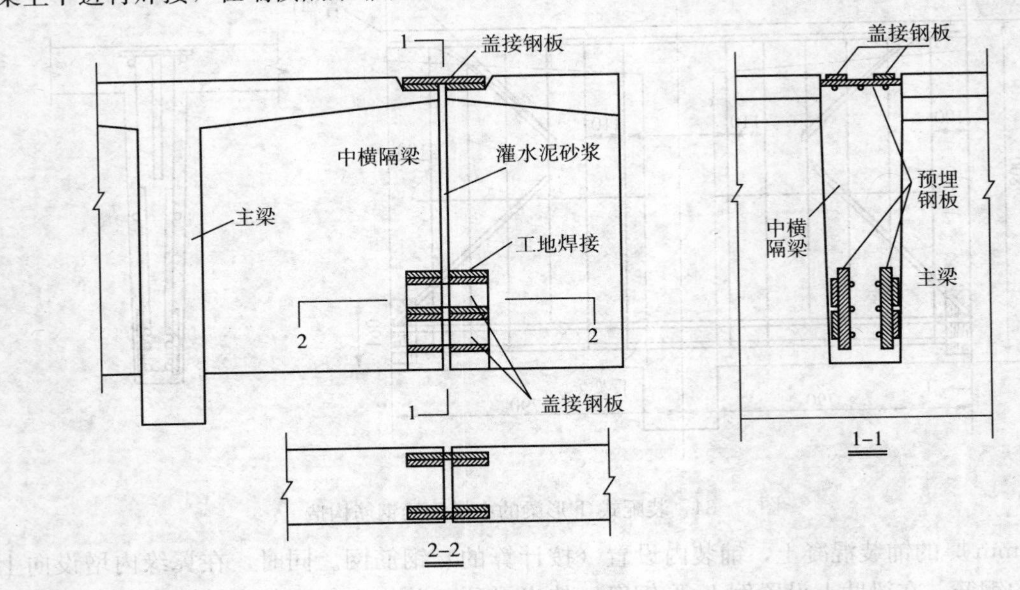

图5－37　横隔梁所用钢板连接

这种有横隔梁的T形梁桥，过去的做法是翼缘板之间没有任何连接。为改善挑出翼缘板的受力状态，目前亦做成企口铰接式的简易连接，如图5－38所示。

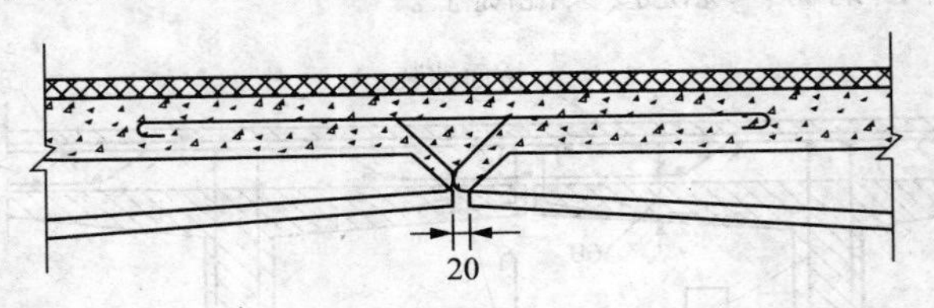

图5－38　用铺装层做成的铰接连接

另一种做法是用混凝土进行连接，见图5－39，它是在横隔梁上下伸出连接钢筋，并进行主钢筋焊接，现浇接头混凝土。

这种横隔梁的T形梁桥，一般是横隔梁采用现浇混凝土连接的同时，翼缘板也采用现浇混凝土连接。

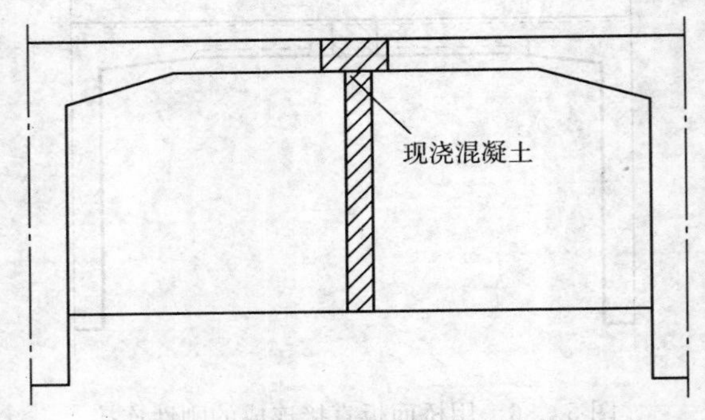

图5－39　横隔梁用混凝土连接

5.4.2 装配式预应力混凝土简支梁桥

公路混凝土简支梁桥的跨径大于 20m，特别是 30m 以上的跨径，就往往采用装配式预应力混凝土简支梁桥。我国已为 25、30、35 和 40m 跨径编制了后张法装配式预应力混凝土简支梁桥的标准设计。

图 5－40 所示是跨径为 30m、桥面净空为净－7 附 2×0.75m 人行道的预应力混凝土简支 T 形梁桥横断面布置图。

1）主梁构造

主梁间距大部采用 1.6m。对于跨径较大的预应力混凝土简支梁桥，主梁间距也可以适当加大，但横向应采用现浇混凝土连接。主梁的高度为跨径的 1/25～1/15。主梁梁肋的宽度，由于预应力混凝土梁内有效压应力和弯起筋的作用，肋中的主拉应力较小，一般都由构造要求决定，即满足预应力筋的保护层要求和便于混凝土浇筑，可取 0.14～0.16m。在梁高较大的情况下，过薄的肋对剪力和稳定性是不利的，此时肋宽不宜小于肋高的 1/15，为了承受端部每个锚具的局部压力，在梁端约 2m 范围内，梁肋宽度逐渐加宽到下翼缘宽度。T 形梁的下缘布置预应力筋，应做成马蹄形，其面积不宜过小，一般应占总面积的 10%～20%。马蹄形宽度约为肋宽 2～4 倍。

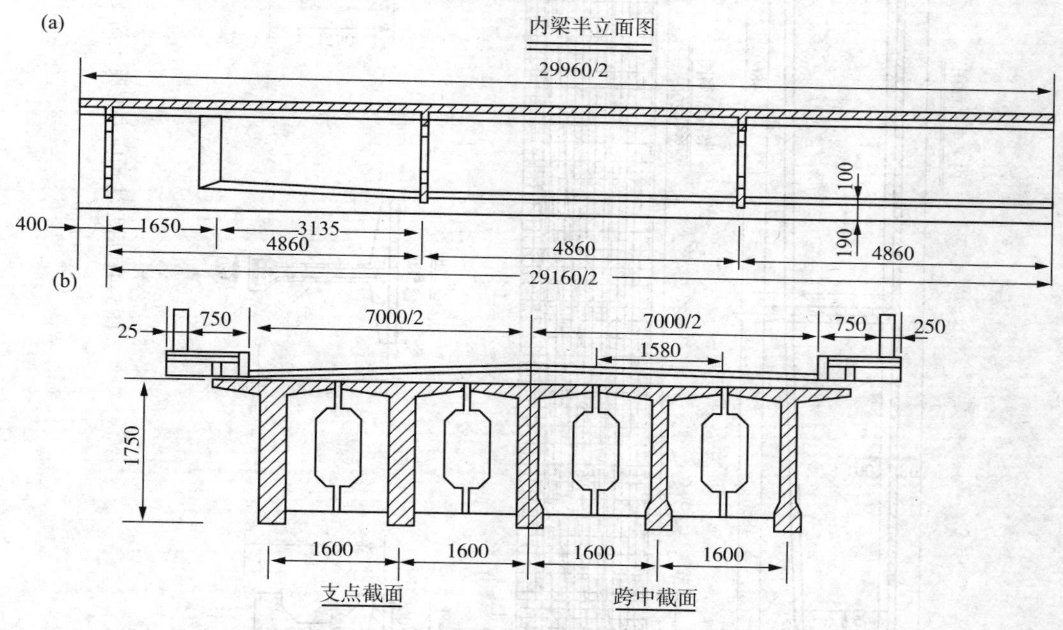

图 5－40 预应力混凝土简支 T 形梁桥横断面布置图（mm）

T 形梁翼缘板厚度和钢筋混凝土梁一样，主要取决于桥面板承受车辆局部荷载的要求。

横隔梁采用开洞的形式，除减轻重力外，还为梁就位后，便于在翼缘板下施工穿行。

2）主梁梁肋钢筋的构造

装配式预应力混凝土 T 形梁的主梁钢筋包括预应力钢筋和其他非预应力钢筋，如箍筋、水平纵向钢筋、锚固端加固钢筋网、受力筋的定位钢筋和架立钢筋等。

图 5－41 所示为跨径 30m 的装配式预应力混凝土简支 T 形梁的钢筋布置图。现结合图 5－41 来介绍预应力混凝土梁钢筋构造的主要特点。

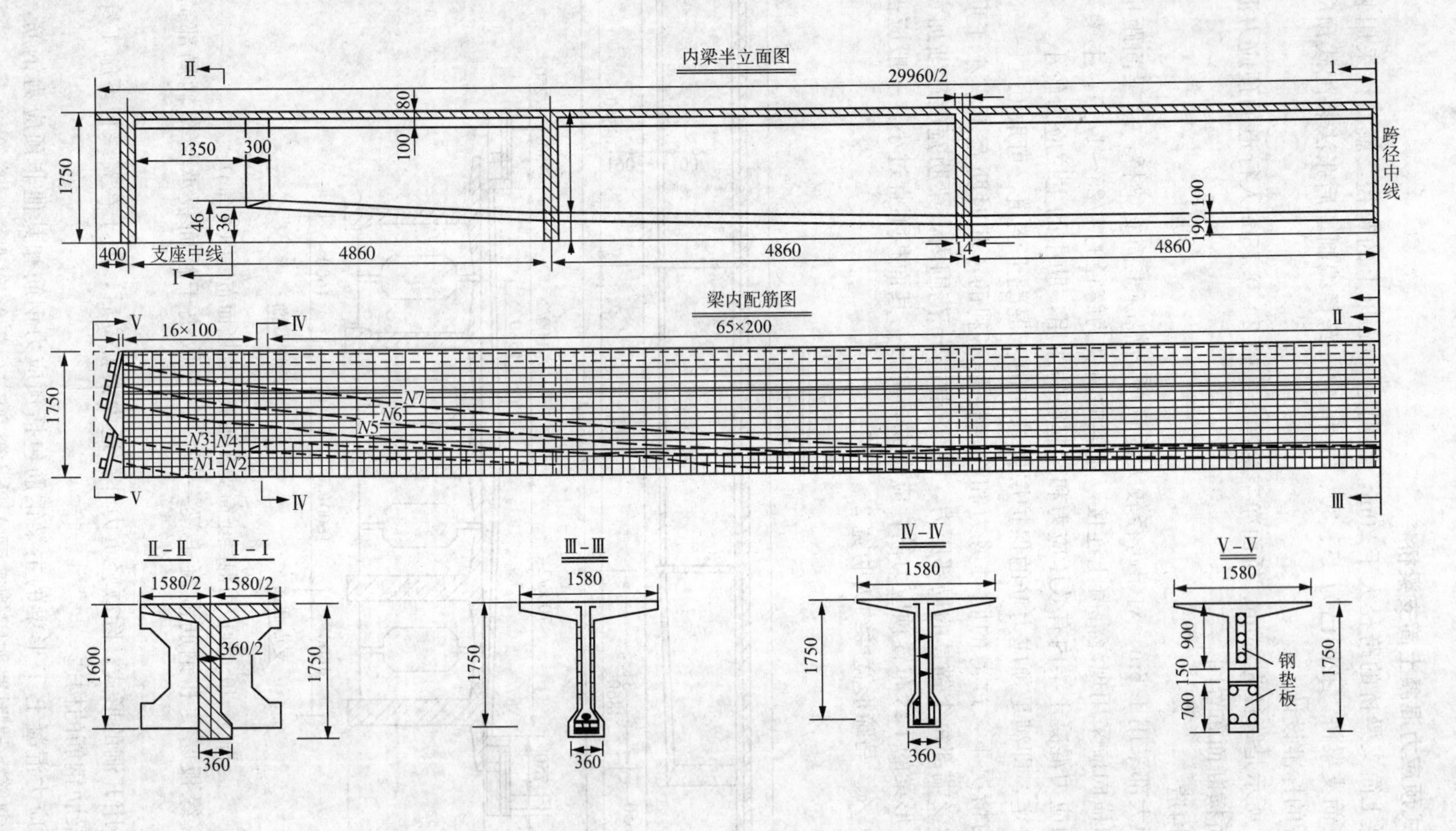

图5-41 后张法预应力混凝土简支T形梁钢筋布置图(mm)

(1) 纵向预应力筋的布置

如图 5-41 所示，主梁配置了 7 束预应力钢筋束（编号为 N1～N7），每束由 24 根直径为 5mm 的高强钢丝组成。预应力钢筋束由跨中截面到梁端部在一定的区段内逐渐弯起形成曲线布置。一般是在梁跨中区段保持一端水平直线后按圆弧弯起，预应力钢筋弯起的曲率半径，当采用钢丝束或钢绞线配筋时，一般不小于 4m。

纵向预应力钢筋的弯起位置，要根据梁在使用阶段的弯矩包络图、索界图以及主应力计算来初步确定。对于简支梁的实际设计工作，鉴于梁在跨中区段弯矩包络图变化平缓以及剪力也不大，故通常在梁的三分点到四分点之间开始将预应力钢筋弯起。当然，预应力钢筋弯起后，截面也必须满足承载能力的要求。

(2) 后张法纵向预应力钢筋的锚固

在图 5-41 中预应力钢丝束是采用由 45 号优质钢锻制的锚圈与经淬火及回火处理后硬度不小于 HRC55～58 的锥形锚塞所组成的锚具来锚固在梁端的。锚圈的外径为 110±1mm，高度为 53±0.5mm。

在后张法锚固区上，锚具底部对混凝土有很大的集中压力，而混凝土表面直接承压的面积不大，应力非常集中。为了满足梁端局部承压的要求，除了在锚具下设置厚度为 20mm 的钢垫板外，在梁端锚固区（约等于梁高的长度内）腹板厚度已扩大为 360mm（跨中截面为 16mm）并设置了网格为 100mm×100mm 的间接钢筋网；在每个锚具下还设置螺距为 30mm、直径为 90mm 的螺旋筋，见图 5-42，以防止锚具下混凝土开裂。

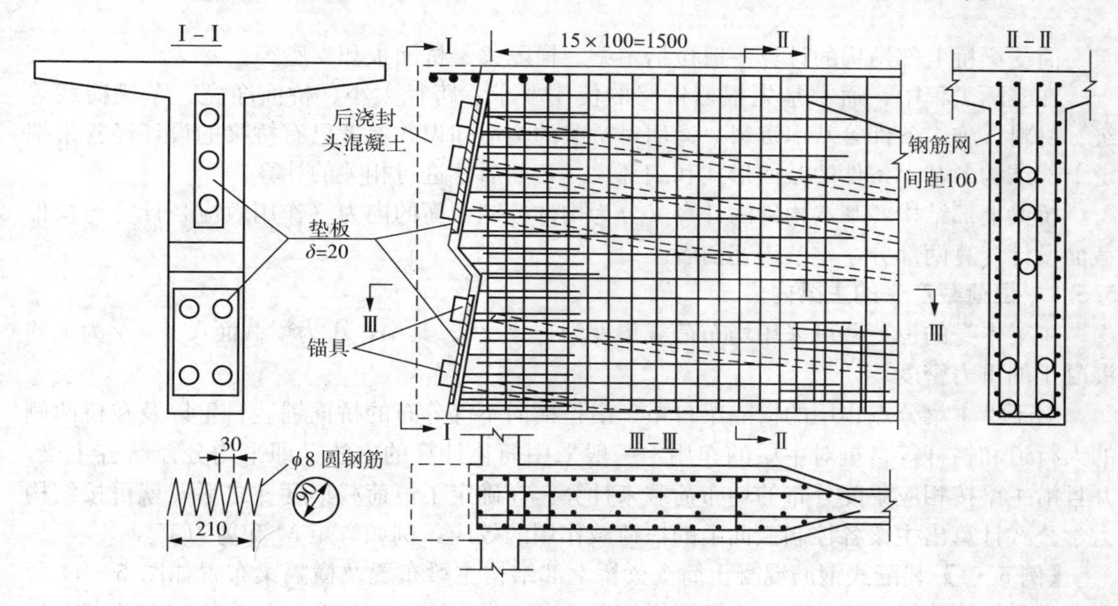

图 5-42 锚下的螺旋钢筋（mm）

3) 其他非预应力钢筋

预应力混凝土梁与钢筋混凝土梁一样，要按照规定的要求布置箍筋、架立筋和水平纵向钢筋等。在预应力混凝土梁中，一般可不设斜筋。图 5-43 中所示预应力混凝土简支梁截面具有下翼缘（下马蹄），主要是适应预应力钢筋布置的要求。在下马蹄内必须设置闭合式的加强箍筋，其间距不大于 150mm，见图 5-43。图中的符号 d 表示制孔管的直径，应比预应力钢筋束直径大10mm，采用镀锌薄钢板套管应大于20mm。管道间的最小净距主要由灌筑混凝土的条件所确定，在有良好振捣工艺时（例如同时采用底振和侧振），最小净距不小于40mm。

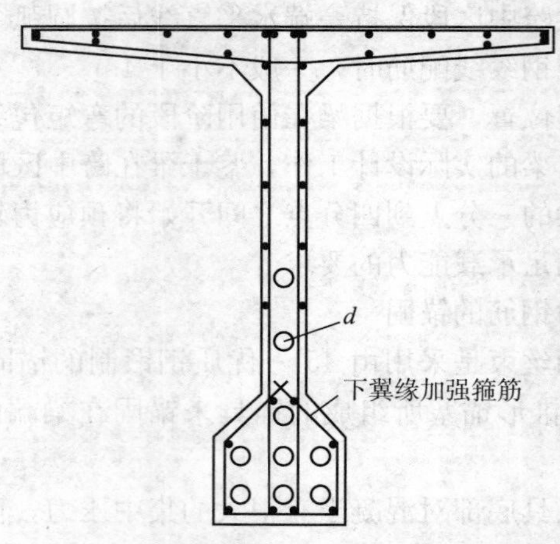

图5-43　预应力混凝土简支T形梁
下翼缘的加强箍筋布置图

5.5　简支梁桥的计算

简支梁桥上部结构的计算一般包括主梁、横隔梁、桥面板和支座等。

在实际工程中，通常是先根据桥梁的使用要求、跨径大小、桥面净宽、车辆荷载等级、材料、施工条件等基本资料，运用对桥梁的构造知识并参考已有桥梁的设计经验来拟定上部结构各基本条件的截面形式和细部尺寸，然后才进行相关的计算。

桥梁上部结构各基本构件的计算又分为构件控制截面的内力（作用效应）计算与构件截面设计计算两部分，本节讲述前者。

5.5.1　恒荷载产生的主梁内力

主梁本身的恒荷载可采用均布荷载集度为 $g_1=\gamma A$。其中，A 为梁截面尺寸，γ 为钢筋混凝土的重力密度。

对于沿主梁分点作用的横隔梁自重、沿桥横向不等分布的桥面铺装自重以及在桥两侧的人行道和栏杆等自重对主梁的作用，一般采用简化计算的方法，即平均分摊给各主梁，并且沿主梁按相应集度分布的均布荷载来计算。在确定了恒荷载集度 g 之后，就可按结构力学公式计算出主梁各控制截面上的恒荷载作用的效应，例如弯矩 M 和剪力 V。

【例5-1】装配式钢筋混凝土简支梁桥上部结构主梁布置及横隔梁布置如图5-44所示。主梁计算跨径 $l=19.50$m，每侧栏杆及人行道作用集度为2.0kN/m的均布荷载。桥面沥青混凝土铺装层（重力密度 $\gamma=23$kN/m）厚度为20mm，混凝土垫层（重力密度 $\gamma=24$kN/m）厚度为60mm（路面边缘处）和120mm（桥中心线处）。试求主梁的恒载内力。

【解】1）恒荷载集度

主梁：取钢筋混凝土重力密度 $\gamma=26$kN/m，则

$$g=\left[0.18\times1.30+\left(\frac{0.08+0.14}{2}\right)\times(1.6-0.18)\right]\times26=9.76\text{kN/m}$$

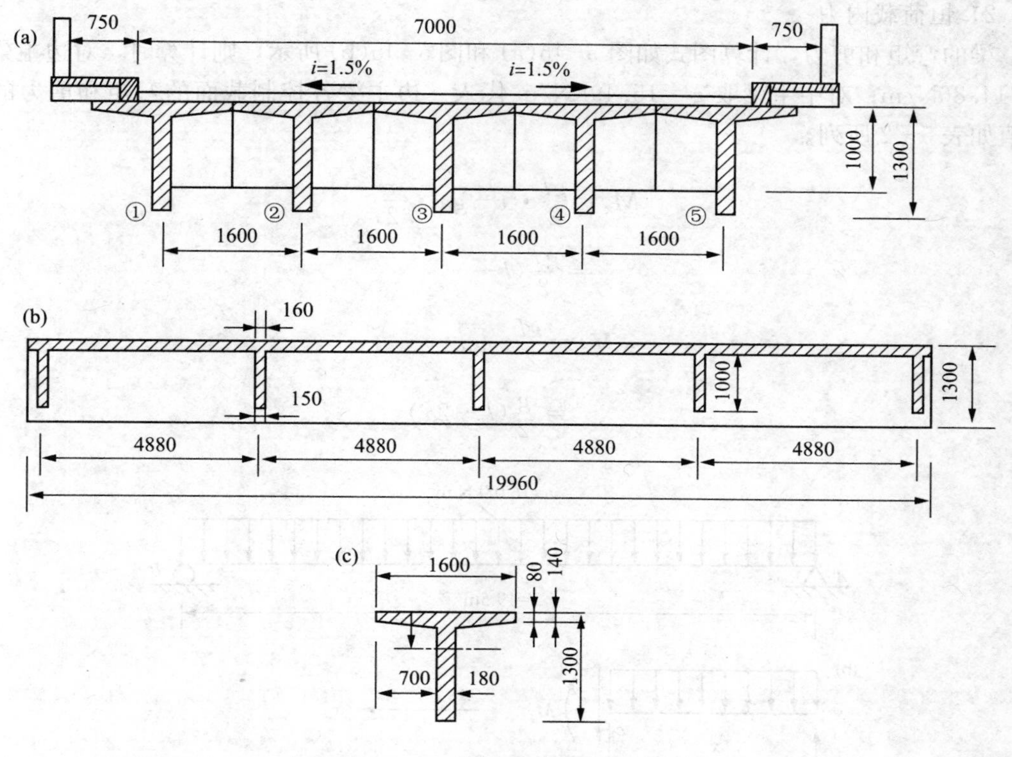

图 5-44 【例 5-1】图（mm）

横隔梁：边主梁一侧有 5 道横隔梁，则

$$g_2=\left\{\left[1.0-\left(\frac{0.08+0.14}{2}\right)\right]\times\left(\frac{1.6-0.18}{2}\right)\times\frac{0.15+0.16}{2}\times25\times5\right\}/19.5$$

$$=0.63\text{kN/m}$$

中主梁两侧各有 5 道横隔梁，则

$$g_2=2\times0.63=1.26\text{kN/m}$$

桥面铺装：由图 5-44 可知，桥面由混凝土垫层和沥青混凝土面层组成。其恒荷载作用由 5 根主梁共同承受，则 1 根主梁上的作用集度为

$$g_3=\left[0.02\times7.00\times23+\frac{1}{2}(0.06+0.12)\times7.00\times24\right]/5=3.67\text{kN/m}$$

栏杆和人行道：全桥两侧均设，则

$$g_4=2.0\times\frac{2}{5}=0.8\text{kN/m}$$

作用于 1 根边主梁的全部恒荷载集度为

$$g=\sum g_i=9.76+0.63+3.67+0.8=14.86\text{kN/m}$$

作用于 1 根中主梁的全部恒荷载集度为

$$g'=9.76+1.26+3.67+0.8=15.49\text{kN/m}$$

2）恒荷载内力

梁的弯矩和剪力，计算图式如图 5-45(a) 和图 5-45(b) 所示，则计算时，对边主梁取 $g=14.86\text{N/m}$；对中主梁取 $g=15.49\text{kN/m}$ 代入。边主梁各控制截面的弯矩和剪力的计算值如表 5-2 所列。

$$
\begin{aligned}
M_{x} &= \frac{gl}{2}\cdot x-gx\cdot\frac{x}{2}\\
&= \frac{gx}{2}(l-x)\\
V_{x} &= \frac{gl}{2}-gx\\
&= \frac{g}{2}(l-2x)
\end{aligned}
$$

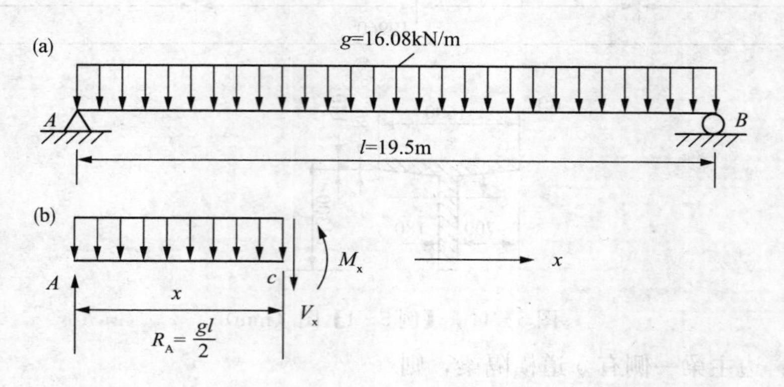

图 5-45　简支梁恒荷载内力计算图式

由恒荷载产生的边主梁恒载内力计算值　　表 5-2

截面位置＼内力	弯矩 M（kN·m）	剪力 V（kN）	截面位置＼内力	弯矩 M（kN·m）	剪力 V（kN）
$x=0$	0	144.0	$x=L/2$	702.2	0
$x=L/4$	526.5	72.0	—	—	—

5.5.2　荷载横向分布计算

作用在桥上的车辆荷载是沿桥面纵、横向都能移动的多个局部荷载，要求解车辆荷载作用下各主梁的内力是个空间计算问题。

对一座由多根主梁通过桥面板和横隔梁组成的梁桥或装配式板梁桥，当桥上作用集中荷载 F 时，见图 5-46(a)，由于桥跨结构的横向刚性必然会使荷载的作用在 x 和 y 方向内同时传布，并使所有主梁都以不同程度参与工作，故求解这种结构的内力属于空间计算理论问题。作为空间计算的要点是利用影响面来直接求解结构上任一点的内力或挠度。如果结构某点处截面的内力影响面用双值函数 $\eta(x, y)$ 来表示，则该截面的内力值表示为 $S=F\eta(x, y)$。

但是，尽管国内外都对空间计算理论进行了许多研究和试验，取得了有益的成果，但由于桥梁结构的复杂性，用影响面来求解移动荷载作用下主梁截面的最不利内力值仍然是非常繁重的工作，难以在实际工程设计中推广使用。

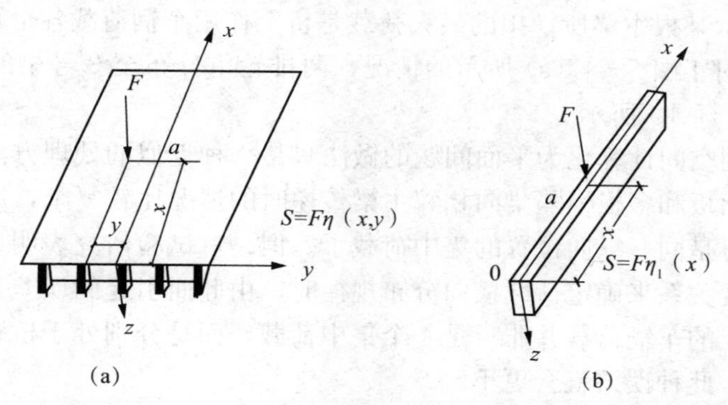

图 5-46　荷载作用下的多梁式梁桥内力计算

(a) 在梁式桥上；(b) 在单梁上

目前，广泛使用的方法是将复杂的空间问题化为图 5-46(b) 所示的单梁来计算。其实质是将前述的影响面 $\eta(x,y)$ 分离成两个单值函数的乘积，即 $\eta_1(x)\eta_2(y)$，因此，对于某根主梁的截面内力值就可以表示为：

$$S = F\eta(x,y) \approx F\eta_1(x)\eta_2(y) \tag{5-1}$$

式中的 $\eta_1(x)$ 即为单根主梁某一截面的内力影响线。将 $\eta_2(y)$ 看做是单位荷载沿横向作用在不同位置时对某梁所分配的荷载比值变化曲线，也称作对于某梁的荷载横向分布影响线，则 $F\eta_2(y)$ 就是当 F 作用于 $a(x,y)$ 点时沿桥横向传给某梁的荷载，暂以 F 表示，即 $F = F\eta_2(y)$。这样就可对单根主梁，利用结构力学方法来求解主梁截面内力了。这就是利用荷载横向分布来计算公路桥主梁内力的基本概念。

下面再进一步说明当桥上作用着车辆荷载时荷载横向分布系数的概念。图 5-47(a) 所示为桥上作用着一辆前后轴各重 F_1 和 F_2 的汽车荷载，相应的轮重分别为 $F_1/2$ 和 $F_2/2$。若欲求 3 号梁 k 截面内力，则可先用 3 号梁的荷载横向分布影响线求出桥上横向各排轮重对 3 号梁分配的总荷载，然后再利用这些荷载通过 3 号梁 k 截面的内力影响线来计算最大的内力值。显然，若桥梁结构及布置确定，车辆轮重在桥上作用位置确定，则分配到 3 号

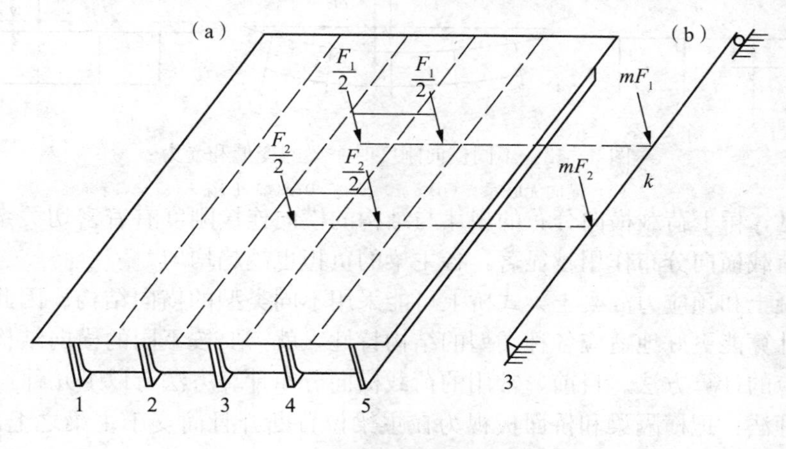

图 5-47　车轮荷载在桥上的横向分布

梁的荷载值也是定值。在桥梁设计中，通常用一个表征荷载分布程度的系数，即荷载横向分布系数 m 来表示某根主梁所承担的最大荷载是桥上作用车辆荷载各个轴重的倍数（通常小于 1）。因此，对于图 5－47(a) 所示的情况，两排轮重分布至 3 号梁的荷载分别为 mF_1 和 mF_2，如图 5－47(b) 所示。

上述将桥梁的空间计算化为平面问题的做法只是一种近似的处理方法，因为实际上荷载沿横向通过桥面板和多根横隔梁向相邻主梁传递时的情况比较复杂，原来的集中荷载传至相邻梁的就不再是同一纵向位置的集中荷载了。但是，试验研究表明，对于直线桥，当通过沿横向的挠度关系来确定荷载横向分布规律时，由此而引起的误差是很小的。若考虑到实际作用在桥上的车辆荷载并非只是一个集中荷载，而是分别处于桥跨不同位置的多个车辆荷载，那么，此种误差就会更小。

由上述关于桥梁荷载横向分布系数的概念，可以理解到，一座桥的各主梁横向分布系数 m 是不相同的；车辆荷载在桥上纵向位置对主梁的 m 值也会有影响，下面进一步阐述这种影响。

图 5－48 所示为五根主梁所组成的桥梁在跨度内承受荷载 F 的跨中横截面。图 5－48(a) 表示主梁与主梁间没有任何联系，此时如中梁的跨中作用 F 集中力，则全桥只有直接承载的中梁受力，也就是说，该梁的横向分布系数 $m=1$，显然这种结构形式整体性差，而且是很不经济的。

图 5－48(c) 表示如果将各主梁相互间借横隔梁和桥面刚性连接起来，并且设横隔梁的刚度接近无穷大（$EI_H \approx \infty$），则在同样的荷载 F 作用下，由于横隔梁无弯曲形，所有五根主梁将共同参与受力。此时五根主梁的挠度均相等，荷载 F 由五根梁均匀分担，每梁只承受 $F/5$，也就是说，各梁的横向分布系数 $m=0.2$。

然而，一般钢筋混凝土或预应力混凝土梁桥实际构造情况是：各根主梁虽通过横向连接而成整体，但是横向结构的刚度并非无穷大。因此，在相同的荷载 F 作用下，各根主梁按照某种复杂的规律变形，见图 5－48(b)，此时中梁挠度 b 必然小于 w_a 而大于 w_c，设中梁所受的荷载为 mF，则其横向分布系数 m 也必然小于 1 而大于 0.2。

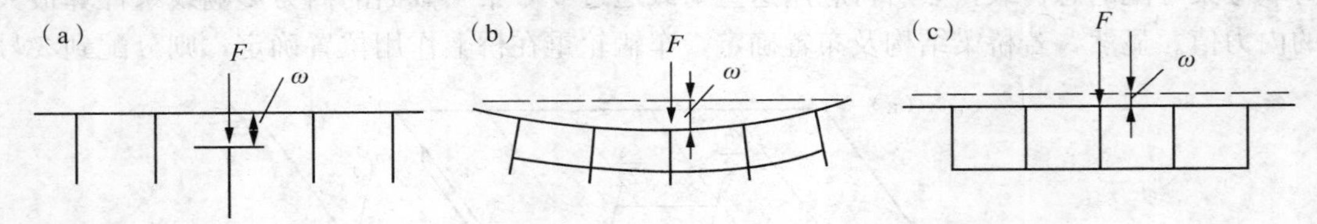

图 5－48　不同横向刚度时主梁的变形和受力

(a) 横向无联系；(b) $\infty > EI_H > 0$；(c) $EI_H \to \infty$

由此可见，桥上荷载横向分布的规律与结构的横向连接刚度有着密切关系，横向连接刚度越大，荷载横向分布作用越显著，各主梁的负担也越趋均匀。

钢筋混凝土和预应力混凝土梁式桥上可能采用不同类型的横向结构。因此，为使荷载横向分布的计算能更好地适应各种类型的结构特性，就需要按不同的横向结构简化计算模型拟定出相应的计算方法。目前，常用的荷载横向分布计算方法有以下几种：

杠杆原理法：把横隔梁和桥面板视为在主梁位置断开且简支于主梁之上的计算模式，进而求解主梁荷载横向分布系数的方法。

偏心受压法：把横隔梁视为抗弯刚度接近无穷大的梁计算主梁荷载横向分布系数的方

法；当计及主梁抗扭刚度的影响时，称为修正偏心受压法。

横向铰接板（梁）法：将相邻板（梁）之间的横向连接视为只传递剪力的铰来计算荷载横向分布系数的方法。

横向刚度接梁法：将相邻板（梁）之间的横向连接视为可传递剪力和弯矩的刚性连接来计算荷载横向分布系数的方法。

比拟正交异性板法：将主梁和横隔梁的刚度换算成两个方向刚度不同比拟正交异性板，用弹性薄板理论求解荷载横向分布系数的方法。

在上述各种计算方法的选用上，应特别注意所计算的桥梁是宽桥还是窄桥，一般可用桥宽 B 和桥跨长 l 之比粗略判断，$B/l \leqslant 0.5$ 可认为是窄桥，另外应注意主梁之间横向联系的实际构造。

下面分别介绍常用计算荷载横向分布系数方法的基本原理及使用方法。

1. 杠杆原理法

按杠杆原理法进行荷载横向分布的计算，其基本假定是忽略主梁之间横向结构的联系作用，即假设桥面板在主梁上断开，而当做沿横向支承在主梁上的简支梁或悬臂梁来考虑。

图 5－49(a) 所示即为桥面直接搁在工形主梁上的装配式桥梁。当桥上有车辆荷载作用时，很明显，作用在左边悬臂板上的轮重 $F_1/2$ 只传递至 1 号和 2 号梁，作用在中部简支板上的只传给 2 号和 3 号梁，见图 5－49(b)，也就是板上的轮重 $F_1/2$ 中按简支梁支座反力的方式分配给左右两根主梁，而反力 R_i 的大小只要利用简支板的静力平衡条件即可求出，这就是通常所谓作用力平衡的“杠杆原理”。如果主梁所支承的相邻两块板上都有荷载，则该梁所受的荷载是两个支承反力之和，如图 5－49(b) 中 2 号梁所受的荷载为 $R_2=R'_2+R''_2$。

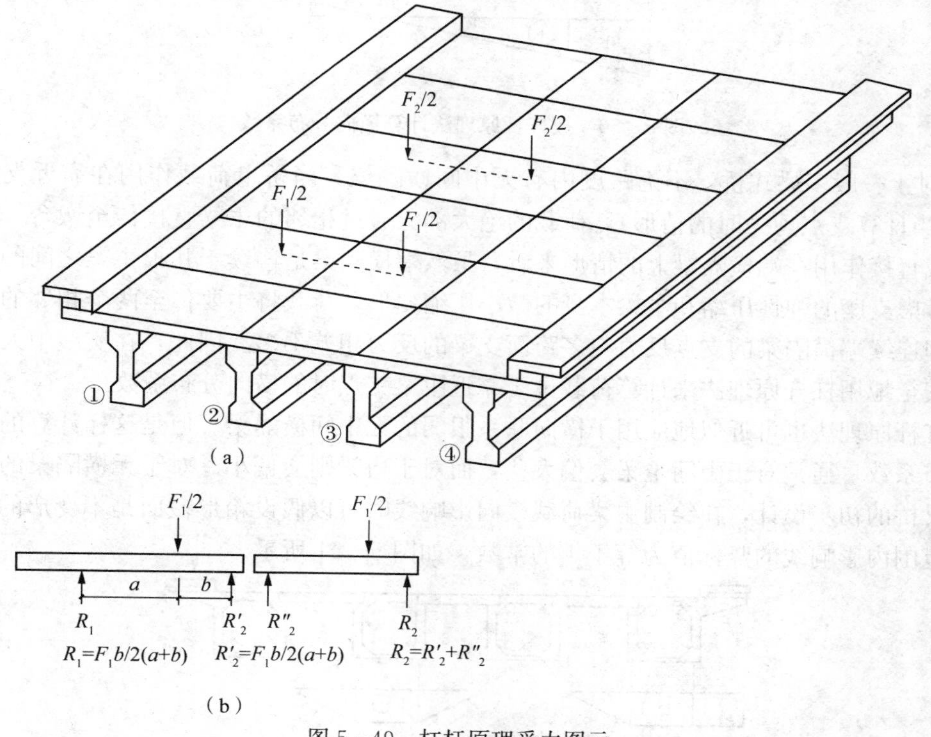

图 5－49　杠杆原理受力图示

为了求主梁所受的最大荷载，通常可利用反力影响线来进行，在此情况下，它也就是计算荷载横向分布系数的横向影响线，如图 5-50 所示。

有了各根主梁的荷载横向影响线，就可根据各种荷载，如汽车、挂车和人群荷载的最不利荷载位置求相应的横向分布系数。图 5-50(a) 中 $p_{or}=p_r \cdot a$，它表示每延米人群荷载的强度。尚需注意，应计算几根主梁的横向分布系数，以得到受载最大的主梁的最大内力来作为设计的依据。

对于图 5-50(b) 所示的双主梁桥，采用杠杆原理法计算荷载的横向分布是足够精确的。

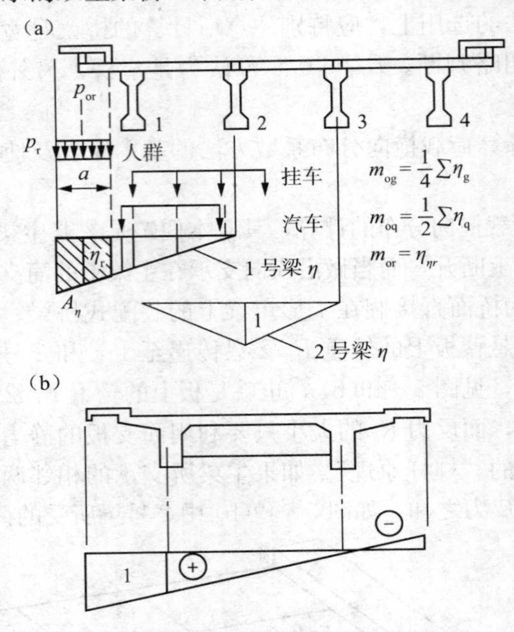

图 5-50　按杠杆原理法计算横向分布系数

对于一般多梁式桥，不论跨度内有无中间横隔梁，当桥上荷载作用在靠近支点处时(例如当计算支点剪力时的情形)，荷载的绝大部分通过相邻的主梁直接传至墩台。再从集中荷载直接作用在端横隔梁上的情形来看，虽然端横隔梁是连续于几根主梁之间的，但由于不考虑支座的弹性压缩和主梁本身的微小压缩变形，荷载将主要传至两个相邻的主梁支座，即连续端横隔梁的支点反力与多跨简支梁的反力相差不多。因此，在实践中人们习惯偏于安全地用杠杆原理法来计算荷载位于靠近主梁支点时的横向分布系数。

杠杆原理法也可近似地应用于横向联系很弱的无中间横隔梁。但是这样计算的荷载横向分布系数，通常对于中间主梁会偏大些，而对于边梁则会偏小。对于无横隔梁的装配式箱形梁桥的初步设计，在绘制主梁荷载横向影响线时可以假设箱形截面是不变形的，故梁截面范围内影响线的竖标值为等于 1 的常数，如图 5-51 所示。

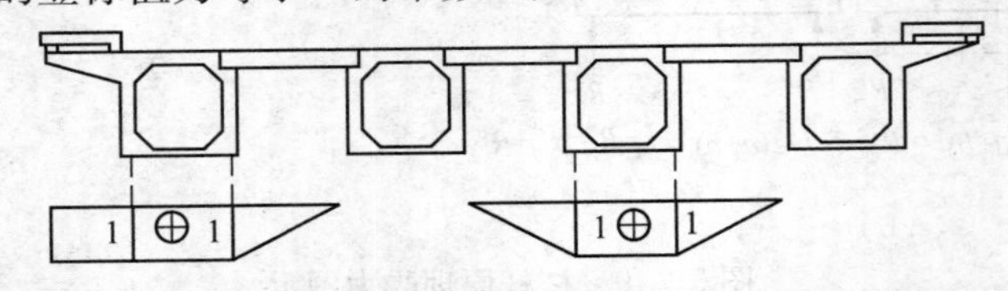

图 5-51　装配式箱梁桥无横隔梁时的主梁横向影响线

【例 5－2】计算跨径 L＝19.5m 的简支梁，横截面如图 5－44 所示。试求汽车－15 级、挂车－80 和人群荷载作用时，1 号和 2 号梁在支点处的荷载横向分布系数。

【解】主梁在支点处的荷载横向分布系数应按杠杆原理法计算。

（1）绘制 1 号梁和 2 号梁的荷载横向影响线，如图 5－52(b)、图 5－52(c) 所示。

（2）在横向影响线上布置荷载并求主梁的荷载横向分布系数。

由设计规范对于车辆荷载在桥面上布置的规定，在横向影响线上按横向最不利的位置布置车辆荷载的车轮位置；人群荷载仅在人行道上布置。例如，对于汽车荷载，规定的汽车横向轮距为 1.8m，两列汽车车轮的横向最小间距为 1.3m，车轮距离人行道路缘石最小为 0.5m，对于挂车荷载，车轮横向距离为 0.9m，离人行道路缘石最小为 1.0m。求出相应于荷载位置的影响线竖标值后，就可得到横向所有荷载分布给 1 号梁的最大荷载值为：

汽车－15 级 $\quad {}_{\max}A_{1q}=\sum\frac{F_q}{2}\eta_q=\frac{\sum\eta_q}{2}F_q=\frac{0.875}{2}F_q=0.438F_q$

挂车－80 $\quad {}_{\max}A_{1g}=\sum\frac{F_g}{4}\eta_g=\frac{\sum\eta_g}{4}F_g=\frac{0.563}{4}F_g=0.141F_g$

人群荷载 $\quad {}_{\max}A_{1r}=\eta_r F_r\cdot 0.75=1.422F_{or}$

式中，F_q、F_g 和 F_{or} 相应为汽车荷载轴重、挂车荷载轴重和每延米跨长的人群荷载集度；η_q、η_g 和 η_r 为对应于汽车车轮、挂车车轮和人群荷载集度的影响线竖标。由此可得 1 号梁在汽车－15 级、挂车－80 和人群荷载作用下的最不利荷载横向分布系数分别为：m_{oq}＝0.438、m_{og}＝0.141 和 m_{or}＝1.422。

同理，按图 5－52(c) 计算，可得 2 号梁的最不利荷载横向分布系数为 m_{oq}＝0.5、m_{og}＝0.469 和 m_{or}＝0。

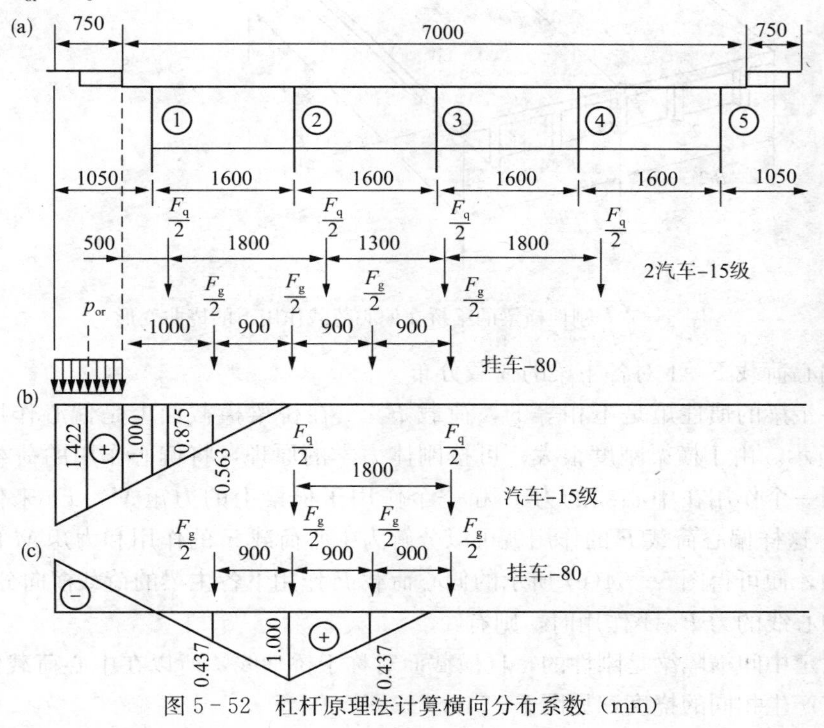

图 5－52 杠杆原理法计算横向分布系数（mm）

这里，在人行道上没有布载，这是因为人行道荷载引起的是负反力，在考虑荷载组合时反而会减小 2 号梁的受力。

2. 偏心受压法

在钢筋混凝土或预应力混凝土梁桥上，通常除在桥的两端设置横隔梁外，还在跨度中央，甚至还在跨度四分点处，设置中间横隔梁，这样可以显著增加桥梁的整体性，并加大横向结构的刚度。根据试验观测结果和理论分析，在具有可靠横向连接的桥上，且在桥的宽跨比 B/l 小于或接近于 0.5 的情况时（一般称为窄桥），车辆荷载作用下中间横隔梁的弹性挠曲变形同主梁的相比较微不足道。也就是中间横隔梁像一根刚度无穷大的刚性梁一样保持直线的形状。图 5-53 所示，ω 表示桥跨中央的竖向挠度，从桥上受载后各主梁的变形（挠度）规律来看，横隔梁传给主梁的压力，不作用在主梁横截面的竖向形心线上，而是有偏心距 e 的，这就是偏心受压法计算荷载横向分布的基本前提。基于横隔梁无限刚性的假定，此法也称“刚性横梁法”。

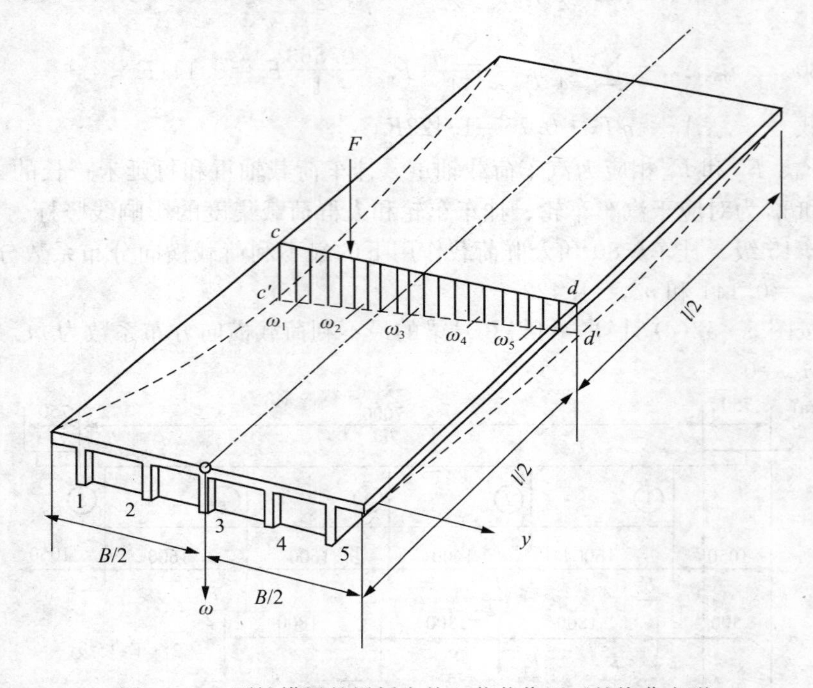

图 5-53　刚性横梁的梁桥在偏心荷载作用下的挠曲变形

（1）偏心荷载 $F=1$ 对各主梁的荷载分布。

假定各主梁的惯性矩是不相等的，荷载 $F=1$ 在桥梁横截面上是偏心作用的，如图 5-54(a) 所示。由于横梁刚度很大，可按刚体力学的原理，将偏心作用的荷载 F 移到中心轴上，用一个作用在中心线的力 F 和一个作用于横梁上的力矩 $M=Fe$ 来代替，见图 5-54(b)。这样偏心荷载 F 的作用就可以分解为中心荷载 F 的作用和力矩 M 的作用，然后进行叠加，便可得图 5-54(e) 所示的偏心荷载 F 作用下各主梁的荷载横向分布。

当在中心线的力 $F=1$ 作用时，则有：

由于假定中间横隔梁是刚性的，且横截面对称于桥轴线，所以在中心荷载作用下，各根主梁必定产生相同的挠度，见图 5-54(c)，即：

$$w_1{}'=w_2{}'=\cdots=w_n{}' \tag{5-2}$$

作用于简支梁跨中的荷载与挠度的关系为：

$$R'_i=\frac{48EI_i}{L^3}w'_i=aI_iw'_i \tag{5-3}$$

式中 $a=48E/L^3$（E 为梁体材料的弹性模量）。

由静力平衡条件得：

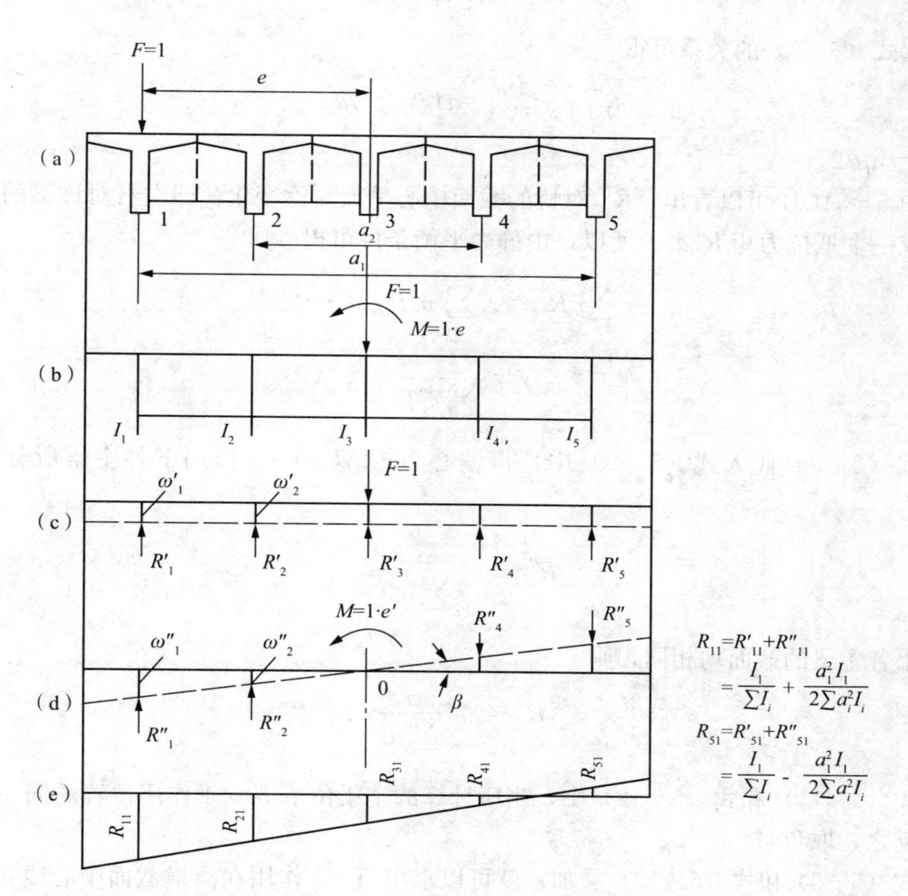

图 5-54 在偏心荷载 $F=1$ 作用下各主梁的荷载分布图

$$\sum R'_i=aw'_i\sum I_i=F=1 \tag{5-4}$$

将式（5-3）代入式（5-4）得任意一根主梁承受的荷载为：

$$R'_i=\frac{I_i}{\sum I_i} \tag{5-5}$$

式中 I_i——任意一根主梁的惯性矩；

$\sum I_i$——桥梁横截面内所有主梁惯性矩的总和。

如果各主梁的截面均相同，则

$$R'_1 = R'_2 = \cdots = R'_i = \frac{1}{n} \tag{5-6}$$

偏心力矩 $M = Fe = 1 \cdot e$ 作用时，则有

在偏心力矩 $M = e$ 作用下，桥的横截面将产生一个绕中心轴的转角 β，见图 5-54(b)，各根主梁产生的竖向挠度 w''_i 与其离开横截面中心轴的距离成正比，即

$$w''_i = a_i \tan\beta \approx a_i \beta \tag{5-7}$$

根据式（5-7）的关系可得：

$$R''_i = aI_i \omega''_i = aI_i \beta a_i = \gamma a_i I_i \tag{5-8}$$

式中　$\gamma = a\beta/2$。

从图 5-54(d) 可以看出，R''_i 对桥的截面中心呈反对称变化，即左右对称梁的作用力正好构成一个抵抗力矩 $R''_i a_i$。所以，由静力平衡条件可得

$$\sum R''_i = \gamma \sum a_i^2 I_i = I \cdot e \tag{5-9}$$

故

$$\gamma = \frac{e}{\sum a_i^2 I_i} \tag{5-10}$$

将式（5-9）代入式（5-8）中，得偏心力矩 $M = 1 \cdot e$ 作用下各主梁所分配的荷载为

$$R''_i = \pm \frac{e a_i I_i}{\sum a_i^2 I_i} \tag{5-11}$$

如果各主梁的截面均相同，则

$$R''_i = \pm \frac{e a_i}{\sum a_i^2} \tag{5-12}$$

在式（5-11）和式（5-12）中，当所计算的主梁位于 $F = 1$ 作用位置的同一侧时取正号，反之，取负号。

将式（5-5）和式（5-12）叠加；就可以求出 $F = 1$ 作用在离横截面中心线 e 的位置上任一根主梁所分配到的荷载为

$$R_i = R'_i + R''_i = \frac{I_i}{\sum I_i} + \frac{e a_i I_i}{\sum a_i^2 I_i} \tag{5-13}$$

（2）主梁的横向分布系数。

在式（5-13）中，e 是表示荷载 $F = 1$ 的作用位置，下标"i"是表示所求梁的梁号。当 $F = 1$ 作用在 1 号梁上时，用 $e = a_1$ 代入，即得 1 号梁所分配到的荷载为

$$R_{11} = \eta_{11} = \frac{I_1}{\sum I_i} + \frac{a_1^2 I_1}{\sum a_i^2 I_i} \tag{5-14}$$

当荷载 $F = 1$ 分别作用在 2 号、3 号、4 号和 5 号主梁上时，1 号梁所分配的荷载分

别为

$$R_{12}=\eta_{12}=\frac{I_1}{\sum I_i}+\frac{a_1a_2I_1}{\sum a_i^2I_i} \tag{5-15}$$

$$R_{13}=\eta_{13}=\frac{I_1}{\sum I_i} \tag{5-16}$$

$$R_{14}=\eta_{14}=\frac{I_1}{\sum I_i}-\frac{a_1a_2I_1}{\sum a_i^2I_i} \tag{5-17}$$

$$R_{15}=\eta_{15}=\frac{I_1}{\sum I_i}-\frac{a_1^2I_1}{\sum a_i^2I_i} \tag{5-18}$$

求得的R_{11}、R_{12}、R_{13}、R_{14}和R_{15}值就是$F=1$分别作用于各主梁上时1号梁所分配到的荷载，即10号梁的荷载横向影响线的竖标η_{11}、η_{12}、η_{13}、η_{14}和η_{15}。这里第一个下标表示所计算的梁号，第二个下标表示$F=1$作用在哪个梁号上。因影响线是直线分布，故只需计算η_{11}和η_{15}。

同理，求2号梁的影响线竖标，只要将I_1换成I_2、a_1换成a_2就可以了。以此类推，可求得其他梁的影响线竖标。

有了荷载横向影响线，就可以将荷载沿横向分别置于最不利位置，计算主梁横向分布系数。

【例5-3】试按照偏心受压法计算图5-44所示梁桥1号梁的跨中荷载横向分布系数。其他条件与例5-2相同。

【解】①各主梁之间设有横隔梁，具有较大的横向连接刚性，并且桥梁的宽跨比$B/L=5\times1.6/19.5=0.41<0.5$，故可按偏心受压法来绘制横向影响线并可计算各主梁跨中的横向分布系数。

②绘制横向影响线

各根主梁的截面均相等，梁根数$n=5$，梁间距为1.6m，则

$$\sum a_i^2=a_1^2+a_2^2+a_3^2+a_4^2+a_5^2=2\times(1.6+1.6)^2+2\times1.6^2=25.6\text{m}^2$$

由式（5-14）和式（5-18），且由于各主梁截面相同（$I_i/\sum I_i=1/n$），故得到1号梁的横向影响线的两个竖标值η_{11}和η_{15}分别计算为：

$$\eta_{11}=\frac{1}{n}+\frac{a_1^2}{\sum a_i^2}=\frac{1}{5}+\frac{3.2^2}{25.6}=0.6$$

$$\eta_{15}=\frac{1}{n}-\frac{a_1^2}{\sum a_i^2}=\frac{1}{5}-\frac{3.2^2}{25.6}=-0.2$$

由η_{11}和η_{15}可绘制1号梁的横向影响线，如图5-55(b)所示。

③要确定横向影响线的零点位置，设其至1号梁位的距离为x，由比例计算得：

$$\frac{x}{0.60}=\frac{4\times1.60-x}{0.2}$$

得到 x＝4.80m。

④活荷载的横向分布系数：

各类荷载相应于各个荷载位置的横向影响线纵标值标注于图 5－55(b)，

汽车－15 级作用时

$$m_{cq}=\frac{1}{2}\sum\eta_i=\frac{1}{2}(0.575+0.350+0.188-0.038)=0.538$$

挂车－80 作用时

$$m_{cg}=\frac{1}{4}\sum\eta_i=\frac{1}{4}(0.513+0.40+0.288+0.175)=0.344$$

人群荷载作用时

$m_{cr}=\eta=0.684$

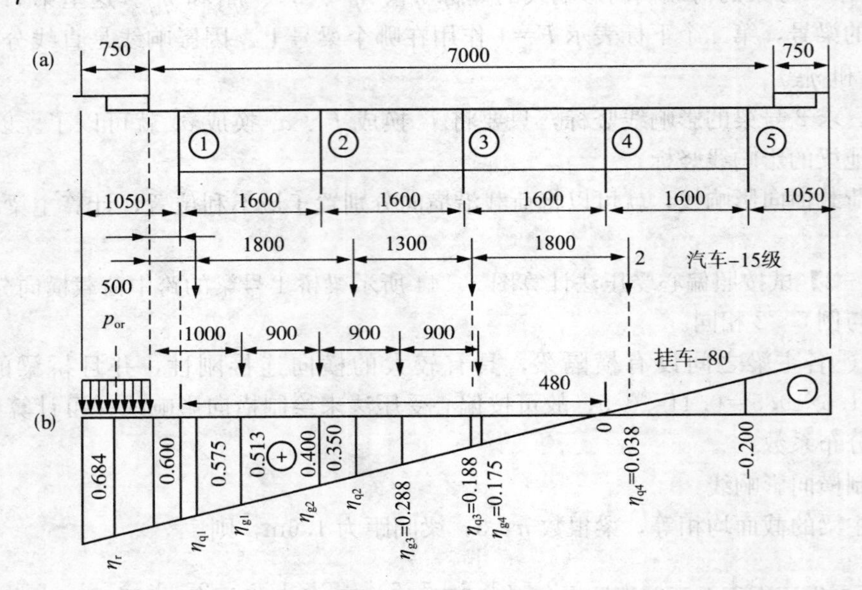

图 5－55　【例 5－3】的横向分布系数计算图示

(a) 梁桥横截面布置图；(b) 1 号梁横向影响线

3. 考虑主梁抗扭刚度的修正偏心受压法

偏心受压法在其计算公式推演中，作了横隔梁近似绝对刚性和忽略主梁抗扭刚度的两项假定，导致了边主梁的横向分布计算值偏大的结果。为了弥补偏心受压法的不足，工程上广泛地采用考虑主梁抗扭刚度的修正偏心受压法。

用偏心受压法计算荷载横向影响线竖标（以 1 号边梁为例）的公式为：

$$\eta_{1i}=\frac{I_1}{\sum I_i}\pm\frac{ea_1I_1}{\sum a_i^2I_i} \tag{5-19}$$

式中，等号右边第一项是由中心荷载 $P=1$ 引起的。此时各主梁只发生竖向挠度而无转动，显然它与主梁的抗扭无关。等号右边第二项是由偏心力矩 $M=1\cdot e$ 引起的，此时，由于截面的转动，各主梁不仅发生竖向挠度，而且还引起扭转，而在式（5-19）中却没有计入主梁的抗扭作用。由此可见，要计入主梁的抗扭影响，只需对等式的第二项给予修正。

现在研究在跨中垂直于桥轴平面内有力矩 $M=1\cdot e$（当 $F=1\text{kN}$ 时）作用下桥梁的变形和受力情况，见图 5-56。此时每根主梁除产生不相同的挠度 w''_i 外，还产生一个相同的转角 θ。如设荷载通过跨中的横隔梁传递，则可得各根主梁对横隔梁的反作用力为竖向力 R''_i 和抗扭力矩 M_{Ti}。

由静力平衡条件可得：

$$\sum R''_i a_i + \sum M_{Ti} = 1\cdot e \tag{5-20}$$

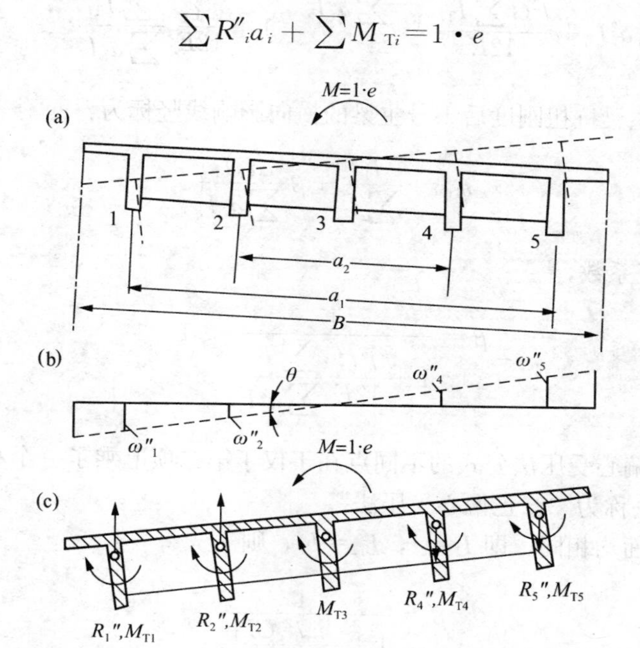

图 5-56　考虑主梁抗扭刚度的计算

简支梁跨中截面扭矩与转角、竖向力与挠度的关系为：

$$\theta = \frac{lM_{Ti}}{4GI_{Ti}} \tag{5-21}$$

$$w''_i = \frac{R''_i l^3}{48EI_i} \tag{5-22}$$

根据图 5-56 的几何关系得：

$$\theta \approx \tan\theta = \frac{w''_i}{a_i} \tag{5-23}$$

将式（5-21）和式（5-22）代入式（5-23）得：

$$M_{Ti} = R''_i \frac{GI_{Ti}l^2}{12a_i I_i E} \tag{5-24}$$

为求 1 号梁的荷载，根据式（5－8）的关系，可得 R''_i 和 R''_1 之间的关系为：

$$R''_1 = R''_i \frac{a_1 I_1}{a_i I_i} \tag{5-25}$$

将式（5－24）和式（5－25）代入式（5－20）得：

$$\sum R''_1 \frac{a_i^2 I_i}{a_1 I_1} + \sum R''_1 \frac{a_i I_i}{a_1 I_1} \cdot \frac{l^2 G I_{Ti}}{12 a_i E I_i} = e$$

则：
$$R''_i = \frac{e a_i I_i}{\sum a_i^2 I_i + \frac{l^2 G \sum I_{Ti}}{12E}} = \frac{e a_i I_i}{\sum a_i^2 I_i} \cdot \frac{1}{1 + \frac{l^2 G}{12E} \frac{\sum I_{Ti}}{\sum a_i^2 I_i}} = \beta \frac{e a_i I_i}{\sum a_i^2 I_i} \tag{5-26}$$

最后可得考虑主梁抗扭刚度后 1 号主梁的横向影响线竖标为：

$$\eta_{1i} = \frac{I_1}{\sum I_i} \pm \beta \frac{e a_1 I_1}{\sum a_i^2 I_i} \tag{5-27}$$

式中　β 为抗扭修正系数，

$$\beta = \frac{1}{1 + \frac{l^2 G}{12E} \frac{\sum I_{Ti}}{\sum a_i^2 I_i}} < 1$$

由此可见，与偏心受压法公式的不同点在于仅于第二项上乘了一个小于 1 的抗扭修正系数 β，所以，此法称为“修正偏心受压法”。

如果主梁的截面均相同，即 $I_1 = I$，$I_{Ti} = I_T$，则

$$\beta = \frac{1}{1 + \frac{n l^2 G I_T}{12 E I \sum a_i^2}} \tag{5-28}$$

式（5－28）中抗扭惯性矩，对 T 形截面，可近似等于各个矩形截面的抗扭惯性矩之和，混凝土的剪力切模量 G 可取等于 0.425E，n 为主梁根数。

【例 5－4】按考虑抗扭刚度修正的偏心受压法来计算【例 5－3】中的 1 号边梁横向分布系数。

【解】(1) 计算主梁截面抗弯惯性矩 I 和抗扭惯性矩 I_T。

$$\begin{aligned} I_T &= 1/3 \times 1.6 \times 0.11^3 + 0.301 \times 1.19 \times 0.18^3 \\ &= 0.0027988\text{m}^3 \end{aligned}$$

图 5－57 为按主梁实际截面尺寸得到的计算尺寸图，其中受压翼板的换算平均厚度为 $t_1 = (0.08 + 0.14)/2 = 0.11\text{m}$。

主梁计算截面的重心为 y_1（距翼板顶面），则：

$$y_1 = \frac{(1.6 - 0.18) \times 0.11 \times \frac{0.11}{2} + 1.3 \times 0.18 \times \frac{1.3}{2}}{(1.6 - 0.18) \times 0.11 + (1.3 \times 0.18)} = 0.41\text{m}$$

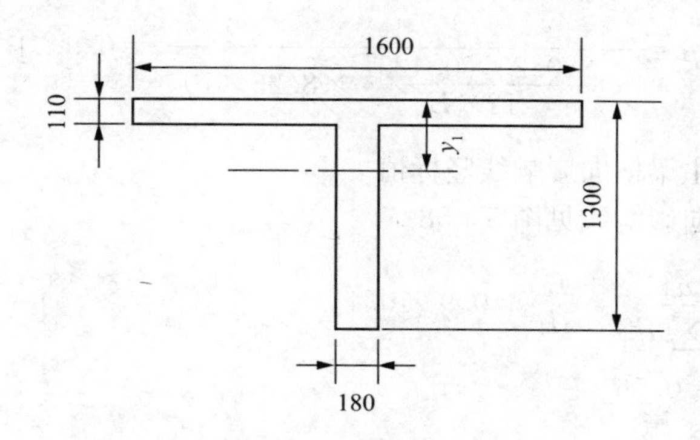

图 5-57　主梁截面计算尺寸（mm）

主梁对计算截面重心轴的抗弯惯性矩 I 为：

$$I=\frac{1}{12}\times(1.6-0.18)\times0.11^3+(1.6-0.18)\times0.11\times\left(0.41-\frac{0.11}{2}\right)^2$$
$$+\frac{1}{12}\times0.18\times1.3^3+0.18+1.3\times\left(\frac{1.3}{2}-0.41\right)^2$$
$$=0.066276\text{m}^4$$

对于T形截面的抗扭惯性矩 I_T 计算，近似等于组成T形截面的各个矩形截面的抗扭惯性矩之和。

$$I_T=\sum c_i b_i t_i^3$$

式中　b_i 和 t_i 分别为单个矩形截面的长边与短边，c_i 为矩形截面抗扭刚度系数，根据 t_i/b_i 值查表5-3可得到。

T形截面对于翼板，$t_1=0.11\text{m}$，$b_1=1.60\text{m}$，$t_1/b_1=0.0687<0.1$，查表5-3得 $c_1=1/3$。对于梁肋，$t_2=0.18\text{m}$，$b_2=1.19\text{m}$，$t_2/b_2=0.151$，查表5-3得 $c_2=0.301$。则T形截面抗扭惯性矩：

$$I_T=1/3\times1.6\times0.11^3+0.301\times1.19\times0.18^3$$
$$=0.0027988\text{m}^3$$

矩形截面抗扭刚度系数 c　　**表 5-3**

t/b	1	0.9	0.8	0.7	0.6	0.5	0.4	0.3	0.2	0.1	<0.1
c	0.141	0.155	0.171	0.189	0.209	0.229	0.250	0.270	0.291	0.312	1/3

（2）计算抗扭修正系数 β

由于各主梁截面均相同，$\sum I_{Ti}=5I_T$，$\sum a_i^2 I_i=I\sum a_i^2$，则：

$$\frac{\sum I_{Ti}}{\sum a_i^2 I_i}=\frac{5I_T}{I\sum a_i^2}=\frac{5\times0.0027988}{0.066276\times2\times[(2\times1.6)^2+(4\times1.6)^2]}=8.25\times10^{-3}$$

取 $G=0.425E$，$l^2=19.5^2=380.25\text{m}^2$，则：

$$\beta=\frac{1}{1+\frac{380.25\times 0.425E}{12\times E}\times 8.25\times 10^{-3}}=0.9<1$$

(3) 计算①号边主梁横向影响线竖标值

①号边主梁的横向影响线见图 5-58。

$$\eta_{11}=\frac{I_1}{\sum I_i}+\beta\frac{a_1^2}{\sum a_i^2}=\frac{I_1}{5I_1}+0.9\times 0.4$$

$$=0.2+0.36=0.56$$

$$\eta_{15}=\frac{I_1}{\sum I_i}-\beta\frac{a_1^2}{\sum a_i^2}=0.2-0.36=-0.16$$

(4) 计算①号边产梁跨中的荷载分布系数

汽车—15 级作用时

$$m_{cq}=\frac{1}{2}\sum\eta_i=\frac{1}{2}\times(0.538+0.335+0.189-0.013)=0.525$$

挂车—80 作用时

$$m_{cg}=\frac{1}{4}\sum\eta_i=\frac{1}{4}\times(0.481+0.380+0.279+0.178)=0.330$$

人群荷载作用时

$$m_{cr}=0.636$$

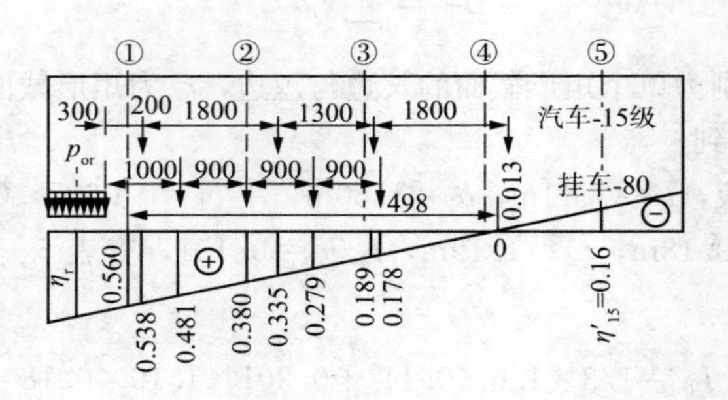

图 5-58　修正偏心受压法计算 m_c 图式

4. 铰接板（梁）法

对于用现浇混凝土纵向企口缝连接的装配式板桥以及仅在翼板间用焊接钢板或伸出交叉钢筋连接的无中间横隔梁的装配式 T 梁桥，虽然块件间横向有连接构造，但其连接刚性又较薄弱，这类结构的受力状态接近于数根并列而相互间横向铰接的狭长板（梁），在工程上，采用专门的横向铰接板（梁）法来计算桥荷载横向分布系数。

图 5-59(a) 示出一座用混凝土企口缝连接的装配式板桥承受荷载 F 的变形图式。当②号板块上有荷载 F 作用时，除了本身引起纵向挠曲外（板块本身的横向变形极微小，可略去不计），其他板块也会受力而发生相应的挠曲。显然，这是因为各板块之间通过企口缝所承受的内力在起传递荷载作用。图 5-59(b) 表示出一般情况下企口缝上可能引起的内力为竖向剪力 $g(x)$、横向弯矩 $m(x)$、纵向剪力 $t(x)$ 和法向力 $n(x)$。然而，当桥上主要作用

竖向车轮荷载时，纵向剪力和法向力同竖向剪力相比，影响极小；加之在构造上，企口缝的高度不大、刚性甚弱，通常可视作近似铰接，则横向弯矩对传递荷载的影响极微，也可忽略。这样，为了简化计算，就可以假定竖向荷载作用下企口缝内只传递竖向剪力 $g(x)$，如图 5－59(c) 所示，这就是横向铰接板（梁）计算理论的假定前提。

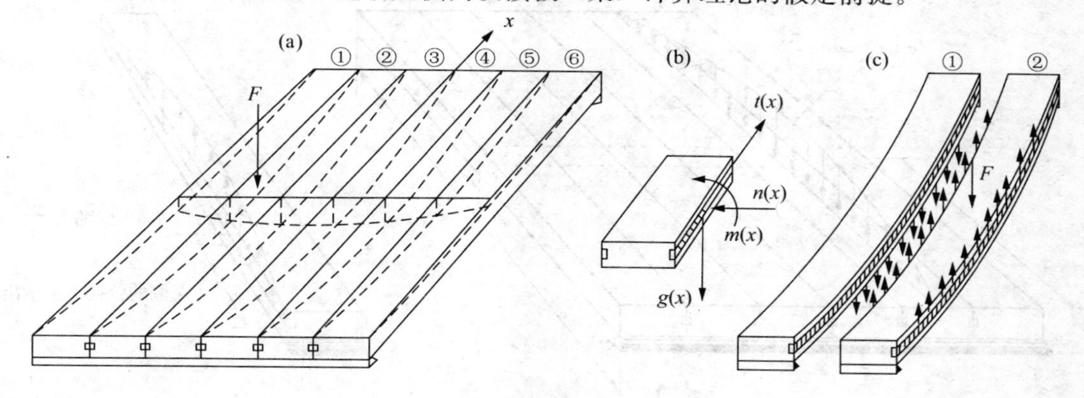

图 5－59　铰接板桥受力示意

还须指出，把一个空间计算问题，借助按横向挠度分布规律来确定荷载横向分布的原理，简化为一个平面问题来处理，严格来说，应当满足下述关系（以①、②号板梁为例）：

$$\frac{w_1(x)}{w_2(x)}=\frac{M_1(x)}{M_2(x)}=\frac{Q_1(x)}{Q_2(x)}=\frac{F_1(x)}{F_2(x)}=\text{常数}$$

此式表明，在桥上荷载作用下，任意两根板梁所分配到的荷载的比值，与挠度的比值以及截面内力（弯矩 M 和剪力 Q）的比值都相同。对于每条板梁有关系式 $M(x)=-EIw''$ 和 $Q(x)=EIw'''$，代入上式，并设 EI 为常量，则：

$$\frac{w_1(x)}{w_2(x)}=\frac{w''_1(x)}{w''_2(x)}=\frac{w'''_1(1)}{w'''_2(2)}=\frac{F_1(x)}{F_2(x)}=\text{常数} \tag{5-29}$$

但是，实际上无论对于集中轮重或分布荷载的作用情况，都不能满足上式的条件。以图 5-59(c) 铰接板的受力情况来看，②号板梁上的集中荷载 F 与①号板梁经竖向剪力传递的分布荷载 g（x）是性质完全不同的荷载。

如果采用具有某一峰值 p_0 的半波正弦荷载

$$p(x)=p_0\sin\frac{\pi x}{l} \tag{5-30}$$

则其积分和求导就能满足式（5－29）。对于研究荷载横向分布，还可方便地设 $p_0=1$ 而直接采用单位正弦荷载来分析。此时各根板梁的挠曲线将是半波正弦曲线，它们所分配到的荷载也是具有不同峰值的半波正弦荷载。这样，就使荷载、挠度和内力三者的变化规律趋于协调统一。

可见，这种对荷载横向分布的处理方法，理论上仅对等截面的简支梁桥（w 为正弦函数时满足简支的边界条件）作用半波正弦荷载时，才属正确。鉴于用正弦荷载代替跨中的集中荷载，在计算各梁跨中挠度时的误差很小，而且，计算内力时虽有稍大的误差，但考虑到实际计算时有许多车轮沿桥跨分布，这样又进一步使误差减小，故在铰接板（梁）法中，可采用半波正弦荷载这一近似假定来分析跨中荷载横向分布的规律。

根据以上所作的假定，铰接板桥受力图式如图 5-60 所示。

在正弦荷载 $p(x)=p_0\sin\frac{\pi x}{l}$作用下，各条铰缝内也产生正弦分布的铰接力 $g(x)$，

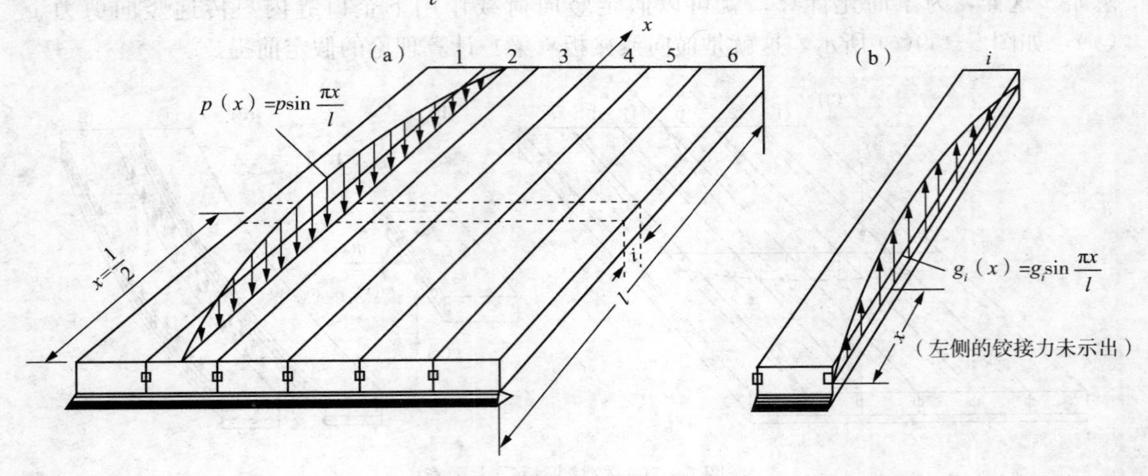

图 5-60　铰接板桥受力图示

$g(x)=g_i\sin\frac{\pi x}{l}$，图 5-60(b) 中示出了任意一条板梁的铰接力分布图形。鉴于荷载、铰接力和挠度三者的协调性，对于研究各条板梁所分布荷载的相对规律来说，取跨中单位长度和截割段来进行分析不失其一般性，此时各板条间铰接力可用正弦分布铰接力的峰值 g_i 来表示。

图 5-61(a) 表示一座横向铰接板桥的横截面图，现在来研究单位正弦荷载作用在 1 号板梁轴线上时，荷载在各条板梁内的横向分布，计算图式如图 5-61(b) 所示。

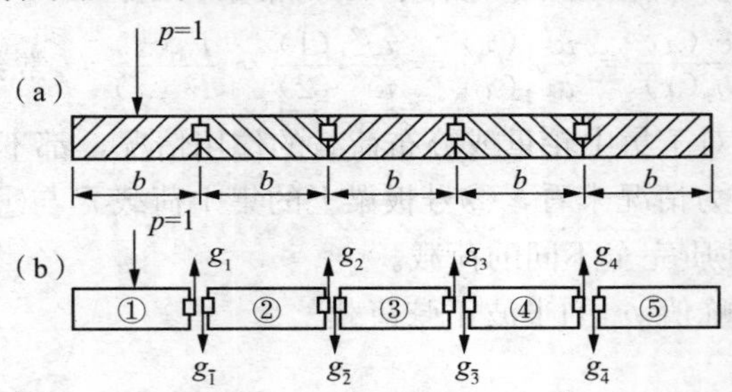

图 5-61　铰接板计算图示

一般说来，对于具有 n 条板梁组成的桥梁，必然具有 $n-1$ 条铰缝。在板梁间沿铰缝切开，则每一铰缝内作用着一对大小相等、方向相反的正弦分铰接力，因此对于 n 条板梁就有 $n-1$ 个欲求的未知铰接力峰值 g_i。如果求得了所有的 g_i，由静力平衡条件，可得分配到各板块的竖向荷载的峰值 p_{i1}，以图 5-61(b) 所示的五块板为例，即为：

$$\left.\begin{aligned}&1\text{号板}\ p_{11}=1-g_1\\&2\text{号板}\ p_{21}=g_1-g_2\\&3\text{号板}\ p_{31}=g_2-g_3\\&4\text{号板}\ p_{41}=g_3-g_4\\&5\text{号板}\ p_{51}=g_4-g_5\end{aligned}\right\}\tag{5-31}$$

显然，对于具有 $n-1$ 个未知铰接力的超静定问题，总有 $n-1$ 条铰接缝，将每一铰接缝切开形成基本体系，利用两相邻板块在铰接缝处的竖向相对位移为零的变形协调条件，就可解出全部铰接力峰值。为此，对于图 5-61(b) 的受力图式，可以列出四个正则方程如下：

$$\left.\begin{array}{l}\delta_{11}g_1+\delta_{12}g_2+\delta_{13}g_3+\delta_{14}g_4+\delta_{1\mathrm{p}}=0\\ \delta_{11}g_1+\delta_{22}g_2+\delta_{23}g_3+\delta_{24}g_4+\delta_{2\mathrm{p}}=0\\ \delta_{11}g_1+\delta_{32}g_2+\delta_{33}g_3+\delta_{34}g_4+\delta_{3\mathrm{p}}=0\\ \delta_{11}g_1+\delta_{42}g_2+\delta_{43}g_3+\delta_{44}g_4+\delta_{4\mathrm{p}}=0\end{array}\right\}\tag{5-32}$$

式中 $\delta_{1\mathrm{k}}$——铰接缝 k 内作用单位正弦铰接力，在铰接缝 i 处引起的竖向相对位移；

$\delta_{1\mathrm{p}}$——外荷载 p 在铰接缝 i 处引起的竖向位移。

为了确定正则方程中的常系数 δ_{ik} 和 δ_{ip}，来考察图 5-62(a) 所示任意板梁在左边铰接缝内作用单位正弦铰接力的典型情况。图 5-62(b) 为跨中单位长度截割段的示意图。对于横向近乎刚性的板块，偏心的单位正弦铰接力可以用一个中心作用的荷载和一个正弦分布的扭矩来代替，图 5-62(c) 中示出了作用在跨中段上的相应峰值 $g_i=1$ 和 $m_1=b/2$。我们设上述中心作用荷载在板跨中央产生的挠度为 w，上述扭矩引起的跨中扭角作用在板块左

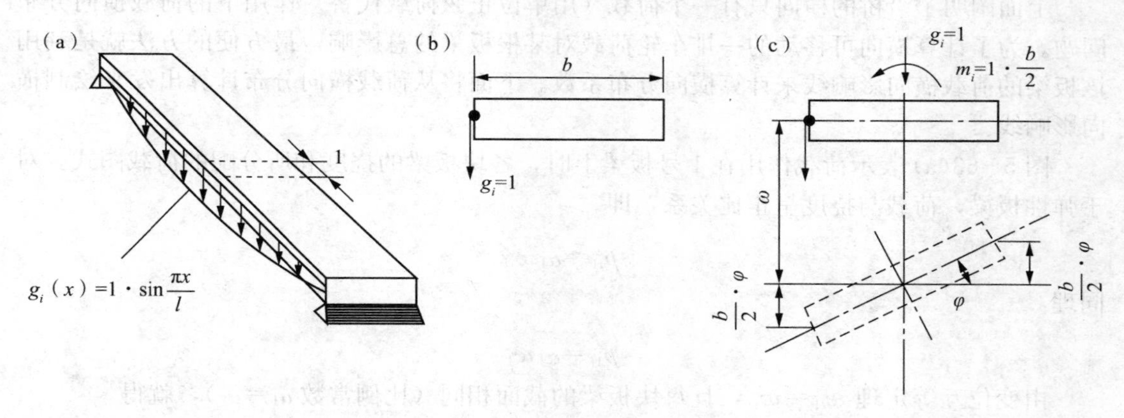

图 5-62　板梁的典型受力图式

侧产生的总挠度为 $w+b/2\varphi$，在板块右侧则为 $w-b/2\varphi$。掌握了这一典型的变化规律，参照图 5-62(b) 的基本体系，就不难确定以 w 和 φ 表示的全部 δ_{ik} 和 δ_{ip}。计算中应遵循下述符号规定：当 δ_{ik} 与 g_i 的方向一致时取正号，也就是说，使某一铰接缝增大相对位移的挠度取正号，反之取负号。至此，依据图 5-62(b) 的基本体系，就可以写出正则方程式(5-32)中的常系数为：

$$\delta_{11}=\delta_{22}=\delta_{33}=\delta_{44}=2\left(w+\frac{b}{2}\varphi\right)$$

$$\delta_{12}=\delta_{23}=\delta_{34}=\delta_{21}=\delta_{32}=\delta_{43}=-\left(w-\frac{b}{2}\varphi\right)$$

$$\delta_{13}=\delta_{14}=\delta_{24}=\delta_{31}=\delta_{41}=\delta_{42}=0$$

$$\delta_{1\mathrm{p}}=-w$$

$$\delta_{2\mathrm{p}}=\delta_{3\mathrm{p}}=\delta_{4\mathrm{p}}=0$$

将上述的系数代入式（5-32），使全式除以 w，并设刚度参数 $\gamma=(b/2)\varphi/w$，则得正则方程的化简形式：

$$
\left.\begin{aligned}
2(1+\gamma)g_1-(1-\gamma)g_2&=1\\
-(1-\gamma)g_1+2(1+\gamma)g_2-(1-\gamma)g_3&=0\\
-(1-\gamma)g_2+2(1+\gamma)g_3-(1-\gamma)g_4&=0\\
-(1-\gamma)g_3+2(1+\gamma)g_4&=0
\end{aligned}\right\}\tag{5-33}
$$

一般说来 n 块板就有 $n-1$ 个联立方程，其主系数 $\frac{1}{w}\delta_{ii}$ 都是 $2(1+\gamma)$，副系数为 $\frac{1}{w}\delta_{ik}$。$(k=i\pm1)$ 都为 $-(1-\gamma)$，其余都为零。荷载项系数除了直接受荷的 1 号板块处为 -1 以外，其余均为零。

由此可见，只要确定了刚度参数 γ、板块数量 n 和荷载作用位置，就可解出所有 $n-1$ 个未知铰接力的峰值。有了 g_i 就能按式（5-31）得到荷载作用下分配到各板块的竖向荷载的峰值。

1）铰接板桥的荷载横向分布影响线

上面阐明了沿桥的横向只有一个荷载（用单位正弦荷载代替）作用下的荷载横向分布问题。为了计算横向可移动的一排车轮荷载对某根板梁的总影响，最方便的方法就是利用该板梁的荷载横向影响线来计算横向分布系数。下面将从荷载横向分布计算出发来绘制横向影响线。

图 5-63(a) 表示荷载作用在 1 号板梁上时，各块板梁的挠度和所分配的荷载图式。对于弹性板梁，荷载与挠度呈正比关系，即

$$p_{i1}=\alpha_1 w_{i1}$$

同理

$$p_{1i}=\alpha_2 w_{1i}$$

由变位互等定理 $w_{i1}=w_{1i}$，且每块板梁的截面相同（比例常数 $\alpha_1=\alpha_2$），就得

$$p_{1i}=p_{i1}$$

上式表明，单位荷载作用在 1 号板梁轴线上时任一板梁所分配的荷载，就等于单位荷载作用于任意板梁轴线上时 1 号板梁荷载横向影响线的竖标值，通常以 η_{1i} 来表示。最后，利用式（5-31），就得 1 号板梁横向影响线的各竖标值为：

$$
\begin{aligned}
\eta_{11}&=p_{11}=1-g_1\\
\eta_{12}&=p_{21}=g_1-g_2\\
\eta_{13}&=p_{31}=g_2-g_3\\
\eta_{14}&=p_{41}=g_3-g_4\\
\eta_{15}&=p_{51}=g_4-g_5
\end{aligned}
$$

把各个 η_{1i} 按比例描绘在相应板梁的轴线位置，用光滑的曲线（或近似地用折线）连接这些标点，就得 1 号板梁的横向影响线，如图 5-63(b) 所示。同理，如将单位荷载作用在 2 号板梁轴线上，就可求得 p_{i2}，从而可得 η_{2i}，如图 5-63(c) 所示。

在实际进行设计时，可以利用对于板块数目 $n=3\sim10$ 所编制的各号板的横向影响线

竖标计算表格（见附录6）。表中按刚度参数 $\gamma=0.00\sim2.00$ 列出了 η_{ik} 的数值，对于非表列的值，可用直线内插来计算。

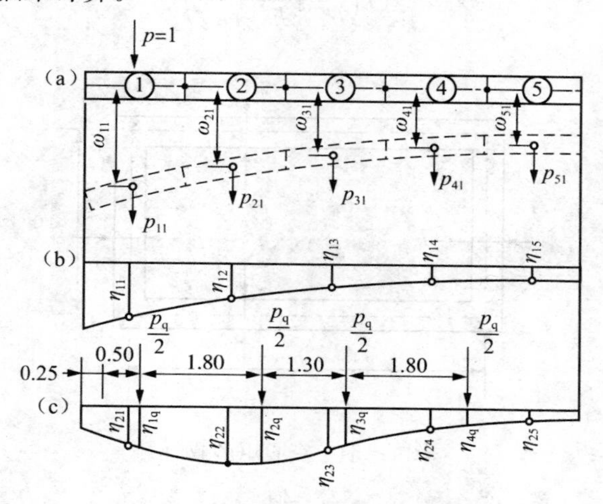

图5-63 跨中的荷载横向影响线

2）刚度参数 γ 值的计算

γ 为扭转位移 $b\varphi/2$ 与主梁挠度 w 之比。现应用材料力学中提供的计算公式计算简支板在半波正弦荷载作用下的跨中挠度 w 和扭转角 φ。

当正弦荷载 $p(x)$ 作用于简支板轴线时，板的跨中挠度为：

$$w=\frac{pL^4}{\pi E^4 i} \tag{5-34}$$

当正弦荷载 $p(x)$ 作用于板边时，板的跨中扭转角为：

$$\varphi=\frac{pbL^2}{2\pi^2 GI_T} \tag{5-35}$$

于是，刚度参数 γ 为：

$$\gamma=\frac{b\varphi}{2w}=\frac{\pi^2 EI}{4GI_T}\left(\frac{b}{L}\right)^2=5.8\frac{I}{I_T}\left(\frac{b}{L}\right)^2 \tag{5-36}$$

式中 E——板的材料弹性模量；

G——板的材料剪切模量，对混凝土 $G=0.425E$；

I——板的抗弯惯性矩；

I_T——板的抗扭惯性矩。

实心矩形截面的抗扭惯性矩 I_T 近似计算如下：

$$I_T=cbh^3 \tag{5-37}$$

式中 c——实心矩形截面的抗扭刚度系数，可查表5-4；

b、h——矩形截面的长边和短边。

空心矩形截面（图5-64）的抗扭惯性矩 I_T 计算如下：

$$I_T=\frac{4b^2h^2}{\left(\frac{2h}{b_2}+\frac{b}{h_1}+\frac{b}{h_2}\right)} \tag{5-38}$$

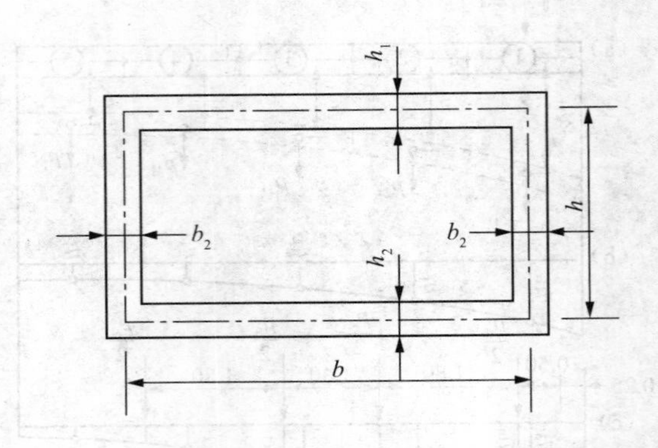

图 5-64　空心矩形截面

c 值　　　　表 5-4

b/h	1.10	1.20	1.25	1.30	1.40	1.50	1.60	1.75	1.80
c	0.154	0.166	0.172	0.177	0.187	1.196	0.204	0.214	0.217
b/h	2.00	2.50	3.00	3.50	4.00	5.00	8.00	10.00	20.00
c	0.229	0.249	0.263	0.273	0.281	0.291	0.307	0.312	0.323

【例 5-5】图 5-65(a) 所示为跨径 L=12.60m 的铰接空心板桥上部结构横截面布置。桥面净空为净—7m 和 2×0.75m 人行道。预应力混凝土空心板跨中截面尺寸见图 5-65(b)。试求该桥 1、3 和 5 号板的汽车—20 级、挂车—100 和人群荷载作用下的板跨中截面荷载横向分布系数。

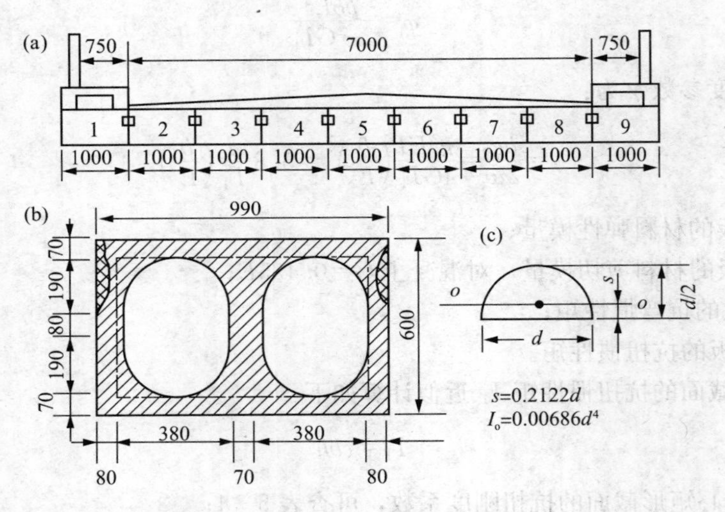

图 5-65　空心板桥横截面（mm）

【解】(1) 计算空心板截面的抗弯惯矩 I 和抗扭惯矩 I_T

本例空心板是上下对称截面，形心轴位于高度中央，故其抗弯惯性矩（参见图 5-65(c) 所示半圆的几何性质）为：

$$I=\frac{990\times600^3}{12}-2\times\frac{380\times80^2}{12}-4\left[0.00686\times380^4\times\frac{\pi\times380^4}{4}\right.$$

$$\left.+\frac{1}{2}\times\left(\frac{80}{2}+0.2122\times380\right)^2\right]$$

$$=1391\times10^7\,\text{mm}^4$$

计算空心板截面的抗扭惯性矩 I_T：

本例空心截面可近似简化成图 5－65(b) 中虚线所示的薄壁箱形截面来计算 I_T，按前面的式（5－38），则得：

$$I_T=\frac{4\times(990-80)^2\times(600-70)^2}{\frac{2\times(600-70)}{80}+\frac{990-80}{70}\times2}=2370\times10^7\,\text{mm}^4$$

（2）计算刚度参数 γ

$$\gamma=5.8\frac{I}{I_T}\left(\frac{b}{l}\right)^2=5.8\times\frac{1391\times10^7}{2370\times10^7}\times\left(\frac{1000}{12600}\right)^2=0.0214$$

（3）计算跨中荷载横向分布影响线

从附录 6 铰接板荷载横向分布影响线计算用表的附录 6－1、附录 6－3 和附录 6－5 中，可在 $\gamma=0.02\sim0.04$ 之间按直线内插法求得 $\gamma=0.0214$ 的影响线竖标值 η_{1i}、η_{3i} 和 η_{5i}。计算见表 5－5（取小数点后三位数字）。

表 5－5

板号	γ	单位荷载作用位置（i 号板中心）									$\sum\eta_{ki}$
		1	2	3	4	5	6	7	8	9	
1	0.02	236	194	147	113	088	070	057	049	046	≈1000
	0.04	306	232	155	104	070	048	035	026	023	
	0.0214	241	197	148	112	087	068	055	047	044	
3	0.02	147	160	164	141	110	087	072	062	057	≈1000
	0.04	155	181	195	159	108	074	053	040	035	
	0.0214	148	161	166	142	110	086	071	060	055	
5	0.02	088	095	110	134	148	134	110	095	088	≈1000
	0.04	070	082	108	151	178	151	108	082	070	
	0.0214	087	094	110	135	150	135	110	094	087	

将表 5－5 中 η_{1i}、η_{3i} 和 η_{5i} 之值按一定比例尺，绘于各号板的轴线下方，连接成光滑曲线后，就得①、③和⑤号板的荷载横向分布影响线，如图 5－66(b)、图 5－66(c) 和图 5－66(d) 所示。

（4）计算荷载横向分布系数

按“桥规”规定沿横向确定最不利荷载位置后，就可计算跨中荷载横向分布系数如下：

对于①号板：

汽车－20 级　　$m_{cq}=\frac{1}{2}\times(0.197+0.119+0.086+0.056)$

$$= 0.229$$

挂车－100 $\quad m_{cg} = \frac{1}{4} \times (0.173 + 0.134 + 0.104 + 0.085)$

$$= 0.124$$

人群荷载 $\quad m_{cr} = 0.235 + 0.044 = 0.279$

对于③号板：

汽车－20 级 $\quad m_{cq} = \frac{1}{2} \times (0.161 + 0.147 + 0.108 + 0.073)$

$$= 0.245$$

挂车－100 $\quad m_{cg} = \frac{1}{4} \times (0.164 + 0.156 + 0.132 + 0.106)$

$$= 0.140$$

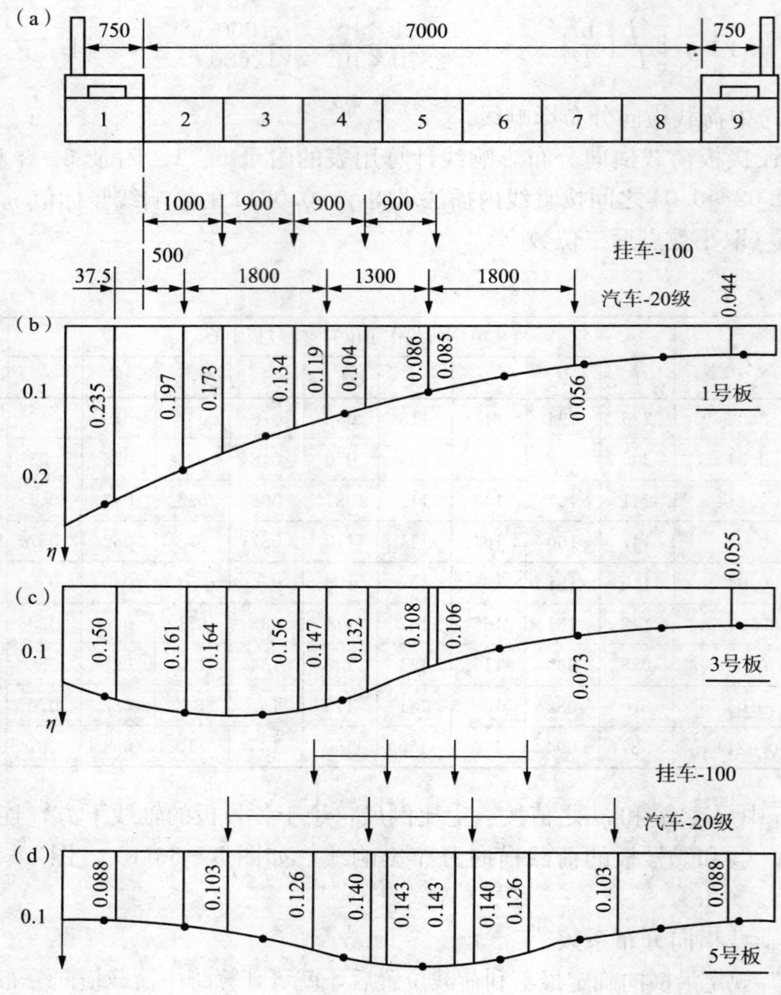

图 5－66 ①、③和⑤号板的荷载横向分布影响线

人群荷载　　　$m_{cr}=0.150+0.055=0.205$

对于⑤号板：

汽车－20级：$m_{cq}=\frac{1}{2}\times(0.103+0.140+0.140+0.103)$

$=0.243$

挂车－100　　$m_{cg}=\frac{1}{4}\times(0.126+0.143+0.143+0.126)$

$=0.135$

人群荷载　　　$m_{cr}=0.088+0.088=0.176$

综上所得，汽车荷载的横向分布系数的最大值为 $m_{cq}=0.245$，挂车荷载的最大值为 $m_{cg}=0.140$ 以及人群荷载的最大值为 $m_{cr}=0.279$。在设计中通常偏安全地取这些最大值来计算内力。

5. 比拟正交异性板法

由主梁、连续的桥面板和多道横隔梁所组成的混凝土梁桥，当板宽度与其跨度之比值较大时，为了能比较精确地反映实际结构的受力情况，还可把此类结构简化成纵横相交的梁格系，按杆件系统的空间结构来求解，也可设法将其简化比拟为一块矩形的平板，按弹性薄板理论来进行解析分析，并且做出计算图表便于实际应用。目前最常用的是后一种方法，即比拟正交异性板法或称 G－M 法。

利用“G－M”的图表计算荷载横向影响线竖表时，需先算出两个参数 α 和 θ，因此就要计算纵、横向的截面抗弯惯性矩和抗扭惯性矩，即

$$J_x=I_x/b,\ J_{tx}=I_{tx}/b;\ J_y=I_y/a,\ J_{ty}=I_{ty}/a$$

1）抗弯惯性矩计算

对于纵向主梁抗弯惯性矩 I_x 的计算，可按翼板宽度为 b_1 的 T 形截面进行。

对于横隔梁抗弯惯性矩 I_y 的计算，由于梁肋间距较大，弯曲时翼板宽度为 a 的分布是很不均匀的（图 5－67），因此，要引入受压翼板的有效宽度概念。每侧翼板的有效宽度值就相当于把实际应力图形换算成最大应力 σ_{max} 的基准的矩形图形的长度 λ，见图 5－67。根据理论分析结果，λ 值可用 c/l 之比值按表 5－6 计算。求得 λ 值后就可按受压翼板宽度为 $a'=2\lambda+b$ 的 T 形截面计算 I_y 值。

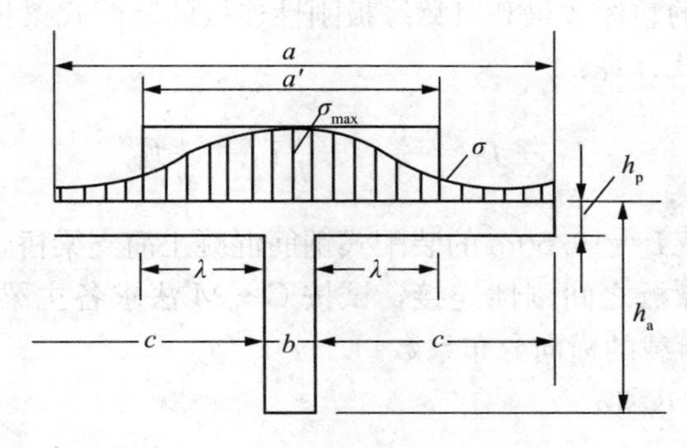

图 5－67　横桥向受压翼板的有效宽度

2）抗扭惯性矩计算

T 形截面和抗扭惯性矩可为各矩形截面抗扭惯性矩之和。对于梁肋部分的计算，按矩形截面，按式（5－36）计算，对于翼板部分的计算，应分清图 5－68 所示的两种情况。

图 5－68(a) 表示独立的宽扁矩形截面（b 比 h 大得多），按材料力学公式计算，其抗扭惯性矩为：

$$J_{ta}=\frac{I_{la}}{b}=\frac{bh_1^3}{3b}=\frac{h_1^3}{3} \tag{5-39}$$

λ/c 值　　表 5－6

c/l	0.05	0.10	0.15	0.20	0.25	0.30	0.35	0.40	0.45	0.5
λ/c	0.983	0.936	0.867	0.789	0.710	0.635	0.568	0.509	0.459	0.416

注：表中 l 为横隔梁长度，可取两根边主梁的中心距计算。

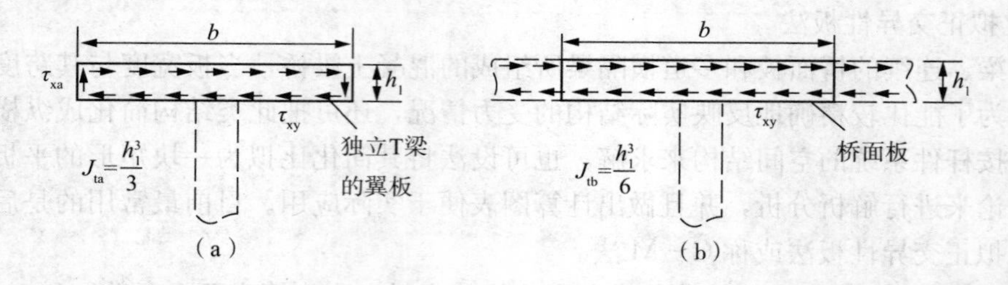

图 5－68　翼板抗扭惯性矩计算图式

图 5－68(b) 表示连续的桥面板，由于短边壁无剪力流存在，所以只有长边壁的剪力流形成扭矩，而且这个扭矩正好等于截面所承受的扭矩。根据矩形薄壁闭合截面扭转时，长边壁的剪力流形成的扭矩正好等于短边壁的，也就是说二者各占截面所承受扭矩的一半。因此，连续的桥面板单宽抗扭惯性矩为宽扁矩形截面的一半。这样，对于连续桥面板的整体式架桥和对于翼板全部连成整体的装配桥梁，翼板抗扭惯性矩为：

$$J_{yb}=\frac{I_{tb}}{b}=\frac{bh_1^3}{6b}=\frac{h_1^3}{6} \tag{5-40}$$

在 G－M 法中，为计算扭弯参数 α 需要知道纵、横向截面单位宽度抗扭惯性矩之和，因此，对于连续桥面板的整体式梁和对翼缘板刚性连接的装配式梁桥，纵横截面单位宽度抗扭惯性矩之和可由下式计算：

$$J_{Tx}+J_{Ty}=\frac{1}{3}h_1^3+\frac{1}{b}I'_{Tx}+\frac{1}{a}I'_{Ty} \tag{5-41}$$

【例 5－6】计算跨径 $L=19.50\text{m}$ 的装配式钢筋混凝土简支梁桥，截面布置及主梁尺寸见图 5－69。各主梁翼缘板之间刚性连接，试按 G－M 法求各主梁跨中截面处对汽－20 级、挂车－100 和人群荷载的横向分布系数。

【解】(1) 计算参数 θ 和 α

①主梁抗弯惯性矩

$I_x=0.06627\text{m}^4$（参考【例 5－4】）

因主梁 T 形截面翼缘宽度 $b_1=1.6\text{m}$，故主梁的比拟单宽抗弯惯性矩为：

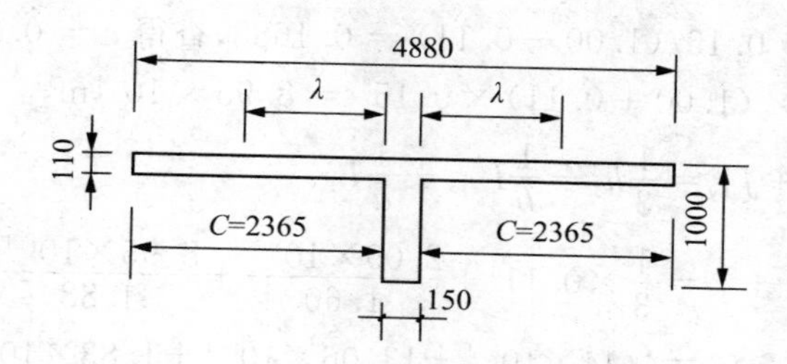

图 5－69　横隔梁截面（mm）

$$J_x = I_x/b = 0.06627/1.6 = 0.04142\text{m}^4/\text{m}$$

②横隔梁抗弯惯性矩

每片中横隔梁的尺寸，如图 5－69 所示。按表 5－6 确定翼板的有效作用宽度 λ。横隔梁的长度取为两片边主梁的轴线距离，即：

$$l' = 4 \times b = 4 \times 1.60 = 6.40\text{m}$$

$$c/l' = 2.365/6.40 = 0.3695$$

查表 5－6　得

$$c/l' = 0.3695 \text{ 时}，\lambda/c = 0.545$$

$$\lambda = 0.545 \times 2.365 = 1.29\text{m}$$

求横隔梁截面重心位置 a_y：

$$a_y = \frac{2 \times 1.29 \times 0.11 \times \frac{0.11}{2} + 0.15 \times 1.00 \times \frac{1.00}{2}}{2 \times 1.29 \times 0.11 + 0.15 \times 1.00} = 0.21\text{m}$$

故横隔梁抗弯惯性矩为：

$$\begin{aligned} I_y &= \frac{1}{12} \times 2 \times 1.29 \times 0.11^3 + 2 \times 1.29 + 0.11 \times \left(0.21 - \frac{0.11}{2}\right)^2 \\ &\quad + \frac{1}{12} \times 0.15 \times 1.00^3 + 0.15 \times 1.00 \times \left(\frac{1.00}{2} - 0.21\right)^2 \\ &= 0.0322\text{m}^4 \end{aligned}$$

横隔梁比拟单宽抗弯惯性矩为：

$$J_y = I_y/a = 0.0322/4.88 = 6.60 \times 10^{-3}\text{m}^4/\text{m}$$

③主梁和横隔梁的抗扭惯性矩

对于 T 梁翼板刚接的情况，可用式（5－41）来计算抗扭惯性矩。

对于主梁梁肋：

主梁翼板的平均厚度：$h_1 = \dfrac{0.08 + 0.14}{2} = 0.11\text{m}$

梁肋截面长边尺寸：$b' = 1.30 - 0.11 = 1.19\text{m}$

$t/b' = 0.18/(1.30 - 0.11) = 0.151$，查得 $c = 0.301$

则　$I'_{tx} = cb't^3 = 0.301 \times (1.30 - 0.11) \times 0.18^3 = 2.09 \times 10^{-3}\text{m}^4$

对于横隔梁梁肋：

$$t/b' = 0.15/(1.00-0.11) = 0.1685，查得 c = 0.298$$

则 $I'_{Ty} = 0.298 \times (1.00+0.11) \times 0.15^3 = 8.95 \times 10^{-4} \text{m}^4$

$$\begin{aligned} J_{Tx}+J_{Ty} &= \frac{1}{3}h_1^3+\frac{1}{b}I'_{Tx}+\frac{1}{a}I_{T'y} \\ &= \frac{1}{3}\times 0.11^3+\frac{2.09\times 10^{-3}}{1.60}+\frac{8.95\times 10^{-4}}{4.88} \\ &= 4.44\times 10^{-4}+13.06\times 10^{-4}+1.83\times 10^{-4} \\ &= 19.33\times 10^{-4}\text{m}^4/\text{m} \end{aligned}$$

④计算参数 θ 和 α

$$\theta=\frac{B}{l}\sqrt[4]{\frac{J_x}{J_y}}=\frac{4.00}{19.50}\times\sqrt[4]{\frac{0.04142}{0.00660}}=0.3247$$

式中 B 为桥的半宽，即 $B=\frac{5\times 1.60}{2}=4.00\text{m}$

$$\alpha=\frac{G\ (J_{Tx}+J_{Ty})}{2E\ \sqrt{J_x\cdot J_y}}=\frac{0.425E\times 19.33\times 10^{-4}}{2E\ \sqrt{0.04142\times 0.00660}}=0.025136$$

则 $\sqrt{\alpha}=\sqrt{0.025136}=0.1585$

（2）计算各主梁横向影响线坐标

已知 $\theta=0.3247$，从 G－M 法计算图表（附录 8）可查得影响线系数 k_1 和 k_0 的值，如表 5－7 所示。

用内插法求实际梁位处的 k_1 和 k_0 值，实际梁位与表列梁位的关系见图 5－70。

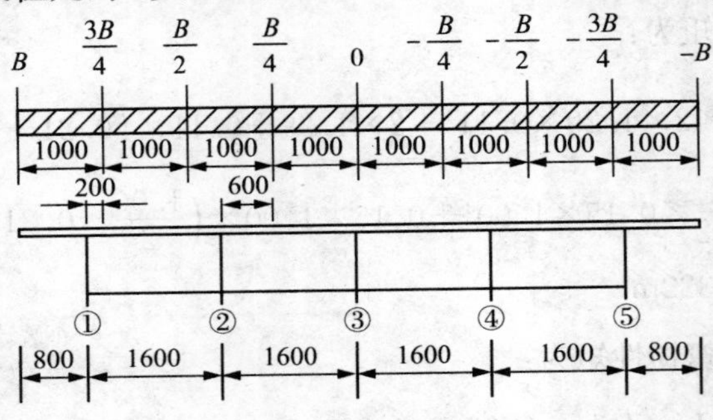

图 5－70　梁位关系图（mm）

对于①号梁：

$$\begin{aligned} k' &= k_{\frac{3}{4}B}+(k_B-k_{\frac{3}{4}B})\times\frac{20}{100} \\ &= 0.2k_B+0.8k_{\frac{3}{4}B} \end{aligned}$$

对于②号梁：

$$k'=k_{\frac{1}{4}B}+(k_{\frac{1}{2}B}-k_{\frac{1}{4}B})\times\frac{60}{100}=0.6k_{\frac{1}{2}B}+0.4k_{\frac{1}{4}B}$$

对于③号梁：

$k'=k_0$（这里 k_0 是指表列梁位在 0 号点的 k 值）

现将①、②和③号梁的影响系数 k_1、k_2 列于表 5－8。

①、②、③号梁的影响系数 k_1、k_0 值 **表 5－7**

梁位		荷载位置									
		B	$3/4B$	$B/2$	$B/4$	0	$-B/4$	$-B/2$	$-3/4B$	$-B$	校核*
k_1	0	0.94	0.97	1.00	1.03	1.05	1.03	1.00	0.97	0.94	7.99
	$3/4B$	1.05	1.06	1.07	1.07	1.02	0.97	0.93	0.87	0.33	7.93
	$B/2$	1.22	1.18	1.14	1.07	1.00	0.93	0.87	0.80	0.75	7.98
	$3/4B$	1.41	1.31	1.20	1.07	0.97	0.87	0.79	0.79	0.67	7.97
	B	1.65	1.42	1.24	1.07	0.93	0.84	0.74	0.74	0.60	8.04
k_0	0	0.83	0.91	0.99	1.08	1.13	1.08	0.99	0.99	0.83	7.92
	$3/4B$	1.66	1.51	1.35	1.23	1.06	0.88	0.63	0.63	0.18	7.97
	$B/2$	2.46	2.10	1.73	1.38	0.98	0.64	0.23	0.23	−0.55	7.85
	$3/4B$	3.32	2.73	2.10	1.51	0.94	0.40	−0.16	−0.62	−1.13	8.00
	B	4.10	3.40	2.44	1.64	0.83	0.18	−0.54	−1.14	−1.77	7.93

（3）计算各梁的荷载横向分布系数

首先用表 5－8 中计算的荷载横向分布影响线坐标值绘制横向影响线图，如图 5－71 所示，图中带小圈点的坐标都是表列各荷载点的数值。

①、②和③号梁的影响系数 **表 5－8**

梁号	算式	荷载位置								
		B	$\frac{3B}{4}$	$\frac{1}{2}B$	$\frac{B}{4}$	0	$\frac{-B}{4}$	$\frac{-B}{2}$	$\frac{-3}{4}B$	$-B$
1	$k'_1=0.2k_{1B}+0.8k_{1\frac{3}{4}B}$	1.458	1.332	1.208	1.070	0.962	0.864	0.780	0.712	0.656
	$k'_0=0.2k_{0B}+0.8k_{0\frac{3}{4}B}$	3.476	2.864	2.168	1.536	0.918	0.356	−0.236	−0.724	−1.258
	$k'_1-k'_0$	−2.018	−1.532	−0.960	−0.466	0.044	0.0508	1.016	1.436	1.914
	$(k'_1-k'_0)\sqrt{\alpha}$	−0.318	−0.242	−0.152	−0.074	0.007	0.080	0.161	0.227	0.302
	$k_\alpha=k'_0+(k'_1-k'_0)\sqrt{\alpha}$	3.158	2.662	2.016	1.462	0.925	0.436	−0.75	−0.497	−0.956
	$\eta_{11}=\frac{k_\alpha}{5}$	0.632	0.524	0.403	0.292	0.185	0.087	−0.015	−0.099	−0.191
2	$k'_1=0.6k_{1\frac{1}{2}B}+0.4k_{1\frac{1}{4}B}$	1.152	1.132	1.112	1.070	1.008	0.946	0.894	0.828	0.782
	$k'_0=0.6k_{0\frac{1}{2}B}+0.4k_{0\frac{3}{4}B}$	2.140	1.864	1.578	1.320	1.012	0.736	0.390	0.054	−0.258
	$k'_1-k'_0$	−0.988	−0.732	−0.466	−0.250	−0.004	0.210	0.504	0.774	1.040
	$(k'_1-k'_0)\sqrt{\alpha}$	−0.156	−0.115	−0.074	0.040	−0.001	0.033	0.080	0.122	0.164
	$k_\alpha=k'_0+(k'_1-k'_0)\sqrt{\alpha}$	1.984	1.749	1.504	1.280	1.011	0.769	0.470	0.176	−0.094
	$\eta_{21}=\frac{k_\alpha}{5}$	0.397	0.350	0.301	0.256	0.202	0.154	0.094	0.035	−0.019
3	$k'_1=k_{10}$	0.940	0.970	1.000	1.030	1.050	1.030	1.000	0.970	0.940
	$k'_0=k_{00}$	0.830	0.910	0.990	1.080	1.130	1.080	0.990	0.910	0.830
	$k'_1-k'_0$	0.110	0.060	0.010	−0.050	−0.080	−0.050	0.010	0.060	0.110
	$(k'_1-k'_0)\sqrt{\alpha}$	0.017	0.010	0.002	−0.008	−0.013	−0.008	0.002	0.010	0.017
	$k_\alpha=k'_0+(k'_1-k'_0)\sqrt{\alpha}$	0.847	0.920	0.092	1.072	1.117	1.072	0.992	0.920	0.847
	$\eta_{31}=\frac{k_\alpha}{5}$	0.170	0.184	0.198	0.214	0.223	0.214	0.198	0.184	0.470

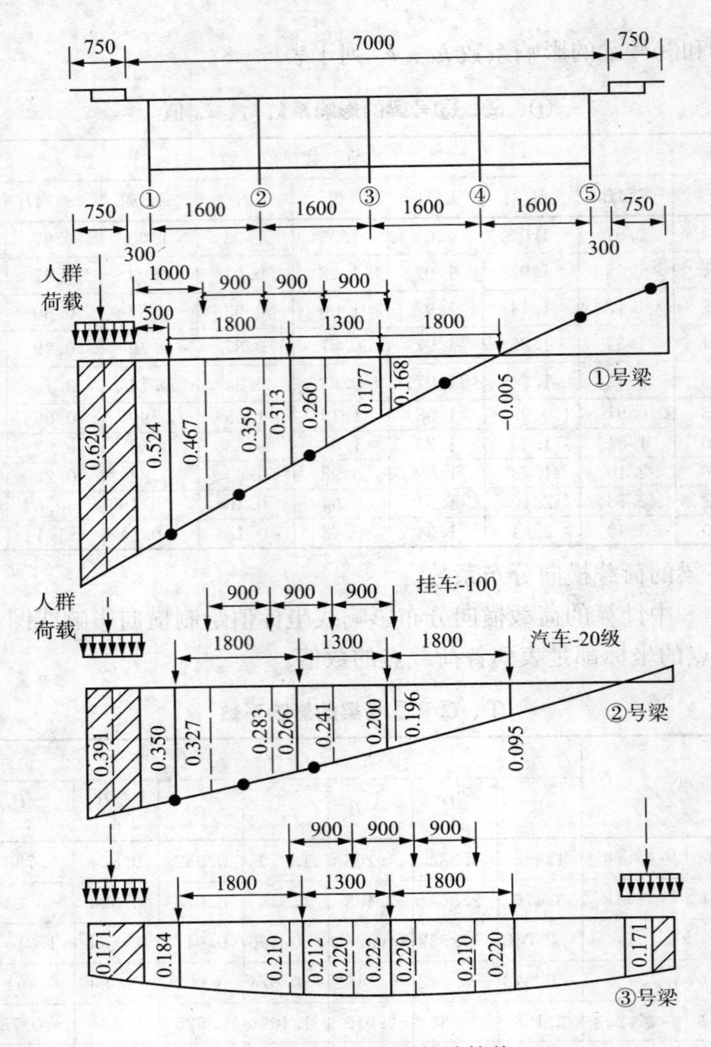

图 5-71　荷载横向分布系数计算值（mm）

在影响线上按横向最不利位置布置荷载后，就可按相对应的影响线坐标值求得主梁的荷载横向分布系数。

对于①号梁：

汽车－20 级　$m_{cq} = \frac{1}{2}\sum\eta$

$= \frac{1}{2} \times (0.524 + 0.313 + 0.177 - 0.005)$

$= 0.504$

挂车－100　$m_{cg} = \frac{1}{4}\sum\eta$

$= \frac{1}{4} \times (0.467 + 0.359 + 0.260 + 0.168)$

$= 0.313$

人群荷载　　$m_{cr}=\eta_r=0.620$

对于②号梁：

汽车－20级　$m_{cq}=\frac{1}{2}\times(0.350+0.266+0.200+0.095)$

$=0.455$

挂车－100　$m_{cg}=\frac{1}{4}\times(0.327+0.283+0.241+0.196)$

$=0.262$

人群荷载　$m_{cr}=0.391$

对于③号梁：

汽车－20级　$m_{cq}=\frac{1}{2}\times(0.184+0.212+0.222)$

$=0.409$

挂车－100　$m_{cg}=\frac{1}{4}\times(0.210+0.220)\times2=0.215$

人群荷载　　$m_{cr}=2\times0.171=0.342$

6. 荷载横向分布系数沿桥跨的变化

以上研究了荷载位于跨中时横向分布系数 $m_{1/2}$ 和荷载位于支点处时横向分布系数 m_0 的计算方法。那么荷载位于其他位置时，如何确定荷载横向分布系数 m 呢？显然，要从理论上精确计算 m 值沿桥跨的连续变化规律是相当复杂的，因此，下面根据试验结果说明 m 值沿桥跨的变化规律。

1）用于弯矩计算的荷载横向分布系数沿桥跨的变化

荷载的横向分布与荷载沿桥跨方向的位置有关，当荷载作用在桥跨中间时，能比较均匀地分给各主梁；当荷载作用在支点上的某一根主梁时，其他主梁基本分配不到荷载（不考虑支座的弹性变形），在两种极端情况之间必然有过渡的分配规律，所以，荷载横向分配规律沿桥跨方向是不同的。

当荷载作用在与端横隔梁最近的一根中横隔梁时，它的横向分布规律与荷载作用在跨中的分配规律基本相似。因此，在中间几个横隔梁所夹的区段内荷载横向分布系数都可以采用跨中的横向分布系数；与支点相邻的横隔梁至支点间的荷载横向分布系数 m_x 按直线变化，见图5-72。

一般地，当端横隔梁到相邻的一根中横隔梁的距离超过主梁跨径的1/4时，则四分点之间的横向分布系数取用跨中值，四分点与支点之间横向分布系数 m_x 按直线变化。

2）用于剪力计算的荷载横向分布系数沿桥跨的变化

考虑到 m 值在支点处与跨中相差很大，而且支点影响线竖标值在支点处很大，在实际计算中不能取用全跨不变的 m 值。根据试验结果，提出如下的计算方法。

(1) 对于无内横隔梁的桥梁，从支点到跨中由 m_0 至 $m_{0.5}$ 的一根斜线，见图5-73(a)。

(2) 对于有内横隔梁的桥梁，从支点到其靠近的第一根横隔梁取由 m_0 至 $m_{0.5}$ 的一根斜线，见图5-73(b)。

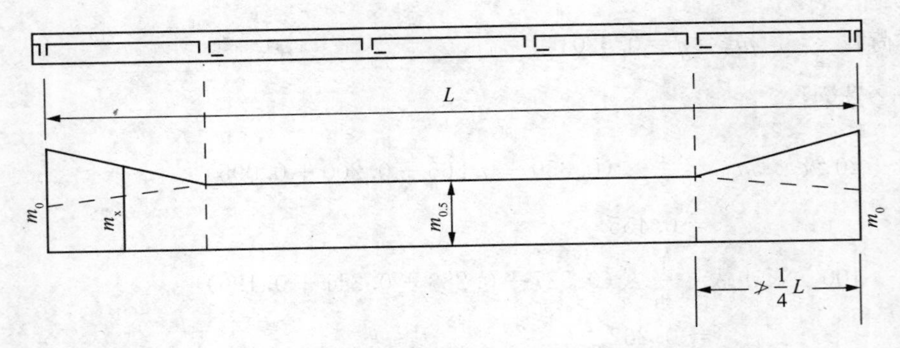

图 5-72　计算弯矩时横向分布系数沿桥跨方向的变化

另外，在右半跨上的车辆荷载，对各主梁左端剪力的影响，会随着其与左端距离的增大而相对减少，而且，左端剪力影响线竖标值在右半跨内减少到一半以下。因此，在实际计算时右半跨可取 $m=m_{0.5}$，见图 5-73。

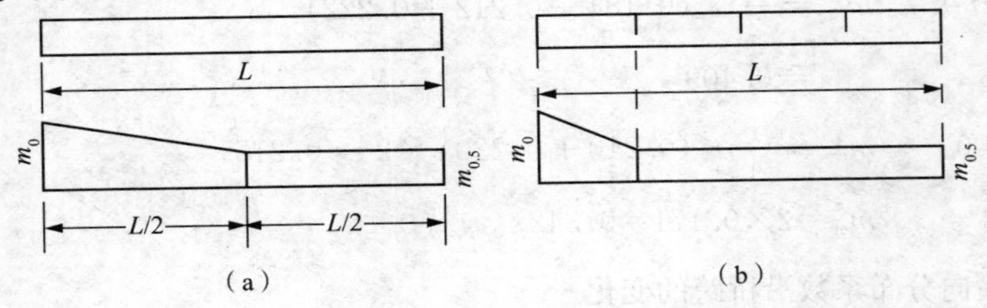

图 5-73　计算剪力时横向分布系数沿桥跨方向的变化

5.5.3　活荷载产生的主梁内力计算

这里的活荷载是指基本可变荷载中的车辆荷载和人群荷载。

由此荷载产生的主梁内力计算分为两步：第一步计算主梁的活荷载横向分布系数 m；第二步是应用主梁内力影响线，即以荷载乘以横向分布系数后，在纵向按最不利位置在内力影响线上加载，计算主梁截面的最大内力。

主梁截面内力计算的一般公式：

$$S=(1+\mu)\xi\cdot\sum m_i F_i y_i \tag{5-42}$$

式中　S——所求主梁截面的弯矩或剪力；

$1+\mu$——汽车荷载的冲击系数，对于挂车、履带车和人群荷载均不计冲击影响，取 $1+\mu=1$；

ξ——多车道桥面的汽车荷载折减系数，按表 4-9 取用。对挂车、履带车和人群荷载均不予折减，即 $\xi=1$；

m_i——沿桥跨纵向与荷载位置对应的横向分布系数；

F_i——车辆荷载的轴重；

y_i——与荷载位置对应的内力影响线坐标值。

对于简支梁桥，计算主梁控制截面的弯矩和跨中截面剪力时，可近似取用不变的跨中横向分布系数 $m_{0.5}$，还可用等代荷载来计算。等代荷载是根据各种车辆荷载特征（轴重、轴距等）、内力影响线的形状和长度，按最不利荷载位置算得的最大内力值换算成一套使用方便的等代的均布荷载。利用等代荷载乘以影响线的面积就是相应的由活荷载产生内力，计算公式：

$$S=(1+\mu)\xi m_{0.5}q\omega \tag{5-43}$$

式中　q——为一行车辆荷载的等代荷载（附录7），对人群荷载应为每米人群荷载的强度；

　　ω——截面内力影响线面积。

其余符号见式（5-42）。

对于支点截面的剪力或靠近支点截面的剪力，也可以利用式（5-44）来计算，但应计入荷载横向分布系数在相应梁区段内发生变化所产生的变化，见图5-74。以支点截面A为例，计算公式为：

$$V_{\mathrm{A}}=V'_{\mathrm{A}}+\Delta V_{\mathrm{A}} \tag{5-44}$$

式中　V'_{A}——按不变的跨中荷载横向分布系数m_{c}计算的剪力值；

　　ΔV_{A}——计及荷载横向分布系数变化而引起的剪力增加（或减少）值。对于ΔV_{A}的计算可分为以下两种情况。

（1）车辆荷载

对于如图5-74所示的汽车或挂车的轮式荷载，由于支点附近横向分布系数的增大或减少所引起的支点剪力变化值为：

$$\Delta V_{\mathrm{A}}=(1+\mu)\sum_{0}^{a}(m_i-m_{0.5})F_i y_i \tag{5-45}$$

式中　F_i——按照内力影响线的最不利荷载布置情形，位于荷载横向分布系数过渡段a范围内的车辆荷载（轴重）。

必须指出，对于m_0显著小于$m_{0.5}$的情况，按内力影响线的最不利荷载布置，不一定得出最不利的内力值。在此情况下，应按式（5-42）经试算求得近似最大的内力值。

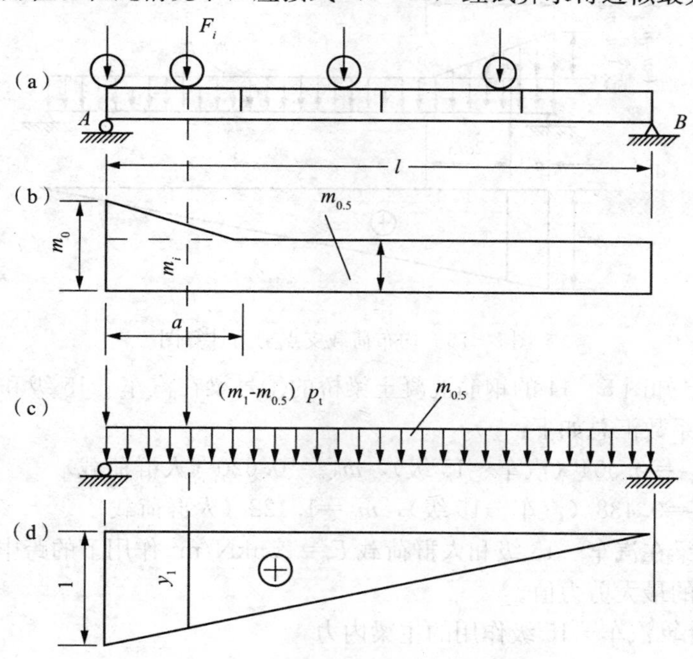

图5-74　轮式荷载支点剪力计算图

（a）桥上荷载；（b）m分布图；（c）梁上荷载；（d）V_{A}影响线

（2）均布荷载

对于人群或履带车的均布荷载情况，见图 5－75，在横向分布系数变化区段所产生的三角形荷载对内力的影响，见图 5－75(c)，可用下式计算：

$$\Delta V_A = \frac{a}{2}(m_0 - m_{0.5})p_{or} \cdot \overline{y} \tag{5-46}$$

同理，对于履带荷载

$$\Delta V_A = \frac{a}{2}(m_0 - m_{0.5})p_1 \cdot \overline{y} \tag{5-47}$$

式中 p_{or}——一侧人行道顺桥向每延米的人群荷载集度；

p_1——一辆履带车顺桥向每延米履带长度的荷载；

$\overline{y}$——对应于附加三角形荷载重心位置的内力影响线坐标值。

在上述计算中，当 $m_{0.5} < m_c$ 时 ΔV_A 为负值，这意味着剪力反而减小了。

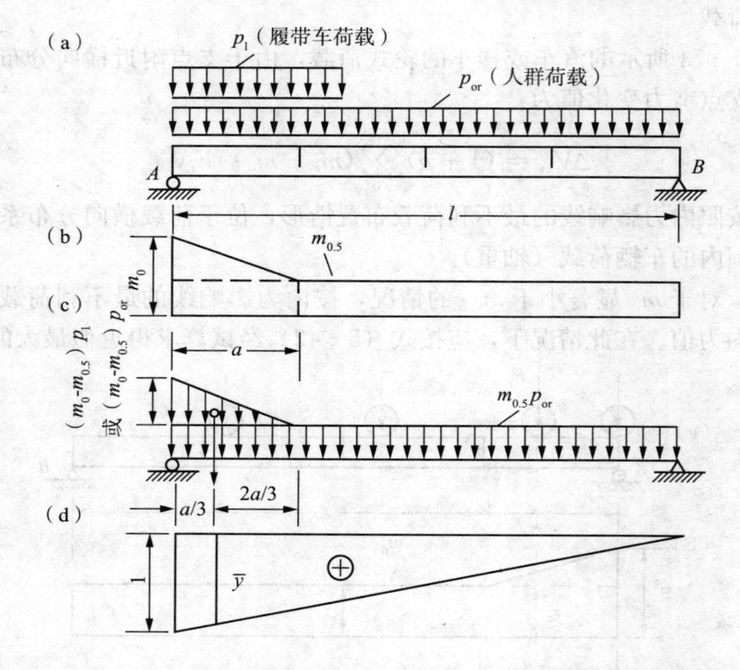

图 5－75 均布荷载支点剪力计算图

【例 5－7】已知图 5－44 的钢筋混凝土梁桥的①号梁在汽车－15 级和人群荷载作用下的荷载横向分布系数汇总如下：

跨中处 $m_{0.5}=0.504$（汽车－15 级），$m_{0.5}=0.620$（人群荷载）

支点处 $m_0=0.438$（汽车－15 级），$m_0=1.422$（人群荷载）

试计算①号梁在汽车－15 级和人群荷载 $F_r=2.5\text{kN/m}^2$ 作用下的跨中最大弯矩和最大剪力，支点截面的最大剪力值。

【解】(1) 计算汽车－15 级作用的主梁内力

①计算汽车－15 级作用时的冲击系数

按 $l=19.5\text{m}$，由表 4－11 所列数值进行直线内插计算：

$$1+\mu=1+\frac{1.30-1.00}{45-5}=1.191$$

②等代荷载 q 和影响线面积 ω 计算

等代荷载 q 和影响线面积计算见表 5-9。

等代荷载和影响线面积计算 **表 5-9**

	汽车—15 等代荷载 q (kN/m)	影响线面积 ω (m²)	影响线图式
跨中弯矩影响线	20.85	$1/2\times l/4\times l=1/8\times19.5^2=47.53$	(+) $l/2$ $l/2$
跨中剪力影响线	35.17	$1/2\times0.5\times l/2=0.5/4\times19.5=2.437$	0.5 (+) (−) −0.5 $l/2$ $l/2$
支点剪力影响线	24.00	$1/2\times1\times l=1/2\times19.5=9.75$	(+) l

③跨中弯矩

桥梁横向布置 2 车队，取 $\xi=1$。荷载横向分布系数 $m_{0.5}=0.504$，则汽车—15 级荷载作用时①号梁的跨中弯矩计算为：

$$\begin{aligned}M_{0.5,q}&=(1+\mu)\xi m_{0.5}q\omega\\&=1.191\times1\times0.504\times20.85\times47.53\\&=594.9\text{kN}\cdot\text{m}\end{aligned}$$

④跨中剪力

鉴于跨中剪力影响线的较大纵标位于梁跨中部分，故也可采用全跨统一的荷载横向分布系数 $m_c=0.504$，则汽车—15 级荷载作用时①号梁跨中截面最大剪力 $V_{0.5,q}$ 为：

$$V_{0.5,q}=1.191\times1\times0.504\times35.17\times2.438=51.4\text{kN}$$

⑤支点截面剪力

荷载横向分布系数沿桥跨方向的变化图形和支点剪力影响线如图 5-76 所示。

荷载横向分布系数沿桥跨变化区段的长度为 $a=19.5/2-4.85=4.9\text{m}$

对应于梁支点截面影响线的最不利荷载布置如图 5-76(a) 所示。这时，采用等代荷载方法，按式（5-43）$V'_{o,q}$ 为：

$$\begin{aligned}V'_{o,q}&=(1+\mu)\xi m_{0.5}q\omega\\&=1.191\times1\times0.504\times24\times9.75\\&=140.5\text{kN}\end{aligned}$$

附加剪力变化值按式（5-45）计算：

$$\begin{aligned}\Delta V_{o,q}&=1.191\times1\times(0.438-0.504)\times130\times1\\&=-10.2\text{kN}\end{aligned}$$

汽车—15 级荷载作用时①号梁支点截面剪力为：

$$V_{o,q}=V'_{o,q}-\Delta V_{o,q}=140.5-10.2=130.3\text{kN}$$

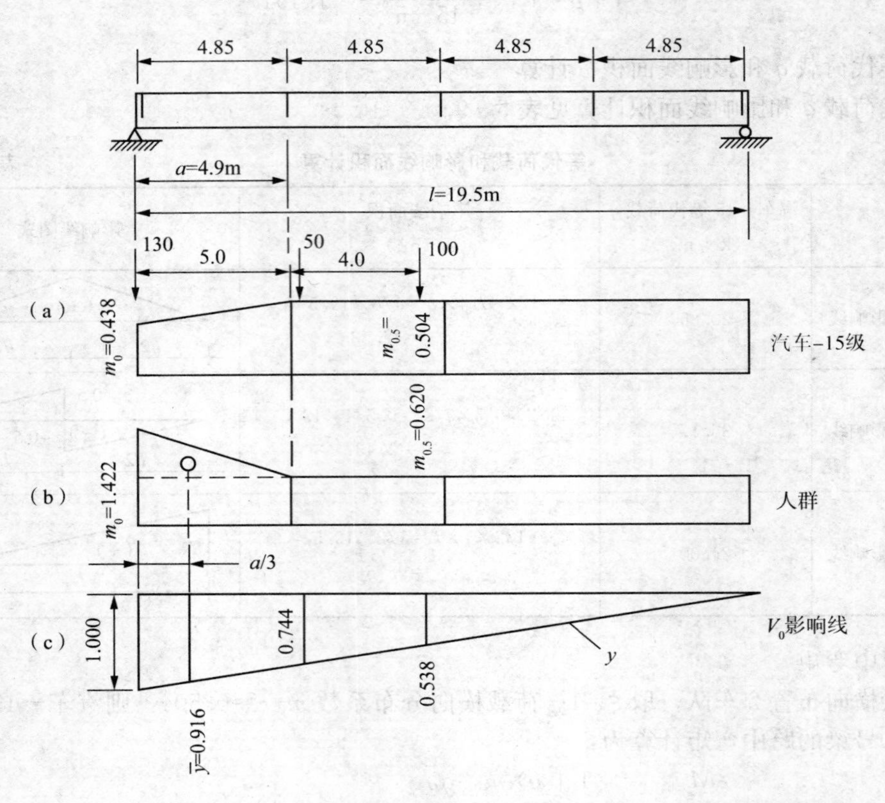

图 5-76 【例 5-7】的梁支点剪力影响线图（mm）

若按式（5-42）直接计算，则：

$$V_{0,q}=1.191\times1\times(0.438\times130\times1+0.504\times50\times0.744+0.504\times100\times0.538)$$
$$=122.5\text{kN}$$

（2）计算人群荷载作用时主梁内力

人群荷载化为沿桥跨长的均布荷载，集度为 $q_r=2.5\times0.75=1.875\text{kN/m}$，下角标 r 表示人群荷载。

①跨中弯矩

$$M_{0.5,r}=m_{0.5,r}q_r\omega=0.62\times1.875\times47.53=55.3\text{kN}\cdot\text{m}$$

②跨中剪力

$$M_{0.5,r}=m_{0.5,r}q_r\omega=0.62\times1.875\times2.438=2.83\text{kN}$$

③支点截面的剪力

人群荷载的横向分布系数沿桥跨变化见图 5-76(b) 所示。

附加三角形荷载重心处的影响线坐标为：

$$y'=1\times(19.16-1/3\times4.9)/19.5=0.916$$

由式（5-43）和式（5-46）可计算人群荷载作用时梁支点截面剪力为：

$$
\begin{aligned}
Q_{0,r} &= m_r q_r \omega + a/2(m_0 - m_{0.5,r})/q_r y' \\
&= 0.62 \times 1.875 \times 0.95 + 4.9/2 \times (1.422 - 0.62) \times 1.875 \times 0.916 \\
&= 14.7\text{kN}
\end{aligned}
$$

5.5.4 主梁内力组合与包络图

在恒荷载、活荷载及其他荷载单独作用下，采用前述方法求得主梁控制截面上的荷载效应之后，必须照设计规范的荷载组合类型进行内力组合，以便对钢筋混凝土或预应力混凝土梁进行配筋设计。

按承载能力极限状态设计时，应采用基本组合（永久作用的设计值与可变作用设计值效应相组合）和偶然组合。

按正常使用极限状态计算时，应根据不同设计要求采用作用短期组合和作用长期效应组合。

表 5－10 所示为钢筋混凝土简支梁桥的主梁控制截面计算内力的组合示例。

主梁内力组合计算　　表 5－10

序号	荷载类别	弯矩 M（kN·m）			剪力 V（kN）	
		支点	四分点	跨中	支点	跨中
(1)	恒载	0	552.0	736.0	151.0	0
(2)	汽车荷载	0	459.7	583.5	120.6	50.5
(3)	人群荷载	0	40.6	54.2	17.1	2.8
(4)	挂车荷载	0	703.2	880.5	150.7	82.7
(5)	汽＋人＝(2)＋(3)	0	500.3	637.7	137.7	53.3
(6)	1.2×恒＝1.2×(1)	0	662.4	883.2	181.2	0
(7)	1.4×(汽＋人)＝1.4×(5)	0	700.42	892.78	192.78	74.62
(8)	1.1×挂＝1.1×(4)	0	773.52	968.55	165.77	90.97
(9)	(2)/[(1)＋(5)]×100%		44%(1.03)①	42%(1.03)	42%(1.03)	95%(1.0)
(10)	(4)/[(1)＋(4)]×100%		56%(1.02)①	54%(1.02)	50%(1.02)	100%(1.03)
(11)	$S_j^{I}=\eta_1$[(6)＋(7)]	0	1403.70	1829.26	385.20	74.62
(12)	$S_j^{II}=\eta_2$[(6)＋(8)]	0	1464.63	1888.79	353.91	93.70
(13)	承载能力极限状态计算时的计算内力	0	1464.6	1888.79	385.20	93.70
(14)	(1)＋(5)	0	1052.3	1373.70	288.7	53.3
(15)	(1)＋(4)	0	1255.2	1616.50	301.7	82.7
(16)	正常使用极限状态计算时的计算内力	0	1255.2	1616.50	301.7	82.7

①荷载组合提高系数 η_1 或 η_2 的计算值。

必须注意，在确定计算剪力时，应计及恒荷载与活荷载可能产生异号内力的情况。

当沿梁轴的各截面上所采用的计算内力，如表 5－10 中的 13 栏和 16 栏的计算中心内力值，按适当的比例尺绘出作为纵坐标，连接其各点而得的曲线，称为内力包络图。图 5－77 所示为简支架的弯矩包络图和剪力包络图的示意图。

连接坐标点而得的内力包络图曲线，当纵坐标点少时，绘制的包络图误差比较大。因此，对于跨径不大的简支梁桥，只要计算梁跨中截面和支点截面内力，跨中与支点之间各截面的内力分布可以对剪力近似按直线规律变化，弯矩可以按二次抛物线的规律变化，所产生的误差不会很大。

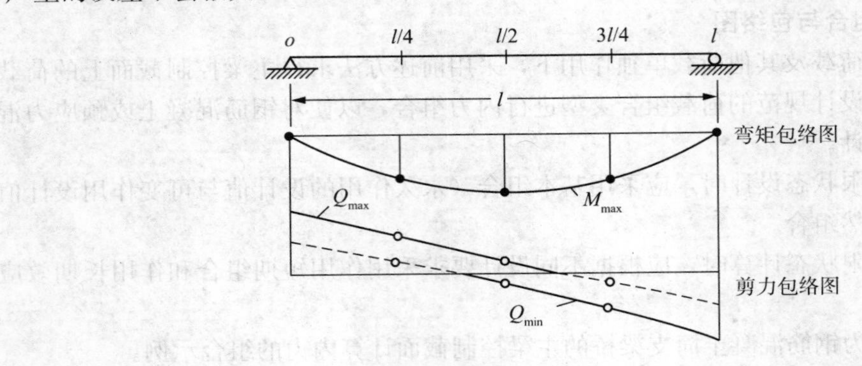

图 5-77　梁的计算内力包络图

5.5.5　横隔梁内力计算

横隔梁是支承在主梁上的一根多跨连续梁，它对主梁既起横向联系作用，又参与主梁的荷载横向分配作用。在荷载作用下，各主梁分配荷载的比例不同，传给横隔梁的反力亦不同，因此，横隔梁内力计算方法应与计算主梁方法相一致。本节仍将介绍两种计算方法：一种是按偏心受压法计算横隔梁内力；另一种是按比拟板法计算横隔梁内力。

对于在桥梁跨度内具有多根横隔梁的情况，通常只要计算靠近主梁跨中那根横隔梁的内力。因为从各根横隔梁的受力来看，这根横隔梁受力最大，其他横隔梁可以偏安全地仿此设计。

1. 按偏心受压法计算横隔梁内力

当桥梁跨中截面处有单位荷载 $F=1$ 作用时，由于荷载的横向分布使各根主梁所受的荷载 R_1，R_2，R_n 是已知的，也就是横隔梁的各弹性支承反力值是知道的，见图 5-78。故可写出横隔梁任意截面 r 的内力计算公式。

（1）当荷载 $F=1$ 位于截面 r 左侧时

$$M_r = \sum^{左} R_i b_i - e \tag{5-48}$$

$$V_r = \sum^{左} R_i - 1 \tag{5-49}$$

（2）当荷载 $F=1$ 位于截面 r 右侧时

$$M_r = \sum^{左} R_i b_i \tag{5-50}$$

$$V_r = \sum^{左} R_i \tag{5-51}$$

式中　M_r，V_r——任意截面 r 的弯矩和剪力；

R_i——所求内力的截面以左主梁对横隔梁的支承反力；

b_i——支承反力 R_i 至所求截面的距离；

e——荷载 $F=1$ 至所求截面的距离。

在上述公式中，当截面 r 的位置确定后，所有的 b_i 值是已知的，而 R_i 则随荷载 $F=1$ 的位置而变化。因此，可以根据上述公式，利用在主梁内力计算中已经求得的 R_i 影响线来绘制横隔梁的内力影响线。

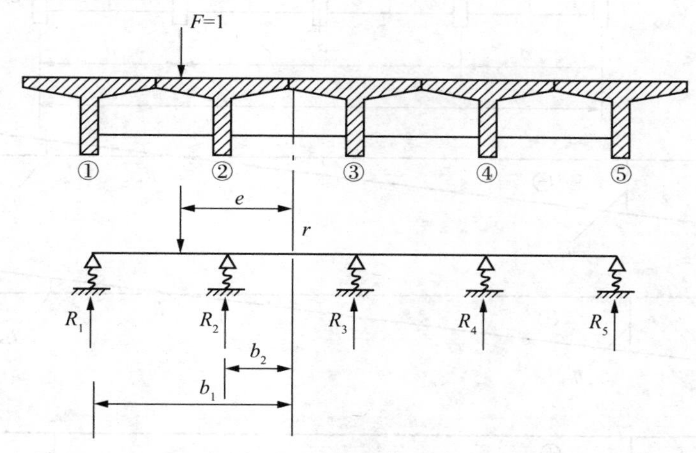

图 5－78　横隔梁的计算图式

通常横隔梁的弯矩值以靠近桥中线附近截面为最大，剪力值则以靠近桥两侧边缘截面为最大。所以，一般可以只求③号梁和②号与③号梁之间（对装配式 T 形梁桥为横隔梁接头处）截面的弯矩，以及①号主梁右侧和②号主梁右侧截面的剪力，见图 5－79。

图 5－79 示出了按偏心受压法计算横隔梁的支承反力 R、弯矩 M 和剪力 V 的影响线。由于 R_i 的横向影响线呈直线规律变化，故在计算弯矩和剪力影响线竖标值时只要算出 $F=1$作用在①号梁和⑤号梁上时的相应竖标就可以了。

2. 作用在横隔梁上的计算荷载

有了横隔梁的内力影响线后就可以直接在其上加载，计算截面内力。但需注意，对于跨中的一根横隔梁来说，除了直接作用在其上的车轮重力外，前后靠近的车轮重力对它也有影响。在计算中可假定荷载在相邻横隔梁之间是按杠杆原理分配的，见图 5－80。这样，沿纵向一列汽车车轮对该横隔梁的计算荷载为：

$$F=\left(\frac{F_1}{2}y_1+\frac{F_2}{2}y_2+\frac{F_3}{2}y_3\right)=\frac{1}{2}\sum F_iy_i \tag{5-52}$$

式中　F_i——轴重力，应把加重车重轴布置在欲计算的横隔梁上；

y_i——按杠杆法计算横隔梁沿桥轴方向的影响线竖标。

对于挂车荷载，由于每轴包含四个车轮重力，所以计算荷载应为：

$$F=\frac{1}{4}\sum F_iy_i \tag{5-53}$$

对于沿桥轴方向均布的履带荷载或人群荷载，可以由均布荷载乘以相应影响线面积的方法计算作用在横隔梁上的荷载。

对于履带荷载

$$F=\frac{q_l}{2}\omega_l \tag{5-54}$$

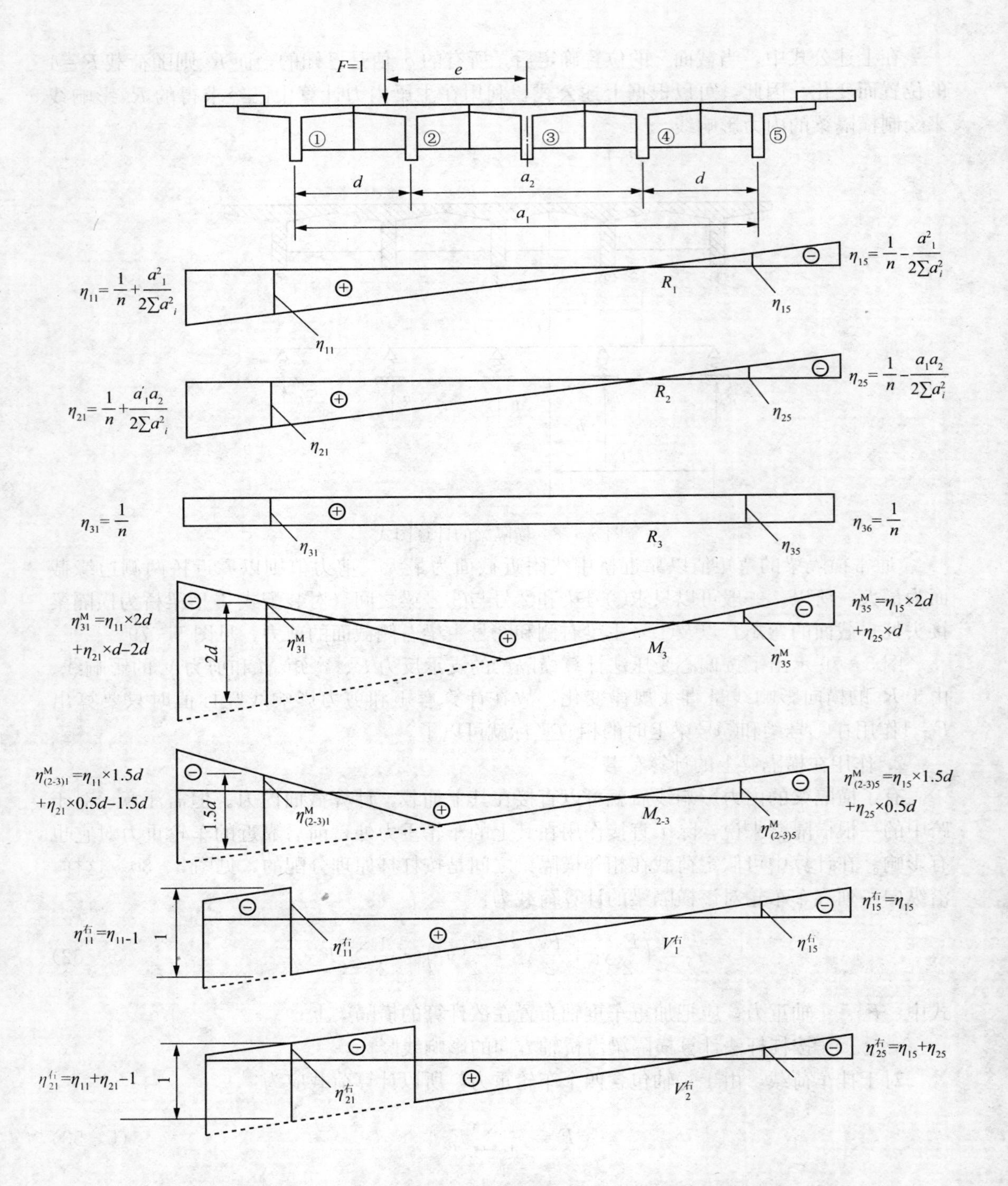

图 5-79　按偏心受压法计算横隔梁的 R、M 和 V 的影响线

对于人群荷载

$$F=q_r\omega_r \tag{5-55}$$

式中　q_l，q_r——分别表示履带车和人群均布荷载；

ω_l，ω_r——分别对应履带车和人群荷载的影响线面积。

用上述计算荷载在横隔梁内力影响线上按最不利布载，就可以求得作用在一根横隔梁的最大内力值。对汽车荷载应计入冲击作用，并按实际加载情况计入车道折减系数和最小内力值，图 5－80 为计算③号主梁处的横梁弯矩的加载计算图示。

求得横隔梁内力后，就可配置钢筋。对于横隔梁用焊接钢板接头连接的装配式 T 形梁桥，应根据接头处的最大弯矩值来确定所需钢板尺寸和焊缝长度，此时钢板所承受的轴向力为：

$$N=\frac{M}{z} \tag{5-56}$$

式中　z——横隔梁顶部接头钢板之间的中心距离。

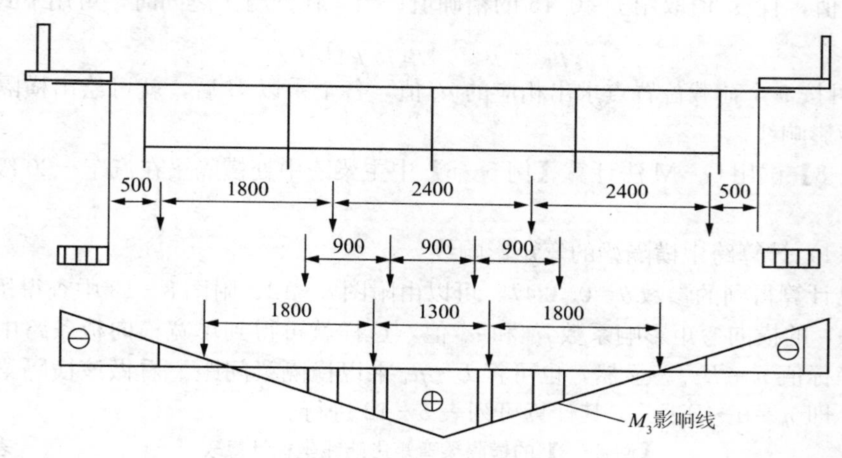

图 5－80　横隔梁内力计算图式（mm）

3. 按"G－M"法计算横隔梁内力

按"G－M"法计算内横隔梁的弯矩时，可用由比拟正交异性板理论推出的公式，对于 $0<\alpha<1$ 的一般情况，计入车辆荷载的冲击影响 μ 和车道折减系数 ξ，横隔梁的弯矩为：

$$M_y=(1+\mu)\xi a p_s \sin\frac{\pi x}{l}\cdot B\sum\mu_\alpha \tag{5-57}$$

对于跨中处横隔梁，$x=l/2$，则：

$$M_y=(1+\mu)\xi a p_s B\sum\mu_\alpha \tag{5-58}$$

或

$$M_y=(1+\mu)\xi a p_s\sum\eta_i \tag{5-59}$$

式中　a——内横隔梁的间距；

B——半桥宽度；

μ_α——横向弯矩影响系数；

η_i——横隔梁弯矩的影响线坐标，$\eta_i=b\mu_\alpha$；

p_s——与荷载形式有关的荷载系数，见表 5－11。

荷 载 系 数 表 **表 5-11**

	实际荷载形式	荷 载 系 数
1	集中荷载 F（离支点距离 a）	$p_s=\frac{2F}{l}\sin\frac{\pi a}{l}$
2	局部均布荷载 q（重心距支点 c）	$p_s=\frac{4q}{\pi}\sin\frac{\pi c}{l}\sin\frac{\pi\lambda}{l}$
3	全跨均布荷载 q	$p_s=\frac{4q}{\pi}$

对于 $\alpha=0$ 的 μ_0 值和 $\alpha=1$ 的 μ_1 值列于附图 8-12 和附图 8-13 中，图中也是将桥宽 $2B$ 分成八等份给出的。鉴于通常只需计算横隔梁跨中弯矩，故在表中仅给出梁位 $f=0$ 处的 μ_0 和 μ_1 值，且 μ_1 值取用 $v=0.15$ 的精确值。当 α 在 0 与 1 之间时，可用下式计算 μ_α：

$$\mu_\alpha=\mu_0+(\mu_1-\mu_0)\sqrt{\alpha} \tag{5-60}$$

这样可按 9 个荷载位置点求出相应的 μ_α 值，各个乘以 B 后，就可绘出横隔梁轴线处的横向弯矩影响线。

【例 5-8】试用 G-M 法计算【例 5-6】中主梁跨中处横隔梁在汽车—20 级荷载作用时的弯矩。

【解】(1) 计算跨中横隔梁的弯矩影响线

根据已计算得到的参数 $\theta=0.3247$，可以由附图 8-12、附图 8-13 中查得桥宽中点处（梁位 $f=0$）的横向弯矩影响系数 μ_1 和 μ_0 值，这样就可得到单宽横向板条跨中截面的弯矩影响线坐标值 $\eta_i=B\mu_\alpha$。显然，也可将 $B\cdot\mu_\alpha$ 乘以横隔梁间距 a 看做该横隔梁的弯矩影响线坐标，即 $\eta_i=a\cdot B\cdot\mu_\alpha$。其计算可列表 5-12 进行。

【例 5-8】的横隔梁弯矩影响线坐标计算表 **表 5-12**

计算项目	荷载位置				
	B	$\frac{3}{4}B$	$\frac{1}{2}B$	$B/4$	0
μ_0	−0.240	−0.120	−0.001	0.120	0.244
μ_1	−0.098	−0.040	0.028	0.110	0.217
$\mu_1-\mu_0$	0.142	0.080	0.029	−0.010	−0.027
$(\mu_1-\mu_0)\sqrt{\alpha}$	0.0225	0.0127	0.0046	−0.0016	−0.0043
$\mu_0+(\mu_1-\mu_0)\sqrt{\alpha}$	−0.2175	−0.1073	0.0036	0.1184	0.2397
$B\mu_\alpha$ (m)	−0.8700	−0.4292	0.0144	0.4736	0.9588
$B\mu_\alpha a$ (m^2)	−4.2456	−2.0945	0.0703	2.3112	4.6789

注：1. 表中 $\sqrt{\alpha}=0.1585$，$B=4.0$m，$a=4.88$m；

2. 因 0～$-B$ 的数据与 0～B 的数据对称，表中未列出。

(2) 计算荷载的峰值 p_s

汽车—20 级荷载沿桥跨的布置，应使跨中横隔梁受力最大，如图 5-81 所示（图中示出的是轴重）。

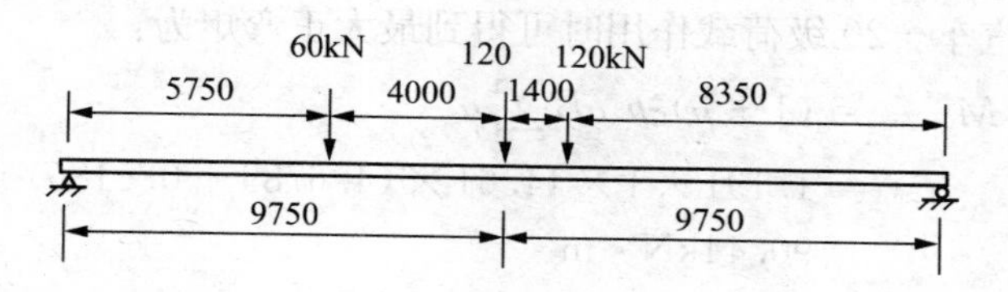

图 5-81 p_s 的计算图式（mm）

对于纵向一列轮重的正弦荷载值为：

$$
\begin{aligned}
p_s &= \frac{2}{l}\sum F_i \cdot \sin\frac{\pi\alpha_i}{l} \\
&= 2/19.5\times[60/2\sin(5.75\pi/19.5) \\
&\quad +120/2\sin(9.75\pi/19.5)+120/2\sin(8.35\pi/19.5)] \\
&= 2.46+6.15+6.00=14.6\text{kN/m}
\end{aligned}
$$

（3）计算跨中横隔梁中间截面的弯矩

首先由 $B\mu_0 a$ 值绘出横隔梁弯矩影响线，然后按横向最不利位置布载，如图 5-82 所示。

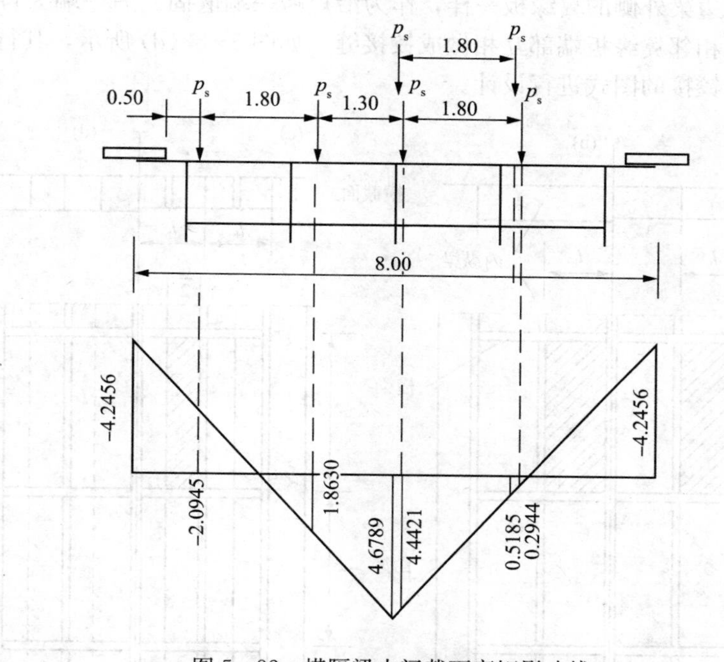

图 5-82 横隔梁中间截面弯矩影响线

在两列汽车—20 级荷载作用下，中间截面（$f=0$）的最大正弯矩为：

$$
\begin{aligned}
M_{y,\max} &= (1+\mu)\xi p_s aB\Sigma\mu_\alpha \\
&= 1.191\times1\times14.61\times(4.4421+1.8630+0.2944-2.0945) \\
&= 78.39\text{kN}\cdot\text{m}
\end{aligned}
$$

最大负弯矩（两列汽车—20 级分开靠两边排列）为：

$$
\begin{aligned}
M_{y,\text{mix}} &= 1.191\times1\times14.61\times(-2.0945\times2+1.8630\times2) \\
&= -8.06\text{kN}\cdot\text{m}
\end{aligned}
$$

但当仅有一列汽车－20 级荷载作用时可得到最大正弯矩为：

$$M_{y,\max} = (1+\mu)\xi p_s aB\sum \mu_\alpha$$
$$= 1.191 \times 1 \times 14.61 \times (4.6789 + 0.5185)$$
$$= 90.44\text{kN} \cdot \text{m}$$

可见是一列汽车－20 级荷载引起的正弯矩控制设计。

5.5.6 行车道板内力计算

混凝土梁桥的行车道板是直接承受车辆轮压的钢筋混凝土板，在构造上，它与主梁梁肋和横隔梁连接在一起，既保证了梁的整体作用，又将车辆作用传给主梁。

从结构形式上看，在图 5－83(a) 所示的具有主梁与横隔梁的简单梁格体系和图 5－83(b) 所示的具有主梁、横隔梁和内纵梁的复杂梁格体系中，行车道板实际上都是周边支承的板。如果周边支承的板的长边与短边之比 $l_a = l_b \geqslant 2$，沿长边跨径方向所传递的荷载不足 6%，而荷载绝大部分沿短边跨径方向传递。因此，可以把 $l_a = l_b \geqslant 2$ 的周边支承板看做是短跨受荷的单向板来设计，而在长跨方向只要适当配置一些分布钢筋即可。

装配式梁桥上部的翼缘板：一种是翼缘板端部为自由缝，如图 5－83(c) 所示，是三边支承的板，可以像边梁外侧的翼缘板一样，作为沿短跨一端嵌固、另一端为自由的悬臂板来设计；另一种是相邻翼缘板端部互相做成铰接缝，如图 5－83(d) 所示，其行车道板应按一端嵌固、另一端铰接的图式进行设计。

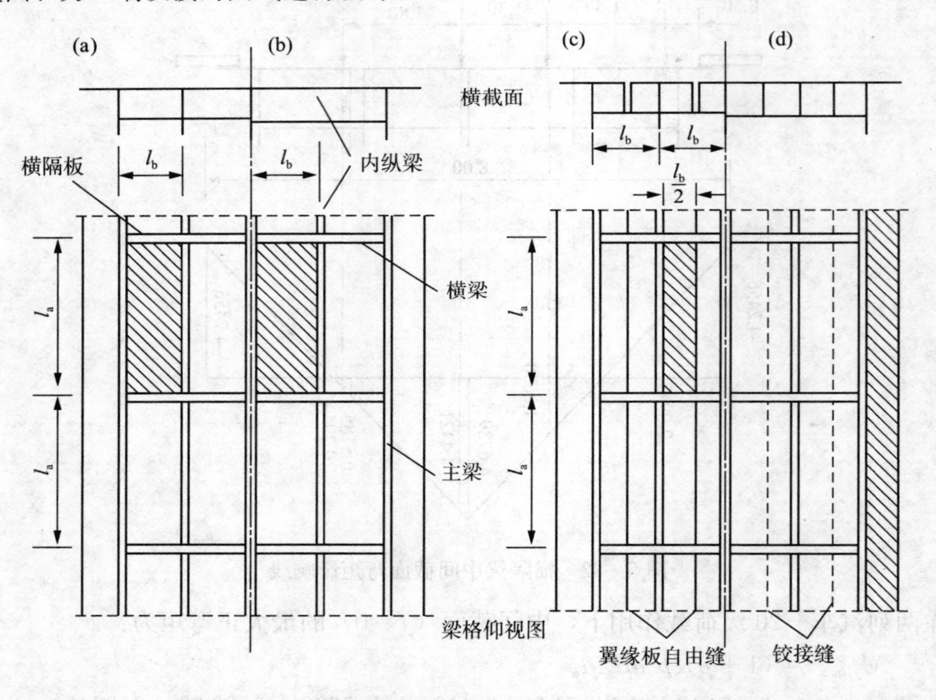

图 5－83　梁格构造和行车道板支承形式

工程中最常遇到的行车道板的受力图式为：单向板、悬臂板、铰接板等三种。下面分别介绍它们的计算方法。

1. 车轮荷载在板上的分布

计算桥面板时，首先要确定车轮（或履带）荷载作用在板面上的面积，通常称这个面积为“压力面”。实际上车轮与板面的接触面积在理论上为了计算方便，通常把它看做在行车方向的长度 a_2，垂直方向的长度为 b_2 的矩形面积，车轮和履带压力则是通过厚度为 H 的桥面铺装层扩散的。试验研究表明，在混凝土面层内，集中荷载的压力可以偏安全地假定成45°角分布，如图5－84所示。因此，扩散到板顶面的压力面为：

$$a_1 = a_2 + 2H \tag{5-61}$$

$$b_1 = b_2 + 2H \tag{5-62}$$

式中的 a_2、b_2 可由表4－5和表4－6中查得。

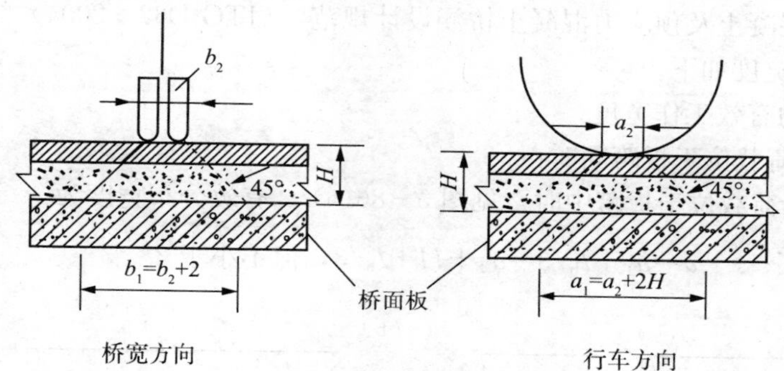

图5－84　车轮作用示意

2. 板的有效工作宽度

图5－85表示两边简支的板，在跨中有一个沿板跨方向的线荷载 P。根据理论分析，行车方向的跨中弯矩 M_x 在板宽上的分布是不相同的，在 $y=0$ 处，单位板宽弯矩 M_x 为最大（当荷载宽度为板跨的1/5时，$M_{x,(max)}=0.285P$），离开荷载作用点处的 M_x 值逐渐减少。这就是说，荷载作用在板上某一部分时，不但直接受载部分的板受力，而且相邻的其他部分的板也参与受力，只是程度不同而已。为了简化计算，假定只有一定宽度 b 范围内的板参与工作，在 b 范围内的跨中弯矩均已达到最大弯矩值 $M_{x,max}$，这样板所承受的弯矩为 $bM_{x,max}$。

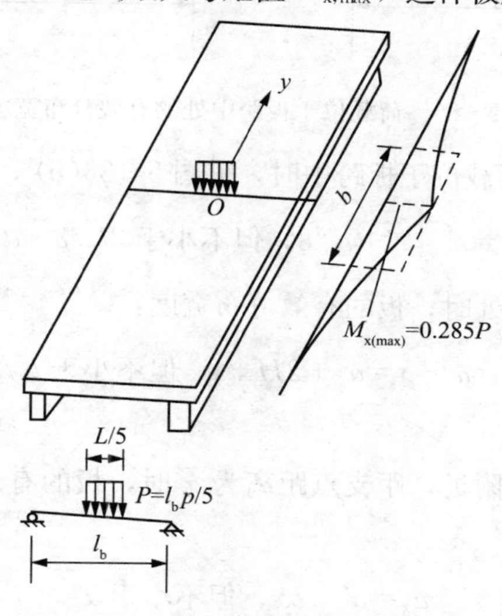

图5－85　板的跨中截面弯矩分布

现把单向板看做是两端支承的简支板，在同样的荷载作用下，板的跨中弯矩为：

$$M_{0.5}=Pl/4-Pl/8\times 5=0.225Pl$$

这个弯矩应等于板内不均匀分布的弯矩按中间最大弯矩值折合成均匀分布在折算宽度 b 范围内的弯矩，即：

$$M_{0.5}=bM_{x,max}$$

则
$$b=\frac{M_{0.5}}{M_{x,max}}=\frac{0.225pl}{0.285p}=0.79l$$

这样求出的宽度 b，称为板的荷载有效分布宽度。

《公路钢筋混凝土及预应力混凝土桥涵设计规范》（JTG D62—2004）规定单向板和悬臂板的有效工作宽度如下。

1）单向板的有效工作宽度

（1）当车辆荷载位于板跨间时：

① 一个车轮荷载位于板跨中时，见图 5-86(a)，有效分布宽度为：

$$a=a_1+l_b/3=a_2+H+l_b/3\text{，但不小于 }2l_b/3 \tag{5-63}$$

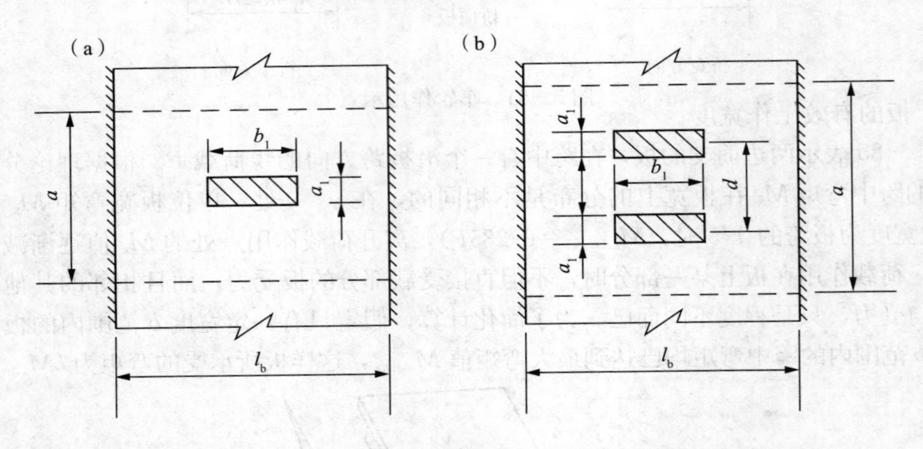

图 5-86　荷载位于板跨中处的有效分布宽度

② 两个相靠近的车轮荷载位于板跨中时，见图 5-86(b)，板的有效分布宽度：

$$a=a_1+d+l_b/3\text{，但不小于 }2l_b/3+d \tag{5-64}$$

（2）荷载位于板的支承处时，板的有效分布宽度：

$$a'=a_1+\mathrm{t}=a_2+2H+\mathrm{t}\text{，但不小于 }l_b/3 \tag{5-65}$$

式中　t——板厚。

（3）荷载位于支承边缘附近，距支点距离为 x 时，板的有效分布宽度可近似按 45°角扩散方法求得：

$$a_x=a'+2x\text{，但不小于 }a \tag{5-66}$$

式中　x——车轮距支承边缘的距离。

根据上述分析，对于不同车轮荷载位置时，单向板的有效分布宽度如图 5－87 所示。

对于履带车荷载，因与桥面接触较长，通常忽略荷载压力面以外的板条参加工作，故不论在跨中或支点，均取 1m 宽的板条进行计算。

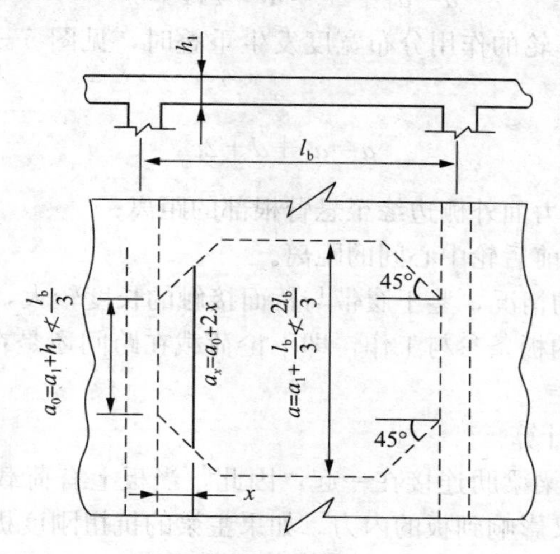

图 5－87　单向板的荷载有效分布宽度

2）悬臂板的有效工作宽度

悬臂板在荷载作用下，除了直接承受荷载的板条外，相邻的板条也发生挠曲变形而承受部分荷载。悬臂板的有效工作宽度可以近似认为荷载作用按 45°角向悬臂板支承处分布，见图 5－88。

《公路钢筋混凝土及预应力混凝土桥涵设计规范》（JTG D62—2004）对于悬臂板的有效工作宽度作了如下规定。

（1）悬臂板上单独作用一个车轮时，见图 5－88(b)，其作用有效工作宽度为：

$$a=a_1+2c=a_2+2H+2c \tag{5-67}$$

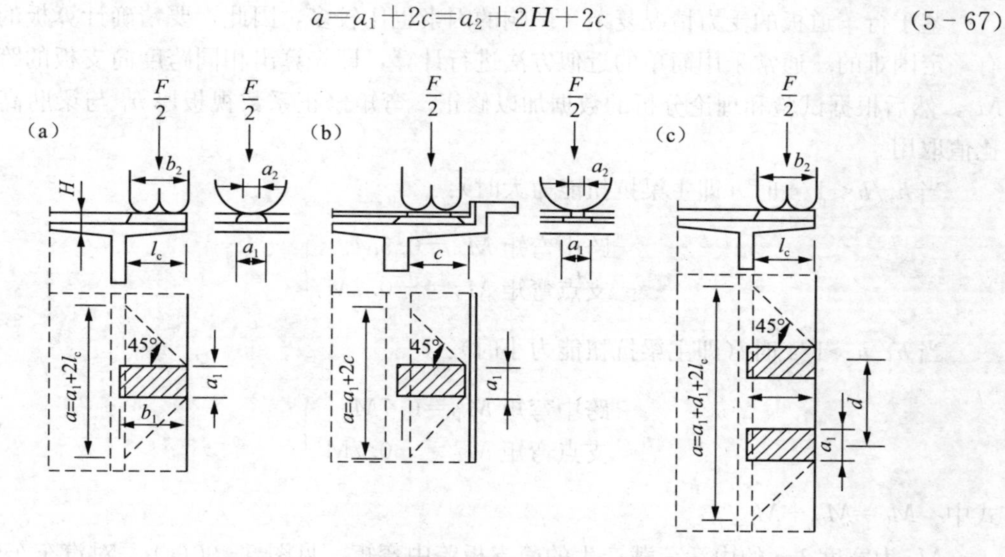

图 5－88　悬臂板的有效工作宽度

(2) 当单独一个车轮位于悬臂板边缘附近时，取 c 等于悬臂板的跨径 l_c，于是，式(5-67) 可写为：

$$a=a_1+2l_c=a_2+2H+2l_c \tag{5-68}$$

(3) 当几个靠近的车轮的作用分布宽度发生重叠时，见图 5-88 (c)，悬臂板的有效工作宽度为：

$$a=a_1+d+2c \tag{5-69}$$

式中　c——车轮荷载压力面外侧边缘至悬臂根部的距离；

　　d——发生重叠的前后轮中心间的距离。

对于履带车辆作用的情况，鉴于履带与桥面接触的长度较大，故与上述单向的板一样也忽略荷载压力面以下的板条参与工作，即不论荷载在跨间还是在支承处，均取 1m 宽板来计算。

3. 行车道板的内力计算

1) 多跨连续板与主梁梁肋连接在一起，因此，当板上有荷载作用时，会使主梁发生相对变形，而这种变形又影响到板的内力。如果主梁的抗扭刚度极大，梁肋对板的支承接近于固端，见图 5-89(a)。反之，如果主梁抗扭刚度极小，板在梁肋支承处为接近自由转动的铰支座，则板的受力就如多跨连续梁，见图 5-89(c)。实际上行车道板在主梁梁肋的支承条件，既不是固端，也不是铰支，而应该是弹性嵌固的，见图 5-89(b)。

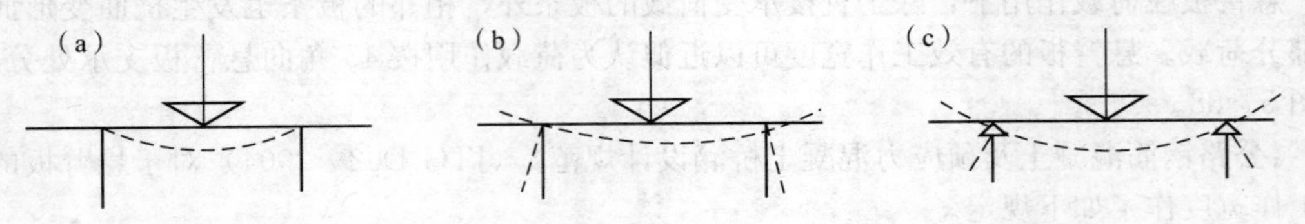

图 5-89　主梁扭转对行车道受力的影响

鉴于行车道板的受力情况复杂，影响的因素也比较多，因此，要精确计算板的内力是有一定困难的。通常采用简单的近似方法进行计算，即先算出相同跨度简支板的跨中弯矩 M_0，然后根据试验和理论分析的数据加以修正。弯矩修正系数视板厚 h_1 与梁肋高度 h 的比值取用。

当 $h_1/h<1/4$ 时 (即主梁抗扭能力大时)：

$$\left.\begin{aligned}&\text{跨中弯矩 } M_{\text{中}}=0.5M_0\\&\text{支点弯矩 } M_{\text{支}}=-0.7M_0\end{aligned}\right\} \tag{5-70}$$

当 $h_1/h>1/4$ 时 (即主梁抗扭能力小时)：

$$\left.\begin{aligned}&\text{跨中弯矩 } M_{\text{中}}=0.7M_0\\&\text{支点弯矩 } M_{\text{支}}=-0.7M_0\end{aligned}\right\} \tag{5-71}$$

式中　$M_0=M_{op}+M_{og}$

M_{op} 为宽度 1m 的由活荷载产生的简支板跨中弯矩，见图 5-90(a)。对汽车车轮荷载，跨中弯矩为：

$$M_{op}=(1+\mu)\ \frac{F}{8a}\left(l-\frac{b_1}{2}\right) \tag{5-72}$$

式中 $1+\mu$——汽车作用的冲击系数，对桥面板，通常取值为 1.3；

F——汽车轴重，一般采用车队荷载中加重车后轴的轴重；

a——板的有效工作宽度；

l——板的计算跨径；一般为两支承中心的距离，但对梁肋支承的板，计算板弯矩时，$l=l_0+h_1\geqslant l_0+b$；其中，l_0 为板的净跨径，h_1 为板厚度，b 为梁肋宽度。

若板的跨径较大，可能还有第 2 个车轮进入板跨，这时，应按结构力学方法进行荷载布置使得跨中弯矩最大。

M_{0g}为宽度 1m（称单位板宽）的简支板跨中截面处，由板的恒荷载作用产生的弯矩：

$$M_{og}=\frac{1}{8}gl^2 \tag{5-73}$$

式中 g 为 1m 板宽板条每延米的恒荷载作用值。

计算单向板的支点剪力时，可不考虑板和主梁的弹性固结作用，而直接按简支板的图式进行，对于跨径内只有一个汽车车轮荷载时，见图 5-90(b)，宽度为 1m 的简支板支点剪力为：

$$V_0=\frac{gl_0}{2}+(1+\mu)(A_1y_1+A_2y_2) \tag{5-74}$$

其中，矩形部分荷载的合力为$\left(p=\frac{F}{2ab_1}\text{代入}\right)$：

$$A_1=pb_1=\frac{F}{2a} \tag{5-75}$$

三角形部分荷载的合力为$\left(p'=\frac{F}{2a'b_1}\text{代入}\right)$：

$$A_2=\frac{1}{2}(p'-p)\times\frac{1}{2}(a-a')=\frac{F}{8aa'b_1}(a-a')^2 \tag{5-76}$$

式中 l_0——板的净跨径；

p'，p——分别对应于有效工作宽度 a'和 a 处的车轮作用荷载集度；

y_1，y_2——对应于合力 A_1 和 A_2 作用处的支点剪力影响线竖标值；

g——板恒载作用的集度值。

以上各式是以汽车荷载的轮重为$\frac{F}{2}$导出的，若为挂车荷载，应将轮重改为$\frac{F}{4}$，而 F 为车轴重。

如果板内不止一个车轮作用，尚应计及其他车轮的影响。

2）铰接悬臂板

当多个 T 形梁的翼缘板相互之间采用铰接的方式作为行车道板时，一般是翼缘板的根部弯矩比较大。因此，车辆荷载对铰接悬臂板作用最不利的位置是把车轮荷载对中布置在铰接处，这时铰内的剪力为零，两相邻悬臂板各承受半个车轮荷载，即 $F/4$，如图 5-91(a) 所示。因此，单位宽悬臂板在根部由车辆荷载作用产生的弯矩为：

$$M_{Q1}=-(1+\mu)\frac{F}{4a}\left(l_0-\frac{b_1}{4}\right) \tag{5-77}$$

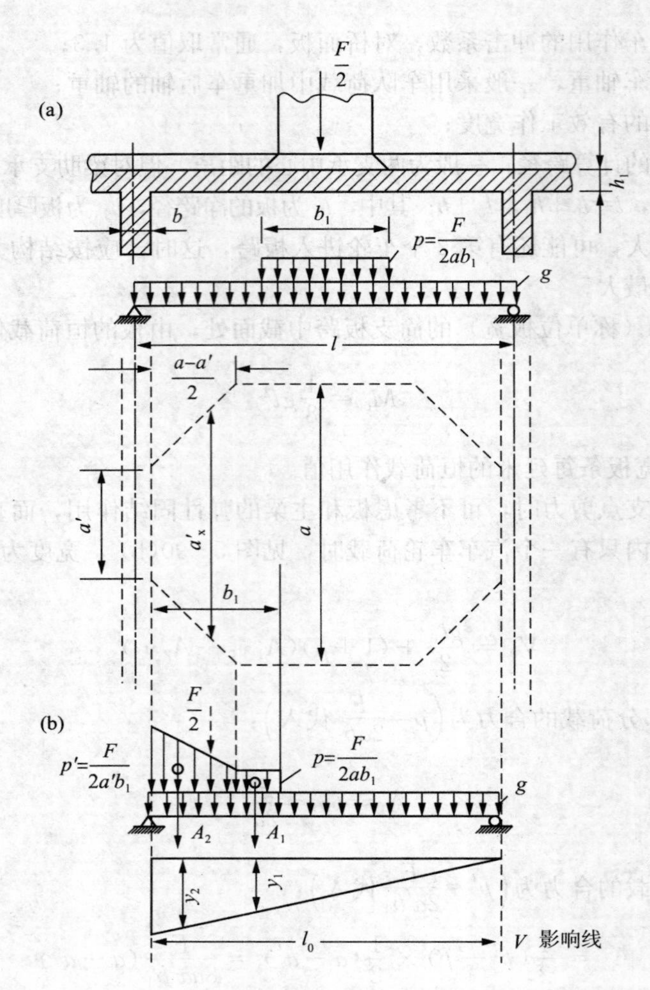

图 5-90　单向板内力计算图式

(a) 求板跨中弯矩；(b) 求板支点剪力

而单位板宽的结构自重（包括桥面铺装层等自重）作用产生的弯矩为：

$$M_{G1}=-\frac{1}{2}gl_0^2 \tag{5-78}$$

式中　l_0——铰接双悬臂板的净跨径。

悬臂根部 1m 板宽的总弯矩是 M_{Q1} 和 M_{G1} 两部分的内力组合。

3）悬臂板

计算根部最大弯矩时，应将车轮荷载靠板的边缘位置。此时，$b_1=b_2+H$，见图 5-91(b)，则单位板宽的悬臂根部由车辆荷载和结构自重产生的弯矩值计算。

车辆荷载作用产生的弯矩为：

$$M_{Q1}=-(1+\mu)\frac{1}{2}pl_c=-(1+\mu)\frac{F}{4ab_1}l_c^2 \qquad (b_1 \geqslant l_c \text{ 时}) \tag{5-79}$$

或

$$M_{Q1}=-(1+\mu)pb_1\left(l_c-\frac{b_1}{2}\right)=-(1+\mu)\frac{F}{2a}\left(l_c-\frac{b_1}{2}\right) \tag{5-80}$$

式中 $p=\frac{F}{2ab_1}$——汽车荷载作用在每米板条上的每延米荷载强度；

l_c——悬臂板的长度。

结构自重作用产生的弯矩为：

$$M_{G1}=-\frac{1}{2}gl_0^2$$

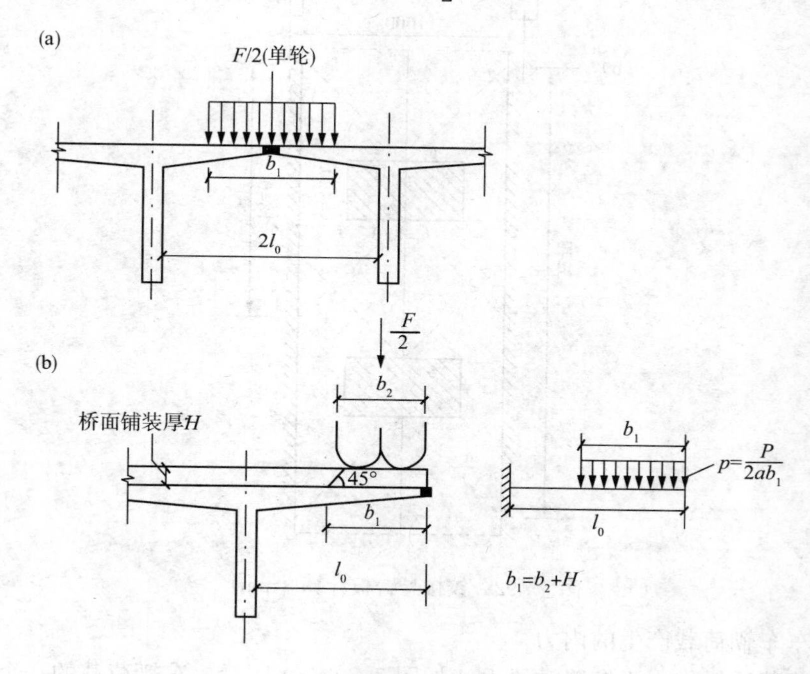

图 5-91 铰接悬臂板和悬臂板计算图式

【例 5-9】计算图 5-92 所示装配式钢筋混凝土 T 形梁翼板所构成的铰接悬臂板的设计内力。荷载为汽车-20 级、挂车-100。桥面铺装为厚 0.02m 的沥青混凝土面（重力密度为 $23kN/m^3$）和平均厚 0.09m 的现浇混凝土垫层（重力密度为 $24kN/m^3$）组成。梁翼板钢筋混凝土的重力密度为 $25kN/m^3$。

【解】(1) 结构自重及其内力（沿行车方向取单位板宽进行计算）

①作用在板上的恒荷载集度

沥青混凝土面层 $g_1=0.02\times1\times23=0.46kN/m$

现浇混凝土垫层 $g_2=0.09\times1\times24=2.16kN/m$

板的自重 $g_3=(0.08+0.14)/2\times1\times25=2.75kN/m$

总的恒荷载集度 $g=0.46+2.16+2.75=5.37kN/m$

②恒荷载内力计算

按自由悬臂板的简化受力图式，计算悬臂板根部截面的弯矩和剪力分别为：

$$M_{\mathrm{G1K}}=-\frac{1}{2}gl_0^2=-\frac{1}{2}\times5.37\times0.71^2=-1.35\mathrm{kN\cdot m}$$

$$V_{\mathrm{G1K}}=gl_0=5.37\times0.71=3.81\mathrm{kN}$$

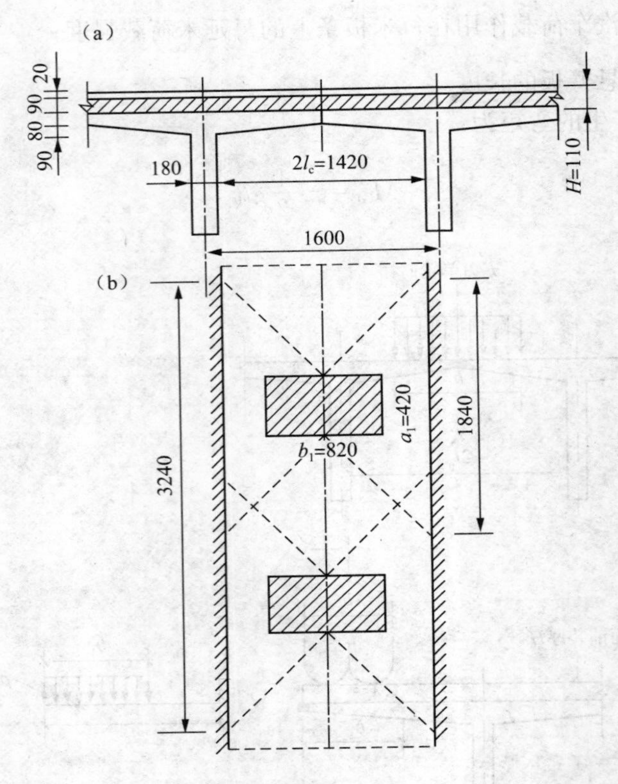

图 5-92　铰接悬臂板计算（mm）

（2）汽车车辆荷载产生的内力

将车辆荷载后轮作用于铰缝轴线上，如图 5-92(a) 所示，车辆荷载的一个后轴重 F=140kN，轮压分布宽度如图 5-92(b) 所示。车辆荷载后轮着地长度为 $a_2=0.20\mathrm{m}$，宽度为 $b_2=0.60\mathrm{m}$，则作用在板上的压力面尺寸为：

$$a_1=a_2+2H=0.2+2\times(0.02+0.09)=0.42\mathrm{m}$$

$$b_1=b_2+2H=0.6+2\times(0.02+0.09)=0.82\mathrm{m}$$

悬臂板根部的有效工作宽度均为：

$$a=a_1+d+2l_c=0.42+1.40+2\times0.71=3.24\mathrm{m}$$

汽车的冲击系数 μ 取为 0.3。

将汽车车轮按图 5-93(a) 所示布置在铰缝处，按自由悬臂板计算图式，由式（5-77）来计算单位板宽悬臂板根部截面的弯矩为：

$$M_{\mathrm{Q1K}}=-(1+\mu)\frac{F}{4a}\left(l_0-\frac{b_1}{4}\right)=-1.3\times\frac{140\times2}{4\times3.24}\times\left(0.71-\frac{0.82}{4}\right)=-14.18\mathrm{kN\cdot m}$$

单位板宽悬臂板根部截面的剪力为：

$$V_{\mathrm{Q1K}}=(1+\mu)\frac{F}{4a}=1.3\times\frac{140\times2}{4\times3.24}=28.09\mathrm{kN}$$

（3）作用效应组合

①承载能力极限状态设计计算时的基本组合：

$$M_{\mathrm{d}}=1.2M_{\mathrm{G1K}}+1.4M_{\mathrm{Q1K}}=1.2\times(-1.35)+1.4\times(-14.18)$$
$$=-21.47\mathrm{kN\cdot m}$$
$$V_{\mathrm{d}}=1.2V_{\mathrm{G1K}}+1.4V_{\mathrm{Q1K}}=1.2\times3.81+1.4\times28.09=43.90\mathrm{kN}$$

②正常使用极限状态设计计算时的短期效应组合：

$$M_{\mathrm{sd}}=M_{\mathrm{G1K}}+0.7M_{\mathrm{Q1K}}/(1+\mu)=-1.35+0.7\times(-14.18)/1.3=-8.99\mathrm{kN\cdot m}$$
$$V_{\mathrm{sd}}=V_{\mathrm{G1K}}+0.7V_{\mathrm{Q1K}}/(1+\mu)=3.81+0.7\times28.09/0.3=18.94kN$$

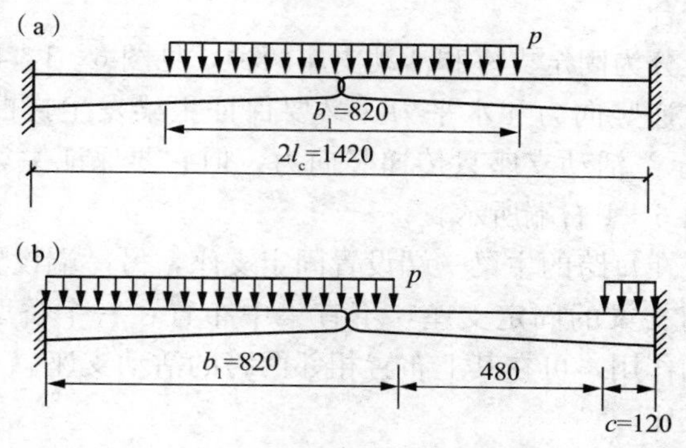

图 5-93　按自由悬臂板计算汽车作用产生的弯矩和剪力

第 6 章　梁桥支座和墩台

6.1　梁式桥的支座

混凝土梁式桥在桥跨结构与桥墩、桥台之间均须设置支座，支座的作用是：①传递桥跨结构作用的支承反力，包括恒载和活载在支承处引起的竖向力和水平力；②保证桥跨结构在活载、温度变化、混凝土收缩和徐变等作用下的自由变形，以使结构的实际受力情况与计算的力学图式相符合。

梁式桥的支座一般分为固定支座和活动支座两种，见图 6－1。固定支座既要固定主梁在墩台面上的位置并传递竖向力和水平力，又要保证主梁发生挠曲时在支承处能自由转动，如图 6－1 左端所示。活动支座只传递竖向力，但它要保证主梁在支承处既能自由转动又能水平移动，如图 6－1 右端所示。

混凝土简支梁桥应在每跨的主梁一端设置固定支座，另一端设置活动支座。对于多跨简支梁桥，相邻两跨简支梁的固定支座，不宜集中布置在一个桥墩上，但若个别桥墩较高，为了减小水平力的作用，可在其上布置相邻两跨的活动支座。对于坡桥，可在其上布置相邻两跨主梁活动支座。

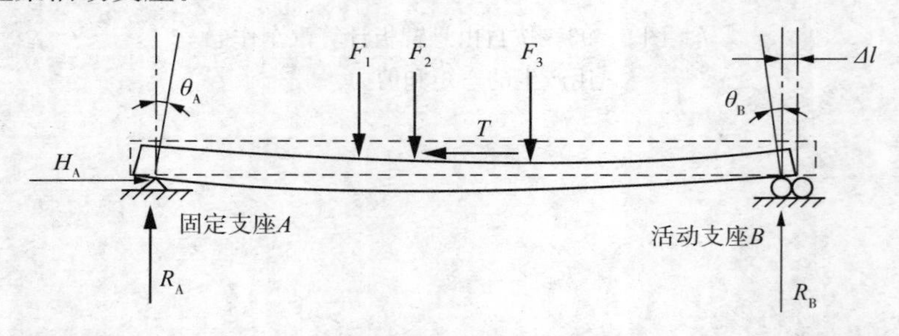

图 6－1　简支梁的静力图

梁式桥的支座，通常用钢、橡胶或钢筋混凝土等材料来制作。从简易的油毛毡垫层到结构复杂的铸钢辊轴支座，结构类型甚多，下面主要介绍混凝土梁式桥常用的橡胶支座。

6.1.1　橡胶支座的类型、构造及力学性能

目前，用作桥梁支座的橡胶主要是化学合成的氯丁橡胶，它具有一定的抗压强度、抗油蚀性、冷热稳定性和耐老化性。

板式橡胶支座从外形上可分为矩形板式、圆形板式及圆板球冠式。由图 6－2 可见，板式橡胶支座并不是由纯橡胶制成，而是由若干层橡胶片和薄钢板组合而成，各层橡胶与钢板经加压硫化牢固地粘结成为一体。这样，支座在竖向力作用下，嵌入橡胶片之间的钢板将约束橡胶的侧向变形，提高了橡胶片的抗压能力和支座的抗压刚度。另外，板式橡胶支座的上、下面及四周的橡胶又能防止薄钢板锈蚀。

矩形板式橡胶支座的主要尺寸是短边 a、长边 b 和厚度 h，其规格详见有关文献或产品目录。对于支座尺寸的选择，主要由支座的竖向承载力 F 决定，例如，当 $F=300\text{kN}$ 时，可查得其规格尺寸为短边 $a=150\text{mm}$、长边 $b=200\text{mm}$，其支座厚度 $h=21\sim42\text{mm}$。

圆形板式橡胶支座主要用于混凝土斜板、斜梁桥和弯梁桥。混凝土斜板、斜梁和弯梁在荷载作用下，不仅有沿桥纵向的变形，而且有横向或径向变形，圆形板式橡胶支座的特点是可以适应结构各方向的变形。

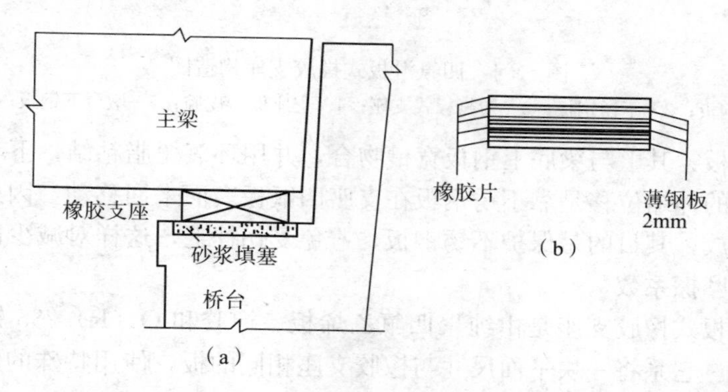

图 6-2　板式橡胶支座

普通平板式橡胶支座安装后可能会产生梁与支座、支座与墩台顶面脱空现象，在有纵横坡的桥梁下情况更为突出，其结果导致支座一部分受力很大，另一部分不受力的现象，造成橡胶支座上应力集中，受力较大一侧橡胶外鼓，以致橡胶开裂。

除了上述几种板式橡胶支座之外，混凝土梁桥还使用一种特殊的矩形板橡胶支座，即聚四氟乙烯滑板式橡胶支座（简称四氟滑板式支座），是将一块平面尺寸与橡胶相同，厚为 1.5～3mm 的聚四氟乙烯板材，与橡胶支座黏合在一起的支座，另在梁底支点处设置一块有一定光洁度的不锈钢板，可在支座四氟乙烯板表面来回移动，见图 6-3。它除了具有橡胶支座的优点外，还能满足需要水平位移量较大的要求。

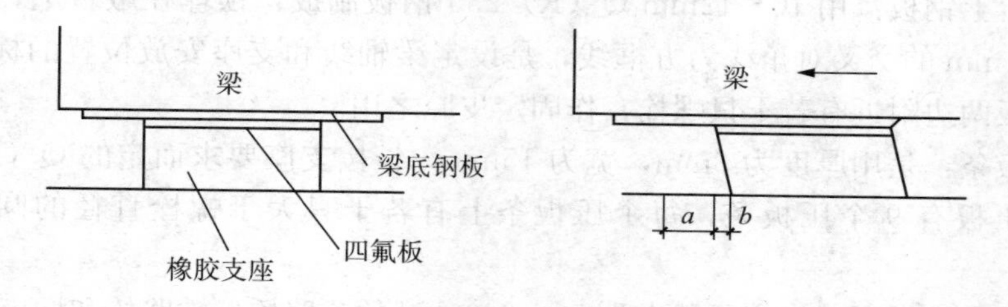

图 6-3　四氟滑板式橡胶支座适应梁水平位移工作图

四氟滑板式橡胶支座由六个部分组成，如图 6-4 所示，各部分主要功能如下：

(1) 梁底上钢板：上与梁底连接，该钢板可以预埋在梁的支点处，也可以在梁架设时用环氧树脂与梁底粘结，钢板下面有深为 1mm 的宽槽作嵌放不锈钢板之用。梁底上钢板的平面尺寸，一般按支座与梁底尺寸相协调，它是固定皮腔位置的上支点，它的移动促使不锈钢板共同位移，钢板厚度一般为 10～16mm，梁如有纵坡可以由它来调节，使支座与钢板接触平面保持水平。

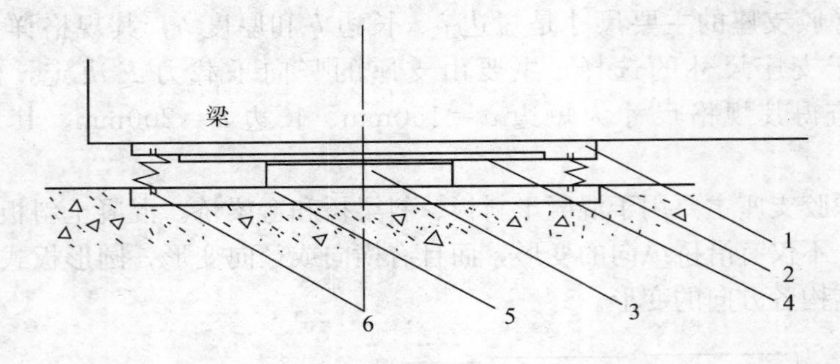

图 6-4　四氟滑板式橡胶支座构造图

1—梁底上钢板；2—不锈钢板；3—四氟板式支座；4—支座保护皮腔；5—墩台下钢板；6—压板条

（2）不锈钢板：其上与梁底上钢板宽槽吻合，并用环氧树脂粘结，下与支座四氟乙烯板表面接触，梁的伸缩位移是靠不锈钢板在支座四氟板表面来回移动，因此，一般是在支座就位架梁时安放，其目的是保护不锈钢板，避免受伤挫毛，这样对减少四氟乙烯板的磨耗有利，并减小摩擦系数。

（3）四氟滑板式橡胶支座是由纯聚四氟乙烯板、橡胶和 Q（R）235 钢板三种不同材料硫化粘结而成。它系将一块平面尺寸与橡胶支座相同的板，使用特殊的胶粘技术与橡胶支座粘结在一起，常用的粘结方法有两种，一种采用四氟板与橡胶在硫化时同时进行粘结，称作冷粘；另一种采用四氟板与橡胶在硫化时同时进行粘结，称作热粘，两种方法均可。为了进一步减小四氟板表面与钢板的摩擦系数，特在其面上制成直径为 10mm，深度不得超过四氟板厚度的一半的储藏油脂球冠形储存槽。橡胶层的厚度是根据支座所需要的形变模量而定，支座形变模量是根据梁的转角需要与支座高度及顺桥方向的宽度综合而定。

（4）皮腔：是用人造革或优质漆布制成折叠式长方形的保护腔，设在四氟滑板式橡胶支座外围，其目的是隔绝或减少紫外线对橡胶老化的影响，另外，保护不锈钢表面的清洁度以免受玷污而对四氟板起着有害作用。

（5）墩台上钢板：用 10～12mm Q（R）235 钢板制成，预埋在墩台上，钢板面层有深与宽各为 1mm 的交叉对角线为方框线，是设定梁轴线和支座安放位置的标记。在垂直梁轴线的钢板两边附近有若干只螺栓，作固定皮腔之用。

（6）压板条：是用厚度为 3mm，宽为 15mm，长按支座要求而定的 Q（R）235 钢板制成，一套压板有 9 个压板条，每个压板条上有若干只大于螺栓直径的圆孔，以压住皮腔。

板式橡胶支座适用于支座承载力为 70～3600kN 的公路桥、铁路桥和城市立交桥。

6.1.2　盆式橡胶支座

一般的板式橡胶支座处于无侧限受压状态，故其抗压强度不高，加之其位移量取决于橡胶的容许剪切变形和支座高度，要求的位移量愈大，就要求支座做得愈厚，所以板式橡胶支座的承载能力和位移值受到一定的限制。

近年来经研制成功并已在实践中多次使用的盆式橡胶支座，为在大、中跨桥梁上应用橡胶支座开辟了新的途径。盆式橡胶支座的主要构造有三个特点：一是将纯氯丁橡胶块放置在钢制的田形金属盆内，由于橡胶处于有侧限受压状态，大大提高了支座的承载能力

（橡胶块的容许压应力可达 25000kPa）；其二是利用嵌放在金属盆顶面的填充聚四氟乙烯与不锈钢板相对摩擦系数小的特性，保证了活动支座能满足梁的水平移动的要求。梁的转动也通过盆内橡胶块的不均匀压缩来实现。常用的盆式橡胶支座构造如图 6-5 所示，它是由不锈钢滑板、锡青铜填充的聚四氟乙烯板、钢盆环、氯丁橡胶块、钢密封圈、钢盆塞、橡胶弹性防水围等组装而成。如能提高盆环与密封圈的配合精度并采取在橡胶块上下表面粘贴聚四氟乙烯板的措施，就能更有效地防止橡胶的老化。

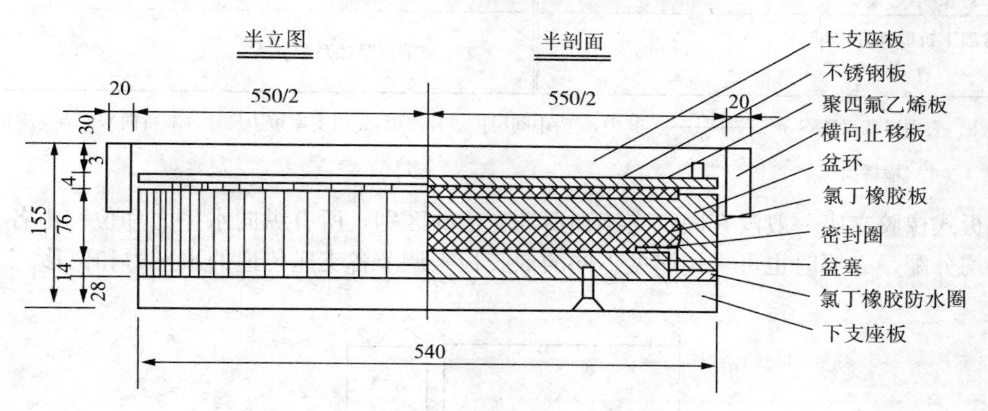

图 6-5　盆式橡胶支座的一般构造

使用经验表明，这种支座结构紧凑、摩擦系数小、承载能力大、重量轻、结构高度小、转动及滑动灵活、成本较低，是有发展前途的一种大、中型桥梁支座。

我国目前已系列生产的盆式橡胶支座，其竖向承载力分为 12 级，从 1000kN 至 20000kN，有效纵向位移量从±40mm 至±200mm。支座的容许转角为 40'，设计摩擦系数为 0.05。

为了适应能多向转动且转动量较大的情况，还可以设计成盆式球形橡胶支座，如图 6-6所示。如果只需要在一个方向内移动，也可设置导向装置。

鉴于活动支座的摩擦系数很小，也就显著减小了作用于墩台的水平力。在实践中，为了安全起见，不计算墩台所受水平力时往往取摩擦系数为 0.10（板式橡胶支座为 0.20～0.30）。

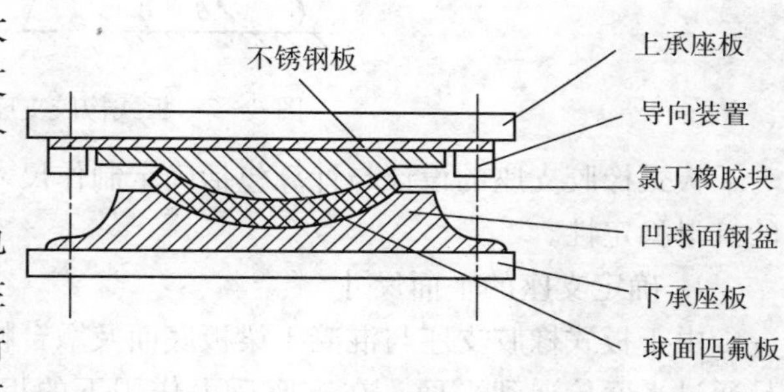

图 6-6　盆式球形橡胶支座

6.1.3　板式橡胶支座的设计与计算

目前，板式橡胶支座的橡胶主要是氯丁橡胶，因而，氯丁橡胶支座适用于温度高于 -25℃的地区。

位于混凝土梁、板和墩台帽顶之间的板式橡胶支座，必须能够承受最大的支承反力而不发生破坏。同时，板式橡胶支座还必须具有保证结构变形自由的能力，它的活动机理是利用橡胶的不均匀弹件压缩实现转角 θ 和利用自身剪切变形实现水平位移 Δ，如图 6-7 所示。我国行业标准规定支座成品的物理力学性能应满足表 6-1 的要求。

支座成品物理力学性能 **表 6-1**

项目	指标	项目	指标
极限抗压强度	≥70	橡胶片允许剪切正切值	不计制动力不大于 0.5 计制动力不大于 0.7
抗压弹性模量 E_e (MPa)	$5.4G_eS^2$	支座与混凝土表面摩擦系数 μ	≥0.3
常温下抗剪弹性模量 G_e (MPa)	1.0	支座与钢板摩擦系数 μ	≥0.2

注：表中形状系数 $S=\dfrac{a\times b}{2(a+b)\delta_1}$，其中 δ_1 为中间层橡胶片厚度，a 为支座短边尺寸（顺桥向），b 为支座长边尺寸（横桥向）。

板式橡胶支座一般没有固定支座和活动支座的区别，所有纵向水平力和位移由各个支座平均分配。必要时也可采用厚度不同的橡胶板来调节各支座传递的水平力和位移。

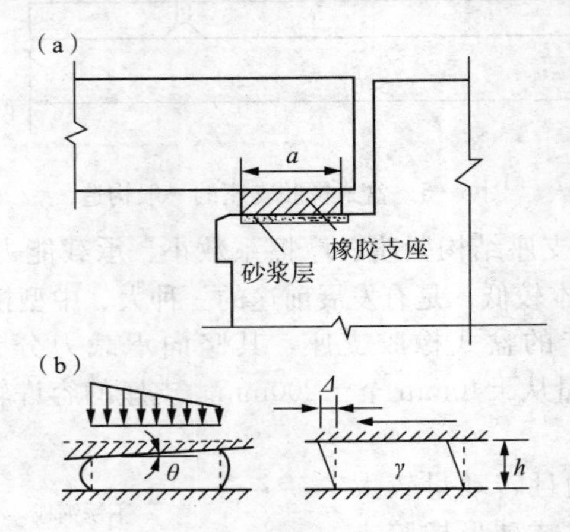

图 6-7 板式橡胶支座变形示意图

板式橡胶支座的设计与计算包括确定制作尺寸、验算支座受压偏转情况以及验算支座的抗滑稳定性。

1. 确定支座的平面尺寸

由于板式橡胶支座与混凝土梁板底面及墩台帽顶面均为面接触，所以支座反力的传递是通过平面传递到平面。在支座反力作用下的板式橡胶支座视为轴心受压，因此，尺寸 $a\times b$ 多由橡胶支座的强度来控制，即：

$$\sigma=N/A=N/(a\times b)\leqslant[\sigma] \tag{6-1}$$

式中 N——支座反力的标准值，即按照使用阶段的荷载组合得到的最大支座反力；

a、b——分别为板式橡胶支座的短边和长边值；

$[\sigma]$——橡胶支座使用阶段的平均压应力限值，$[\sigma]=10.0\text{MPa}$；S 应在［5，12］范围内取用，计算公式见表 6-1。

2. 确定支座厚度

板式橡胶支座的重要特点是梁的水平位移要通过全部橡胶片的剪切变形来实现，见图

6－8。因而，板式橡胶支座在水平力作用下的变形应满足下式：

$$\tan\gamma=\Delta/\sum t\leqslant[\tan\gamma] \tag{6-2}$$

式中　Δ——梁由于温度变化等因素产生的纵向水平位移值；

$\sum t$——橡胶片的总厚度；

$[\tan\gamma]$——橡胶片容许剪力角正切值，对于硬度为 55°～60°的氯丁橡胶，当不计汽车荷载制动力时，取 0.5；计汽车荷载制动力时，取 0.7。

当 $[\tan\gamma]$ 分别取 0.5 和 0.7 时，由式（6－2）可得到橡胶片总厚度值应满足：

$$\sum t\geqslant 2\Delta_D \tag{6-3}$$

$$\sum t\geqslant 1.43(\Delta_D+\Delta_L) \tag{6-4}$$

$$\Delta_L=\frac{T\sum t}{2G_e ab} \tag{6-5}$$

式中　Δ_D——由上部结构温度变化、桥面纵坡等因素引起的支座顶面相对底面的水平位移；

Δ_L——由制动力引起的支座顶面相对于底面的水平位移，由下式计算：

T——作用于一个支座上的汽车制动力；

G_e——橡胶的剪切模量，见表 6－1。

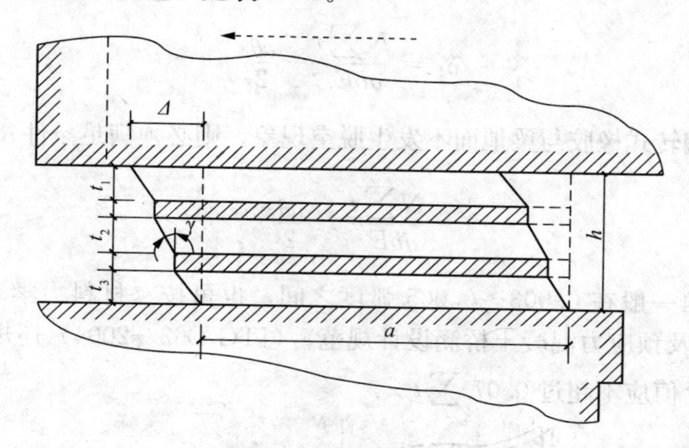

图 6－8　支座厚度计算图式

若将式（6－5）代入式（6－4），则可得到式（6－4）的另一个表达式：

$$\sum t\geqslant\frac{\Delta_D}{0.7-\frac{T}{2G_e ab}} \tag{6-6}$$

为了保证支座工作的稳定性，$\sum t$ 值除要满足式（6－3）、式（6－4）或式（6－6）外，《公路钢筋混凝土及预应力混凝土桥涵设计规范》（JTG D62—2004）还规定 $\sum t$ 应符合下列条件：

矩形支座 $$\frac{a}{10} \leqslant \sum t \leqslant \frac{a}{5}$$

圆形支座 $$\frac{d}{10} \leqslant \sum t \leqslant \frac{d}{5}$$

式中 a——矩形支座短边尺寸，通常为顺桥向方向；

d——圆形支座直径。

确定了橡胶片总厚度 $\sum t$，再加上薄钢板的总厚度，就可得到板式橡胶支座的总厚度 h。

3. 验算支座的偏转情况

梁受荷载作用发生挠曲变形时，梁端将引起转角 θ，见图 6-9，此时，支座伴随出现线性压缩变形，梁端一侧的压缩变形量为 δ_1，梁体一侧为 δ_2，其平均压缩变形为（忽略薄钢板的变形）：

$$\delta = \frac{1}{2}(\delta_1 + \delta_2) = \frac{N\sum t}{E_e ab}$$

式中 E_e——橡胶支座的抗压弹性模量，见表 6-1。

支座随梁端产生的偏转角 θ 可表示为：

$$\theta = \frac{1}{a}(\delta_2 - \delta_1)$$

由以上表达式可解得：

$$\delta_1 = \frac{N\sum t}{abE_e} - \frac{a\theta}{2} \tag{6-7}$$

为确保支座偏转式橡胶与梁地面不发生脱空现象，则必须满足条件 $\delta_1 \geqslant 0$，即

$$\frac{N\sum t}{abE_e} \geqslant \frac{a\theta}{2}$$

式中梁端转角一般在 0.003～0.005 弧度之间，也可按《材料力学》方法计算求得。《公路钢筋混凝土及预应力混凝土桥涵设计规范》（JTG D62—2004）还规定橡胶支座的竖向平均压缩变形 δ 值应不超过 0.07 $\sum t$。

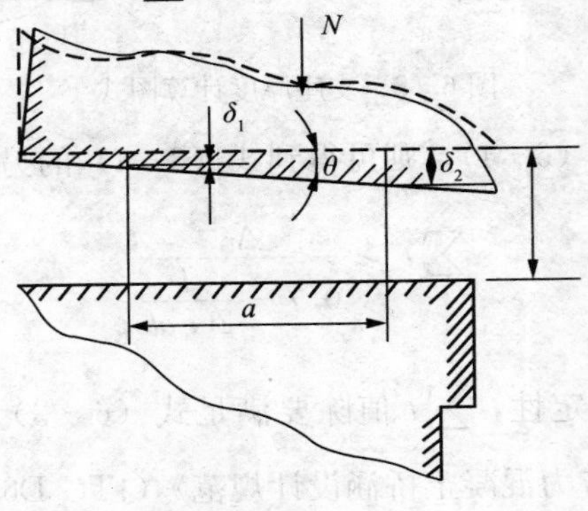

图 6-9 板式橡胶支座偏转图

4. 验算支座的抗滑稳定性计算

在使用阶段为了保证板式橡胶支座与梁底或墩台帽顶面间不发生相对滑动，应满足以下条件：

计入汽车制动力时：$\mu(N_{G}+N_{p,0.5})\geqslant 1.4H_{t}+H_{T}$ (6-8)

不计入汽车制动力时：$\mu N_{G}\geqslant 1.4H_{t}$ (6-9)

式中 H_{t}——由温度变化等因素引起作用于一个支座上的纵向水平力，由下式确定：

$$H_{t}=abG_{e}\frac{\Delta_{g}}{\sum t} \tag{6-10}$$

H_{T}——由活载制动力引起水平力作用于一个支座上的纵向水平力；

N_{G}——上部结构恒载在支座处产生的反力；

$N_{p,0.5}$——0.5 倍汽车荷载标准值（计入冲击系数）引起的支座反力；

μ——摩擦系数，橡胶与混凝土间 $\mu=0.3$，与钢板间 $\mu=0.2$。

Δ_{g}——由上部结构温度变化、混凝土收缩徐变等作用标准值引起的剪切变形和纵向力标准值产生的支座剪切变形，但不包括汽车制动力引起的剪切变形。

6.2 桥台和桥墩

6.2.1 概述

桥梁墩（台）是桥梁的重要结构，支撑着桥梁上部结构的荷载并将它传给地基基础。桥墩主要由墩帽、墩身和基础三部分组成，桥台主要由台帽、台身和基础三部分组成，如图 6-10 所示。

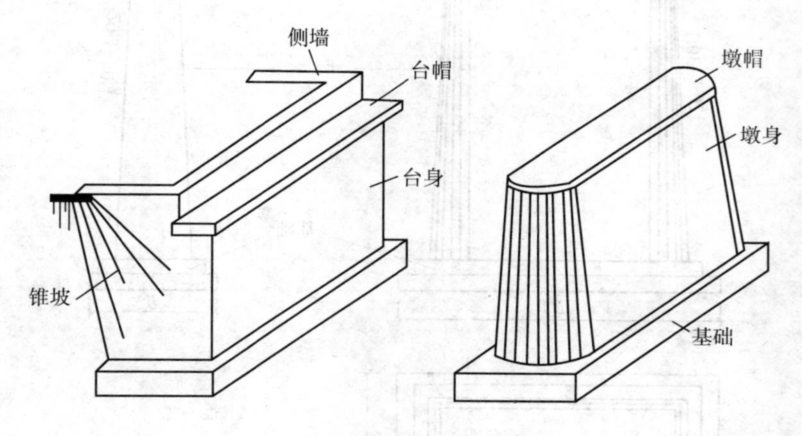

图 6-10 墩台组成图

桥墩除承受上部结构的竖向压力和水平力之外，墩身还受到风力、流水压力及可能发生的冰压力、船只和漂浮物的撞击力。桥台设置在桥梁两端，它起支撑上部结构和连接两岸道路的作用，同时，还要挡主桥台背后的填土。因此，桥梁墩、台应有足够的承载力和稳定性，避免在荷载作用下有过大的位移和移动。

在桥梁的总体设计中，上、下部结构，即桥梁墩（台）的选型对整个设计方案有较大的影响。桥梁是一个整体，上下部结构共同工作、互相影响，要重视下部的结构，合理的选型使桥梁上、下部结构协调一致，轻巧美观。特别是城市桥梁和立交、高架桥，桥梁下部结构的选型，更显示出它在桥梁美学方面的独特功能，同时还要求其造型与周围地形、地理环境相协调。

公路桥梁上常用的墩、台形式大体上可归纳为梁桥墩台和拱桥墩台两大类。每类墩台又可分为两种形式：一种是重力式墩、台，这类墩、台的主要特点是靠自身重量来平衡外力而保持其稳定，因此，墩、台身比较厚实，可以不用钢筋，而用天然石料或片石混凝土砌筑。它适用于地基良好的大、中型桥梁或流冰、漂浮物较多的河流中。在砂石料供应充足的地区，小桥也往往采用重力式墩、台，其主要缺点是圬工体积大，因而其自重和阻水面积也较大。另一种是轻型墩、台，如广泛使用的柱式柔性墩、台。一般来说这类墩、台的刚度小，受力后允许在一定范围内发生弹性变形。所用材料大都以钢筋混凝土为主，但也有一些轻型墩、台通过验算后可以采用石料砌筑。

6.2.2 梁桥桥墩

桥墩按其构造可分为重力式桥墩、空心式桥墩、柱式墩、柔性墩、薄壁墩五大类。实际工程中重力式桥墩和柱式桥墩应用得最多。

1. 重力式桥墩

1）构造

重力式桥墩是实体圬工墩，它主要靠自身的重量来平衡外力，从而保证桥墩的承载力和稳定性。它的一般构造形式如图 6－11 所示。

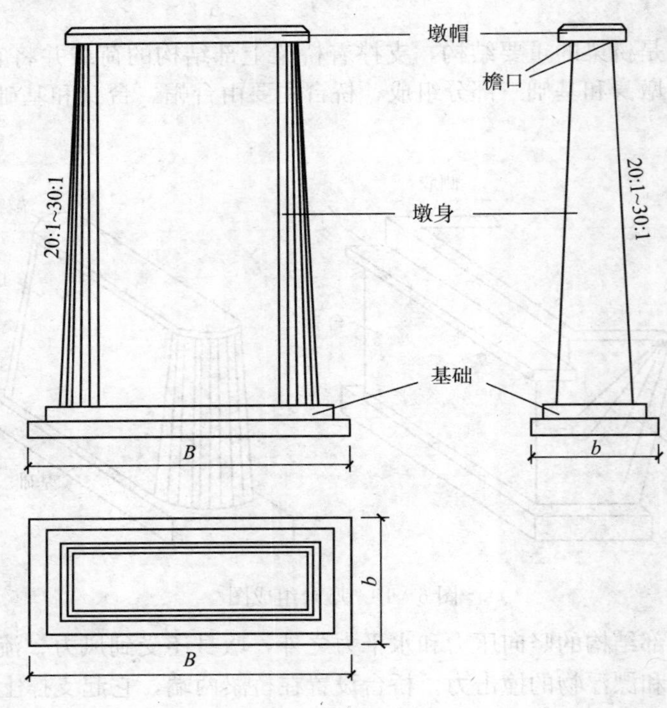

图 6－11　实体重力式桥墩

墩帽是通过支座直接支承桥跨结构的，局部应力较大，因此重力式圬工桥墩的墩帽一般采用钢筋混凝土结构，所用混凝土强度等级应在 C20 以上。对于大跨径桥梁，墩帽厚度一般不小于400mm，中小跨径桥梁也不应小于300mm，并且墩帽伸出墩身的檐口宽度为50～100mm。

当桥面较宽时，为了节省桥墩圬工，减轻结构自重，可选用悬臂式或托盘式墩帽，见图6-12。悬臂的长度和宽度根据上部结构的形式、支座的位置及施工荷载的要求确定。一般要求悬臂式或托盘式墩帽采用钢筋混凝土结构，混凝土强度等级在C20以上，悬臂的受力钢筋须经过计算确定，悬臂端部的最小高度不小于0.3～0.4m。

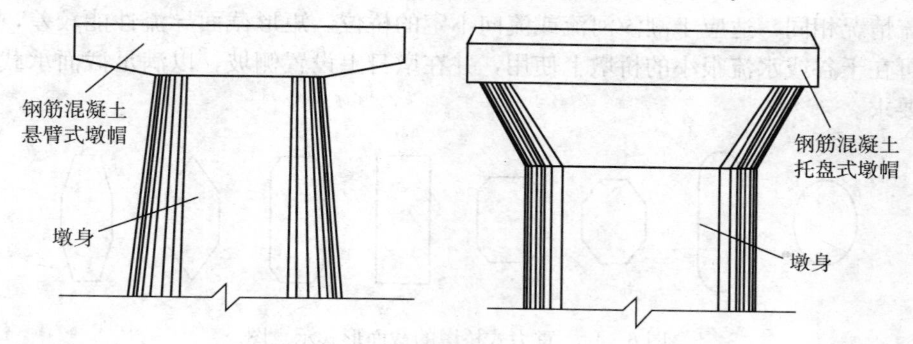

图6-12　悬臂式、托盘式墩帽

梁式桥墩帽的平面尺寸，必须满足桥跨结构支座布置的需要。为了避免支座过于靠近墩身侧面的边缘，造成集中应力，也为了提高混凝土的局部承压能力，并考虑施工误差及预留锚栓孔的要求，支座边缘到墩身的最小距离见表6-2和图6-13。

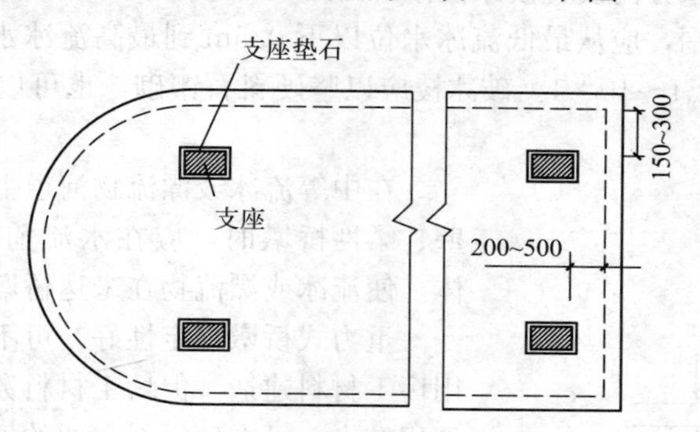

图6-13　支座边缘到墩身的最小距离示意图（mm）

支座边缘到墩（台）身最小距离　　**表6-2**

跨径＼方向	顺桥向（mm）	横桥向（mm）	
		圆弧形端头（自支座边角量起）	矩形端头
大桥	250	250	400
中桥	200	200	300
小桥	150	150	200

重力式桥墩的墩身用石片混凝土浇筑，或用浆砌块石和料石砌筑，也可以用混凝土预制块砌筑。墩身的主要尺寸包括墩高、墩顶面、底面的平面尺寸及墩身侧坡。用于梁式桥

的墩身宽度，对于小跨径桥梁不宜超过800mm，中等跨径桥梁不宜小于1000mm，大跨桥的桥梁墩身宽度视上部结构类型而定。墩身的侧坡可采用20∶1～30∶1（竖∶横），如图6-11所示，对小跨径桥梁且桥墩不高时可以不设侧坡。

2）桥墩的截面形式

重力式桥墩的截面有圆形、圆端形、尖端形、矩形等数种，如图6-14所示。从水力特性和桥墩阻水来看，菱形、尖端形、圆形及圆端形较好。圆形截面对各方向的水流阻力、导流情况相同，适应于潮汐河流或流向不定的桥位。矩形截面导流性能较差，但施工方便，可在干谷或水流很小的桥墩上使用，并在墩身上设置侧坡，以满足截面承载力与稳定性的要求。

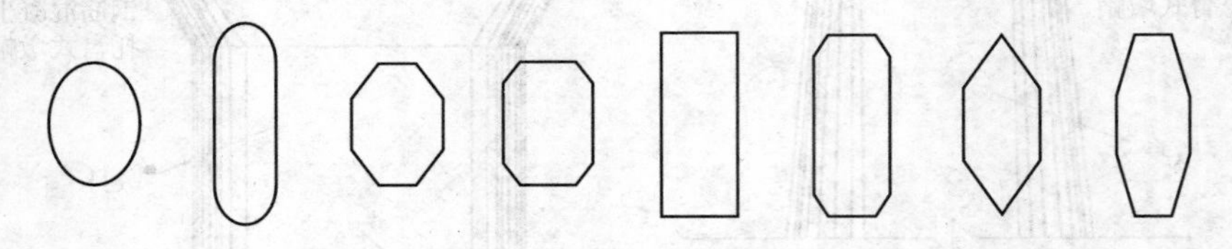

图6-14 重力式桥墩的截面形式示意图

3）破冰棱

严寒地区的桥墩往往受到流冰压力的威胁，或是有大量漂流物的河道，桥墩要受到冲击。因此，在中等以上流冰河道（冰厚大于0.5m，流水速度达到1m/s左右）及有大量漂流物的河道，应在迎水方向设置破冰棱体，见图6-15。

破冰棱的设置范围，应从最低流冰水位以下0.5m到最高流冰水位以上1m处，破冰棱的倾斜度一般取3∶1～10∶1。破冰棱应以坚硬料石镶砌，也可以用高强度混凝土并配钢筋网予以加固。

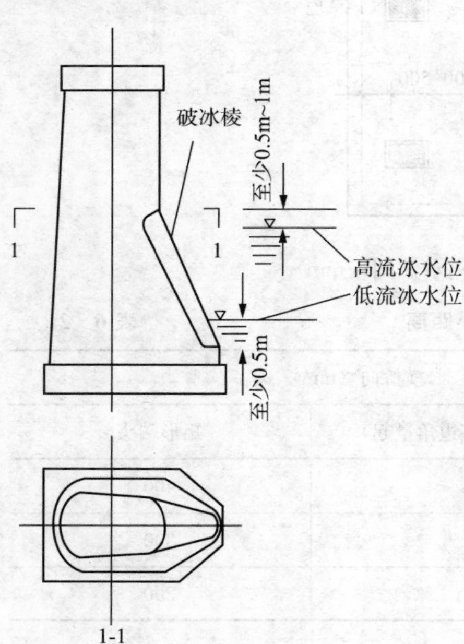

图6-15 破冰棱体的构造（m）

在中等流冰或漂流物河道上，如果采用空心、薄壁、柔性桥墩时，应在水流前方2～10m处设破冰体，使流冰或漂流物在未达桥墩前撞碎或引避。

重力式桥墩稳定性好，可不设受力钢筋，墩身可用圬工材料建造。但圬工材料数量大，自重大，阻水面积较大，可在砂石料方便的地区，地基承载能力高的桥位或流冰、漂流物较多的河道中采用。

2. 空心式桥墩

空心式桥墩是桥墩向轻型化、机械化方向发展的途径之一。空心式桥墩以充分利用材料的强度，节省材料，减轻桥墩自重，同样高度的空心墩比实体墩节省圬工20%～30%左右，钢筋混凝土空心墩可节省材料重量50%左右。空心墩可以采用钢滑动模板施工，施工速度快、质量好、节省模板支架，特别对于高桥墩，更显示出其优越性。

建造空心墩一般采用钢筋混凝土或混凝土。空心桥墩一般要求壁厚不小于300mm（钢筋混凝土桥墩）

或 500mm（混凝土桥墩）。桥墩的截面形式有圆形、圆端形、长方形等数种（图 6－16）。桥墩的立面布置可采用直立式、侧坡式和阶梯式等，墩身设置侧坡符合桥墩的受力要求，侧坡也可采用 20∶1～30∶1。

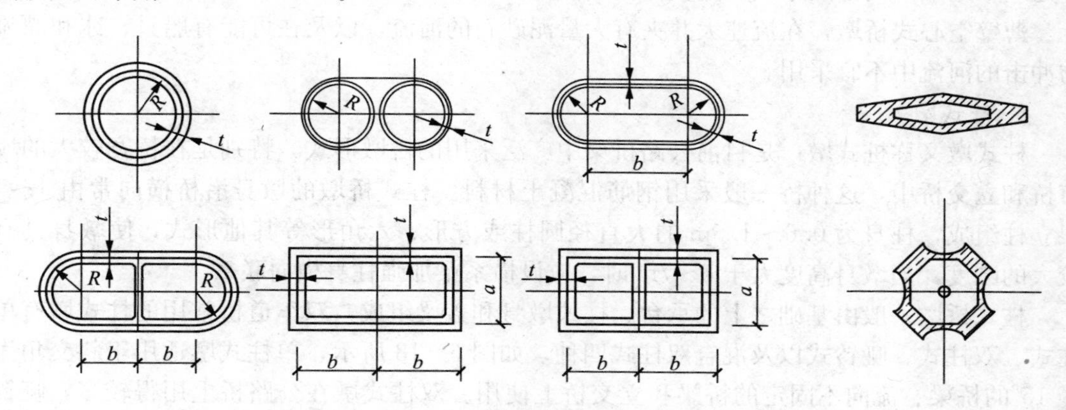

图 6－16　空心式桥墩的截面形式示意图

图 6－17 示出了圆形钢筋混凝土空心式桥墩的设计方案。空心式桥墩的顶部可设置实

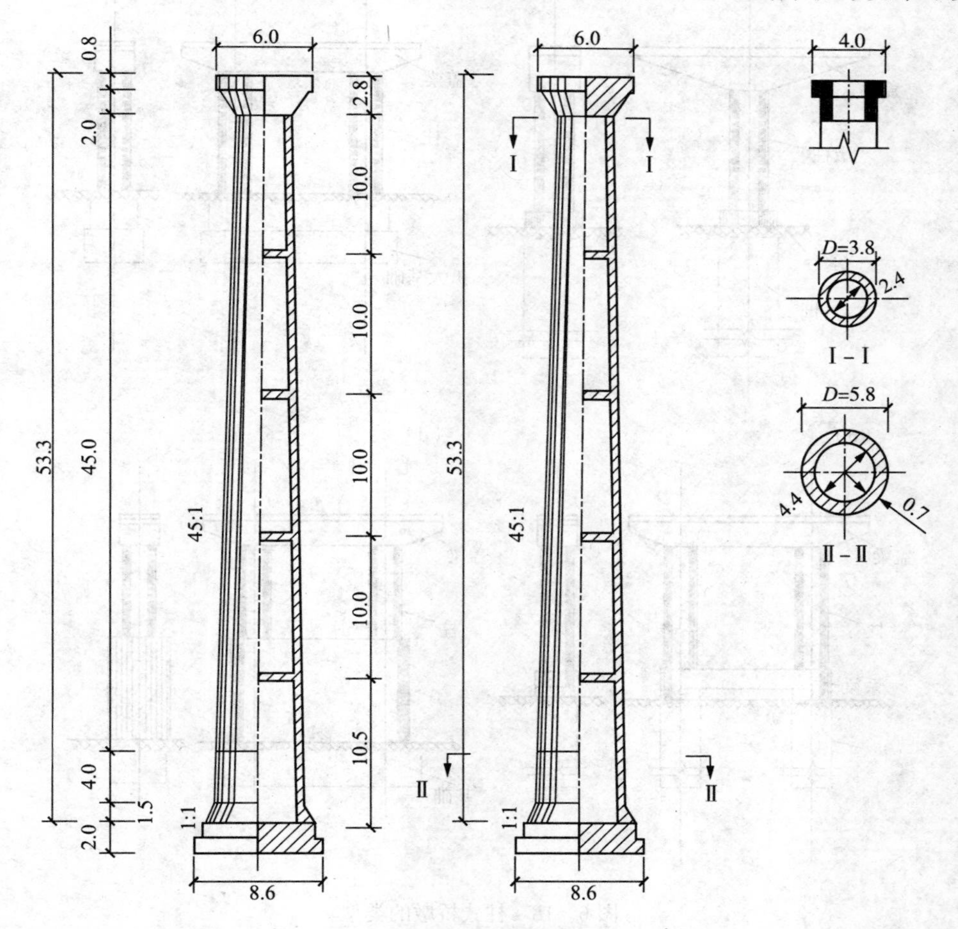

图 6－17　圆形空心式桥墩构造（m）

体段，以便于布置支座、均匀传力并减少对空心墩壁的冲击，实体部分可设置檐口，也可采用与空心部分等宽，实体段的高度取用1～2m。为减缓应力集中，墩身与底部或顶面交界处应采用墩壁局部加厚或设置实体段的措施。

薄壁空心式桥墩，在流速大并夹有大量泥砂石的河流，以及在可能有船只、冰和漂流物冲击的河流中不宜采用。

3. 柱式墩

柱式墩又称桩式墩，是目前公路桥梁中广泛采用的桥墩形式，特别是在桥宽较大的城市桥和立交桥中，这种桥一般采用钢筋混凝土材料。柱式桥墩的墩身沿桥横向常由1～4根立柱组成，柱身为0.6～1.5m的大直径圆柱或方形、六角形等其他形式，使墩身具有较大的刚度，当墩身高度大于6～7m时，应设横系梁加强柱身横向联系。

柱式桥墩一般由基础之上的承台、柱式墩身和盖梁组成，双车道桥常用的柱式墩有单柱式、双柱式、哑铃式以及混合双柱式四种，如图6-18所示，单柱式墩适用于斜交角大于15°的桥梁、流向不固定的桥梁和立交桥上使用。双柱式墩在公路桥上用得较多，哑铃式和混合双式墩在有较多漂流物和流冰的河道较为适用。

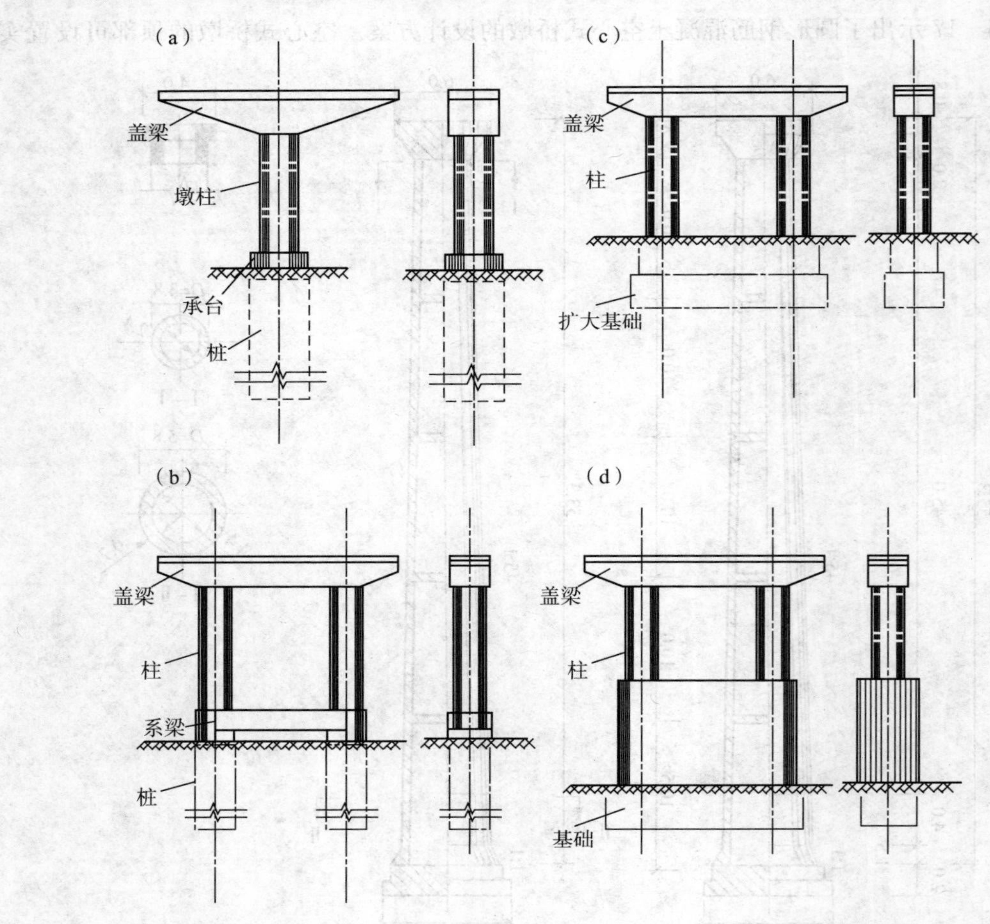

图6-18　柱式桥墩的类型

(a) 单柱式；(b) 双柱式；(c) 哑铃式；(d) 混合双柱式

4. 钢筋混凝土薄壁墩

钢筋混凝土薄壁墩是一种新型桥墩，截面形式有一字形、工字形、箱形等，圆形的薄壁空心墩也是钢筋混凝土薄壁墩的类型之一。一字形的薄壁墩构造简单、轻巧、圬工体积少，适合于地基承载力较弱的地区。薄壁墩的高度一般不大于 7m，由于墩身为偏心受压构件，因此要配有足够的受力钢筋和构造钢筋。图 6－19 为我国薄壁墩的实例示意图。

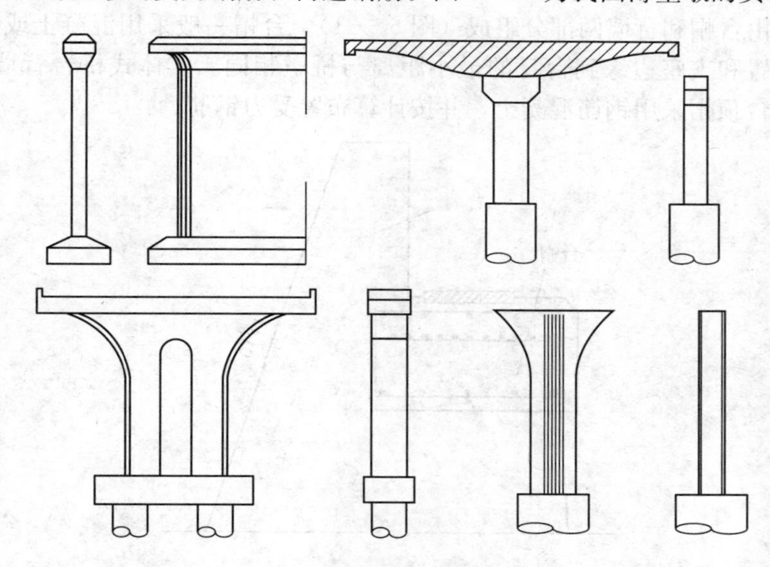

图 6－19　实体薄壁桥墩示意图

6.2.3　桥梁桥台

桥梁桥台可分为重力式桥台和轻型桥台两种，此外还有组合式桥台和承拉式桥台。

1. 重力式桥台

重力式桥台也称实体式桥台，它主要靠自重来平衡后台的土压力。桥的台身多数由石砌、片石混凝土或混凝土等圬工材料就地建造。

常见形式是 U 形桥台，由台身（前墙）、台帽、基础与两侧的翼墙侧墙组成，在平面上呈 U 字形，台身支承桥跨结构，并承受台后土压力；翼墙连接路堤，在满足一定条件时，参与前墙共同承受土压力，侧墙外侧设锥形护坡。U 形桥台的一般构造见图 6－20。

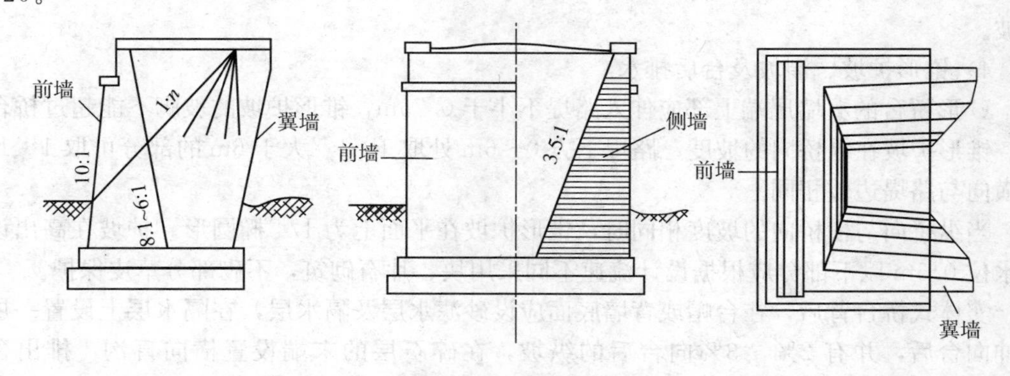

图 6－20　U 形桥台的构造示意图

U形桥台构造简单，基础的承压底面面积大，基地应力较小，但圬工体积大，同时桥台内的填土容易积水，结冰后冻胀，使桥台结构产生裂缝。U形桥台适合于填土高度8～10m的情况，但桥台中间填料宜用渗水性较好的土夯填，并做好台背排水设施。

各部分构造与主要尺寸如下。

1）台帽与背墙

桥台顶帽由台帽和背墙两部分组成（图6－21）。台帽一般采用混凝土或钢筋混凝土，其中钢筋的布置和支座边缘到台身的最小距离与桥墩相同。实体式桥台背墙一般不设钢筋，悬臂式桥台顶帽采用钢筋混凝土，并按计算布置受力钢筋。

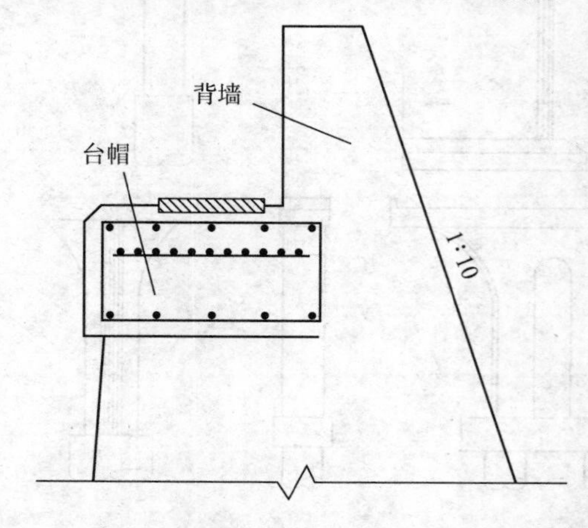

图6－21　重力式桥台的台帽和背墙

2）台身

实体式桥台身前后设置斜坡，呈梯形断面，外侧斜坡可取用10∶1，内侧斜坡取6∶1～8∶1。台身顶的长度与宽度应配合台帽，当台身为圬工结构时，要求台身任一水平截面的纵向宽度不小于该截面至台顶高度的0.4倍。

3）翼墙

U形桥台的翼墙，外侧呈直立，内侧为3∶1～5∶1的斜坡。圬工翼墙的顶宽不小于0.4～0.5m，对任一水平面的宽度，片石圬工不宜小于该截面至墙顶高度的0.4倍，块石及混凝土不宜小于0.35倍，当台内填土的渗水性良好时，则上述要求可分别减为0.35倍和0.3倍。在翼墙的尾端，除最上端1.0m采用竖直外，以下部分可采用4∶1～8∶1的倒坡。

4）锥形护坡、溜坡及台后排水

U形桥台的翼墙尾端上部应伸入路堤不小于0.75m，锥形护坡的坡脚不能超过桥台前沿。锥形护坡在纵桥向的坡度，路堤下方0～6m处取1∶1，大于6m的部分可取1∶1.5，在横向与路堤边坡相同。

当纵桥向与横桥向的坡度相同时，锥形护坡在平面上为1/4椭圆形。护坡在高出设计洪水位0.5m以下部分应根据设计流速不同采用块、片石砌筑，不砌部分草皮保护。

实体式桥台背后，在台帽或背墙底面应设砂滤水层及隔水层，在隔水层上设置一层碎石伸向台后，并有2%～3%向台后的纵坡，在碎石层的末端设置横向盲沟，排出台内渗水。

2. 轻型桥台

轻型桥台的体积轻巧、自重较小，一般由钢筋混凝土材料建造，它借助结构物的整体刚度和材料强度承受外力，从而可节省材料，降低对地基强度的要求和扩大应用范围，为软土地基上修建桥台开辟了经济可行的途径。

常用的轻型桥台有：埋置式桥台、钢筋混凝土薄壁轻型桥台、支撑梁轻型桥台和框架式桥台等几种类型。

1) 埋置式桥台

埋置式桥台的台身埋置在台前溜坡内，不需另设翼墙，仅有台帽两端的耳墙与堤衔接。图 6－22 (b) 为后倾式埋置桥台，它使台身重心向后，用以平衡台后填土的倾覆力矩，但倾斜度应适当。

埋置式桥台的台身为圬工实体，台帽及耳墙采用钢筋混凝土结构。当台前溜坡有适当保护不被冲毁时，可考虑溜坡填土的主动土压力，因此，埋置式桥台圬工数量较省，但由于溜坡伸入桥孔，压缩了河道，有时需要增加桥长。它适用于桥头为浅滩，溜坡受冲刷较小，填土高度在 10m 以下的桥梁中使用。当地质条件较好时，可将台身挖空成拱形，以节省圬工，减轻自重。

2) 薄壁轻型桥台

钢筋混凝土薄壁轻型桥台常用的形式有悬臂式、扶壁式、撑墙式及箱式等，见图 6－23。在一般情况下，悬臂式的桥台的混凝土量和用钢量较高，撑墙式与箱式的模板用量较高。薄壁轻型桥台的优点与薄壁墩类同，可根据桥台高度、地基承载力和土质等因素选定。

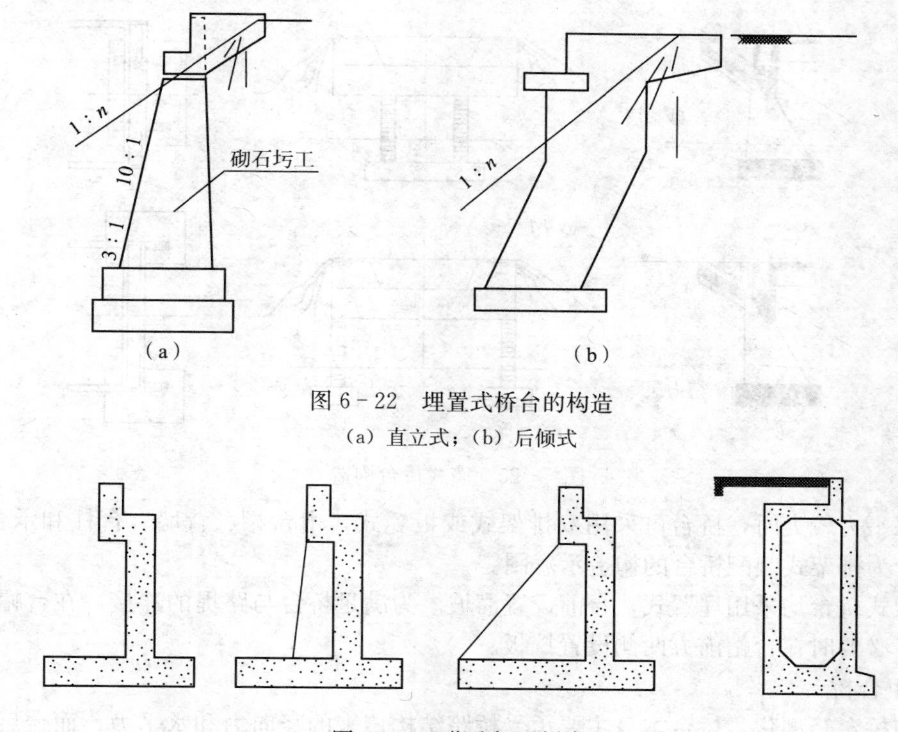

图 6－22　埋置式桥台的构造

(a) 直立式；(b) 后倾式

图 6－23　薄壁轻型桥台

3）支撑梁轻型桥台

单跨或少跨的小跨径桥，在条件许可的情况下，可在轻型桥台之间或台与墩间，设置 3～5 根支撑梁。支撑梁设在河床冲刷线以下。梁与桥台设置铆固栓钉，使上部结构与支撑梁共同支撑桥台承受台后土压力。此时桥台与支撑梁及上部结构形成四铰框架来受力。

轻型桥台可采用八字式和一字式翼墙挡土，如地形许可，也可做成耳墙，形成埋置式轻型桥台并设置溜坡。

4）框架式桥台

钢筋混凝土框架式桥台是一种在横桥向呈框架式结构的桩基础轻型桥台，它所受的土压力较小，适用于地基承载力较低、台身较高、跨径较大的桥梁。其构造形式有双柱式、多柱式、墙式、半重力式和双排架式、板凳式等。

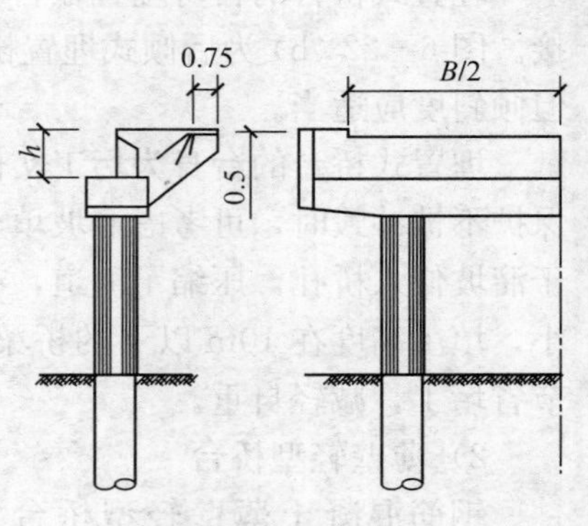

图 6－24　双柱式桥台（m）

双柱式桥台见图 6－24，当桥宽时，可采用多柱式。一般用于填土高度小于 5m 时，为减少桥台水平位移，也可采用先填土后钻孔。填土高度大于 5m 时，可采用墙式，见图 6－25。墙厚一般为 400～800mm，设少量钢筋。台帽可做成悬臂式或简支式，需要配置受力钢筋。半重力式桥台的构造与墙式相同，墙较厚，不设钢筋。当柱式桥台采用钻孔桩基础并延伸成台身时，可不设承台。对于柱式和墙式桥台一般在基础之上设置承台。

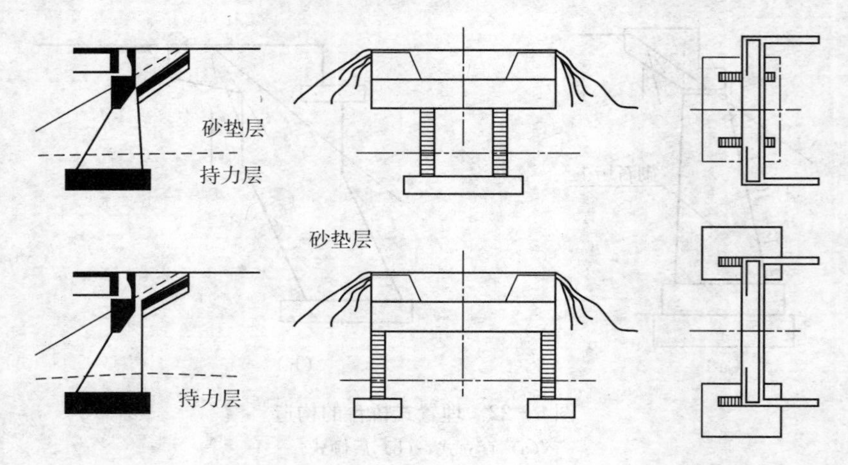

图 6－25　墙式桥台构造

当水平力较大时，桥台可采用双排架式或板凳式，由台帽、背墙、台柱和承台组成。图 6－26 为排架式装配桥台的构造示意图。

框架式桥台均采用埋置式，台前设置溜坡。为满足桥台与路堤的连接，在台帽上部设置耳墙，必要时在台帽前方两侧设置挡板。

3. 组合桥台

为使桥台轻型化，桥台本身主要承受桥跨结构传来的竖向力和水平力，而台后的土压力由其他结构承受，形成组合式的桥台。

1）锚定板式桥台（锚拉式）

锚定板式桥台有分离式和结合式两种。分离式的台身与锚定板、挡土结构分开，台身主要承受上部结构传来的竖向力和水平力，锚定板设施承受土压力。锚定板结构由锚定板、立柱、拉杆和挡土板组成，见图 6-27（a）。桥台与锚定板结构之间预留空隙，上端做伸缩缝，桥台与锚定结构的基础分离，互不影响，使受力明确，但结构复杂，施工不方便。结合式锚定板桥台的构造见图 6-27（b），它的锚定结构与台身结合在一起，台身兼做立柱或挡土板。作用在台身的所有水平力假定均由锚定板的抗拔力来平衡，台身仅承受竖向荷载。组合式结构简单，施工方便，工程量较省，但受力不很明确，若台顶位移量计算不准，可能会影响施工和运营。

锚定板可用混凝土或钢筋混凝土制作，根据试验采用矩形为佳，为便于机械化填土作业，锚定板的层数一般不宜多于两层。立柱和挡土板通常采用钢筋混凝土，锚定板的设置位置以及拉杆等结构均要通过计算确定。

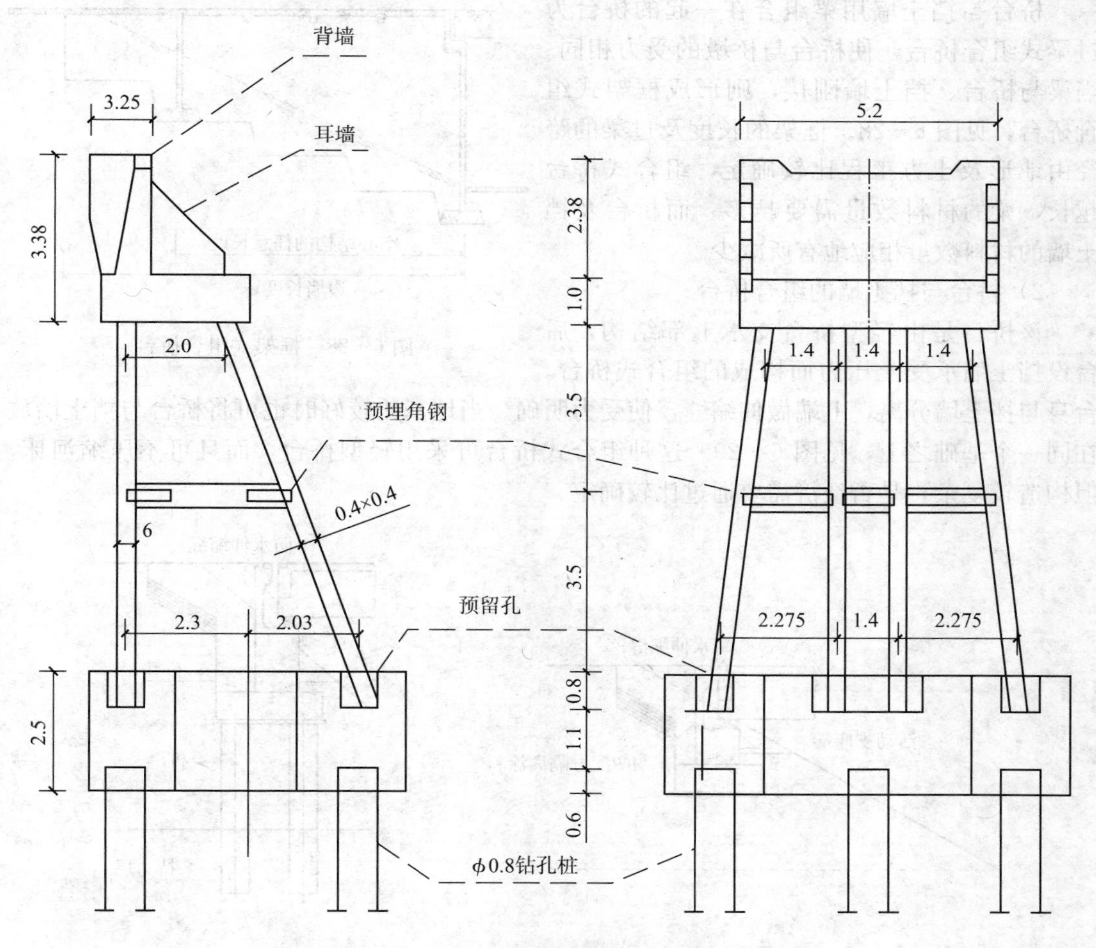

图 6-26　排架式装配桥台（m）

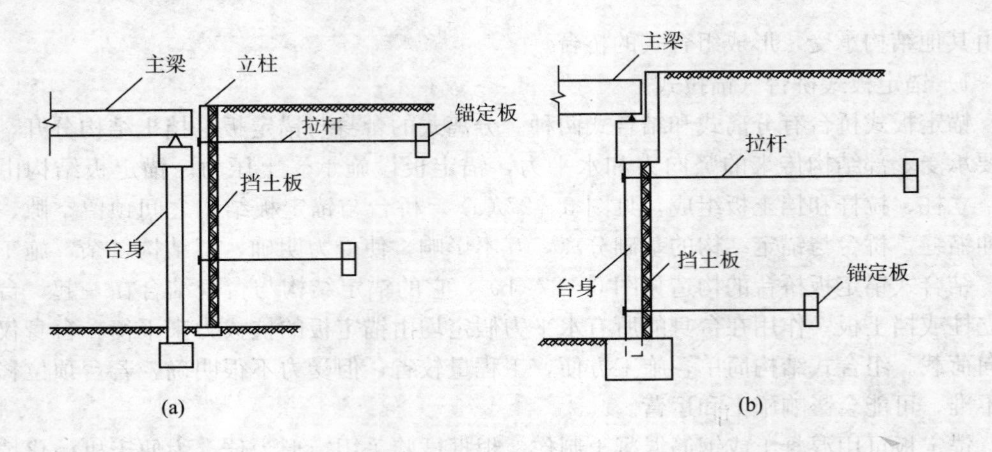

图 6－27　锚定板式桥台构造

（a）分离式；（b）结合式

桥台与挡土墙用梁组合在一起的桥台为过梁式组合桥台，使桥台与桥墩的受力相同。当梁与桥台、挡土墙刚接，则形成框架式组合桥台，见图 6－28。框架的长度及过梁的跨径由地形及土方工程比较确定，组合式桥台越长，梁的材料数量需要越多，而桥台及挡土墙的材料数量相应地有所减少。

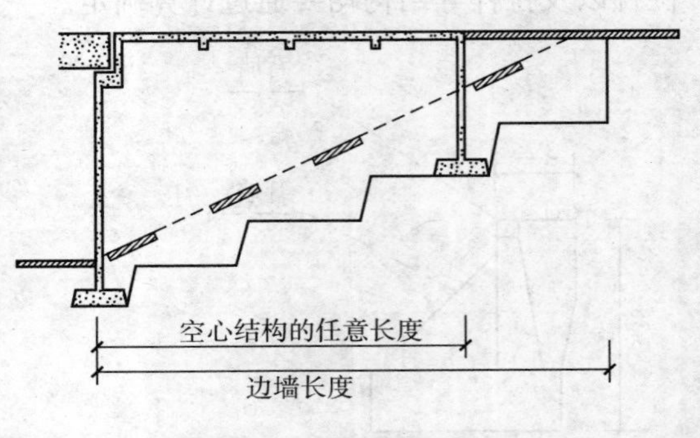

图 6－28　框架式组合桥台

2）桥台与挡土墙的组合桥台

该桥台是由轻型桥台支承上部结构，后台设挡土墙承受土压力而构成的组合式桥台。台身与挡土墙分离，上端做伸缩缝，使受力明确。当地基比较好时也可将桥台与挡土墙放在同一个基础之上，见图 6－29。这种组合式桥台可采用轻型桥台，而且可不压缩河床，但构造较复杂，是否经济需要通过比较确定。

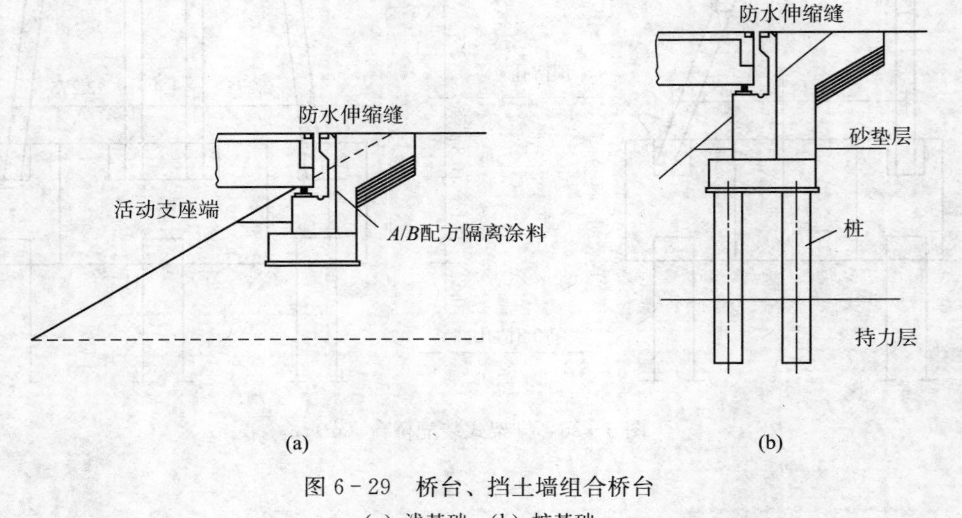

图 6－29　桥台、挡土墙组合桥台

（a）浅基础；（b）桩基础

4. 承拉桥台

在梁桥中，根据受力的需要，要求桥台具有承压和承拉的功能，在桥台构成和设计中，必须满足受力要求。图 6－30 示出了承拉桥台的构造。该桥的上部结构为单箱单室截面，箱梁的两个腹板延伸至桥台形成悬臂腹板，它与桥台顶梁之间设氯丁橡胶支座受拉，悬臂腹板与台帽之间设置氯丁橡胶支座支承上部结构，并可设置扁千斤顶，以备调整。

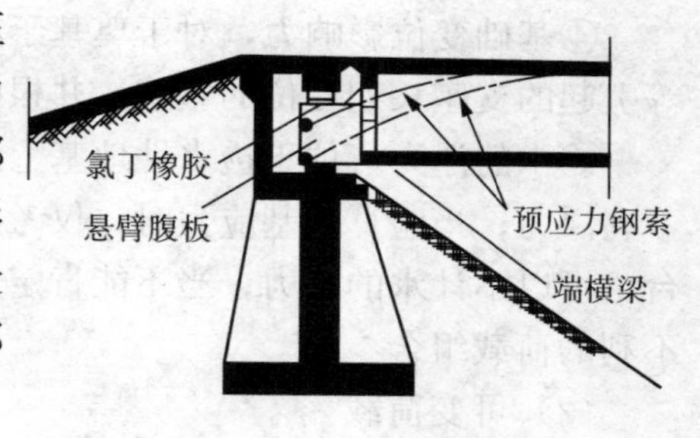

图 6－30　承拉桥台的构造

6.2.4　桥梁墩台的计算

重力式桥梁墩台的结构设计采用概率极限状态设计原则和分项系数表达的方法，除了按承载能力极限状态进行设计外，还应根据桥涵的结构特点，采取相应的构造措施来保证其正常使用极限状态的要求。同时，为了与其他结构形式保持基本相同的可靠水平、桥梁墩台构件的承载能力极限状态，根据《公路工程结构可靠度设计统一标准》（GB/T 50283—1999）的规定，视结构破坏可能产生的后果严重程度，应按表 6－3 划分的三个安全等级进行设计。

公路桥涵结构的安全等级　　**表 6－3**

安全等级	桥涵类型	桥梁结构的重要性系数 γ_0
一级	特大桥、重要大桥	1.1
二级	大桥、中桥、重要小桥	1.0
三级	小桥、涵洞	0.9

对于梁桥重力式墩台的计算，虽然荷载在关键截面产生的内力有所不同，但是就某一个指定截面而言，这些内力都可以合成为竖向和水平方向的合力（用 $\sum N$ 和 $\sum H$ 表示）以及绕该截面 $x-x$ 轴和 $y-y$ 轴的弯矩（用 $\sum M_x$ 和 $\sum M_y$ 表示），如图 6－31 所示。

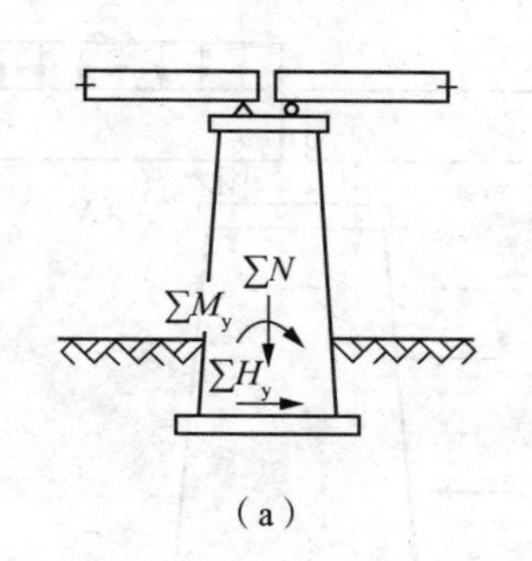

（a）

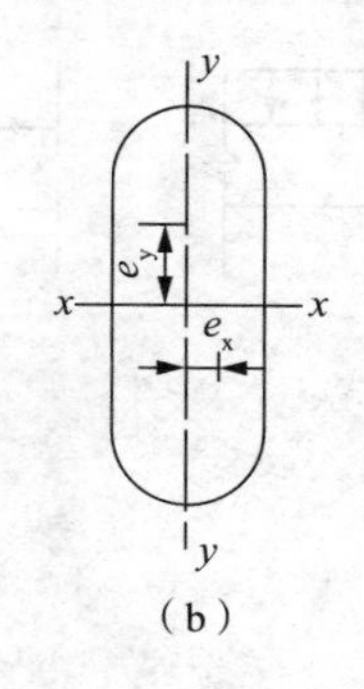

（b）

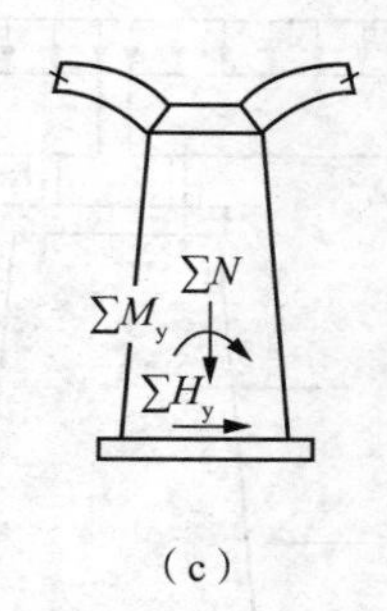

（c）

图 6－31　墩身底截面承载能力验算

1. 荷载及其组合

1）桥墩计算中的荷载

（1）永久荷载

①上部构造的恒载对墩帽或拱座产生的支反力，包括上部构造混凝土收缩、徐变的影响；

②桥墩自重，包括在基础襟边上的土重；

③预应力，例如对装配式预应力空心桥墩所施加的预应力；

④基础变位影响力，对于奠基于非岩石地基上的超静定结构，应当考虑由于地基压密等引起的支座长期变位的影响，并根据最终位移量按弹性理论计算构件截面的附加内力；

⑤水的浮力，位于透水性地基上的桥梁墩台，当验算稳定时，应计算设计水位时水的不利浮力；当验算地基应力时，仅考虑低水位时的有利浮力；基础嵌入不透水性地基的墩台，可以不计水的浮力；当不能肯定是否透水时，则分别按透水或不透水两种情况进行最不利的荷载组合。

（2）可变荷载

①基本可变荷载

作用在上部结构上的汽车荷载，对于钢筋混凝土柱式墩应计入冲击力，对于重力式墩台则不计冲击力；人群荷载。

②其他可变荷载

作用在上部结构和墩身上的纵、横向风力；汽车荷载引起的制动力；作用在墩身上的流水压力；作用在墩身上的冰压力；上部结构因温度变化对桥墩产生的水平力；支座摩阻力。

（3）偶然作用与偶然荷载

①地震力；

②作用在墩身上的船只或漂浮物的撞击力。

（4）施工荷载

2）桥墩计算荷载组合

为了找到控制设计的最不利荷载，通常需要对各种可能的荷载组合分别进行计算，并且在计算时还需在纵向及横向的最不利位置布载。在桥墩计算中，一般需验算墩身截面的承载力、墩身截面上的合力偏心距及稳定性。为此需根据不同的验算内容选择各种可能的最不利组合。下面叙述梁桥桥墩可能出现的组合。

①第一种组合：按桥墩各截面上可能产生的最大竖向力的情况进行组合（图6-32(a)）。

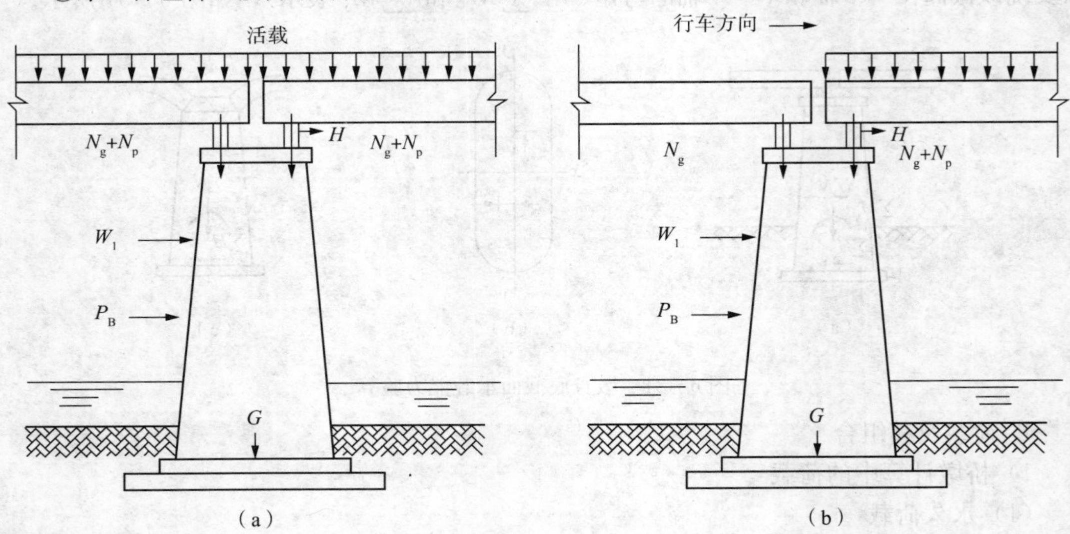

图6-32 桥墩上的纵向布载情况

此时汽车载荷纵向布置在相邻的两跨桥孔上，并且将重轴布置在计算墩处，这时得到桥墩上最大的汽车竖向载荷，但偏心较小。

②第二种组合：按桥墩各截面在顺桥方向上可能产生的最大偏心和最大弯矩的情况进行组合（图 6－32（b））。

当汽车载荷只在一孔桥跨上布置时，同时有其他水平载荷，如风力、船撞力、水流压力、和冰压力等作用在墩身上，这时竖向载荷最小，而水平荷载引起的弯矩作用大，可能使墩身截面产生很大的合力偏心距，此时，桥墩最不稳定。

③第三种组合：按桥墩各截面在横桥方向可能产生的最大偏心距和最大弯矩的情况进行组合（图 6－33）。

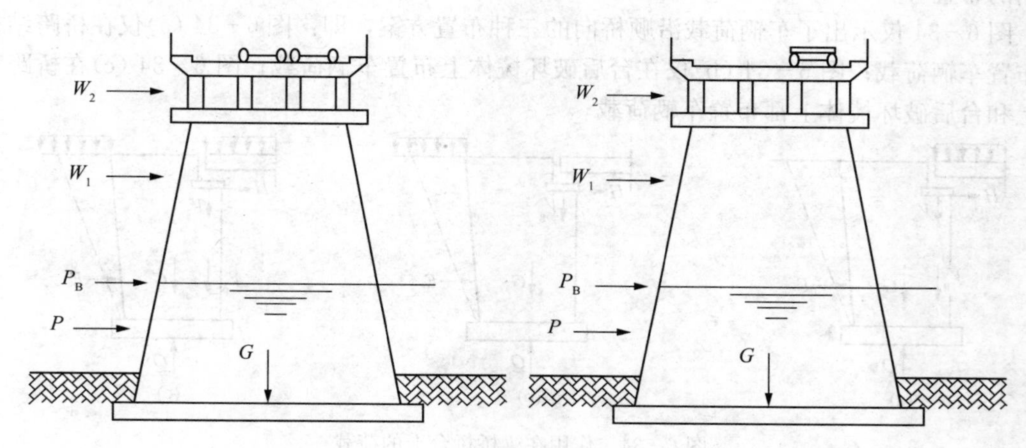

图 6－33　桥墩上横向布载情况

在横向计算时，桥跨上的汽车载荷可能使一列或几列靠边行驶，这时产生最大横向偏心距，也可能是多列满载，使竖向力较大，而横向偏向较小。

3）重力式桥台计算的荷载

桥台的计算荷载与桥墩计算中所用到的荷载基本相同，包括以下两方面。

（1）永久荷载

①上部结构重力通过支座在台帽上的支承反力；

②桥台重力（包括台帽、台身、基础和土的重力）；

③混凝土收缩在拱座处引起的反力；

④水的浮力；

⑤台后土侧压力，一般以主动土压力计算，其大小与压实程序有关。

（2）可变荷载

①基本可变荷载

作用在上部结构上的汽车荷载，除对钢筋混凝土桩（或柱）式桥台应计入冲击力外，其他各类桥台均不计冲击力；人群荷载；活载引起的土侧压力。

②其他可变荷载

汽车荷载引起的制动力；上部结构因温度变化在支座上引起的摩阻力（或反力）。与桥墩不同的是，对于桥台不需计及纵、横向风力、流水压力、冰压力。

③偶然荷载

只包括地震力，不考虑船只或漂浮物的撞击力等。

④施工荷载

4）桥台计算荷载组合

重力式桥台的计算与验算内容和重力式桥墩相似，包括验算台身截面承载力、地基应力以及桥台稳定性等，但对于桥台只需作顺桥方向的验算。故桥台在进行荷载布置及组合时，只考虑顺桥方向。

为了求得重力式桥台在最不利荷载组合时的受力情况，首先必须对车辆荷载作几种最不利的布置。

图 6－34 仅示出了车辆荷载沿顺桥向的三种布置方案，即：图 6－34（a)仅在桥跨结构上布置车辆荷载；图 6－34（b)仅在台后破坏棱体上布置车辆荷载；图 6－34（c)在桥跨结构上和台后破坏棱体上都布置车辆荷载。

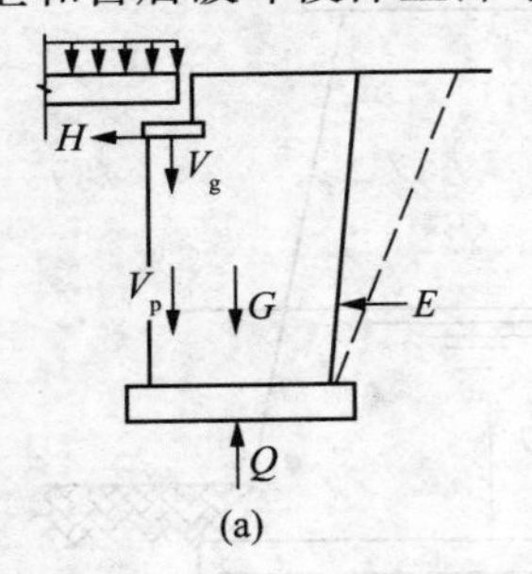

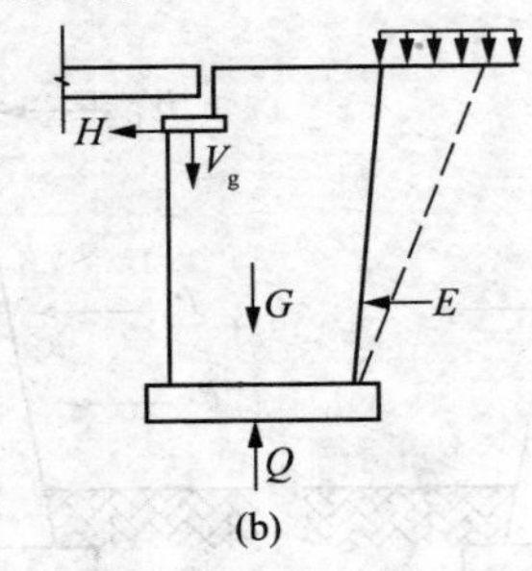

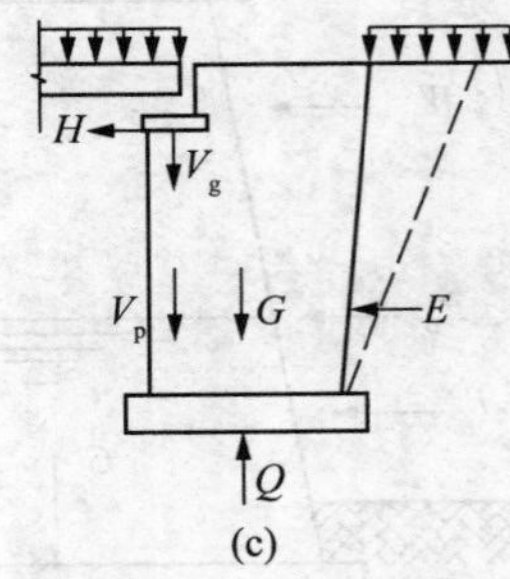

图 6－34 作用在梁桥桥台上的荷载

2. 墩台身截面承载能力极限状态计算

重力式墩台为圬工结构偏心受压构件，截面可能为单向偏心受压，或为双向偏心受压状态。承载力极限状态按《公路圬工桥涵设计规范》（JTG D61—2005）计算。桥台台身承载力、基底承载力、偏心以及桥台稳定性验算方法和桥墩相同。如果 U 形桥台两侧墙宽度不小于同一水平截面前墙全长的 0.4 倍时，桥台台身截面承载力验算应把前墙和侧墙作为整体考虑其受力。否则，台身前墙应按独立的挡土墙进行验算。

墩台截面的承载能力验算包括下列内容。

1）验算截面的选取

承载能力计算截面通常选取墩台身的基础顶截面与墩身截面突变处。对于悬臂式墩帽的墩身，应对与墩帽交界的墩身截面进行验算。当桥墩较高时，由于危险截面不一定在墩身底部，需沿墩身 2～3m 选取一个验算截面，重点是墩身底截面的计算。

2）截面偏心距计算

桥墩承受受压荷载时，各验算截面在各种组合内力下偏心距 $e_0=\dfrac{\sum M}{\sum N}$，均不应超过表 6－4 的允许值。

受压构件偏心距限值 **表 6－4**

作用组合	偏心距限值	作用组合	偏心距限值
基本组合	$\leqslant 0.6s$	偶然组合	$\leqslant 0.7s$

表 6－4 中 s 值为截面或换算截面中心轴至偏心方向截面边缘的距离，当混凝土结构单向偏心的受拉边或双向偏心的两侧受拉边设有不小于截面面积 0.05％的纵向钢筋时，表 6－4内的规定数值可增加 $0.1s$ 。

3）墩身截面承载能力计算

按轴心或偏压构件验算墩台身各截面承载能力。如果不满足要求时，就应修改墩身截面尺寸，重新计算。

6.2.5　桥墩台的整体稳定性验算

1. 抗倾覆稳定性验算

如图 6－35 所示，当桥墩处于临界稳定平衡状态时，绕倾覆转动轴 $A-A$ 取矩，令稳定力矩为正，倾覆力矩为负，则：

$$\sum P_i \cdot (x-e_i) - \sum (T_i \cdot h_i) = 0$$

即

$$x \cdot \sum P_i - [\sum (P_i \cdot e_i) + \sum (T_i \cdot h_i)] = 0 \qquad (6-11)$$

式（6－11）左边第一项为稳定力矩，第二项为倾覆力矩。抗倾覆的稳定系数 K_0 可按下式验算：

$$K_0 = \frac{M_{st}}{M_{up}} = \frac{x\sum P_i}{\sum (P_i \cdot e_i) + \sum (T_i \cdot h_i)} = \frac{x}{e_0} \qquad (6-12)$$

式中　M_{st}——稳定力矩；

M_{up}——倾覆力矩；

$\sum P_i$——作用于桥墩上的竖向力的总和；

$P_i \cdot e_i$——作用在桥墩上各竖向力与它们到基底重心轴距离的乘积；

$T_i \cdot h_i$——作用在桥墩上各水平力与它们到基底距离的乘积；

x——基底截面重心 O 至偏心方向截面边缘距离；

e_0——所有外力的合力 R（包括水浮力）的竖向分力对基底重心的偏心距。

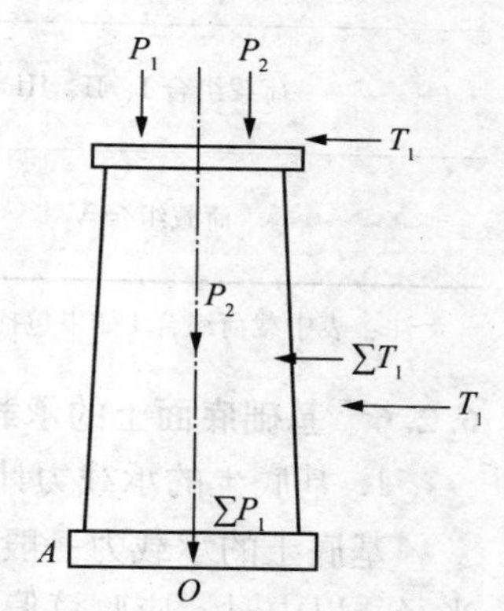

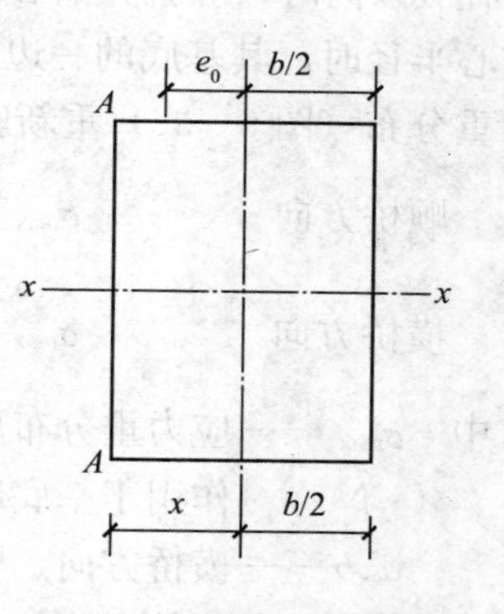

图 6－35　桥墩稳定性验算

2. 抗滑动稳定性验算

抵抗滑动的稳定系数 K_c，按下式验算：

$$K_c = \frac{f\sum P_i}{\sum T_i} \qquad (6-13)$$

式中　$\sum P_i$——各竖向力的总和（包括水的浮力）；

$\sum T_i$——各水平力的总和；

f——基础底面（圬工）与地基土之间的摩擦系数，若无实测值时可参照表 6-5 选取。

上述求得的倾覆与滑动稳定系数 K_0 和 K_c 均不得小于表 6-6 中所规定的最小值。同时，在验算倾覆稳定性和滑动稳定性时，都要分别按常水位和设计洪水位两种情况考虑水的浮力。

基底摩擦系数 **表 6-5**

地基土分类	摩擦系数 f
软塑黏土	0.25
硬塑黏土	0.30
砂黏土、黏砂土、半干硬的黏土	0.30、0.40
砂土类	0.40
碎石类土	0.50
软质类土	0.40、0.60
硬质岩土	0.60、0.70

抗倾覆和抗滑动的稳定系数 **表 6-6**

荷载情况	验算项目	稳定系数
荷载组合 I	抗倾覆	1.5
	抗滑动	1.3
荷载组合 I、II、III	抗倾覆	1.3
	抗滑动	
荷载组合 V	抗倾覆	1.2
	抗滑动	

注：表中载荷组合 I 如果包括由混凝土收缩、徐变和水的浮力引起的效应，则应采用荷载组合 II 时的稳定系数。

6.2.6 基础底面土的承载力和偏心距验算

1. 基底土的承载力计算

基底土的承载力一般按顺桥向分别进行验算。当偏心荷载的合力作用在基底截面核心半径 ρ 以内时，应验算偏心向的基底应力。当设置在基岩上的桥墩基底的合力偏心距超出核心半径时，其基底的一边将会出拉应力，由于不考虑基地承受拉应力，故需要按基底应力重分布（图 6-36）重新验算基底最大压应力，其验算公式如下：

顺桥方向 $$\sigma_{\max}=\frac{2N}{ac_x}\leqslant[\sigma] \tag{6-14}$$

横桥方向 $$\sigma_{\max}=\frac{2N}{bc_y}\leqslant[\sigma] \tag{6-15}$$

式中 $\sigma_{\max}$——应力重分布后基底最大压应力；

N——作用于基底底面合力的竖向分力；

a、b——横桥方向、顺桥方向基础底面积的边长；

$[\sigma]$——地基土壤的允许承载力，并按荷载及使用情况计入允许承载力的提高系数；

c_x ——顺桥方向验算时，基底受压面积在顺桥方向的长度，$c_x=3\left(\frac{b}{2}-e_x\right)$；

c_y ——在横桥方向验算时，基底受压面积在横桥方向的长度，$c_y=3\left(\frac{b}{2}-e_y\right)$；

e_x、e_y ——合力在 x 轴和 y 轴方向的偏心距。

2. 基底偏心距验算

为了使恒载基底应力分布比较均匀，防止基底最大压应力与最小压应力相差过大，导致基底产生不均匀沉陷和影响桥墩的正常使用，故在设计时，应对基底合力偏心距加以限制，在基础纵向和横向，其计算的荷载偏心距应满足表 6-7 的要求。表 6-7 中 ρ 与 e_0 的计算式分别为：

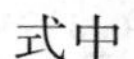

$$\rho=\frac{W}{A};e_0=\frac{\sum M}{N} \qquad (6-16)$$

式中 ρ ——墩台基础底面的核心半径；

W ——墩台基础底面的截面模量；

A ——墩台基础底面的面积；

N ——作用于基础底面合力的竖向分力；

$\sum M$ ——作用于墩台的水平力和竖向力对基底形心轴的弯矩。

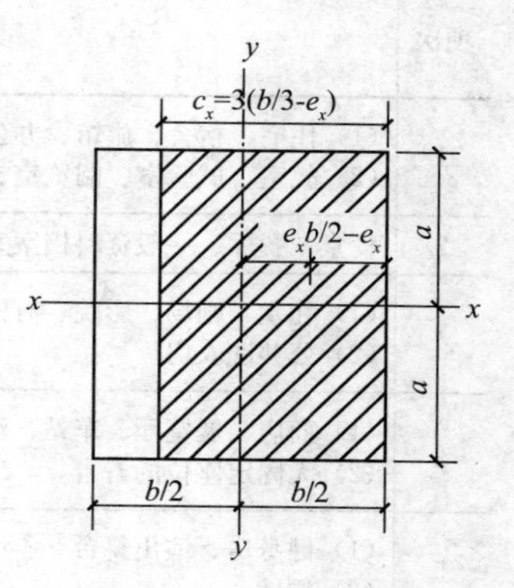

图 6-36 基底应力重分布

墩台基础合力偏心距的限制 **表 6-7**

载荷情况	地基条件	合力偏心距	备注
墩台仅受恒载作用时	非岩石地基	桥墩 $e_0\leqslant 0.1\rho$	对于拱桥墩台，其恒载合力作用点应尽量保持在基底中线附近
		桥台 $e_0\leqslant 0.75\rho$	
墩台受荷载组合 II、III、IV 作用时	非岩石地基	$e_0\leqslant \rho$	建筑在岩石地基上的单向推力墩，当满足强度和稳定性要求时，合力偏心距不受限制
	石质较差的非岩石地基	$e_0\leqslant 1.2\rho$	
	竖密非岩石地基	$e_0\leqslant 1.5\rho$	

附录1 民用建筑楼面活荷载标准值及其组合值、频遇值和准永久值系数

项次	类别	标准值（kN/m²）	组合值系数 ψ_c	频遇值系数 ψ_f	准永久值系数 ψ_q
1	（1）住宅、宿舍、旅馆、办公楼、医院病房、托儿所、幼儿园 （2）教室、试验室、阅览室、会议室、医院门诊室	2.0	0.7	0.5 0.6	0.4 0.5
2	食堂、餐厅、一般资料档案室	2.5	0.7	0.6	0.5
3	（1）礼堂、剧场、影院、有固定座位的看台 （2）公共洗衣房	3.0 3.0	0.7 0.7	0.5 0.6	0.3 0.5
4	（1）商店、展览厅、车站、港口、机场大厅及其旅客等候室 （2）无固定座位的看台	3.5 3.5	0.7 0.7	0.6 0.5	0.5 0.3
5	（1）健身房、演出舞台 （2）舞厅	4.0 4.0	0.7 0.7	0.6 0.6	0.5 0.3
6	（1）书库、档案库、贮藏室 （2）密集柜书库	5.0 12.0	0.9	0.9	0.8
7	通风机房，电梯机房	7.0	0.9	0.9	0.8
8	汽车通道及停车库： （1）单向板楼盖（板跨不小于2m） 客车 消防车 （2）双向板楼盖（板跨不小于6m×6m）和无梁楼盖（柱网尺寸不小于6m×6m） 客车 消防车	 4.0 35.0 2.5 20.0	 0.7 0.7 0.7 0.7	 0.7 0.7 0.7 0.7	 0.6 0.6 0.6 0.6
9	厨房： （1）一般的 （2）餐厅的	 2.0 4.0	 0.7 0.7	 0.6 0.7	 0.5 0.7
10	浴室、厕所、盥洗室： （1）第1项中的民用建筑 （2）其他民用建筑	 2.0 2.5	 0.7 0.7	 0.5 0.6	 0.4 0.5
11	走廊、门厅、楼梯： （1）宿舍、旅馆、医院病房、托儿所、幼儿园、住宅 （2）办公楼、教学楼、餐厅、医院门诊部 （3）当人流可能密集时	 2.0 2.5 3.5	 0.7 0.7 0.7	 0.5 0.6 0.5	 0.4 0.5 0.3
12	阳台 （1）一般情况 （2）当人群有可能密集时	 2.5 3.5	0.7	0.6	0.5

附录 2 常用材料和构件自重表

名称	自重（kN/m^3）	备注
钢筋混凝土	24～25	
素混凝土	22～24	
石灰砂浆、混合砂浆	17	
水泥砂浆	20	
焦渣空心砖	10	290×290×140（85/m^3）
三合土	17	灰：砂：土＝（1：1：9）～（1：1：4）
水磨石墙面	0.55	25mm 厚，包括打底
水刷石墙面、贴瓷砖墙面	0.5	25mm 厚，包括打底
加气混凝土	5.5～7.5	单块
玻璃砖顶	0.65	框架自重在内

注：其他材料自重详见荷载规范。

附录3 等截面等跨连续梁在常用荷载作用下的内力系数表

1. 在均布及三角形荷载作用下：

$$M = \text{表中系数} \times ql^2 (\text{或} \times gl^2);$$

$$V = \text{表中系数} \times ql (\text{或} \times gl)。$$

2. 在集中荷载作用下：

$$M = \text{表中系数} \times Ql (\text{或} \times Gl);$$

$$V = \text{表中系数} \times Q (\text{或} \times Gl)。$$

3. 内力正负号规定：

M——使截面上部受压、下部受拉为正；

V——对邻近截面所产生的力矩沿顺时针方向者为正。

两 跨 梁

荷载图	跨内最大弯矩		支座弯矩	剪力		
	M_1	M_2	M_B	V_A	V_{Bl} V_{Br}	V_C
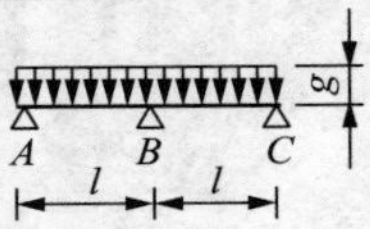 g；A B C；l l	0.070	0.0703	−0.125	0.373	−0.625 0.625	−0.373
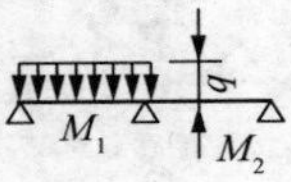 q；M_1 M_2	0.096	—	−0.063	0.437	−0.563 0.063	0.063
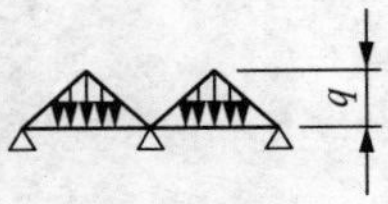 q	0.048	0.048	−0.078	0.172	−0.328 0.328	−0.172
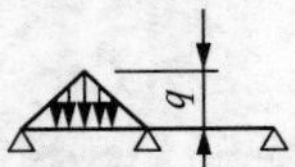 q	0.064	—	−0.039	0.211	−0.289 0.039	0.039
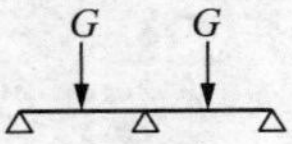 G G	0.156	0.156	−0.188	0.312	−0.688 0.688	−0.312
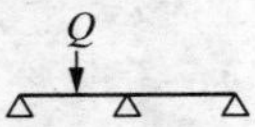 Q	0.203	—	−0.094	0.406	−0.594 0.094	0.094
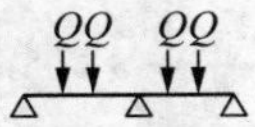 QQ QQ	0.222	0.222	−0.333	0.667	−1.333 1.333	−0.667
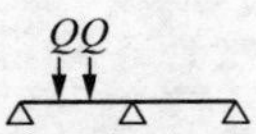 QQ	0.278	—	−0.167	0.833	−1.167 0.167	0.167

三 跨 梁

荷载图	跨内最大弯矩		支座弯矩		剪力			
	M_1	M_2	M_B	M_C	V_A	V_{Bl} V_{Br}	V_{Cl} V_{Cr}	V_D
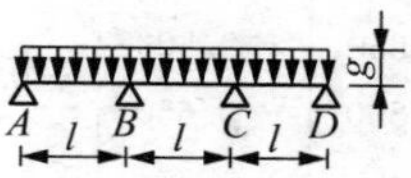 g; A B C D; l l l	0.080	0.025	−0.100	−0.100	0.400	−0.600 0.500	−0.500 0.600	−0.400
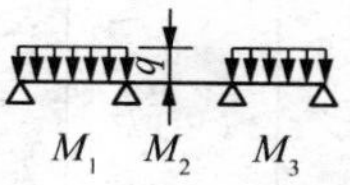 q; M_1 M_2 M_3	0.101	—	−0.050	−0.050	0.450	−0.550 0	0 0.550	−0.450
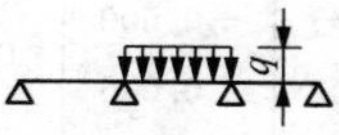 q	—	0.075	−0.050	−0.050	0.050	−0.050 0.500	−0.500 0.050	0.050
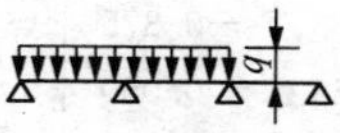 q	0.073	0.054	−0.117	−0.033	0.383	−0.617 0.583	−0.417 0.033	0.033
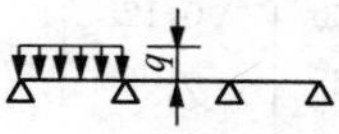 q	0.094	—	−0.067	0.017	0.433	−0.567 0.083	0.083 −0.017	−0.017
 g	0.054	0.021	−0.063	−0.063	0.183	−0.313 0.250	−0.250 0.313	−0.188
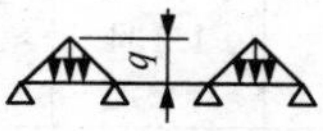 q	0.068	—	−0.031	−0.031	0.219	−0.281 0	0 0.281	−0.219
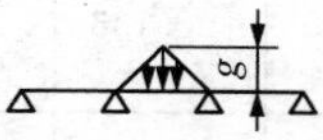 g	—	0.052	−0.031	−0.031	0.031	−0.031 0.250	−0.250 0.051	0.031
 q	0.050	0.038	−0.073	−0.021	0.177	−0.323 0.302	−0.198 0.021	0.021
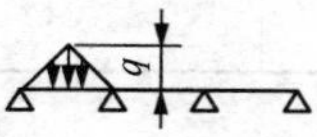 q	0.063	—	−0.042	0.010	0.208	−0.292 0.052	0.052 −0.010	−0.010

续表

荷载图	跨内最大弯矩		支座弯矩		剪力			
	M_1	M_2	M_B	M_C	V_A	V_{Bl} V_{Br}	V_{Cl} V_{Cr}	V_D
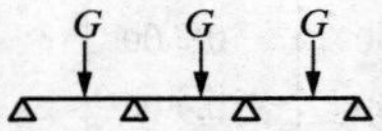 G G G	0.175	0.100	−0.150	−0.150	0.350	−0.650 0.500	−0.500 0.650	−0.350
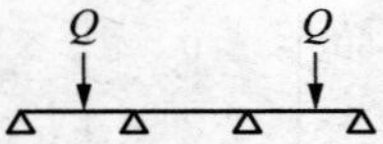 Q Q	0.213	—	−0.075	−0.075	0.425	−0.575 0	0 0.575	−0.425
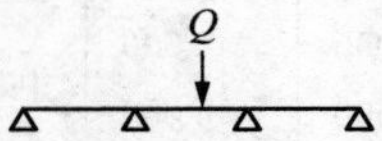 Q	—	0.175	−0.075	−0.075	−0.075	−0.075 0.500	−0.500 0.075	0.075
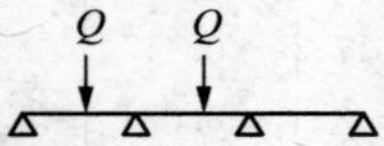 Q Q	0.162	0.137	−0.175	−0.050	0.325	−0.675 0.625	−0.375 0.050	0.050
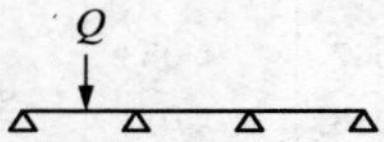 Q	0.200	—	−0.100	0.025	0.400	−0.600 0.125	0.125 −0.025	−0.025
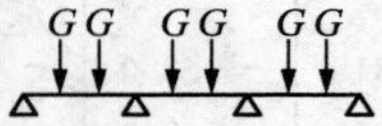 GG GG GG	0.244	0.067	−0.267	0.267	0.733	−1.267 1.000	−1.000 1.267	−0.733
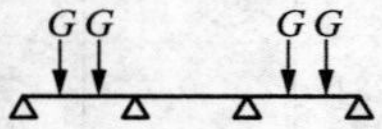 GG GG	0.289	—	0.133	−0.133	0.866	−1.134 0	0 1.134	−0.866
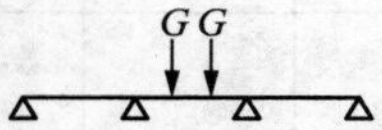 GG	—	0.200	−0.133	0.133	−0.133	−0.133 1.000	−1.000 0.133	0.133
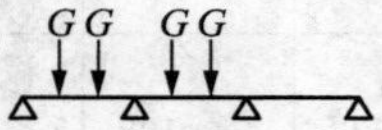 GG GG	0.229	0.170	−0.311	−0.089	0.689	−1.311 1.222	−0.778 0.089	0.089
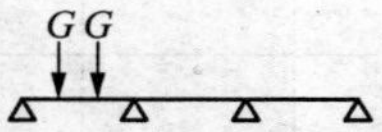 GG	0.274	—	0.178	0.044	0.822	−1.178 0.222	0.222 −0.044	−0.044

四 跨 梁

荷载图	跨内最大弯矩				支座弯矩			剪力				
	M_1	M_2	M_3	M_4	M_B	M_C	M_D	V_A	V_{Bl} V_{Br}	V_{Cl} V_{Cr}	V_{Dl} V_{Dr}	V_E
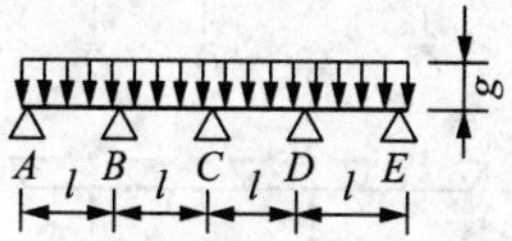	0.077	0.036	0.036	0.077	−0.107	−0.071	−0.107	0.393	−0.607 0.536	−0.464 0.464	−0.536 0.607	−0.393
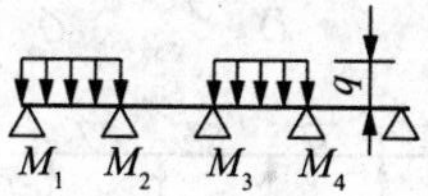	0.100	—	0.081	—	−0.054	−0.036	−0.054	0.446	−0.554 0.018	0.018 0.482	−0.518 0.054	0.054
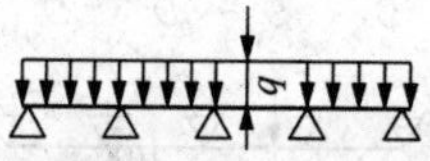	0.072	0.061	—	0.098	−0.121	−0.018	−0.058	0.380	−0.620 0.603	−0.397 −0.040	−0.040 −0.558	−0.442
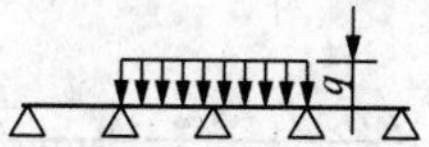	—	0.056	0.056	—	−0.036	−0.107	−0.036	−0.036	−0.036 0.429	−0.571 0.571	−0.429 0.036	0.036
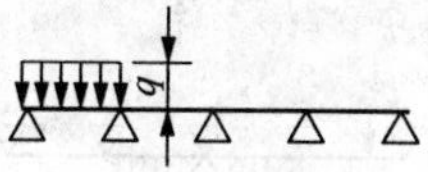	0.094	—	—	—	−0.067	0.018	−0.004	0.433	−0.567 0.085	0.085 −0.022	0.022 0.004	0.004
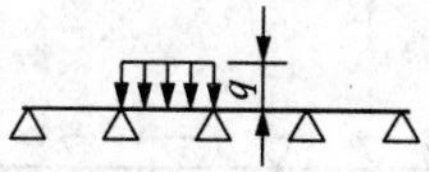	—	0.071	—	—	−0.049	−0.054	0.013	−0.049	−0.049 0.496	−0.504 0.067	0.067 0.013	−0.013
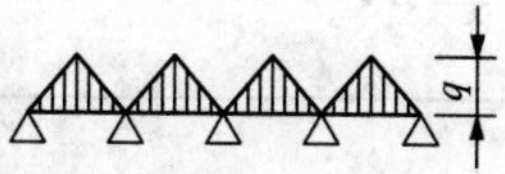	0.062	0.028	0.028	0.052	−0.067	−0.045	−0.067	0.183	−0.317 0.272	−0.228 0.228	−0.272 0.317	−0.183
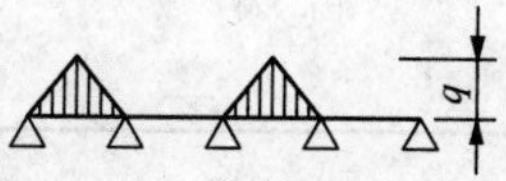	0.067	—	0.055	—	−0.084	−0.022	−0.034	0.217	−0.234 0.011	0.011 0.239	−0.261 0.034	0.034

续表

荷载图	跨内最大弯矩				支座弯矩			剪力				
	M_1	M_2	M_3	M_4	M_B	M_C	M_D	V_A	V_{Bl} V_{Br}	V_{Cl} V_{Cr}	V_{Dl} V_{Dr}	V_E
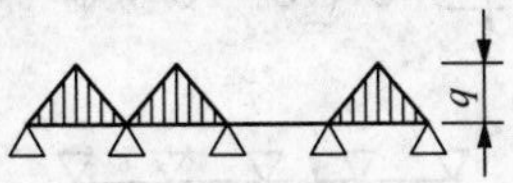	0.049	0.042	—	0.066	−0.075	−0.011	−0.036	0.175	−0.325 0.314	−0.186 −0.025	−0.025 0.286	−0.214
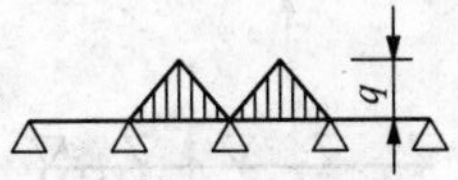	—	0.040	0.040	—	−0.022	−0.067	−0.022	−0.022	−0.022 0.205	−0.295 0.295	−0.205 0.022	0.022
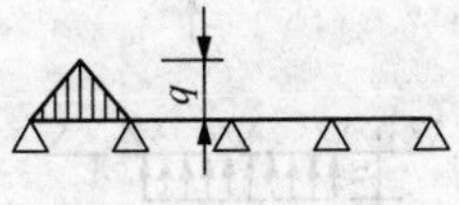	0.088	—	—	—	−0.042	0.011	−0.003	0.208	−0.292 0.053	0.063 −0.014	−0.014 0.003	0.003
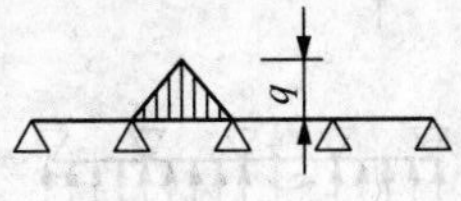	—	0.051	—	—	−0.031	−0.034	0.008	−0.031	−0.031 0.247	−0.253 0.042	0.042 −0.008	−0.008
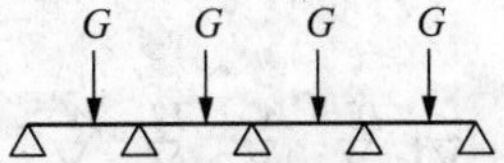 G G G G	0.169	0.116	0.116	0.169	−0.161	−0.107	−0.161	0.339	−0.661 0.554	−0.446 0.446	−0.554 0.661	−0.330
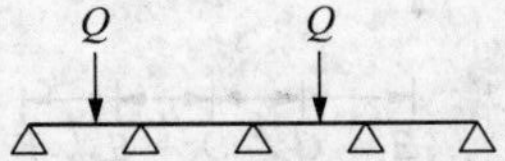 Q Q	0.210	—	0.183	—	−0.080	−0.054	−0.080	0.420	−0.580 0.027	0.027 0.473	−0.527 0.080	0.080
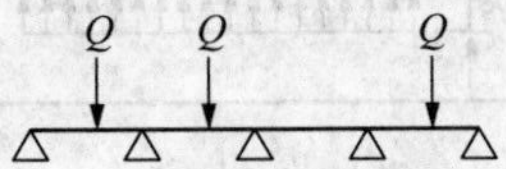 Q Q Q	0.159	0.146	—	0.206	−0.181	−0.027	−0.087	0.319	−0.681 0.654	−0.346 −0.060	−0.060 0.587	−0.413
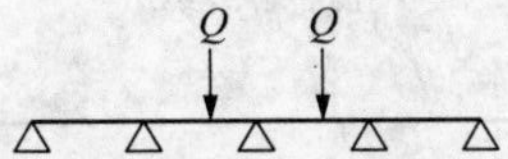 Q Q	—	0.142	0.142	—	−0.054	−0.161	−0.054	0.054	−0.054 0.393	−0.607 0.607	−0.393 0.054	0.054

续表

荷载图	跨内最大弯矩				支座弯矩			剪力				
	M_1	M_2	M_3	M_4	M_B	M_C	M_D	V_A	V_{Bl} V_{Br}	V_{Cl} V_{Cr}	V_{Dl} V_{Dr}	V_E
Q	0.200	—	—	—	−0.100	−0.027	−0.007	0.400	−0.600 0.127	0.127 −0.033	−0.033 0.007	0.007
Q	—	0.173	—	—	−0.074	−0.080	0.020	−0.074	−0.074 0.493	−0.507 0.100	0.100 −0.020	−0.020
GG GG GG GG	0.238	0.111	0.111	0.238	−0.286	−0.191	−0.286	0.714	1.286 1.095	−0.905 0.905	−1.095 1.286	−0.714
QQ QQ	0.286	—	0.222	—	−0.143	−0.095	−0.143	0.857	−1.143 0.048	0.048 0.952	−1.048 0.143	0.143
QQ QQ QQ	0.226	0.194	—	0.282	−0.321	−0.048	−0.155	0.679	−1.321 1.274	−0.726 −0.107	−0.107 1.155	−0.845
QQ QQ	—	0.175	0.175	—	−0.095	−0.286	−0.095	−0.095	0.095 0.810	−1.190 1.190	−0.810 0.095	0.095
QQ	0.274	—	—	—	−0.178	0.048	−0.012	0.822	−1.178 0.226	0.226 −0.060	−0.060 0.012	0.012
QQ	—	0.198	—	—	−0.131	−0.143	0.036	−0.131	−0.131 0.988	−1.012 0.178	0.178 −0.036	−0.036

五 跨 梁

荷载图	跨内最大弯矩			支座弯矩				剪力					
	M_1	M_2	M_3	M_B	M_C	M_D	M_E	V_A	V_{Bl} V_{Br}	V_{Cl} V_{Cr}	V_{Dl} V_{Dr}	V_{El} V_{Er}	V_F
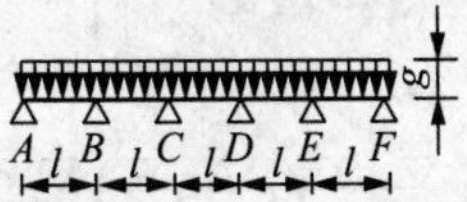	0.078	0.033	0.046	−0.105	−0.079	−0.079	−0.105	0.394	−0.606 0.526	−0.474 0.500	−0.500 0.474	−0.526 0.606	−0.394
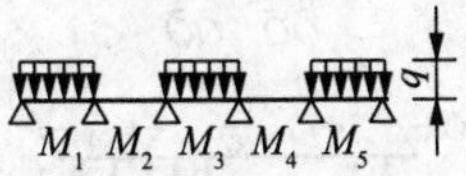	0.100	—	0.085	−0.053	−0.040	−0.040	−0.053	0.447	−0.553 0.013	0.013 0.500	−0.500 −0.013	−0.013 0.553	−0.447
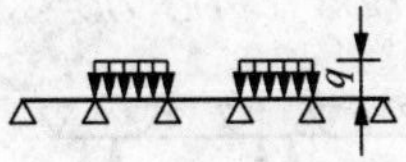	—	0.079	—	−0.053	−0.040	−0.040	−0.053	−0.053	−0.053 0.513	−0.487 0	0 0.487	−0.513 0.053	0.053
	0.073	②0.059 0.078	—	−0.119	−0.022	−0.044	−0.051	0.380	−0.620 0.598	−0.402 −0.023	−0.023 0.493	−0.507 0.052	0.052
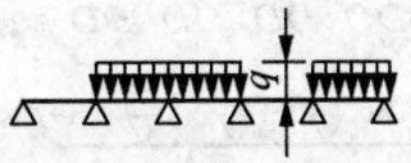	①— 0.098	0.055	0.064	−0.035	−0.111	−0.020	−0.057	0.035	0.035 0.424	0.576 0.591	−0.409 −0.037	−0.037 0.557	−0.443
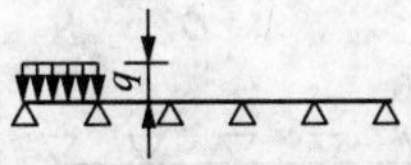	0.094	—	—	−0.067	0.018	−0.005	0.001	0.433	0.567 0.085	0.086 0.023	0.023 0.006	0.006 −0.001	0.001
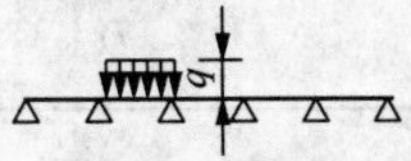	—	0.074	—	−0.049	−0.054	0.014	−0.004	0.019	−0.049 0.496	−0.505 0.068	0.068 −0.018	−0.018 0.004	0.004
	—	—	0.072	0.013	0.053	0.053	0.013	0.013	0.013 −0.066	−0.066 0.500	−0.500 0.066	0.066 −0.013	0.013

续表

荷载图	跨内最大弯矩			支座弯矩				剪力					
	M_1	M_2	M_3	M_B	M_C	M_D	M_E	V_A	V_{Bl} V_{Br}	V_{Cl} V_{Cr}	V_{Dl} V_{Dr}	V_{El} V_{Er}	V_F
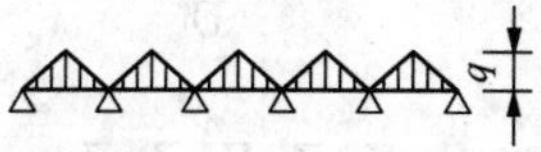	0.053	0.026	0.034	−0.066	−0.049	0.049	−0.066	0.184	−0.316 0.266	−0.234 0.250	−0.250 0.234	−0.266 0.316	0.184
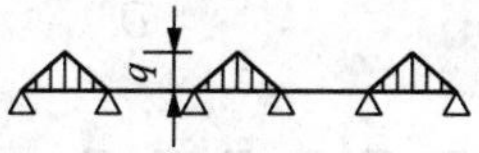	0.067	—	0.059	−0.033	−0.025	−0.025	0.033	0.217	0.283 0.008	0.008 0.250	−0.250 −0.006	−0.008 0.283	0.217
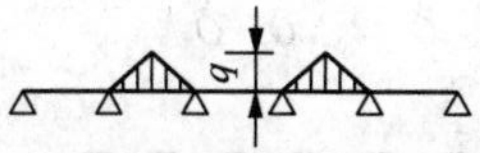	—	0.055	—	−0.033	−0.025	−0.025	−0.033	0.033	−0.033 0.258	−0.242 0	0 0.242	−0.258 0.033	0.033
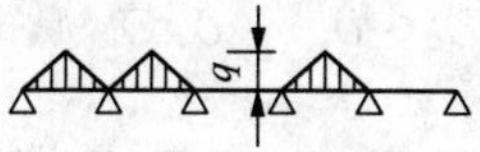	0.049	②0.041 0.053	—	−0.075	−0.014	−0.028	−0.032	0.175	0.325 0.311	−0.189 −0.014	−0.014 −0.246	−0.255 0.032	0.032
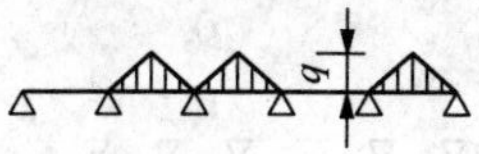	①— 0.066	0.039	0.044	−0.022	−0.070	−0.013	−0.036	−0.022	−0.022 0.202	−0.298 0.307	−0.198 −0.028	−0.023 0.286	−0.214
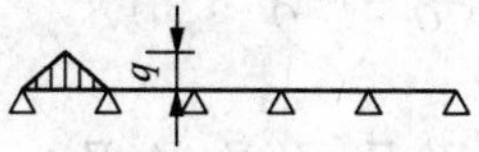	0.063	—	—	−0.042	−0.011	−0.003	0.001	0.208	−0.292 0.053	0.053 −0.014	−0.014 0.004	0.004 −0.001	−0.001
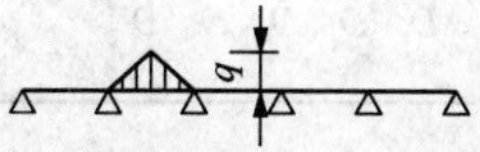	—	0.051	—	−0.031	−0.034	0.009	−0.002	−0.031	−0.031 0.247	−0.253 0.043	0.049 −0.011	−0.011 0.002	0.002
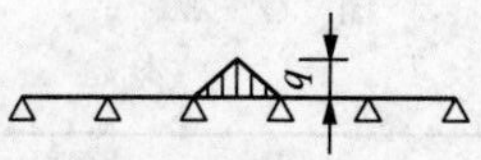	—	—	0.050	0.008	−0.033	−0.033	0.008	0.008	0.008 −0.041	−0.041 0.250	−0.250 0.041	0.041 −0.008	−0.008

续表

荷载图	跨内最大弯矩			支座弯矩				剪力					
	M_1	M_2	M_3	M_B	M_C	M_D	M_E	V_A	V_{Bl} V_{Br}	V_{Cl} V_{Cr}	V_{Dl} V_{Dr}	V_{El} V_{Er}	V_F
 G G G G G	0.171	0.112	0.132	−0.158	−0.118	−0.118	−0.158	0.342	−0.658 0.540	−0.460 0.500	−0.500 0.460	−0.540 0.658	−0.342
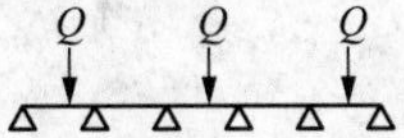 Q Q Q	0.211	—	0.191	−0.079	−0.059	−0.059	−0.079	0.421	−0.579 0.020	−0.020 0.500	−0.500 0.020	−0.020 0.579	−0.421
 Q Q	—	0.181	—	−0.079	−0.059	−0.059	−0.079	−0.079	−0.079 0.520	−0.480 0	0 0.480	−0.520 0.079	0.079
 Q Q Q	0.160	②0.144 0.178	—	−0.179	−0.032	−0.066	−0.077	0.321	−0.679 0.647	−0.353 −0.034	−0.034 0.489	−0.511 0.077	0.077
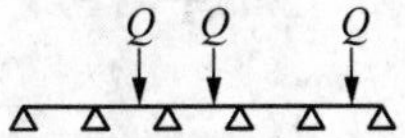 Q Q Q	①— 0.207	0.140	0.151	−0.052	−0.167	−0.031	−0.086	0.052	−0.052 0.385	−0.615 0.637	−0.363 0.056	−0.056 0.586	−0.414
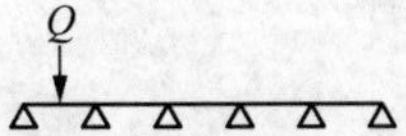 Q	0.200	—	—	−0.100	−0.027	−0.007	0.002	0.400	−0.600 0.127	0.127 −0.031	−0.034 0.009	0.009 −0.002	−0.002
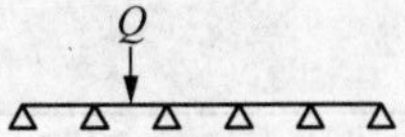 Q	—	0.173	—	−0.073	−0.081	0.022	0.005	−0.073	−0.073 0.493	−0.507 0.102	0.102 −0.027	−0.027 0.005	0.005
 Q	—	—	0.171	0.020	−0.079	−0.079	0.020	0.020	0.020 −0.099	−0.099 0.500	−0.500 0.099	0.090 −0.020	−0.020

续表

荷载图	跨内最大弯矩			支座弯矩				剪力					
	M_1	M_2	M_3	M_B	M_C	M_D	M_E	V_A	V_{Bl} V_{Br}	V_{Cl} V_{Cr}	V_{Dl} V_{Dr}	V_{El} V_{Er}	V_F
GG GG GG GG GG	0.240	0.100	0.122	−0.281	−0.211	0.211	−0.281	0.719	−1.281 1.070	−0.930 1.000	−1.000 0.930	1.070 1.281	−0.719
QQ QQ QQ	0.287	—	0.228	−0.140	−0.105	−0.105	−0.140	0.860	−1.140 0.035	0.035 1.000	1.000 −0.035	−0.035 1.140	−0.860
QQ QQ	—	0.216	—	−0.140	−0.105	−0.105	−0.140	−0.140	−0.140 1.035	−0.965 0	0.000 0.965	−1.035 0.140	0.140
QQ QQ QQ	0.227	②0.189 0.209	—	−0.319	−0.057	−0.118	−0.137	0.681	−1.319 1.262	−0.738 −0.061	−0.061 0.981	−1.019 0.137	0.137
QQ QQ QQ	①— 0.282	0.172	0.198	−0.093	−0.297	−0.054	−0.153	−0.093	−0.093 0.796	−1.204 1.243	−0.757 −0.099	−0.099 1.153	−0.847
QQ	0.274	—	—	−0.179	0.048	−0.013	0.003	0.821	−1.179 0.227	0.227 −0.061	−0.061 0.016	0.016 −0.003	−0.003
QQ	—	0.198	—	−0.131	−0.144	0.038	−0.010	−0.131	−0.131 0.987	−1.013 0.182	0.182 −0.048	−0.048 0.010	0.010
QQ	—	—	0.193	0.035	−0.140	−0.140	0.035	0.035	0.035 −0.175	−0.175 1.000	−1.000 0.175	0.175 −0.035	−0.035

注：①分子及分母分别为 M_1 及 M_5 的弯矩系数；②分子及分母分别为 M_2 及 M_4 的弯矩系数。

附录4　双向板弯矩、挠度计算系数

符　号　说　明

$$\text{刚度 } B_C = \frac{Eh^3}{12(1-v^2)};$$

式中　E——弹性模量；

h——板厚；

v——泊桑比。

f, f_{max}——分别为板中心点的挠度和最大挠度；

f_{01}, f_{02}——分别为平行于 l_{01} 和 l_{02} 方向自由边的中点挠度；

$m_{01}, m_{01,max}$——分别为平行于 l_{01} 方向板中心点单位板宽内的弯矩和板跨内最大弯矩；

$m_{02}, m_{02,max}$——分别为平行于 l_{02} 方向板中心点单位板宽内的弯矩和板跨内最大弯矩；

m_{01}, m_{01}——分别为平行于 l_{01} 和 l_{02} 方向自由边的中点单位板宽内的弯矩；

m'_1——固定边中点沿 l_{01} 方向单位板宽内的弯矩；

m'_2——固定边中点沿 l_{02} 方向单位板宽内的弯矩；

┴┴┴┴┴┴┴┴┴代表固定边；- - - - - - - - -代表简支边。

正负号的规定：

弯矩——使板的受荷面受压者为正；

挠度——变位方向与荷载方向相同者为正。

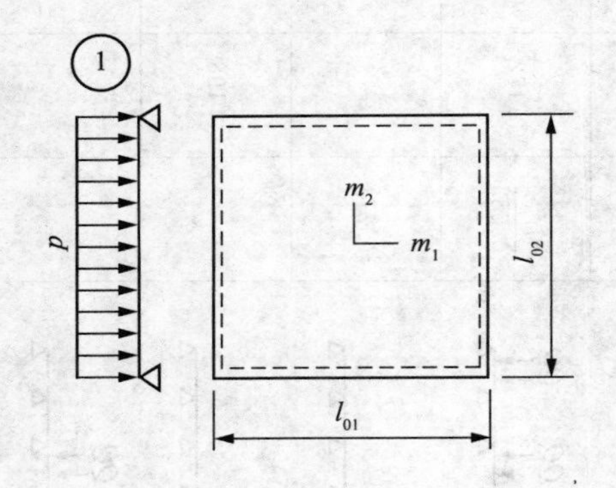

挠度＝表中系数× $\frac{pl_{01}^4}{B_C}$；

$v=0$，弯矩＝表中系数× pl_{01}^2。

这里 $l_{01} < l_{02}$。

四　边　简　支　　　　附表 4-1

l_{01}/l_{02}	f	m_1	m_2	l_{01}/l_{02}	f	m_1	m_2
0.50	0.01013	0.0965	0.0174	0.80	0.00603	0.0561	0.0334
0.55	0.00940	0.0892	0.0210	0.85	0.00547	0.0506	0.0348
0.60	0.00867	0.0820	0.0242	0.90	0.00496	0.0456	0.0358
0.65	0.00796	0.0750	0.0271	0.95	0.00449	0.0410	0.0364
0.70	0.00727	0.0683	0.0296	1.00	0.00406	0.0368	0.0368
0.75	0.00663	0.0620	0.0317				

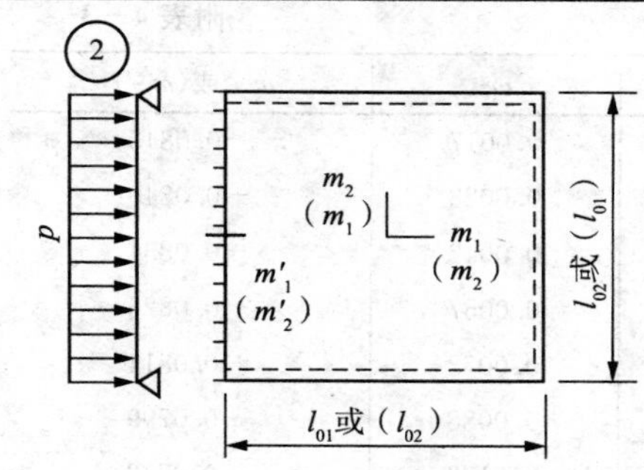

挠度=表中系数$\times \frac{pl_{01}^4}{B_C}\left(或\times\frac{p(l_{01})^4}{B_C}\right)$；

$v=0$，弯矩=表中系数$\times pl_{01}^2$（或$\times p(l_{01})^2$）；

这里 $l_{01}<l_{02}$，$(l_{01})<(l_{02})$。

三边简支、一边固定　　　　附表 4-2

l_{01}/l_{02}	$(l_{01})/(l_{02})$	f	f_{max}	m_1	m_{1max}	m_2	m_{2max}	m'_1或(m'_2)
0.50		0.00488	0.00504	0.0583	0.0646	0.0060	0.0063	−0.1212
0.55		0.00471	0.00492	0.0563	0.0618	0.0081	0.0087	−0.1187
0.60		0.00453	0.00472	0.0539	0.0589	0.0104	0.0111	−0.1158
0.65		0.00432	0.00448	0.0513	0.0559	0.0126	0.0133	−0.1124
0.70		0.00410	0.00422	0.0485	0.0529	0.0148	0.0154	−0.1087
0.75		0.00388	0.00399	0.0457	0.0496	0.0168	0.0174	−0.1048
0.80		0.00365	0.00376	0.0428	0.0463	0.0187	0.0193	−0.1007
0.85		0.00343	0.00352	0.0400	0.0431	0.0204	0.0211	−0.0965
0.90		0.00321	0.00329	0.0372	0.0400	0.0219	0.0226	−0.0922
0.95		0.00299	0.00306	0.0345	0.0369	0.0232	0.0239	−0.0880
1.00	1.00	0.00279	0.00285	0.0319	0.0340	0.0243	0.0249	−0.0839
	0.95	0.00316	0.00324	0.0324	0.0345	0.0280	0.0287	−0.0882
	0.90	0.00360	0.00368	0.0328	0.0347	0.0322	0.0330	−0.0926
	0.85	0.00409	0.00417	0.0329	0.0347	0.0370	0.0378	−0.0970
	0.80	0.00464	0.00473	0.0326	0.0343	0.0424	0.0433	−0.1014
	0.75	0.00526	0.00536	0.0319	0.0335	0.0485	0.0494	−0.1056
	0.70	0.00595	0.00605	0.0308	0.0323	0.0553	0.0562	−0.1096
	0.65	0.00670	0.00680	0.0291	0.0306	0.0627	0.0637	−0.1133
	0.60	0.00752	0.00762	0.0268	0.0289	0.0707	0.0717	−0.1166
	0.55	0.00838	0.00848	0.0239	0.0271	0.0792	0.0801	−0.1193
	0.50	0.00927	0.00935	0.0205	0.0249	0.0880	0.0888	−0.1215

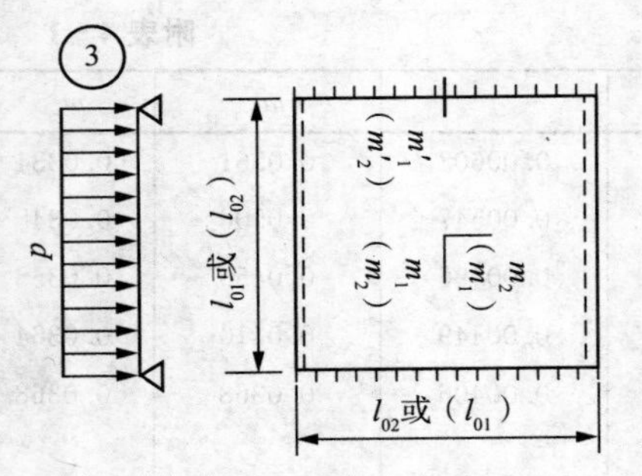

挠度＝表中系数×$\frac{pl_{01}^4}{B_C}$（或×$\frac{p(l_{01})^4}{B_C}$）；

$v=0$，弯矩＝表中系数×pl_{01}^2（或×$p(l_{01})^2$）；

这里$l_{01}<l_{02}$，$(l_{01})<(l_{02})$。

对边简支、对边固定 附表 4-3

l_{01}/l_{02}	$(l_{01})/(l_{02})$	f	m_1	m_2	m'_1或(m'_2)
0.50		0.00261	0.0416	0.0017	−0.0843
0.55		0.00259	0.0410	0.0028	−0.0840
0.60		0.00255	0.0402	0.0042	−0.0834
0.65		0.00250	0.0392	0.0057	−0.0826
0.70		0.00243	0.0379	0.0072	−0.0814
0.75		0.00236	0.0366	0.0088	−0.0799
0.80		0.00228	0.0351	0.0103	−0.0782
0.85		0.00220	0.0335	0.0118	−0.0763
0.90		0.00211	0.0319	0.0133	−0.0743
0.95		0.00201	0.0302	0.0146	−0.0721
1.00	1.00	0.00192	0.0285	0.0158	−0.0698
	0.95	0.00223	0.0296	0.0189	−0.0746
	0.90	0.00260	0.0306	0.0224	−0.0797
	0.85	0.00303	0.0314	0.0266	−0.0850
	0.80	0.00354	0.0319	0.0316	−0.0904
	0.75	0.00413	0.0321	0.0374	−0.0959
	0.70	0.00482	0.0318	0.0441	−0.1013
	0.65	0.00560	0.0308	0.0518	−0.1066
	0.60	0.00647	0.0292	0.0604	−0.1114
	0.55	0.00743	0.0267	0.0698	−0.1156
	0.50	0.00844	0.0234	0.0798	−0.1191

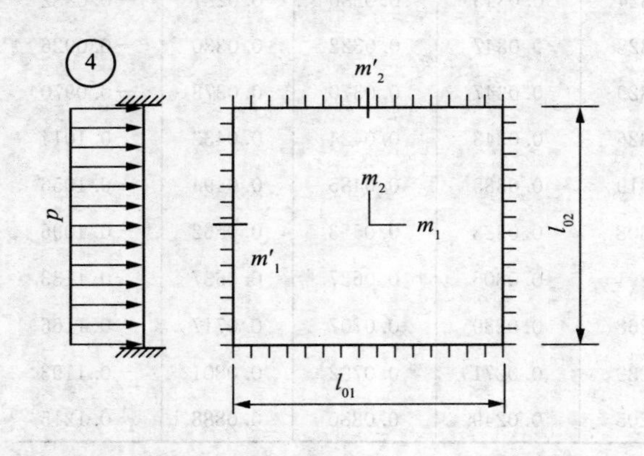

挠度＝表中系数×$\frac{pl_{01}^4}{B_C}$；

$v=0$，弯矩＝表中系数×pl_{01}^2；

这里$l_{01}<l_{02}$。

四边固定　　附表 4-4

l_{01}/l_{02}	f	m_1	m_2	m'_1	m'_2
0.50	0.00253	0.0400	0.0038	−0.0829	−0.0570
0.55	0.00246	0.0385	0.0056	−0.0814	−0.0571
0.60	0.00236	0.0367	0.0076	−0.0793	−0.0571
0.65	0.00224	0.0345	0.0095	−0.0766	−0.0571
0.70	0.00211	0.0321	0.0113	−0.0735	−0.0569
0.75	0.00197	0.0296	0.0130	−0.0701	−0.0565
0.80	0.00182	0.0271	0.0144	−0.0664	−0.0559
0.85	0.00168	0.0246	0.0156	−0.0626	−0.0551
0.90	0.00153	0.0221	0.0165	−0.0588	−0.0541
0.95	0.00140	0.0198	0.0172	−0.0550	−0.0528
1.00	0.00127	0.0176	0.0176	−0.0513	−0.0513

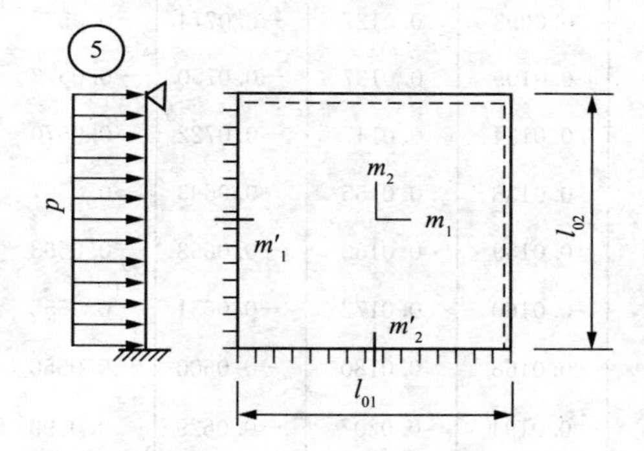

挠度＝表中系数×$\frac{pl_{01}^4}{B_C}$；

$v=0$，弯矩＝表中系数×pl_{01}^2；

这里 $l_{01}<l_{02}$。

邻边简支、邻边固定　　附表 4-5

l_{01}/l_{02}	f	f_{max}	m_1	m_{1max}	m_2	m_{2max}	m'_1	m'_2
0.50	0.00468	0.00471	0.0559	0.0562	0.0079	0.0135	−0.1179	−0.0786
0.55	0.00445	0.00454	0.0529	0.0530	0.0104	0.0153	−0.1140	−0.0785
0.60	0.00419	0.00429	0.0496	0.0498	0.0129	0.0169	−0.1095	−0.0782
0.65	0.00391	0.00399	0.0461	0.0465	0.0151	0.0183	−0.1045	−0.0777
0.70	0.00363	0.00368	0.0426	0.0432	0.0172	0.0195	−0.0992	−0.0770
0.75	0.00335	0.00340	0.0390	0.0396	0.0189	0.0206	−0.0938	−0.0760
0.80	0.00308	0.00313	0.0356	0.0361	0.0204	0.0218	−0.0883	−0.0748
0.85	0.00281	0.00286	0.0322	0.0328	0.0215	0.0229	−0.0829	−0.0733
0.90	0.00256	0.00261	0.0291	0.0297	0.0224	0.0238	−0.0776	−0.0716
0.95	0.00232	0.00237	0.0261	0.0267	0.0230	0.0244	−0.0726	−0.0698
1.00	0.00210	0.00215	0.0234	0.0240	0.0234	0.0249	−0.0677	−0.0677

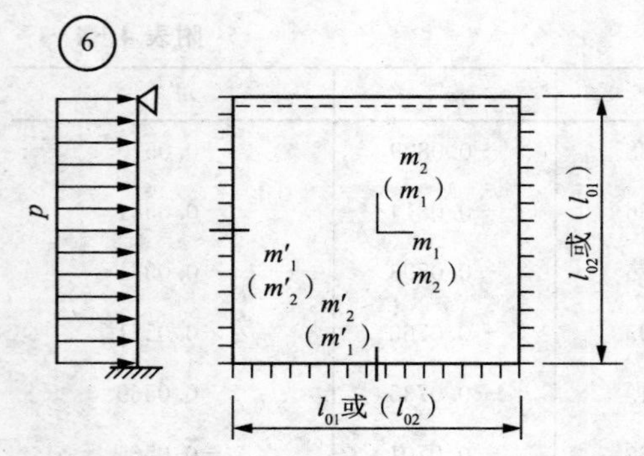

挠度＝表中系数×pl_{01}^4 $\left(或\times\frac{p(l_{01})^4}{B_C}\right)$；

$v=0$，弯矩＝表中系数×pl_{01}^2（或×$p(l_{01})^2$）；

这里 $l_{01}<l_{02}$,$(l_{01})<(l_{02})$。

三边固定、一边简支 **附表 4-6**

l_{01}/l_{02}	$(l_{01})/(l_{02})$	f	f_{max}	m_1	m_{1max}	m_2	m_{2max}	m'_1	m'_2
0.50		0.00257	0.00258	0.0408	0.0409	0.0028	0.0089	−0.0836	−0.0569
0.55		0.00252	0.00255	0.0398	0.0399	0.0042	0.0093	−0.0827	−0.0570
0.60		0.00245	0.00249	0.0384	0.0386	0.0059	0.0105	−0.0814	−0.0571
0.65		0.00237	0.00240	0.0368	0.0371	0.0076	0.0116	−0.0796	−0.0572
0.70		0.00227	0.00229	0.0350	0.0354	0.0093	0.0127	−0.0774	−0.0572
0.75		0.00216	0.00219	0.0331	0.0335	0.0109	0.0137	−0.0750	−0.0572
0.80		0.00205	0.00208	0.0310	0.0314	0.0124	0.0147	−0.0722	−0.0570
0.85		0.00193	0.00196	0.0289	0.0293	0.0138	0.0155	−0.0693	−0.0567
0.90		0.00181	0.00184	0.0268	0.0273	0.0159	0.0163	−0.0663	−0.0563
0.95		0.00169	0.00172	0.0247	0.0252	0.0160	0.0172	−0.0631	−0.0558
1.00	1.00	0.00157	0.00160	0.0227	0.0231	0.0168	0.0180	−0.0600	−0.0550
	0.95	0.00178	0.00182	0.0229	0.0234	0.0194	0.0207	−0.0629	−0.0599
	0.90	0.00201	0.00206	0.0228	0.0234	0.0223	0.0238	−0.0656	−0.0653
	0.85	0.00227	0.00233	0.0225	0.0231	0.0255	0.0273	−0.0683	−0.0711
	0.80	0.00256	0.00262	0.0219	0.0224	0.0290	0.0311	−0.0707	−0.0772
	0.75	0.00286	0.00294	0.0208	0.0214	0.0329	0.0354	−0.0729	−0.0837
	0.70	0.00319	0.00327	0.0194	0.0200	0.0370	0.0400	−0.0748	−0.0903
	0.65	0.00352	0.00365	0.0175	0.0182	0.0412	0.0446	−0.0762	−0.0970
	0.60	0.00386	0.00403	0.0153	0.0160	0.0454	0.0493	−0.0773	−0.1033
	0.55	0.00419	0.00437	0.0127	0.0133	0.0496	0.0541	−0.0780	−0.1093
	0.50	0.00449	0.00463	0.0099	0.0103	0.0534	0.0588	−0.0784	−0.1146

附录5　单阶柱柱顶反力与水平位移系数值

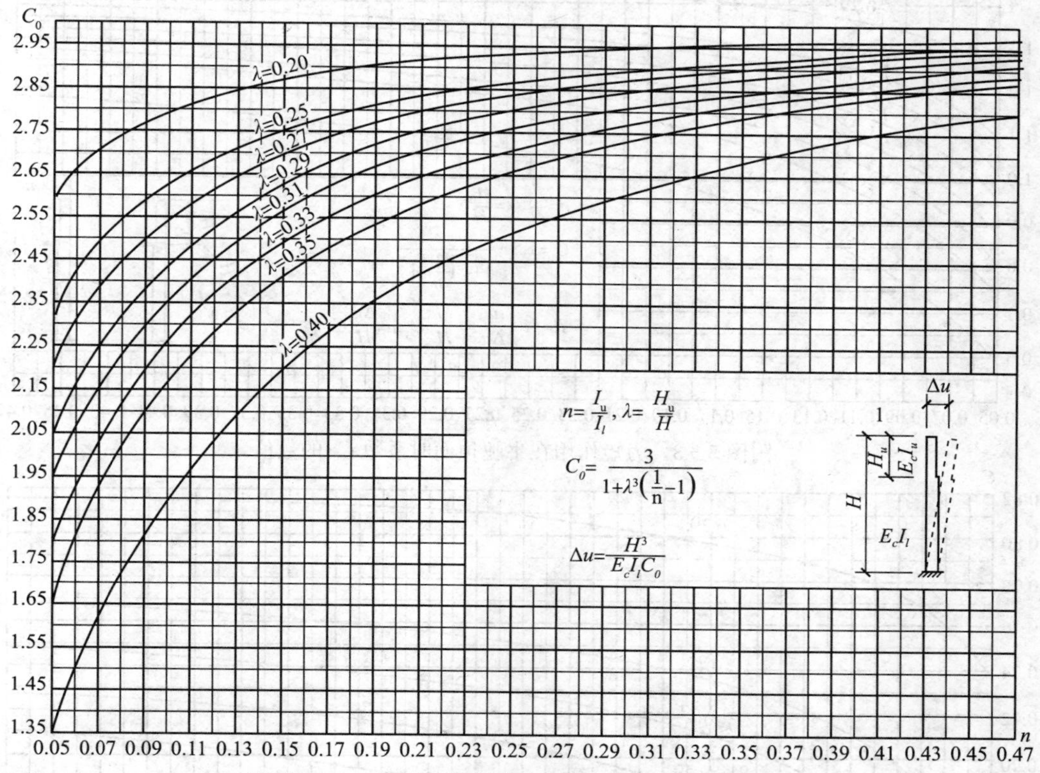

附图 5-1　柱顶单位集中荷载作用下系数 C_0 的数值

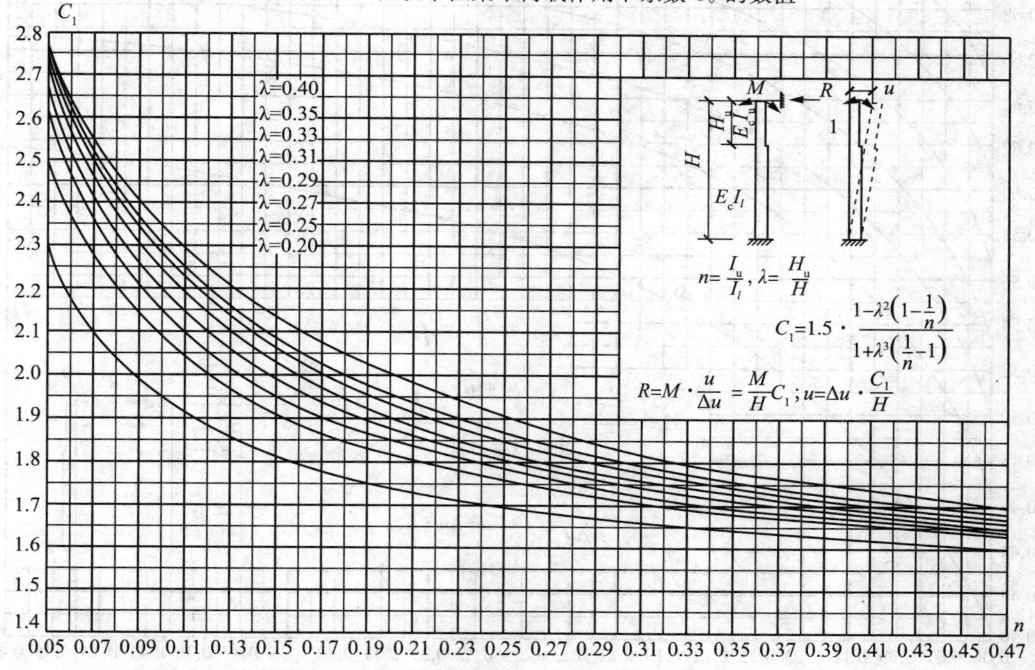

附图 5-2　柱顶力矩作用下系数 C_1 的数值

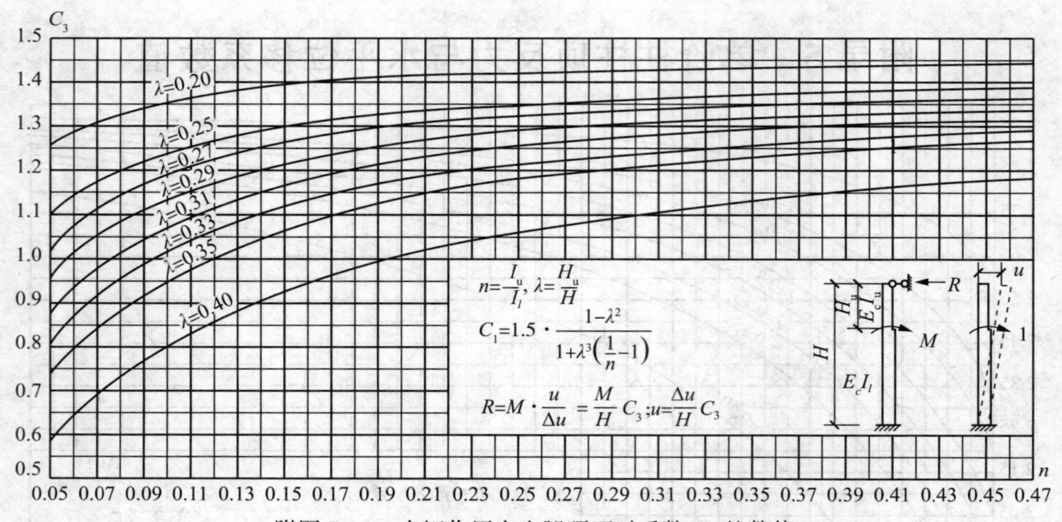

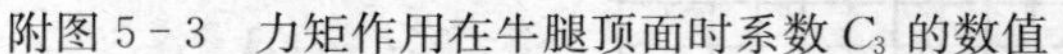

附图 5－3　力矩作用在牛腿顶面时系数 C_3 的数值

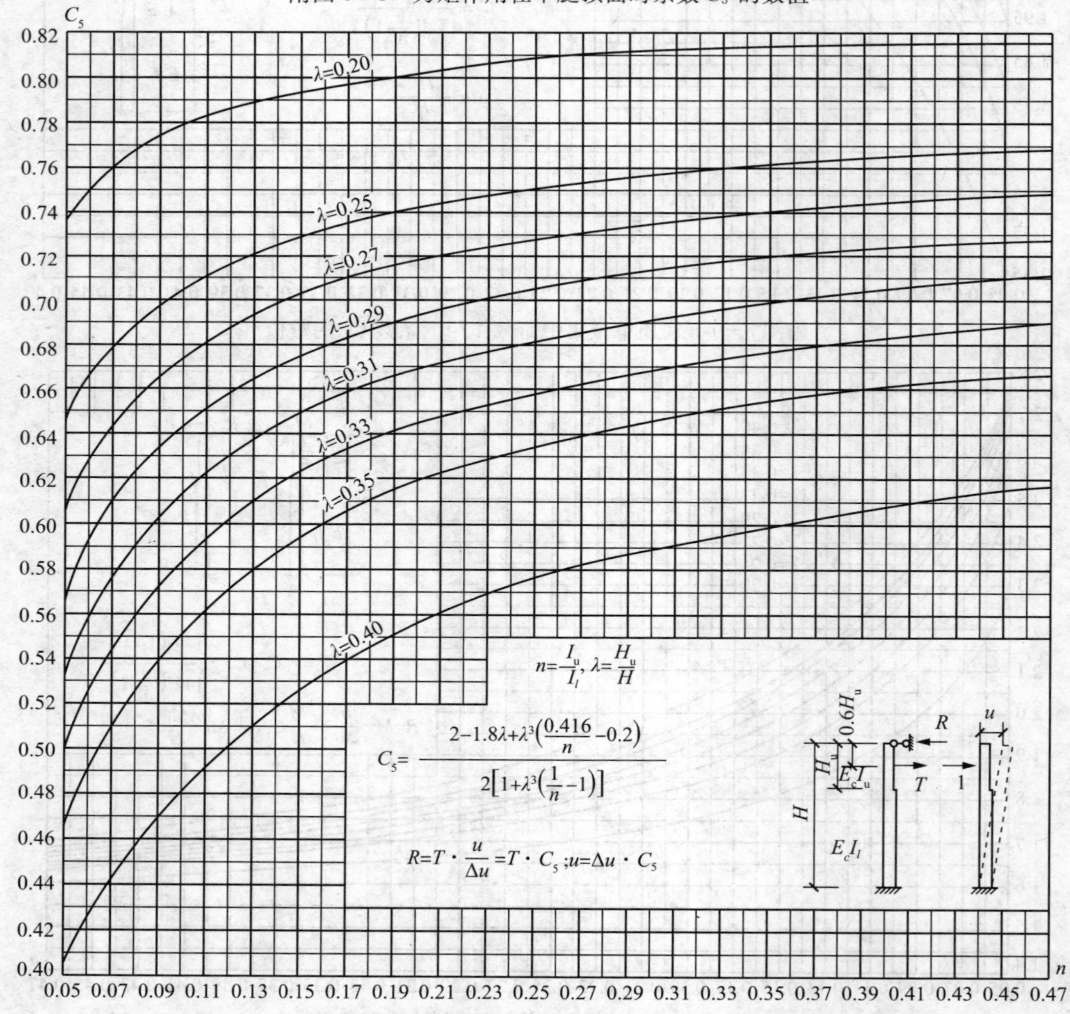

附图 5－4　集中水平荷载作用在上柱（$y=0.6H_u$）时系数 C_5 的数值

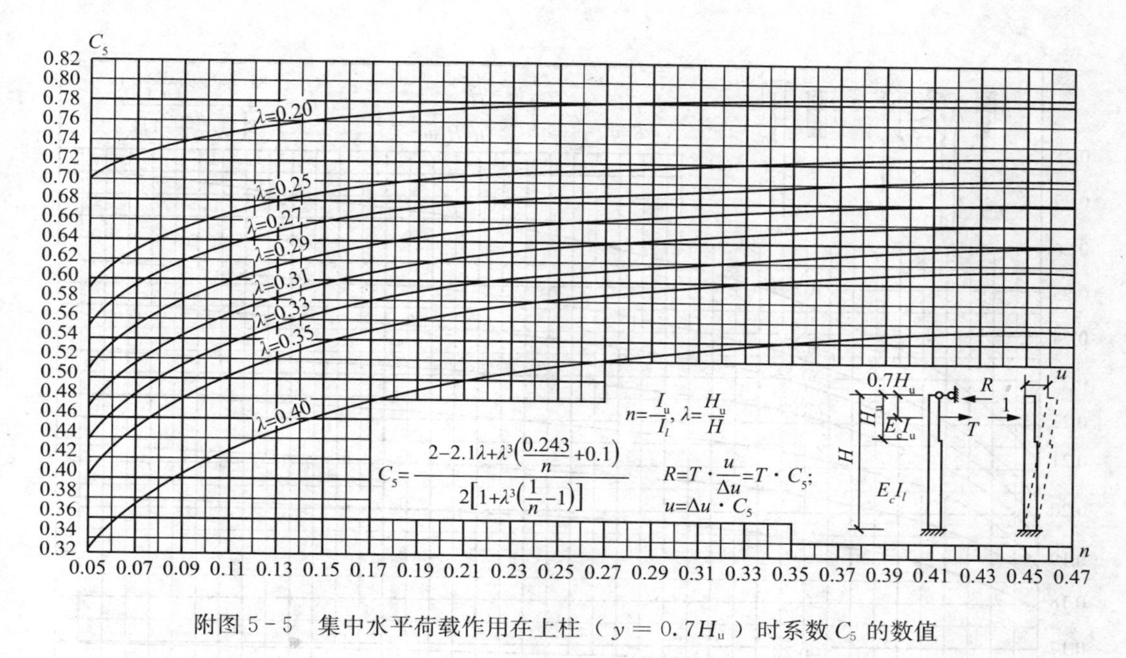

附图 5-5　集中水平荷载作用在上柱（$y=0.7H_u$）时系数 C_5 的数值

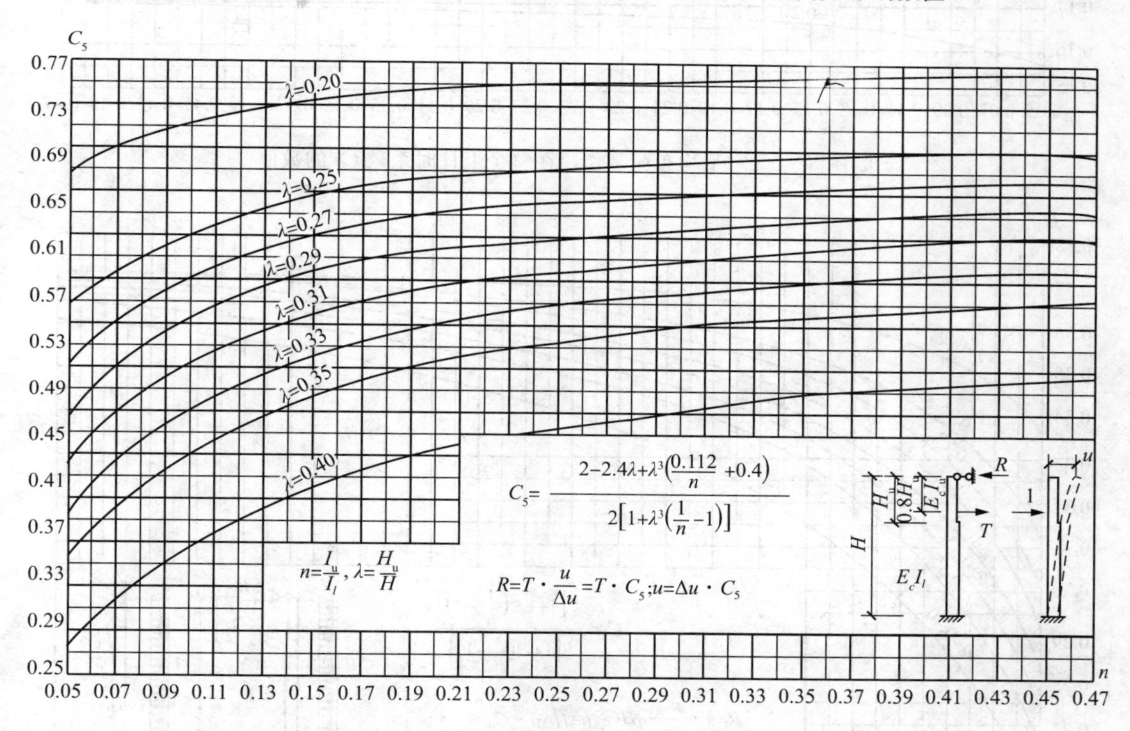

附图 5-6　集中水平荷载作用在上柱（$y=0.8H_u$）时系数 C_5 的数值

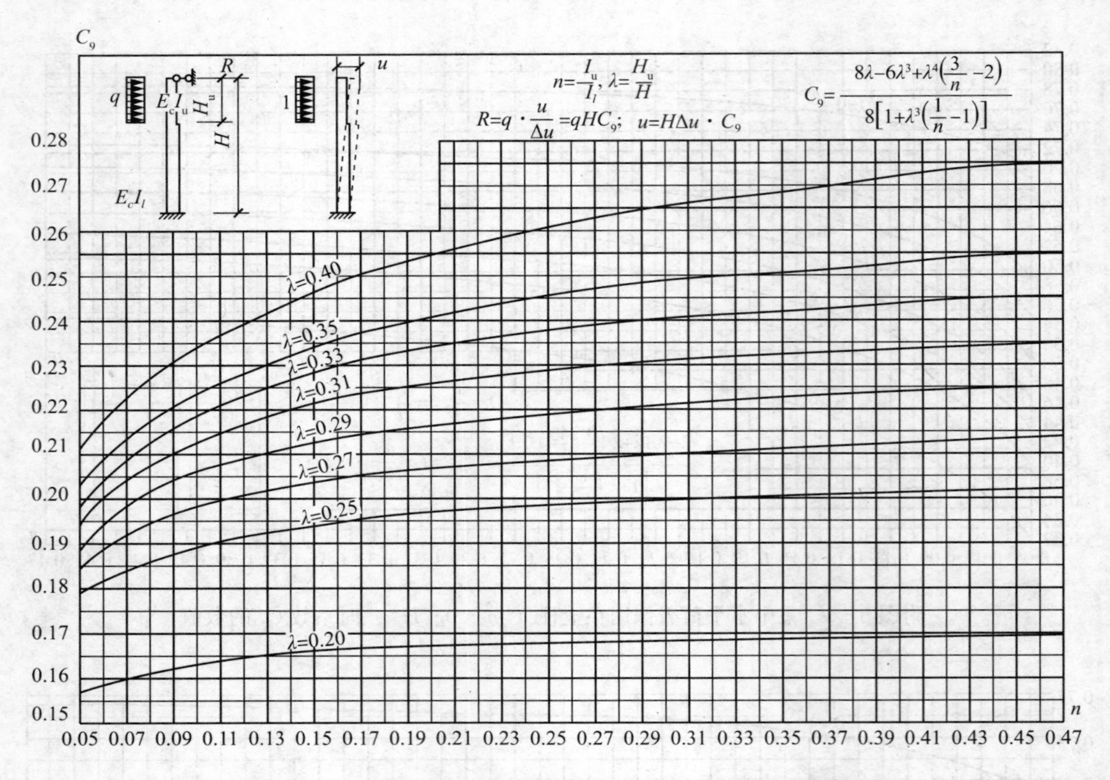

附图 5-7 水平均布荷载作用在整个上柱时系数 C_9 的数值

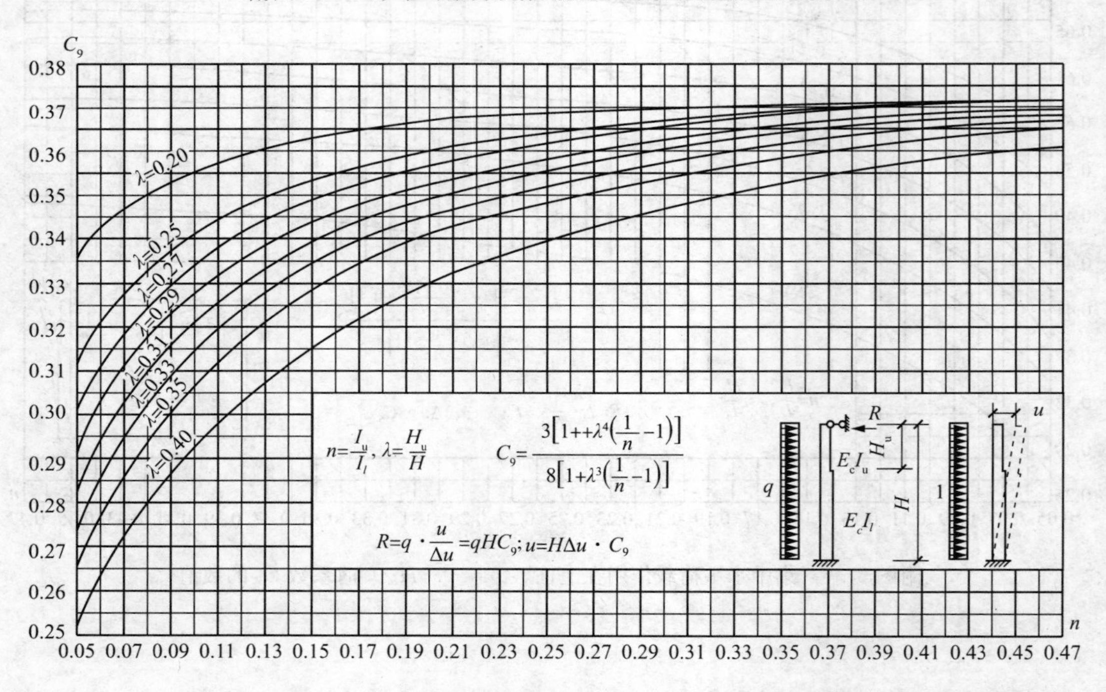

附图 5-8 水平均布荷载作用在整个上、下柱时系数 C_9 的数值

附录6　铰接板荷载横向分布影响线竖标表

1. 本表适用于横向铰接的梁或板，各片梁或板的截面是相同的。

2. 表头的两个数字表示所要查的梁或板号，其中第一个数目表示该梁或板是属于几片梁或板铰接而成的体系，第二个数目表示该片梁或板在这个体系中自左而右的序号。

3. 横向分布影响线竖标以 η_{ij} 表示，第一个脚标 i 表示所要求的梁或板号。第二个脚标 j 表示受单位荷载作用的那片梁或板号，表中 η_{ij} 下的数字前者表示 i，后者表示 j，η_{ij} 的竖标应绘在梁或板的中轴线处。

4. 表中的 η_{ij} 值为小数点后的三位数字，例如 278 即为 0.278，006 即为 0.006。

5. 表值按弯扭参数 γ 给出：

$$\gamma = 5.8 \frac{I}{I_T}\left(\frac{b}{l}\right)^2$$

式中　l——计算跨径；

b——一片梁或板的宽度；

I——梁或板的抗弯惯矩；

I_T——梁或板的抗扭惯矩。

铰　接　板　3-1　　　　附表6-1

γ	η_{ij}			γ	η_{ij}			γ	η_{ij}		
	11	12	13		11	12	13		11	12	13
0.00	333	333	333	0.08	434	325	241	0.40	626	294	080
0.01	348	332	319	0.10	454	323	223	0.60	683	278	040
0.02	363	331	306	0.15	496	317	186	1.00	750	250	000
0.04	389	329	282	0.20	531	313	156	2.00	829	200	−029
0.06	413	327	260	0.30	585	303	112				

铰　接　板　3-2　　　　附表6-2

γ	η_{ij}			γ	η_{ij}			γ	η_{ij}		
	21	22	23		21	22	23		21	22	23
0.00	333	333	333	0.08	325	351	325	0.40	294	412	294
0.01	332	336	332	0.10	323	355	323	0.60	278	444	278
0.02	331	338	331	0.15	317	365	317	1.00	250	500	250
0.04	329	342	329	0.20	313	375	313	2.00	200	600	200
0.06	327	346	327	0.30	303	394	303				

铰 接 板 4-1 附表 6-3

γ	η_{ij} 11	12	13	14	γ	η_{ij} 11	12	13	14
0.00	250	250	250	250	0.15	484	295	139	082
0.01	276	257	238	229	0.20	524	298	119	060
0.02	300	263	227	210	0.30	583	296	089	033
0.04	341	273	208	178	0.40	625	291	066	018
0.06	375	280	192	153	0.60	682	277	035	005
0.08	405	285	178	132	1.00	750	250	000	000
0.10	431	289	165	114	2.00	828	201	−034	005

铰 接 板 4-2 附表 6-4

γ	η_{ij} 21	22	23	24	γ	η_{ij} 21	22	23	24
0.00	250	250	250	250	0.15	295	327	238	139
0.01	257	257	248	238	0.20	298	345	238	119
0.02	263	264	246	227	0.30	296	375	240	089
0.04	273	276	243	208	0.40	291	400	243	066
0.06	280	287	241	192	0.60	277	441	247	035
0.08	285	298	239	178	1.00	250	500	250	000
0.10	289	307	239	165	2.00	201	593	240	−034

铰 接 板 5-1 附表 6-5

γ	η_{ij} 11	12	13	14	15	γ	η_{ij} 11	12	13	14	15
0.00	200	200	200	200	200	0.15	481	291	130	061	036
0.01	237	216	194	180	173	0.20	523	295	114	045	023
0.02	269	229	188	163	151	0.30	583	296	087	026	010
0.04	321	249	178	136	116	0.40	625	291	066	015	004
0.06	362	263	168	115	092	0.60	682	277	035	004	001
0.08	396	273	158	099	073	1.00	750	250	000	000	000
0.10	425	281	150	085	059	2.00	828	201	−034	006	−001

铰 接 板 5-2 附表 6-6

γ	η_{ij} 21	22	23	24	25	γ	η_{ij} 21	22	23	24	25
0.00	200	200	200	200	200	0.15	291	320	222	105	061
0.01	261	215	202	187	180	0.20	295	341	227	091	045
0.02	229	228	204	176	163	0.30	296	374	235	070	026
0.04	249	249	207	158	136	0.40	291	399	240	055	015
0.06	263	267	211	144	115	0.60	277	440	246	031	004
0.08	273	281	214	133	099	1.00	250	500	250	000	000
0.10	281	294	216	123	085	2.00	201	593	241	−041	006

铰接板 5-3 附表 6-7

γ	η_{ij} 31	32	33	34	35	γ	η_{ij} 31	32	33	34	35
0.00	200	200	200	200	200	0.15	130	222	295	222	130
0.01	194	202	208	202	194	0.20	114	227	318	227	114
0.02	188	204	215	204	188	0.30	087	235	357	235	087
0.04	178	207	230	207	178	0.40	066	240	389	240	066
0.06	168	211	243	211	168	0.60	035	246	437	246	035
0.08	158	214	256	214	158	1.00	000	250	500	250	000
0.10	150	216	268	216	150	2.00	−034	241	586	241	−034

铰接板 6-1 附表 6-8

γ	η_{ij} 11	12	13	14	15	16	γ	η_{ij} 11	12	13	14	15	16
0.00	167	167	167	167	167	167	0.15	481	290	129	058	027	016
0.01	214	192	168	151	140	135	0.20	523	295	113	043	01	009
0.02	252	212	168	138	119	110	0.30	583	295	086	025	003	003
0.04	312	239	165	117	090	077	0.40	625	291	065	015	003	001
0.06	358	257	159	101	069	055	0.60	682	277	035	004	001	000
0.08	394	270	152	088	055	041	1.00	750	250	000	000	000	000
0.10	423	278	146	078	044	031	2.00	828	201	−034	006	−001	000

铰接板 6-2 附表 6-9

γ	η_{ij} 21	22	23	24	25	26	γ	η_{ij} 21	22	23	24	25	26
0.00	167	167	167	167	167	167	0.15	290	319	219	098	046	027
0.01	192	190	175	157	146	140	0.20	295	340	226	087	035	017
0.02	212	209	182	149	129	119	0.30	295	373	234	069	021	008
0.04	239	238	192	137	105	090	0.40	291	399	240	054	012	003
0.06	257	259	200	127	087	069	0.60	277	440	246	031	004	001
0.08	270	276	206	119	074	055	1.00	250	500	250	000	000	000
0.10	278	291	210	112	064	044	2.00	201	593	241	−041	007	−001

铰接板 6-3 附表 6-10

γ	η_{ij} 31	32	33	34	35	36	γ	η_{ij} 31	32	33	34	35	36
0.00	167	167	167	167	167	167	0.15	129	219	288	208	098	058
0.01	168	175	179	170	157	151	0.20	113	226	314	217	087	043
0.02	168	182	190	173	149	138	0.30	086	234	356	230	069	0.25
0.04	165	192	210	179	137	177	0.40	065	240	388	238	054	015
0.06	159	200	227	186	127	101	0.60	035	246	437	246	031	004
0.08	152	206	243	191	119	088	1.00	000	250	500	250	000	000
0.10	146	210	257	197	112	078	2.00	−034	241	586	243	−041	006

铰 接 板 7-1　　　附表 6-11

γ	η_{ij}							γ	η_{ij}						
	11	12	13	14	15	16	17		11	12	13	14	15	16	17
0.00	143	143	143	143	143	143	143	0.15	480	290	128	057	025	012	007
0.01	200	177	152	133	120	111	107	0.20	523	295	113	043	017	007	003
0.02	244	202	157	125	102	088	082	0.30	583	295	086	025	007	002	001
0.04	309	235	159	109	078	059	051	0.40	625	291	065	015	003	001	000
0.06	356	255	156	096	061	042	034	0.60	682	277	035	004	001	000	000
0.08	293	268	151	085	049	031	023	1.00	750	250	000	000	000	000	000
0.10	423	278	144	076	040	023	016	2.00	828	201	−034	006	−001	000	000

铰 接 板 7-2　　　附表 6-12

γ	η_{ij}							γ	η_{ij}						
	21	22	23	24	25	26	27		21	22	23	24	25	26	27
0.00	143	143	143	143	143	143	143	0.15	290	318	219	097	043	020	012
0.01	177	175	158	138	125	115	111	0.20	295	340	225	086	033	013	007
0.02	202	198	170	135	111	096	088	0.30	295	373	234	068	020	006	002
0.04	235	232	185	127	091	069	059	0.40	291	399	240	054	012	003	001
0.06	255	256	196	121	077	053	042	0.60	277	440	246	031	004	001	000
0.08	268	275	203	115	067	041	031	1.00	250	500	250	000	000	000	000
0.10	278	290	209	109	058	033	023	2.00	201	593	241	−041	007	−001	000

铰 接 板 7-3　　　附表 6-13

γ	η_{ij}							γ	η_{ij}						
	31	32	33	34	35	36	37		31	32	33	34	35	36	37
0.00	143	143	143	143	143	143	143	0.15	128	219	287	205	092	043	025
0.01	152	158	161	150	134	125	120	0.20	113	225	314	216	083	033	017
0.02	157	170	176	156	128	111	102	0.30	086	234	356	229	067	020	007
0.04	159	185	201	167	119	091	078	0.40	065	240	388	237	053	012	003
0.06	156	196	222	176	112	077	061	0.60	035	246	437	246	031	004	001
0.08	151	203	239	184	107	067	049	1.00	000	250	500	250	000	000	000
0.10	144	209	255	191	102	058	040	2.00	−034	241	586	243	−042	007	−001

铰 接 板 7-4　　　附表 6-14

γ	η_{ij}							γ	η_{ij}						
	41	42	43	44	45	46	47		41	42	43	44	45	46	47
0.00	143	143	143	143	143	143	143	0.15	057	097	205	282	205	097	057
0.01	133	139	150	157	150	139	133	0.20	043	086	216	310	216	086	043
0.02	125	135	156	169	156	135	125	0.30	025	068	229	354	229	068	025
0.04	109	127	167	193	167	127	109	0.40	015	054	237	387	237	054	015
0.06	096	121	176	213	176	121	096	0.60	004	031	246	436	246	031	004
0.08	085	115	184	231	184	115	085	1.00	000	000	250	500	250	000	000
0.10	076	109	191	248	191	109	076	2.00	006	−041	243	586	243	−041	006

铰 接 板 8-1

附表 6-15

γ	η_{ij}							
	11	12	13	14	15	16	17	18
0.00	125	125	125	125	125	125	125	125
0.01	191	168	142	122	107	096	089	085
0.02	239	197	151	117	093	076	066	061
0.04	307	233	156	106	073	052	040	034
0.06	355	254	155	094	058	037	025	020
0.08	392	268	150	084	048	028	017	013
0.10	423	277	144	075	039	021	012	008
0.15	480	290	128	057	025	011	005	003
0.20	523	295	113	043	016	006	003	001
0.30	583	295	086	025	007	002	001	000
0.04	625	291	065	015	003	001	000	000
0.60	682	277	035	004	001	000	000	000
1.00	750	250	000	000	000	000	000	000
2.00	828	201	−034	006	−001	000	000	000

铰 接 板 8-2

附表 6-16

γ	η_{ij}							
	21	22	23	24	25	26	27	28
0.00	125	125	125	125	125	125	125	125
0.01	168	165	148	127	111	100	092	089
0.02	197	193	163	127	101	083	071	066
0.04	233	230	182	123	085	060	046	040
0.06	254	255	194	119	073	047	032	025
0.08	268	274	202	113	064	037	023	017
0.10	277	290	208	108	057	030	017	012
0.15	290	318	219	097	043	019	009	005
0.20	295	340	225	086	003	013	005	003
0.30	295	373	234	068	020	006	002	001
0.04	291	399	240	054	012	003	001	000
0.60	277	440	246	031	004	001	000	000
1.00	250	500	250	000	000	000	000	000
2.00	201	593	241	−041	007	−001	000	00

铰 接 板 8-3 附表 6-17

γ	η_{ij}							
	31	32	33	34	35	36	37	38
0.00	125	125	125	125	125	125	125	125
0.01	142	148	150	137	120	108	100	096
0.02	151	163	168	147	116	096	083	076
0.04	156	182	197	162	111	079	060	052
0.06	155	194	219	173	107	068	047	037
0.08	150	202	238	182	103	060	037	028
0.10	144	208	254	190	099	053	030	021
0.15	128	219	287	205	091	041	019	011
0.20	113	225	314	215	082	032	013	006
0.30	086	234	356	229	067	020	006	002
0.04	065	240	388	237	053	012	003	001
0.60	035	246	437	246	031	004	001	000
1.00	000	250	500	250	000	000	000	000
2.00	−034	241	586	243	−042	007	−001	000

铰 接 板 8-4 附表 6-18

γ	η_{ij}							
	41	42	43	44	45	46	47	48
0.00	125	125	125	125	125	125	125	125
0.01	122	127	137	143	134	120	111	107
0.02	117	127	147	158	142	116	101	093
0.04	106	123	162	185	156	111	085	073
0.06	094	119	173	208	168	107	073	058
0.08	084	113	182	227	178	103	064	048
0.10	075	108	190	245	186	099	057	039
0.15	057	097	205	281	203	091	043	025
0.20	043	086	215	310	214	082	033	016
0.30	025	068	229	354	229	067	020	007
0.04	015	054	237	387	237	053	012	003
0.60	004	031	246	436	246	031	004	001
1.00	000	000	250	500	250	000	000	000
2.00	006	−041	243	586	243	−042	007	−001

铰 接 板 9－1

附表 6－19

γ	η_{ij}								
	11	12	13	14	15	16	17	18	19
0.00	111	111	111	111	111	111	111	111	111
0.01	185	162	136	115	098	086	077	072	069
0.02	236	194	147	113	088	070	057	049	046
0.04	306	232	155	104	070	048	035	026	023
0.06	355	254	154	094	057	035	023	015	012
0.08	392	268	150	084	047	027	015	010	007
0.10	423	277	144	075	039	020	011	006	004
0.15	480	290	128	057	025	011	005	002	001
0.20	523	295	113	043	016	006	002	001	000
0.30	583	295	086	025	007	002	001	000	000
0.04	625	291	065	015	003	001	000	000	000
0.60	682	277	035	004	001	000	000	000	000
1.00	750	250	000	000	000	000	000	000	000
2.00	828	201	−034	006	−001	000	000	000	000

铰 接 板 9－2

附表 6－20

γ	η_{ij}								
	21	22	23	24	25	26	27	28	29
0.00	111	111	111	111	111	111	111	111	111
0.01	162	158	141	119	102	090	081	075	072
0.02	194	189	160	122	095	075	062	053	049
0.04	232	229	181	121	082	057	040	031	026
0.06	254	255	194	118	072	044	028	019	015
0.08	268	274	202	113	063	036	021	013	010
0.10	277	290	208	108	056	029	016	009	006
0.15	290	318	219	097	043	019	008	004	002
0.20	295	340	225	086	033	013	005	002	001
0.30	295	373	234	068	020	006	002	001	000
0.04	291	399	240	054	012	003	001	000	000
0.60	277	440	246	031	004	001	000	000	000
1.00	250	500	250	000	000	000	000	000	000
2.00	201	593	241	−041	007	−001	000	000	000

铰 接 板 9－3

附表 6－21

γ	η_{ij}								
	31	32	33	34	35	36	37	38	39
0.00	111	111	111	111	111	111	111	111	111
0.01	136	141	142	129	111	097	087	081	077
0.02	147	160	164	141	110	087	072	062	057
0.04	155	181	195	159	108	074	053	040	035
0.06	154	194	219	172	105	065	041	028	023
0.08	150	202	237	182	102	058	033	021	015
0.10	144	208	254	190	099	052	028	016	011
0.15	128	219	287	205	090	040	018	008	005
0.20	113	225	314	215	082	031	012	005	002
0.30	086	234	356	229	067	020	006	002	001
0.04	065	240	388	237	053	012	003	001	000
0.60	035	246	431	246	031	004	001	000	000
1.00	000	250	500	250	000	000	000	000	000
2.00	－034	240	586	243	－042	007	－001	000	000

铰 接 板 9－4

附表 6－22

γ	η_{ij}								
	41	42	43	44	45	46	47	48	49
0.00	111	111	111	111	111	111	111	111	111
0.01	115	119	129	133	123	108	097	090	086
0.02	113	122	141	152	134	106	087	075	070
0.04	104	121	159	182	151	104	074	057	048
0.06	094	118	172	206	165	102	065	044	035
0.08	084	113	182	226	176	099	058	036	027
0.10	075	108	190	244	185	097	052	029	020
0.15	057	097	205	281	202	089	040	019	011
0.20	043	086	215	310	214	082	031	013	006
0.30	025	068	229	354	229	067	020	006	002
0.04	015	054	237	387	237	053	012	003	001
0.60	004	031	246	436	246	031	004	001	000
1.00	000	000	250	500	250	000	000	000	000
2.00	006	－041	243	586	243	－042	007	－001	000

铰 接 板 9-5

附表 6-23

γ	η_{ij}								
	51	52	53	54	55	56	57	58	59
0.00	111	111	111	111	111	111	111	111	111
0.01	098	102	111	123	131	123	111	102	098
0.02	088	095	110	134	148	134	110	095	088
0.04	070	082	108	151	178	151	108	082	070
0.06	057	072	105	165	203	165	105	072	057
0.08	047	063	102	176	224	176	102	063	047
0.10	039	056	099	185	242	185	099	056	039
0.15	025	043	090	202	280	202	090	043	025
0.20	016	033	082	214	309	214	082	033	016
0.30	007	020	067	229	354	229	067	020	007
0.04	003	012	053	237	387	237	053	012	003
0.60	001	004	031	246	436	246	031	004	001
1.00	000	000	000	250	500	250	000	000	000
2.00	−001	001	−042	243	568	243	−042	007	−001

铰 接 板 10-1

附表 6-24

γ	η_{ij}									
	11	12	13	14	15	16	17	18	19	1，10
0.00	100	100	100	100	100	100	100	100	100	100
0.01	181	158	131	110	093	080	070	063	058	056
0.02	234	192	146	111	085	066	052	043	037	034
0.04	306	232	155	103	069	047	032	023	018	015
0.06	335	254	154	094	057	035	021	014	009	007
0.08	392	268	150	084	047	026	015	009	005	004
0.10	423	277	144	075	039	020	011	006	003	002
0.15	480	290	128	057	025	011	005	002	001	001
0.20	523	295	113	043	016	006	002	001	000	000
0.30	583	295	086	025	007	002	001	000	000	000
0.04	625	291	065	015	003	001	000	000	000	000
0.60	682	277	035	004	001	000	000	000	000	000
1.00	750	250	000	000	000	000	000	000	000	000
2.00	828	201	−034	006	−001	000	000	000	000	000

铰 接 板 10－2

附表 6－25

γ	η_{ij}								
	21	22	23	24	25	26	27	28	29	2，10
0.00	100	100	100	100	100	100	100	100	100	100
0.01	158	154	137	114	097	083	073	065	060	058
0.02	192	188	157	120	092	071	056	046	040	037
0.04	232	229	181	121	081	055	038	027	020	018
0.06	254	255	193	117	071	044	027	017	012	009
0.08	268	274	202	113	063	035	020	012	007	005
0.10	277	290	208	108	056	029	015	008	005	003
0.15	290	318	219	097	043	019	008	004	002	001
0.20	295	340	225	086	033	013	005	002	001	000
0.30	295	373	234	068	020	006	002	001	000	000
0.04	291	399	240	054	012	003	001	000	000	000
0.60	277	440	246	031	004	001	000	000	000	000
1.00	250	500	250	000	000	000	000	000	000	000
2.00	201	593	241	—041	007	—001	000	000	000	000

铰 接 板 10－3

附表 6－26

γ	η_{ij}								
	31	32	33	34	35	36	37	38	39	3，10
0.00	100	100	100	100	100	100	100	100	100	100
0.01	131	137	137	123	104	090	078	070	065	063
0.02	146	157	162	138	106	082	065	054	046	043
0.04	155	181	195	158	106	072	049	035	027	023
0.06	154	193	218	171	104	064	039	024	017	014
0.08	150	202	237	181	101	057	032	019	012	009
0.10	144	208	254	189	098	051	027	014	008	006
0.15	128	219	287	205	090	040	018	008	004	002
0.20	113	225	314	215	082	031	012	005	002	001
0.30	086	234	356	229	067	020	006	002	001	000
0.04	065	240	388	237	053	012	003	001	000	000
0.60	035	246	437	246	031	004	001	000	000	000
1.00	000	250	500	250	000	000	000	000	000	000
2.00	—034	241	568	243	—642	007	—001	000	000	000

铰 接 板 10－4 **附表 6－27**

γ	η_{ij}									
	41	42	43	44	45	46	47	48	49	4，10
0.00	100	100	100	100	100	100	100	100	100	100
0.01	110	114	123	127	116	100	087	078	073	070
0.02	111	120	138	148	129	100	080	065	056	052
0.04	103	121	158	180	149	101	069	049	038	032
0.06	094	117	171	205	163	100	062	039	027	021
0.08	084	113	181	226	175	098	056	032	020	015
0.10	075	108	189	244	185	096	050	027	015	011
0.15	057	097	205	281	202	089	040	018	008	005
0.20	043	086	215	310	214	082	031	012	005	002
0.30	025	068	229	354	229	067	020	006	000	001
0.04	015	054	237	387	237	053	012	003	001	000
0.60	004	031	246	436	246	031	004	001	000	000
1.00	000	000	250	500	250	000	000	000	000	000
2.00	006	−041	243	586	243	−042	007	−001	000	000

铰 接 板 10－5 **附表 6－28**

γ	η_{ij}									
	51	52	53	54	55	56	57	58	59	5，10
0.00	100	100	100	100	100	100	100	100	100	100
0.01	093	097	104	116	123	114	100	090	083	080
0.02	085	092	106	129	142	126	100	082	071	066
0.04	069	081	106	149	175	146	101	072	055	047
0.06	057	071	104	163	201	162	100	064	044	035
0.08	047	063	101	175	223	174	098	057	035	026
0.10	039	056	098	185	241	184	096	051	029	020
0.15	025	043	090	202	280	201	089	040	019	011
0.20	016	033	082	214	309	214	082	031	013	006
0.30	007	020	067	229	354	229	067	020	006	002
0.04	003	012	053	237	387	237	053	012	003	001
0.60	001	001	031	246	436	246	031	004	001	000
1.00	000	000	000	250	500	250	000	000	000	000
2.00	−001	007	−042	243	586	243	−042	007	−001	000

附录 7　三角形影响线等代荷载表 ($\mu=1$)

跨径或荷载长度(m)	汽车-10级					汽车-10级不计加重车时				
	支　点	1/8处	1/4处	3/8处	跨　中	支　点	1/8处	1/4处	3/8处	跨　中
1	200.000	200.000	200.000	200.000	200.000	140.000	140.000	140.000	140.000	140.000
2	100.000	100.000	100.000	100.000	100.000	70.000	70.000	70.000	70.000	70.000
3	66.667	66.667	66.667	66.667	66.667	46.667	46.667	46.667	46.667	46.667
4	50.000	50.000	50.000	50.000	50.000	35.000	35.000	35.000	35.000	35.000
5	44.056	41.647	40.000	40.000	40.000	30.400	29.029	28.000	28.000	28.000
6	38.935	37.302	35.186	33.334	33.334	26.667	25.714	24.444	23.333	23.333
7	34.732	33.493	31.973	29.758	28.572	23.673	22.974	22.041	20.735	20.000
8	31.281	30.358	29.167	27.500	25.000	21.250	20.714	20.000	19.000	17.500
9	28.421	27.669	26.749	25.409	23.457	19.259	18.836	18.272	17.481	16.296
10	23.022	25.423	24.067	23.660	22.000	17.660	17.237	16.800	16.160	15.200
11	23.986	23.481	22.865	21.968	21.157	16.198	15.915	15.537	15.008	14.215
12	22.510	21.826	21.296	20.556	20.278	15.000	14.800	14.444	14.000	13.333
13	21.548	20.362	19.921	19.279	19.408	13.964	13.762	13.491	13.112	12.544
14	20.621	19.475	18.708	18.367	18.571	13.061	12.886	12.653	12.327	11.837
15	19.742	18.733	17.630	17.593	17.778	12.267	12.114	11.911	11.627	11.200
16	18.914	18.036	16.875	17.333	17.031	11.563	11.429	11.250	11.000	10.625
17	18.482	17.353	16.678	17.078	16.332	10.934	10.816	10.657	10.436	10.104
18	18.029	16.720	16.420	16.782	15.679	10.370	10.265	10.123	9.026	9.630
19	17.567	16.307	16.122	16.442	15.457	9.861	9.767	9.640	9.463	9.197
20	17.105	15.971	15.800	16.093	15.200	9.750	9.314	9.200	9.040	8.800
22	16.207	15.259	15.124	15.359	14.628	9.339	8.607	8.430	8.298	8.099
24	15.355	14.564	14.444	14.648	14.028	9.236	8.413	7.778	7.667	7.500
26	14.564	13.883	13.787	13.955	13.432	9.053	8.149	7.357	7.124	6.982
28	13.834	13.251	13.163	13.313	12.857	8.827	8.047	7.007	6.653	6.531
30	13.270	12.650	12.578	12.704	12.311	8.578	7.898	6.993	6.240	6.133
32	12.914	12.093	12.031	12.146	11.797	8.320	7.723	6.927	6.094	5.898
35	12.509	11.510	11.281	11.375	11.086	7.935	7.436	6.770	5.838	5.567
37	12.216	11.254	10.889	10.910	10.650	7.684	7.238	6.642	5.809	5.362

续表

跨径或荷载长度(m)	汽车-10级					汽车-10级不计加重车时				
	支 点	1/8处	1/4处	3/8处	跨 中	支 点	1/8处	1/4处	3/8处	跨 中
40	11.766	10.943	10.733	10.460	10.225	7.425	6.943	6.433	5.720	5.425
45	11.025	10.373	10.207	9.992	9.659	7.348	6.493	6.071	5.655	5.590
50	10.498	9.802	9.669	9.493	9.248	7.152	6.459	5.717	5.501	5.728
60	9.776	9.025	8.719	8.658	8.689	6.733	6.152	5.511	5.461	5.644
70	9.133	8.468	8.242	8.181	8.220	6.580	5.887	5.396	5.534	5.425
80	8.712	8.064	7.804	7.880	7.788	6.375	5.757	5.325	5.487	5.300
90	8.335	7.730	7.514	7.584	7.511	6.272	5.580	5.442	5.342	5.422
100	8.025	7.446	7.352	7.327	7.328	6.156	5.520	5.408	5.286	5.392

跨径或荷载长度(m)	汽车-20级					汽车-20级不计加重车时				
	支 点	1/8处	1/4处	3/8处	跨 中	支 点	1/8处	1/4处	3/8处	跨 中
1	260.000	260.000	260.000	260.000	260.000	260.000	260.000	260.000	260.000	260.000
2	156.000	144.000	130.000	130.000	130.000	130.000	130.000	130.000	130.000	130.000
3	122.667	117.333	110.222	100.267	86.667	86.667	86.667	86.667	86.667	86.667
4	99.000	96.000	92.000	86.000	78.000	65.000	65.000	65.000	65.000	65.000
5	82.698	80.534	78.081	74.446	69.121	57.600	54.400	52.000	52.000	52.000
6	72.742	69.335	67.556	65.067	61.334	51.111	48.889	45.926	43.333	43.333
7	65.698	62.695	59.429	57.574	54.857	45.714	44.082	41.905	38.857	37.143
8	59.680	57.429	54.500	51.600	49.500	41.250	40.000	38.333	36.000	32.500
9	54.566	52.741	50.469	47.226	46.519	37.531	36.543	35.226	33.383	30.617
10	50.200	48.755	46.880	44.256	43.680	34.400	33.600	32.533	31.040	28.800
11	46.448	45.224	43.703	41.531	41.058	31.736	31.074	30.193	28.959	27.107
12	43.197	42.191	40.889	39.067	38.667	29.444	28.889	28.148	27.111	25.556
13	40.358	39.480	38.391	36.836	36.497	27.456	26.982	26.351	25.467	24.142
14	37.860	37.120	36.163	34.825	34.531	25.714	25.306	24.762	24.000	22.857
15	35.648	34.987	34.169	33.001	32.747	24.178	23.822	23.348	22.684	21.639
16	33.675	33.107	32.375	31.350	31.125	22.813	22.500	22.083	21.500	20.625
17	31.906	31.391	30.754	29.845	29.647	21.592	21.315	20.946	20.429	19.654
18	30.575	29.863	29.284	28.474	28.296	20.494	20.247	19.918	19.457	18.765
19	29.880	28.454	27.945	27.217	27.058	19.501	19.280	18.984	18.571	17.950
20	29.167	27.189	26.720	26.064	25.920	19.250	18.400	18.133	17.760	17.200
22	27.750	25.963	25.135	24.605	23.901	18.347	17.013	16.639	16.331	15.868
24	26.374	24.889	24.593	23.111	22.556	18.194	16.587	15.370	15.111	14.722
26	25.078	23.796	23.913	22.650	21.408	17.870	16.027	14.536	14.059	13.728
28	23.869	22.716	23.170	22.082	20.347	17.449	15.860	13.741	13.143	12.857

续表

跨径或荷载长度(m)	汽车-20级					汽车-20级不计加重车时				
	支点	1/8处	1/4处	3/8处	跨中	支点	1/8处	1/4处	3/8处	跨中
30	22.835	21.784	22.406	21.457	19.947	16.978	15.594	13.748	12.378	12.089
32	22.024	20.875	21.646	20.813	19.484	16.484	15.268	13.646	12.542	11.680
35	20.953	19.899	20.538	19.846	18.736	15.739	14.722	13.366	12.443	11.036
37	20.620	19.266	19.839	19.220	18.226	15.252	14.342	13.129	12.303	10.709
40	20.044	18.931	18.853	18.320	17.470	14.700	13.771	12.733	12.027	10.825
45	19.136	18.411	17.546	16.944	16.812	14.578	13.058	12.036	11.478	11.101
50	18.301	17.714	17.026	16.411	16.339	14.208	12.809	11.349	10.979	11.392
60	17.175	16.192	15.713	15.287	15.236	13.378	13.229	10.933	10.910	11.244
70	16.294	15.616	14.593	14.764	14.537	13.094	11.699	10.767	11.032	10.847
80	15.674	14.769	14.043	14.116	13.991	12.688	11.457	10.633	10.947	10.575
90	15.101	14.329	13.734	13.759	13.695	12.494	11.104	10.871	10.678	10.825
100	14.719	13.806	13.433	13.345	13.315	12.264	10.994	10.805	10.564	10.768

跨径或荷载长度(m)	汽车-超20级					汽车-超20级不计加重车时				
	支点	1/8处	1/4处	3/8处	跨中	支点	1/8处	1/4处	3/8处	跨中
1	280.000	280.000	280.000	280.000	280.000	260.000	260.000	260.000	260.000	260.000
2	182.000	168.000	149.333	140.000	140.000	130.000	130.000	130.000	130.000	130.000
3	143.111	136.889	128.593	116.978	99.556	86.667	86.667	86.667	86.667	86.667
4	115.500	112.000	107.333	100.800	91.000	65.000	65.000	65.000	65.000	65.000
5	96.482	93.956	91.095	86.854	80.641	57.600	54.400	52.000	52.000	52.000
6	82.564	80.891	78.816	75.912	71.556	51.111	48.889	45.926	43.333	43.333
7	72.092	70.793	69.334	67.170	64.000	45.714	44.082	41.905	38.857	37.143
8	63.947	63.001	61.834	60.200	57.750	41.250	40.000	38.333	36.000	32.500
9	59.193	56.653	55.770	54.461	52.543	37.531	36.543	35.226	33.383	30.617
10	56.409	52.480	50.774	49.728	48.160	34.400	33.600	32.533	31.040	28.800
11	55.221	49.946	46.590	45.713	44.430	31.736	31.074	30.193	28.959	22.107
12	53.628	48.889	44.371	42.311	41.222	29.444	28.889	28.148	27.111	25.556
13	51.920	47.776	42.541	39.445	38.438	27.456	26.982	26.351	25.467	24.142
14	50.383	46.531	41.905	38.781	36.000	25.714	25.306	24.762	24.000	22.857
15	48.781	45.227	41.126	38.394	34.916	24.178	23.822	23.348	22.684	21.689
16	47.172	44.072	40.208	37.817	33.813	22.813	22.500	22.083	21.500	20.625
17	45.593	42.824	39.216	37.089	32.886	21.592	21.315	20.946	20.429	19.654
18	44.064	41.612	38.362	36.300	32.543	20.494	20.247	19.918	19.457	18.765
19	42.596	40.377	37.477	35.579	32.089	19.501	19.280	18.984	18.571	17.950
20	41.194	39.206	36.573	34.867	31.560	19.250	13.400	18.133	17.760	17.200

续表

跨径或荷载长度(m)	汽车-超20级					汽车-超20级不计加重车时				
	支点	1/8处	1/4处	3/8处	跨中	支点	1/8处	1/4处	3/8处	跨中
22	38.603	36.921	34.771	33.349	30.380	18.347	17.013	16.639	16.331	15.868
24	36.792	34.865	33.037	31.852	29.556	18.194	16.032	15.370	15.111	14.722
26	35.375	32.944	31.404	30.386	28.852	17.870	16.027	14.536	14.059	13.728
28	34.184	31.872	29.884	29.014	28.041	17.449	15.860	13.741	13.143	12.857
30	33.113	30.775	28.859	27.712	27.182	16.978	15.594	13.748	12.378	12.089
32	32.034	29.902	28.021	26.729	26.617	16.484	15.268	13.646	12.031	11.680
35	30.453	28.662	27.059	25.539	25.923	15.739	14.722	13.366	11.468	11.036
37	29.442	27.842	26.404	25.044	25.388	15.252	14.342	13.129	11.430	10.709
40	28.004	26.637	25.407	24.243	24.535	14.700	13.771	12.733	11.280	10.825
45	26.240	24.748	23.776	23.665	23.372	14.578	13.058	12.036	11.234	11.101
50	25.010	23.277	22.449	22.968	22.451	14.208	12.809	11.349	10.979	11.392
60	22.654	21.441	20.742	21.228	20.838	13.378	12.229	10.933	10.681	11.244
70	21.156	19.696	19.903	19.758	19.513	13.094	11.699	10.767	11.032	10.847
80	19.799	18.684	18.832	18.698	18.534	12.688	11.457	10.633	10.947	10.575
90	18.912	17.634	18.068	17.768	17.800	12.494	11.104	10.871	10.675	10.825
100	18.182	17.012	17.335	17.176	17.134	12.264	10.994	10.805	10.564	10.768

跨径或荷载长度(m)	履带-50					
	多辆					单辆
	支点	1/8处	1/4处	3/8处	跨中	任意点
1	111.111	111.111	111.111	111.111	111.111	111.111
2	111.111	111.111	111.111	111.111	111.111	111.111
3	111.111	111.111	111.111	111.111	111.111	111.111
4	111.111	111.111	111.111	111.111	111.111	111.111
5	110.000	110.000	110.000	110.000	110.000	110.000
6	104.167	104.167	104.167	104.167	104.167	104.167
7	96.939	96.939	96.939	96.939	96.939	96.939
8	89.844	89.844	89.844	89.844	89.844	89.844
9	83.333	83.333	83.333	83.333	83.333	83.333
10	77.500	77.500	77.500	77.500	77.500	77.500
11	72.314	72.314	72.314	72.314	72.314	72.314
12	67.708	67.708	67.708	67.708	67.708	67.708
13	63.609	63.609	63.609	63.609	63.609	63.609
14	59.949	59.949	59.949	59.949	59.949	59.949
15	56.667	56.667	56.667	56.667	56.667	56.667

续表

跨径或荷载长度(m)	履带-50					
	多辆					单辆
	支点	1/8处	1/4处	3/8处	跨中	任意点
16	53.711	53.711	53.711	53.711	53.711	53.711
17	51.038	51.038	51.038	51.038	51.038	51.038
18	48.611	48.611	48.611	48.611	48.611	48.611
19	46.399	46.399	46.399	46.399	46.399	46.399
20	44.375	44.375	44.375	44.375	44.375	44.375
22	40.806	40.806	40.806	40.806	40.806	40.806
24	37.760	37.760	37.760	37.760	37.760	37.760
26	35.133	35.133	35.133	35.133	35.133	35.133
28	32.844	32.844	32.844	32.844	32.844	32.844
30	30.833	30.833	30.833	30.833	30.833	30.833
32	29.053	29.053	29.053	29.053	29.053	29.053
35	26.735	26.735	26.735	26.735	26.735	26.735
37	25.383	25.383	25.383	25.383	25.383	25.383
40	23.594	23.594	23.594	23.594	23.594	23.594
45	21.111	21.111	21.111	21.111	21.111	21.111
50	19.100	19.100	19.100	19.100	19.100	19.100
60	16.042	16.042	16.042	16.042	16.042	16.042
70	16.531	15.007	13.827	13.827	13.827	13.827
80	15.781	14.615	12.148	12.148	12.148	12.148
90	14.938	14.017	12.788	11.093	10.833	10.833
100	14.100	13.354	12.358	10.965	9.775	9.775

跨径或荷载长度(m)	挂车-100					挂车-120				
	支点	1/8处	1/4处	3/8处	跨中	支点	1/8处	1/4处	3/8处	跨中
1	500.000	500.000	500.000	500.000	500.000	600.000	600.000	600.000	600.000	600.000
2	350.000	328.571	300.000	260.000	250.000	420.000	394.286	360.000	312.000	300.000
3	266.667	257.143	244.445	226.667	200.000	320.000	308.571	293.334	272.000	240.000
4	212.500	207.143	200.000	190.000	175.000	255.000	248.571	240.000	228.000	210.000
5	176.000	172.571	168.000	161.600	152.000	211.200	207.086	201.600	193.920	182.400
6	161.231	148.416	144.446	140.001	133.333	193.478	178.100	173.336	168.001	160.000
7	155.136	139.479	127.213	123.211	118.368	186.164	167.375	152.655	147.854	142.041
8	150.063	135.716	120.834	112.500	106.250	180.075	162.860	145.001	135.000	127.500
9	143.281	131.783	116.873	111.540	102.470	171.938	158.139	140.247	133.848	122.964
10	136.073	126.859	114.668	110.400	98.000	163.287	152.231	137.601	132.480	117.600

续表

跨径或荷载长度(m)	挂车-100					挂车-120				
	支　点	1/8处	1/4处	3/8处	跨　中	支　点	1/8处	1/4处	3/8处	跨　中
11	128.995	121.276	111.295	107.725	95.868	154.794	145.532	133.554	129.270	115.041
12	122.288	115.874	107.408	104.445	94.445	146.746	139.049	128.889	125.334	113.334
13	116.036	110.500	103.354	100.798	92.308	139.244	132.600	124.025	120.957	110.769
14	110.260	105.540	99.320	97.143	89.796	132.312	126.648	119.184	116.571	107.756
15	104.940	100.775	95.408	93.488	97.111	125.928	120.930	114.489	112.185	104.534
16	100.048	96.429	91.666	90.000	84.375	120.057	115.715	109.999	108.000	101.250
17	95.545	92.299	88.120	86.625	81.661	114.654	110.759	105.744	103.950	97.994
18	91.398	88.536	84.774	84.458	79.013	109.677	106.244	101.729	100.149	94.815
19	87.571	84.970	81.625	80.429	76.454	105.086	101.964	97.950	96.515	91.745
20	84.034	81.715	78.666	77.600	74.000	100.841	98.058	94.400	93.120	88.800
22	77.745	75.750	73.279	72.375	69.421	93.294	90.900	87.935	86.850	83.306
24	72.274	70.635	68.519	67.778	65.278	86.729	84.762	82.223	81.333	73.333
26	67.500	66.070	64.300	63.653	61.539	81.000	79.284	77.160	76.383	73.847
28	63.305	62.100	60.544	60.000	58.164	75.966	14.520	72.653	72.000	69.797
30	59.590	58.515	57.185	56.699	55.111	71.508	70.218	68.622	68.039	66.134
32	56.281	55.358	54.166	53.750	52.344	67.538	66.429	65.000	64.500	62.813
35	51.945	51.163	50.178	49.824	48.653	62.334	61.395	60.213	59.789	58.383
37	49.404	48.703	47.821	47.505	46.458	59.285	58.443	57.386	57.006	55.749
40	46.021	45.429	44.666	44.400	43.500	55.226	54.515	53.600	53.280	52.200
45	41.301	40.828	40.230	40.018	39.309	49.562	48.993	48.276	48.021	47.171
50	37.454	37.065	36.586	34.411	35.840	44.945	44.478	43.904	43.694	43.008
60	31.580	31.301	30.963	30.845	30.445	37.896	37.562	37.155	37.014	36.534
70	27.284	27.079	26.830	26.743	26.449	32.741	32.495	32.196	32.091	31.739
80	24.015	23.858	23.666	23.600	23.375	28.818	28.629	28.400	28.320	28.050
90	21.444	21.319	21.169	21.116	20.938	25.733	25.583	25.403	25.340	25.125
100	19.369	19.269	19.146	19.104	18.960	23.243	23.123	22.976	22.925	22.752

注：1. 表列数值均系一行汽车车队的等代荷载数值。当桥面为多车道时，表列数值应乘以相应的车道数，并按《公路桥涵设计通用规范》(JTG D60—2004) 的有关规定予以折减。

2. 桥涵内力计算须考虑车辆荷载的横向分布。表列数值应乘以横向分布系数。

3. 跨径或荷载长度大于5m且在表列数值之间或三角形影响线顶点位置不在表列各点之上时，可用相邻两点表列数值按直线内插法求得。

4. 在一跨度或荷载长度以内出现同号而不连续的影响线，可用汽车车队等代荷载值乘以较大的影响线面积加上不计加重车的汽车车队等代荷载值乘以较小的影响线面积。

5. 表列等代荷载数值均以“kN/m”为单位。

附录 8　$G-M$ 法 K_0、K_1、μ_0、μ_1 值的计算用图

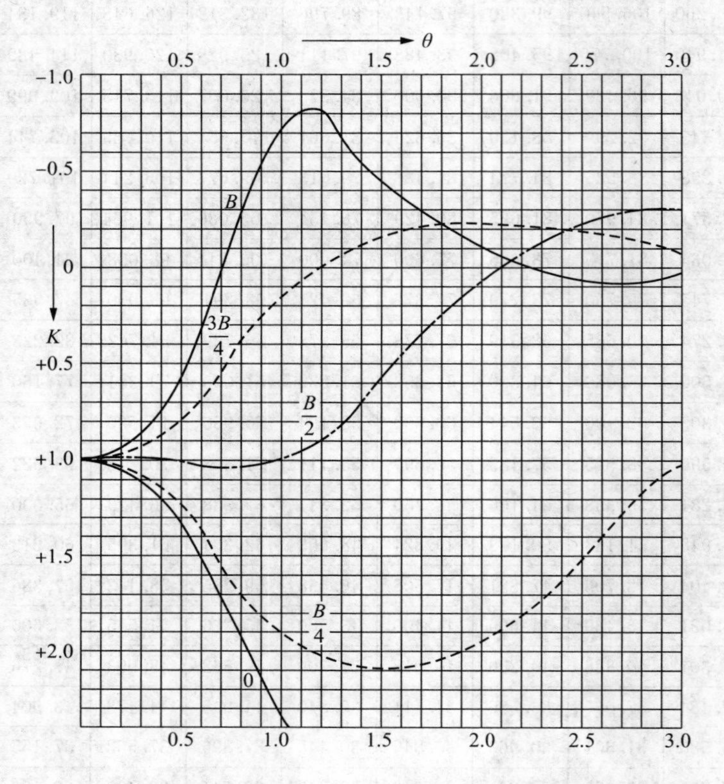

附图 8-1　梁位 $f=0$ 处的荷载横向影响系数 K_0

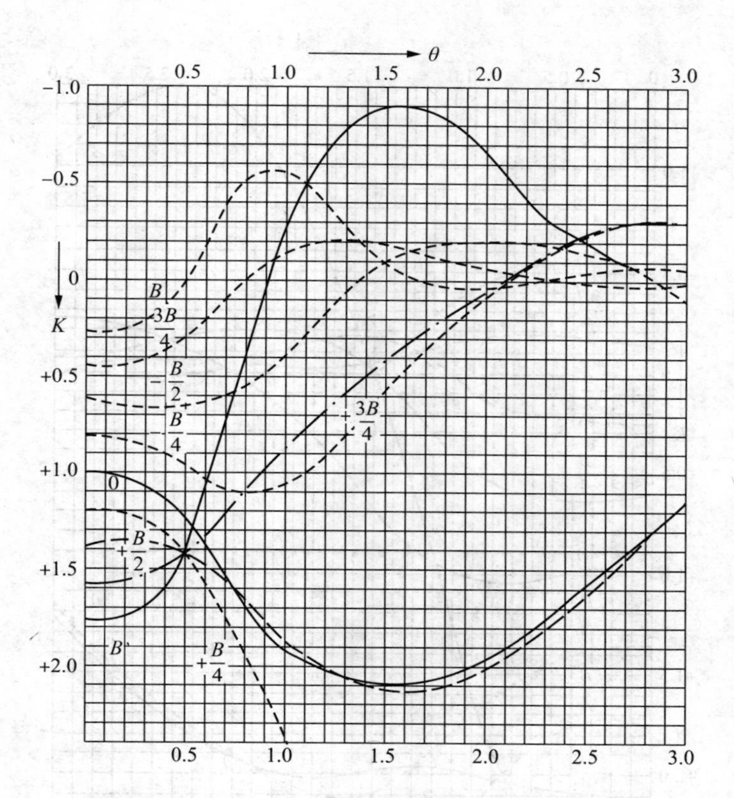

附图 8-2 梁位 $f=B/4$ 处的荷载横向影响系数 K_0

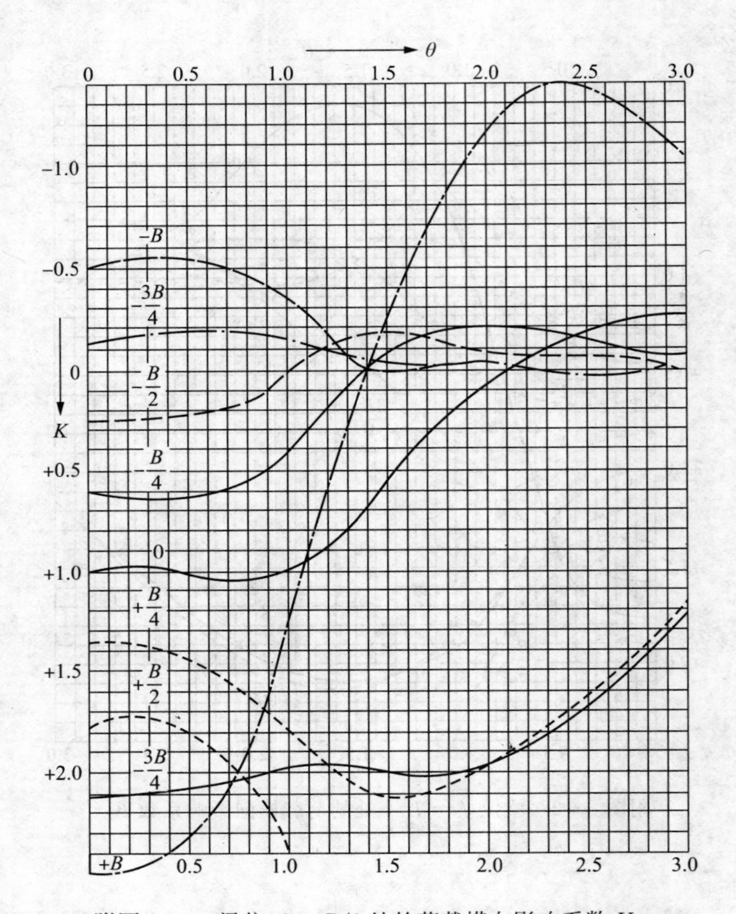

附图 8-3　梁位 $f=B/2$ 处的荷载横向影响系数 K_0

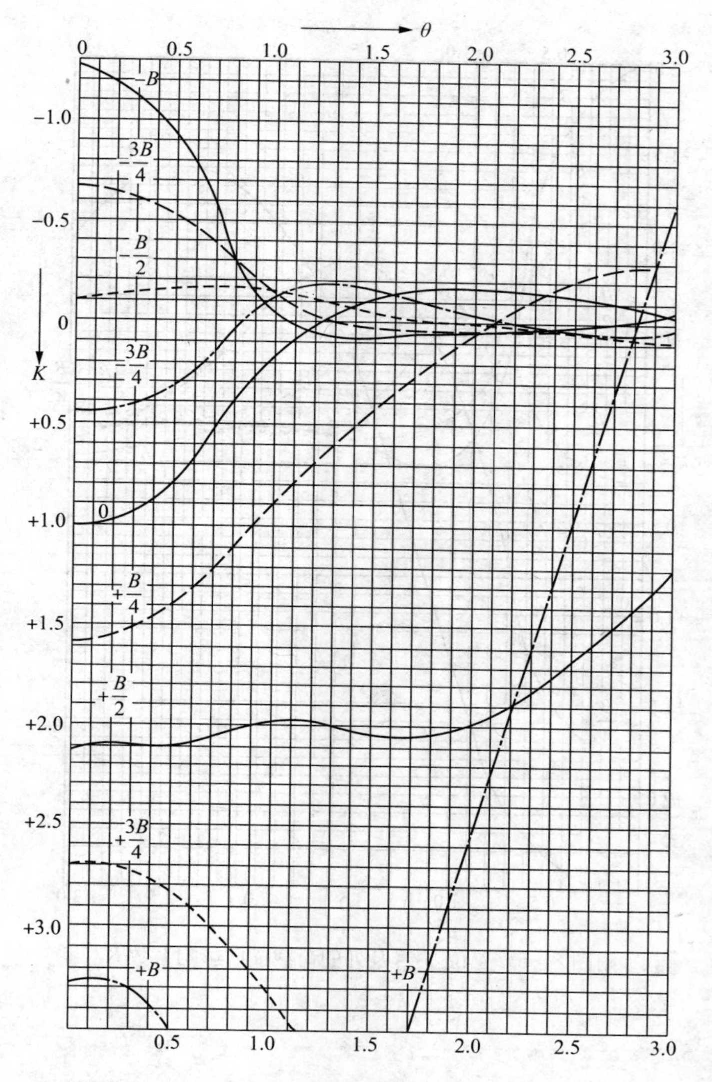

附图 8-4　梁位 $f=3B/4$ 处的荷载横向影响系数 K_0

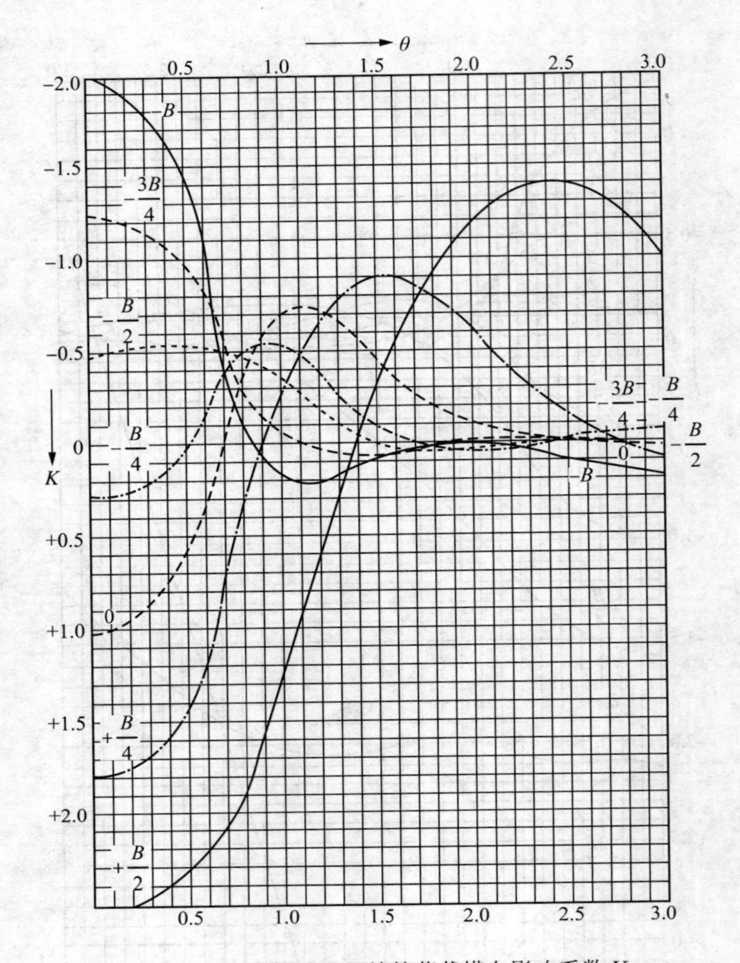

附图 8-5　梁位 $f=B$ 处的荷载横向影响系数 K_0

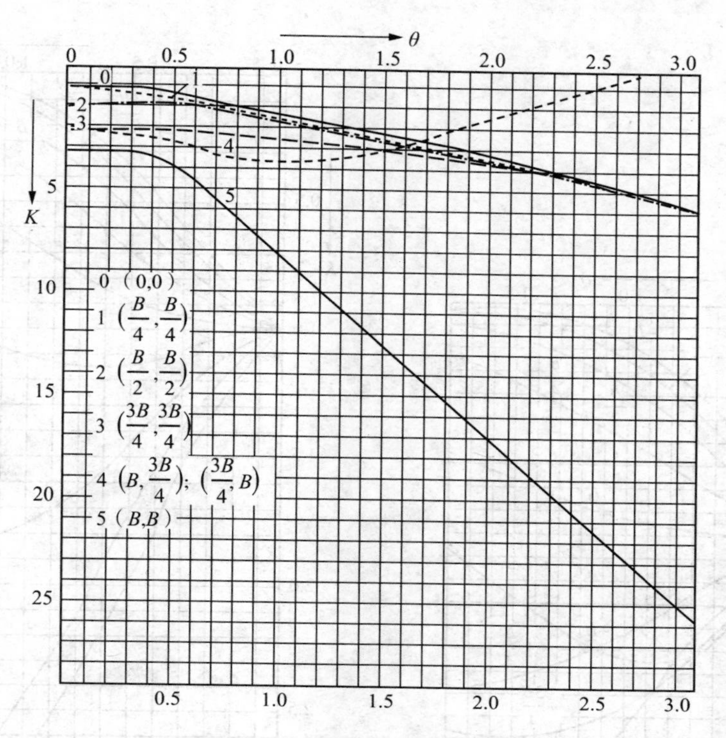

附图 8-6 不同梁位处的荷载横向影响系数 K_0（数值较大时）

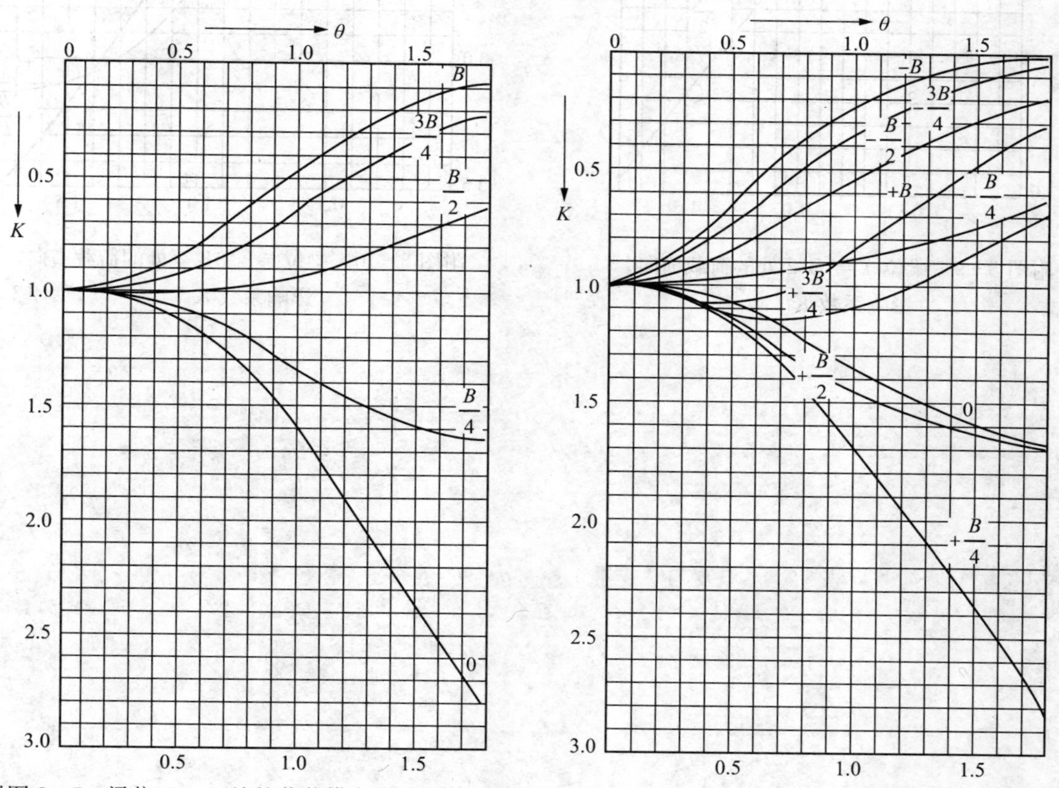

附图 8-7 梁位 $f=0$ 处的荷载横向影响系数 K_1 附图 8-8 梁位 $f=B/4$ 处的荷载横向影响系数 K_1

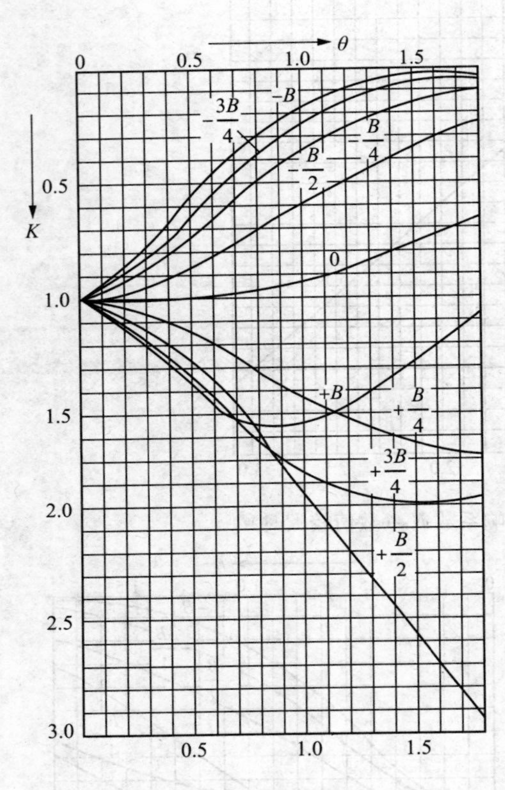

附图 8-9　梁位 $f = B/2$ 处的荷载横向影响系数 K_1

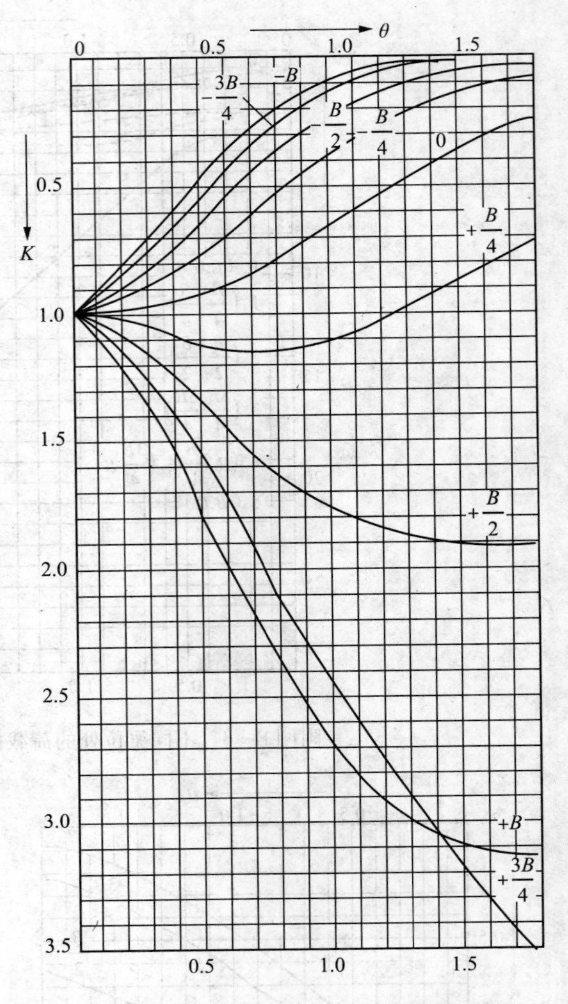

附图 8-10　梁位 $f = 3B/4$ 处的荷载横向影响系数 K_1

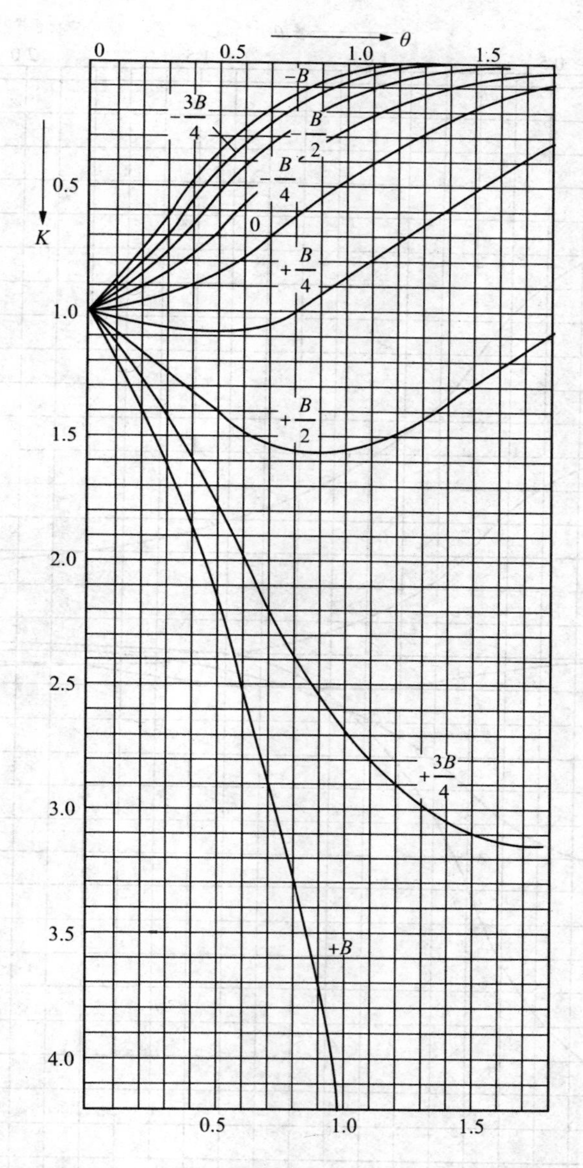

附图 8-11　梁位 $f=B$ 处的荷载横向影响系数 K_1

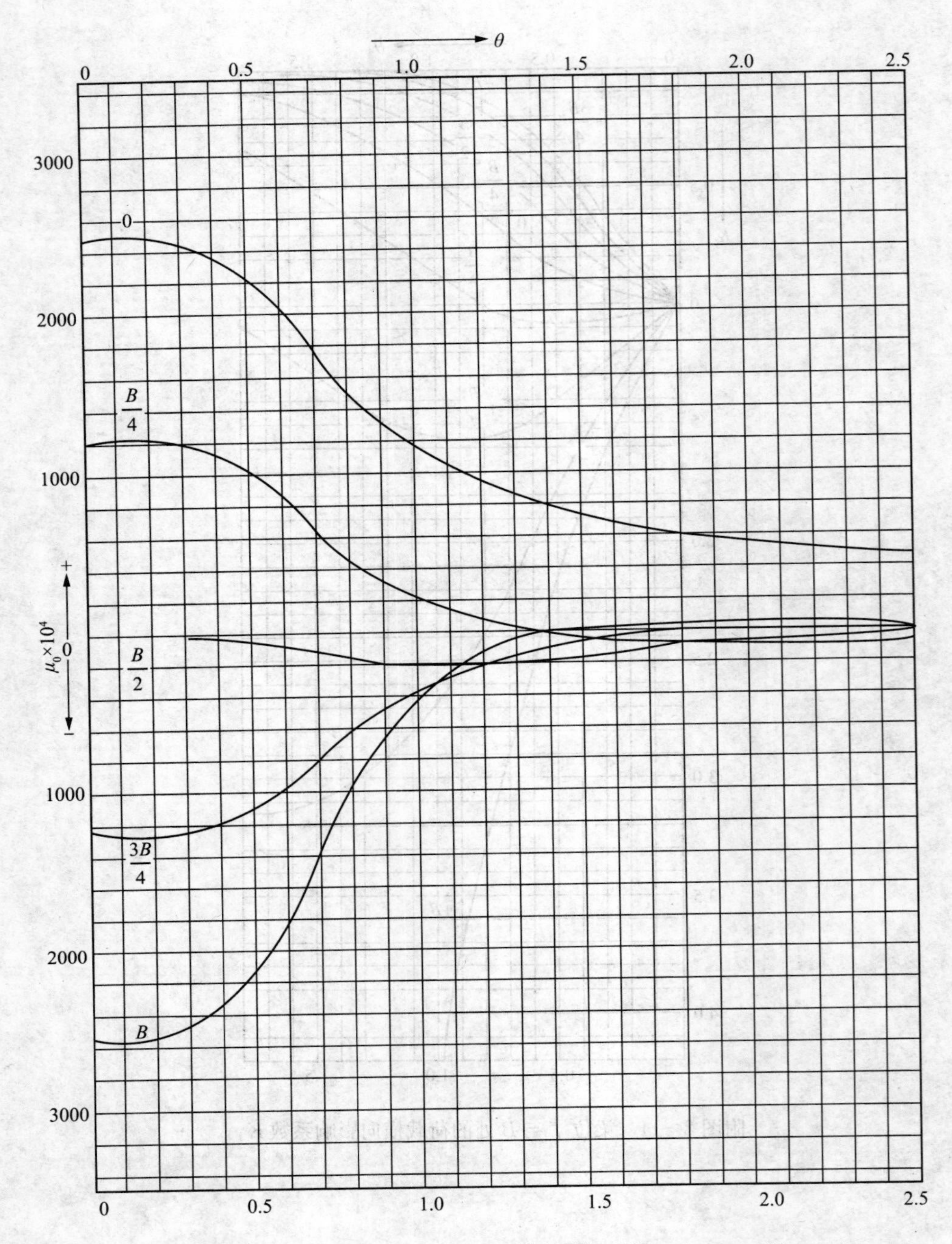

附图 8 - 12 截面位置 $f = 0$ 处的横向弯矩系数 μ_0（$v = 0.15$）

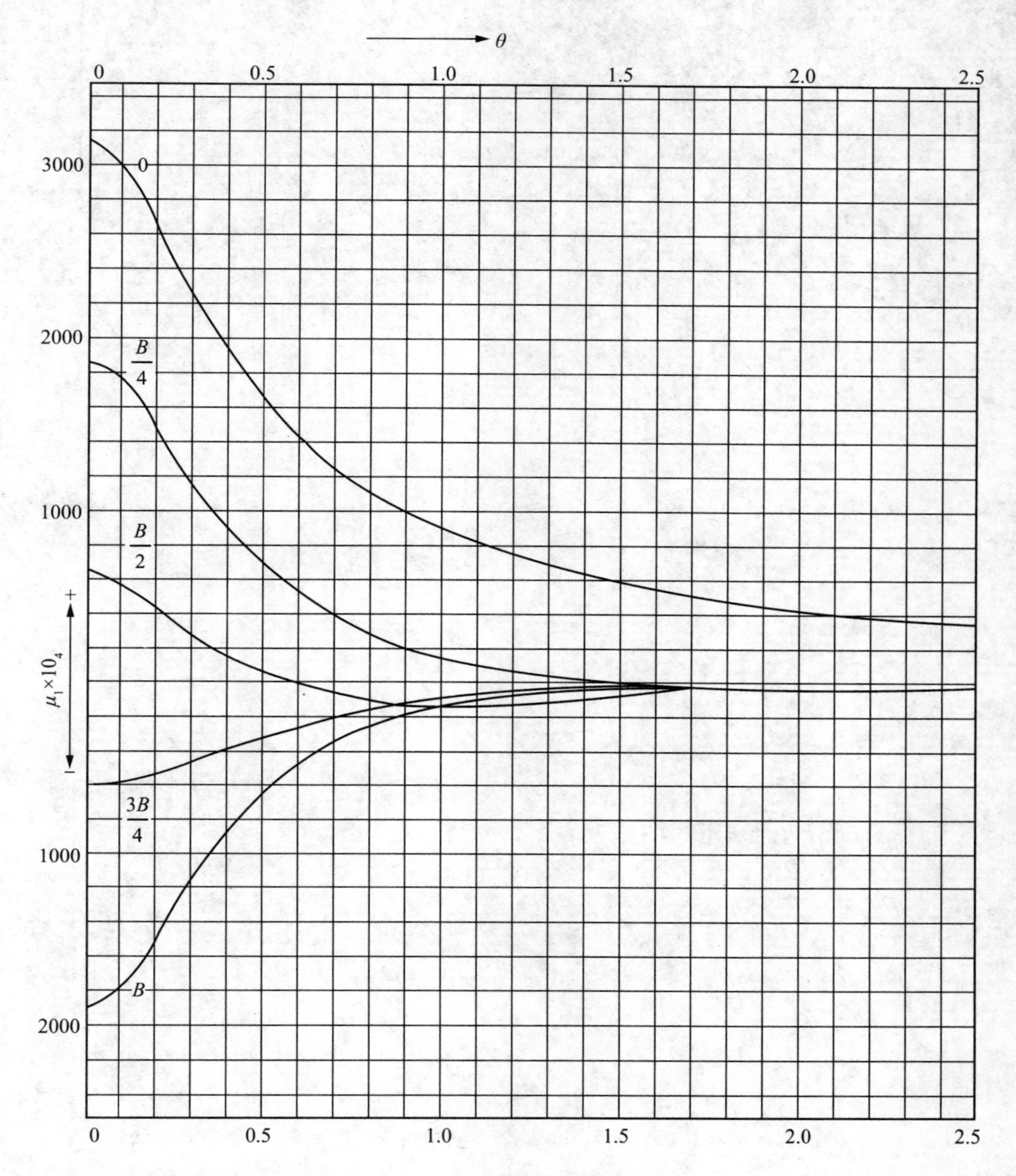

附图 8－13　截面位置 $f=0$ 处的横向弯矩系数 μ_1（$v=0.15$）